U0262615

海外油气勘探开发关键技术丛书

东非裂谷盆地构造演化及油气地质条件

沈传波　梁建设　赵红岩　邱春光 等　著

科 学 出 版 社

北 京

内 容 简 介

本书通过开展构造地质学、沉积学、地球化学及石油地质学等多学科综合研究，构建东非裂谷盆地区域可对比的层序地层格架，明确各重点凹陷的结构构造特征、演化模式及其发育的动力学机制，阐明东非裂谷盆地重点凹陷的沉积体系展布特征和有利生储盖组合的发育特点，评价东非裂谷盆地的烃源岩品质及生烃潜力，剖析油气成藏地质条件，指明东非裂谷盆地未来油气勘探的主要方向。

本书可供从事构造地质、沉积地质、石油及天然气地质和油气勘探生产相关领域的研究人员参考，也可供石油地质等高等院校相关专业学生阅读。

图书在版编目（CIP）数据

东非裂谷盆地构造演化及油气地质条件/沈传波等著. —北京：科学出版社，2023.5
（海外油气勘探开发关键技术丛书）
ISBN 978-7-03-075186-7

Ⅰ.①东… Ⅱ.①沈… Ⅲ.①东非大裂谷-石油天然气地质-盆地演化-研究 Ⅳ.①P618.130.2

中国国家版本馆 CIP 数据核字（2023）第 046679 号

责任编辑：孙寓明/责任校对：张小霞
责任印制：彭 超/封面设计：苏 波

科学出版社 出版
北京东黄城根北街 16 号
邮政编码：100717
http://www.sciencep.com
武汉精一佳印刷有限公司印刷
科学出版社发行 各地新华书店经销
*
开本：787×1092 1/16
2023 年 5 月第 一 版 印张：16 1/4
2023 年 5 月第一次印刷 字数：386 000
定价：228.00 元
（如有印装质量问题，我社负责调换）

《东非裂谷盆地构造演化及油气地质条件》

著 作 组

沈传波　梁建设　赵红岩　邱春光　王　亮

李志勇　孔令武　张　成　冯　鑫　宋　宇

胡守志　王　嘉　邹耀遥　郑晨宇　徐昊萱

葛　翔　王　珩　王世文　苏　鹏

前　言

大陆裂谷盆地是板块构造理论中威尔逊旋回第一阶段的主要地质表现，代表了大陆破裂的初始阶段，并最终导致大陆边缘和海洋岩石圈的形成，长期以来受到地质学家的广泛关注。同时，作为含油气盆地中的重要类型，大陆裂谷盆地油气成藏模式及勘探潜力也是一个广受关注的科学问题。东非裂谷盆地作为全球最典型的新生代大陆裂谷盆地，被众多地质学家誉为“研究板块构造理论的天然实验室”。东非裂谷盆地中广泛出露的油气苗也吸引了众多石油勘探专家的目光，其油气勘探与钻井历史最早可以追溯到20世纪30年代，但是受当时基础资料、勘探理论和技术水平的限制，勘探和研究程度一直较低。

近二十年，随着地质资料的丰富、勘探理论的进步及技术水平的发展，以中国海洋石油集团有限公司为代表的多家国际石油公司在东非裂谷盆地西支阿伯丁凹陷和东支南洛基查尔凹陷的油气勘探中取得了重大突破，有力地证实了东非裂谷盆地具有良好的油气勘探潜力。最新的勘探实践为系统建立裂谷盆地油气地质理论提供了丰富的信息，在裂谷盆地构造演化及动力学、沉积体系展布与储盖组合、油气地球化学与成藏动力学等方面的认识都有了新的进步。同时，第一手地质资料的增加与构造地质学理论、技术的进步也为大陆裂谷构造地质理论的研究提供了新的条件和支撑。在这一契机下，作者研究团队在“十三五”国家科技重大专项子课题的资助下，综合最新的油气勘探实践认识与国内外研究新资料、新进展，系统研究、梳理和总结东非裂谷盆地构造演化及油气地质条件，撰写此书以飨读者。

本书的主体部分是“十三五”国家科技重大专项“海外重点区勘探开发关键技术研究”第二课题“非洲重点区油气勘探潜力综合评价”的第四子课题“东非裂谷盆地重点区带油气成藏综合研究”（项目号：2017ZX05032-002-004）的项目研究成果精华，是中海油研究总院有限责任公司、中国海洋石油国际有限公司、中国地质大学（武汉）联合研究攻关的成果。在研究和成书过程中，作者团队得到了中国海洋石油集团有限公司勘探部、中国海洋石油国际有限公司、中海油研究总院有限责任公司、中海石油（中国）有限公司天津分公司等的大力支持与帮助，并有幸得到了邓运华院士、陶维祥教授、于水教授、胡孝林教授、康洪全教授等领导专家的精心指导和关怀。意大利国家研究理事会地质与地球资源研究所佛罗伦萨中心主任 Giacomo Corti 教授在东非裂谷构造演化的物理模拟工作中给予了大量的指导和帮助。中国海洋石油国际有限公司程涛、杨松岭、刘琼、曹向阳、李全、解东宁、尹新义、逄林安、侯波、胡滨、陈全红、张科、贾屾、赵伟、陈经覃、倪亚轩、李丹、王贝贝、陈雯雯、李任远等为作者团队提供了很多建设性的意见与实际的帮助。长江大学何幼斌教授、胡望水教授、王振奇教授、张尚锋教授，成都理工大学文华国教授、侯明才教授，中国石油大学（北京）王嗣敏教授，中国地质大学（武汉）叶加仁教授、杨香华教授、李水福教授、梅廉夫教授等专家学者与作者团队进行了诸多有益的探讨与交流。

书中也引用了很多前人的资料和成果，但难免存在“挂一漏万”的现象，不一定能全部确切标注出处。在此一并表示诚挚的感谢！

本书共 7 章。第 1 章简要介绍区域地质概况，第 2 章论述东非裂谷盆地结构构造特征，第 3 章介绍东非裂谷盆地构造运动学，第 4 章介绍东非裂谷盆地构造演化物理模拟及数值模拟，第 5 章论述东非裂谷盆地形成演化模式及动力学，第 6 章介绍东非裂谷盆地沉积充填特征，第 7 章论述东非裂谷盆地油气地质条件。前言由沈传波、梁建设执笔；第 1～3 章由沈传波、赵红岩、王亮、邹耀遥、葛翔执笔；第 4 章由王亮、李志勇、王世文、孔令武执笔；第 5 章由王亮、邱春光、沈传波、郑晨宇执笔；第 6 章由张成、梁建设、徐昊萱、王嘉执笔；第 7 章由胡守志、宋宇、苏鹏、王珩执笔。研究生张毅、曾小伟、付红杨、吴阳、王思雨、孙荣耀、何鹏、彭宇婋、刘柏序、吴创、万晓帆、赵德峰、邹梦阳、张超梦、韩玉奇、张滨鑫、金玉林、朱寅鹏等参与了部分图件的编辑工作。本书最后由沈传波、赵红岩统稿，梁建设对书稿进行了校阅和修改。

因作者水平有限，书中疏漏和不足之处在所难免，恳请各位专家学者批评指正。

作　者

2022 年 10 月

目　录

第1章 东非裂谷盆地区域地质概况

1.1 地 理 概 况

东非裂谷是研究板块构造运动学和动力学的天然场所。自20世纪80年代以来，学术界普遍认为东非裂谷是处于威尔逊旋回萌芽阶段的典型陆内裂谷（Chorowicz，2005），尤其是东支北段埃塞俄比亚（Ethiopia）裂谷，普遍认为其是由地幔柱上拱而形成的主动裂谷（Corti，2012）。东非裂谷整体始于红海及亚丁湾南部的阿法尔地区，受古构造带和边界断层控制（Aanyu and Koehn，2011；Morley，2010），自北向南依次发育（Simon et al.，2017；Chorowicz，2005），南至马拉维湖（Lake Malawi），全长约为3 500 km（图1.1）。

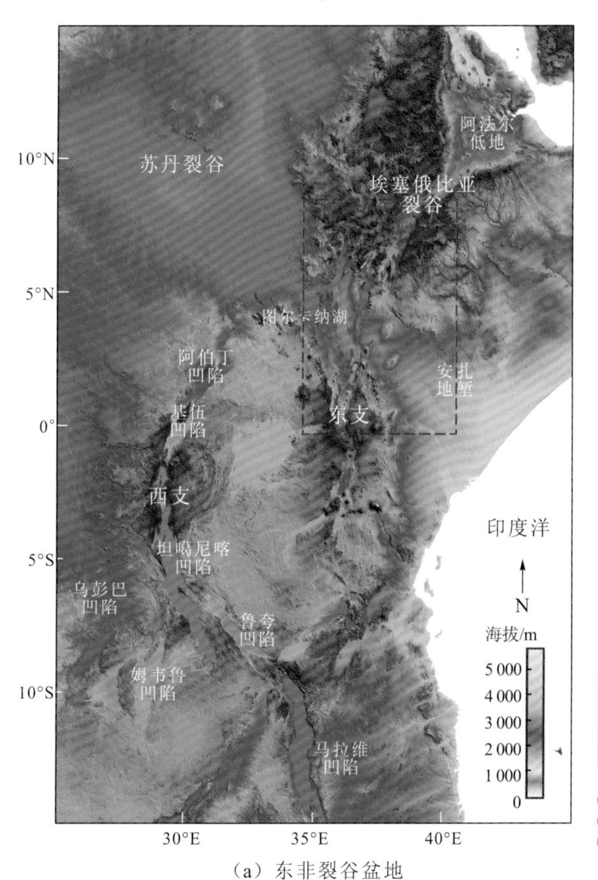

（a）东非裂谷盆地　　（b）东支图尔卡纳坳陷

图1.1　东非裂谷盆地地形地貌及凹陷分布图

东非裂谷发育至肯尼亚（Kenya）北部时，受坦桑尼亚克拉通的阻挡，自北向南分为东支、西支。其中，西支裂谷自晚中新世以来，受东西向区域伸展应力作用，沿太古宙克拉通边缘呈近南北向“弧形”较连续展布，裂谷段内湖深崖陡，一系列大型断裂控制西支裂谷整体形态（图 1.1）。西支裂谷火山活动少、沿裂谷带零星分布，主要发育于构造转换带内（Corti，2004）；西支地震活动频繁且强度大，地震震源较深（30～40 km），表明西支裂谷为早期形成于低温脆性的大陆地壳内、受深大断裂控制的年轻裂谷，整体表现为壳幔耦合关系较好的贫岩浆窄裂谷特征（Brune，2016），西支裂谷也被普遍认为是典型的新生被动大陆裂谷（Morley，2020，1999）。西支裂谷共发育阿伯丁湖（Lake Albertine）、基伍湖（Lake Kivu）、坦噶尼喀湖（Lake Tanganyika）等 7 个凹陷湖泊（郭曦泽和侯贵廷，2014），以湖泊为地貌特点，凹陷面积约为 12.4 万 km^2。坦噶尼喀湖南北长度为 670 km，东西宽度为 40～80 km，是世界上最狭长的湖泊，平均水深为 1 130 m，仅次于俄罗斯的贝加尔湖，是世界第二深湖（朱伟林 等，2013）。

相对而言，东支裂谷形成时间早且火山活动、裂谷活动频繁，裂谷发育过程复杂。从地貌特征上看，东支裂谷分散发育于“两高夹一低”的地貌单元内。相应地，东支裂谷整体分为三段：北段埃塞俄比亚裂谷相对连续，北东向切穿埃塞俄比亚高原；中段图尔卡纳地区发育图尔卡纳湖（Lake Turkana）等一系列平行或亚平行的东西向排列、南北向展布的较宽裂谷带；南段肯尼亚裂谷南北向窄带状切过东非高原，至肯尼亚南端，裂谷呈北西向和北东向马尾状散开（图 1.1）。东支裂谷除图尔卡纳湖外，多个小湖呈零星点状分布，水深普遍浅于西支裂谷。东支裂谷段内火山活动频繁且经历多个剧烈活动时期，裂谷活动多伴随或晚于火山活动发育（Morley，1999）。整体上，东支裂谷受前寒武纪基底先存构造控制，为始新世—渐新世以来受阿法尔地幔柱和肯尼亚地幔柱上拱作用影响形成的主动裂谷（Corti，2012）。

1.2 大地构造背景

东非裂谷的发育演化过程与基底差异性（基底先存构造）、地幔柱作用和板块长期构造活动密切相关（Koptev et al.，2016; Koehn et al.，2008）[图 1.2、图 1.3（Corti et al.，2007）]。首先，盆地沉积作用受克拉通周缘造山带的影响，相比于多期变质作用形成稳定的克拉通，活动带上更易形成裂谷，东非裂谷现今各段均发育于早期构造带上。其次，新生代裂谷的发育受阿法尔地幔柱、肯尼亚地幔柱活动的影响，其中南部肯尼亚地幔柱活动时间为 45 Ma（张燕 等，2017；郭曦泽和侯贵廷，2014；温志新 等，2012），北部阿法尔地幔柱活动时间为 31 Ma，地幔柱活动不仅形成了高海拔地貌的埃塞俄比亚高原和东非肯尼亚高原，也使岩浆侵入岩石圈，快速的岩浆侵入作用产生加热及热蚀作用，降低岩石圈强度，最终引发大陆裂解（Brune，2016）。最后，三大板块——阿拉伯半岛板块、努比亚（Nubia）板块和索马里（Somalia）板块的长期活动为裂谷的形成提供了动力，阿拉伯半岛板块的北东向运动造成了红海、亚丁湾及阿法尔槽的最终三叉裂谷特征，努比亚板块和索马里板块的东西向运动打开了东非裂谷（Morley，1999）。

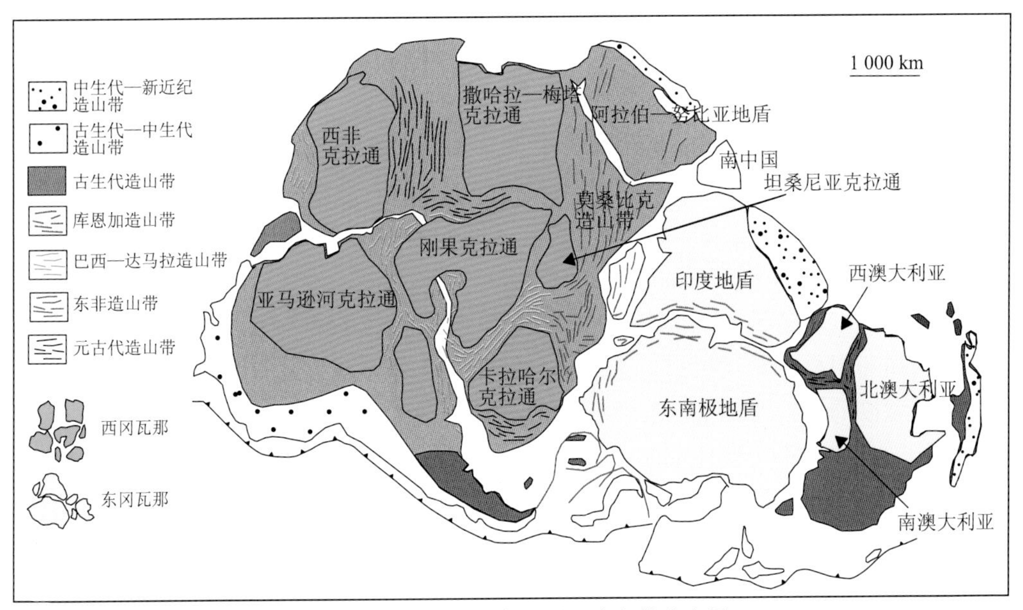

图 1.2　冈瓦纳古陆克拉通及造山带分布图

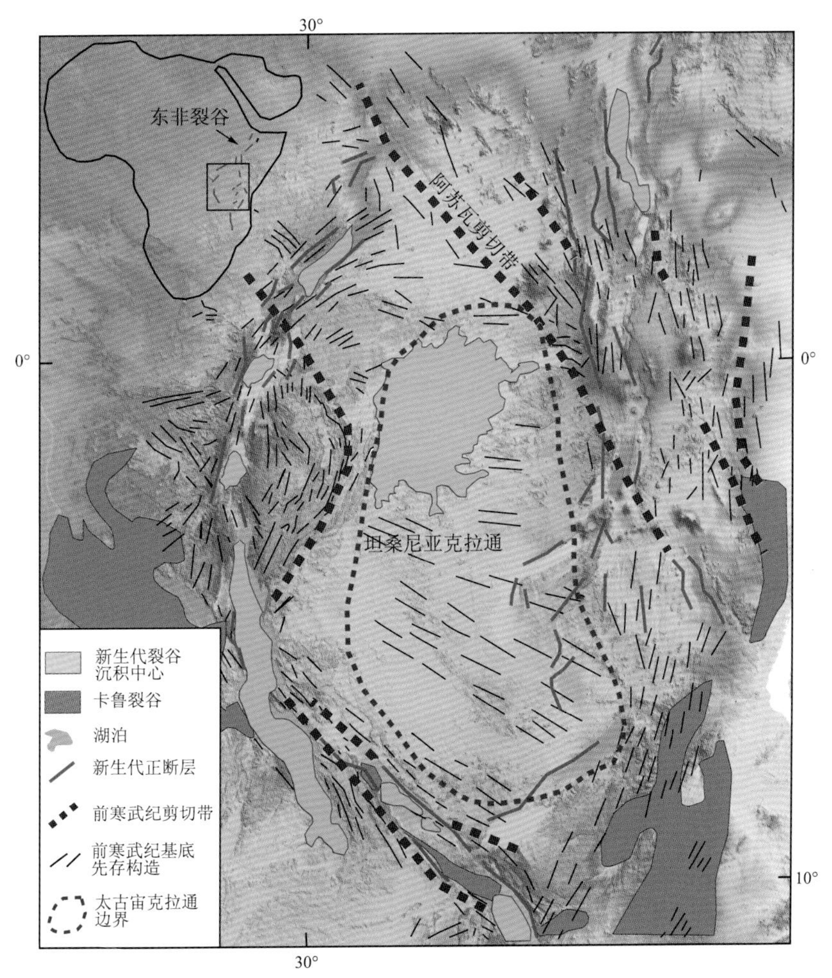

图 1.3　东非裂谷构造纲要简图

1.2.1 区域基底构造特征

众所周知，大陆岩石圈的破裂受其原有结构控制，在东非裂谷的演化过程中表现明显（Chorowicz，2005）。东非裂谷作为岩石圈尺度的大型裂谷系统，早期构造活动形成的岩石圈尺度，如造山带和缝合带等，易形成构造软弱带，将被优先激活形成裂谷（Corti，2009；Corti et al.，2007；Meert and Lieberman，2008）。

在构成非洲南部的5个太古宙克拉通中，有两个在东非裂谷活动中起着重要作用，即赞比亚克拉通和坦桑尼亚克拉通。两者均由片麻岩组成，并伴有相关的基性岩石和超基性岩石。寒冷坚硬的克拉通地壳厚度可能达到 50～60 km。这些克拉通的存在控制着大规模的裂谷结构。东非裂谷在整体南北向发育过程中，均明显避开了太古宙克拉通，其中西支裂谷围绕坦桑尼亚克拉通西部边缘发育，东支裂谷则沿坦桑尼亚克拉通东部边缘发育，且主要发育在新元古代末泛非洲事件形成的莫桑比克造山带内（Koptev et al.，2016；Meert and Lieberman，2008）。

1.2.2 区域地幔柱作用

Chorowicz（2005）认为地幔柱上拱活动形成东非地区显著的埃塞俄比亚穹隆和肯尼亚穹隆。多名学者通过对东非裂谷东支火成岩进行地球化学分析，均证实了古近纪火成岩来自始新世—渐新世以来的肯尼亚地区和埃塞俄比亚地区的地幔柱活动（Meshesha and Shinjo，2008）。Civiero 等（2014）利用深部地震纵波和地震横波联合建立速度模型，推测东非地区上地幔先后发育多个小型地幔柱，小型地幔柱的存在加剧了东非地区复杂的火山活动和裂谷活动（Furman，2007；Furman et al.，2006）。

东非裂谷东支和西支地幔柱活动存在明显差异，Koptev 等（2016）利用横波层析成像，建立了东非地区地幔柱作用和较弱远程伸展应力联合作用下的裂谷演化模型。从模型推测出西支裂谷地幔柱影响较弱，在其作用下西支裂谷表现为早期地壳破裂阶段；东支裂谷地幔柱持续作用，导致部分地区表现为晚期岩石圈破裂阶段（如埃塞俄比亚裂谷北段）。

地幔柱作用在大陆裂谷形成乃至岩石圈破裂过程中是否为主控因素仍存在争议。近期研究认为地幔柱活动在岩石圈早期破裂过程中只起辅助作用（Niu，2020），地幔柱的撞击对主动裂谷带岩石圈起加热和热蚀作用，并能降低岩石圈强度，有助于诱发最终大陆裂解（Niu，2020；Brune，2016）。

1.3 区域地层概况

东非裂谷是典型的新生代裂谷盆地，发育自始新世以来各个时期的地层，但不同凹陷又有所差异。整体来看，东非裂谷西支形成较晚，主要发育自中新世以来各个时期的地层，东非裂谷东支各个凹陷发育的地层也存在一定差异。

1.3.1 东非裂谷东支重点凹陷层序地层格架特征

1. 南洛基查尔凹陷

南洛基查尔凹陷位于图尔卡纳湖西南侧，凯里奥（Kerio）凹陷西侧，平面上呈南北向伸长的椭圆状，面积约为 3 000 km^2，在东支裂谷系中，该凹陷裂陷时间较早，受边界断层和火山活动的控制，整体呈西陡东缓的半地堑结构（贾屾 等，2018）。该凹陷发育 5 个三级层序，最下部层序对应渐新统洛佩罗特（Loperot）组，向上依次对应下中新统洛肯（Lokhone）组、中中新统奥沃威尔（Auwerwer）组、上中新统和上新统。其中，下中新统洛肯组和中中新统奥沃威尔组最为发育，地层厚度大，总体呈南西向向北东向减薄的趋势；渐新统洛佩罗特组地层厚度次之；上中新统和上新统地层厚度总体较薄，且由于后期构造抬升，遭受了不同程度的剥蚀。钻井揭示，渐新统洛佩罗特组以砂岩、粉砂岩和泥岩为主，砂岩较致密；下中新统洛肯组分为两段，下段以砂岩、粉砂岩和泥岩组合为主，含砂率高，上段以灰色、深灰色泥岩为主，是重要的烃源岩层段；中中新统奥沃威尔组地层厚度大，以砂岩、粉砂岩和泥岩组合为特征，为中等-好储层。南洛基查尔凹陷各个地层单元残存地层厚度总体呈现西南厚东北薄的特点，反映了边界断层活动对地层沉积的控制作用。

2. 凯里奥凹陷

凯里奥凹陷位于南洛基查尔凹陷东侧，平面上呈近南北走向的倒三角状，面积约为 2 600 km^2，受边界断层和火山活动控制，整体呈西陡东缓的半地堑结构（胡滨 等，2019b）。该凹陷发育 5 个三级层序，自下而上依次对应渐新统、下中新统、中—上中新统、上新统和更新统。尽管该凹陷发育较早，后期也发生了抬升剥蚀，但相比南洛基查尔凹陷，凯里奥凹陷上部地层遭受破坏、剥蚀程度低。钻井揭示，渐新统以火山碎屑岩夹泥岩为特征，反映了裂陷初期强烈火山构造活动的特点；下中新统以粗碎屑砂岩沉积为特征，成分成熟度很低；中中新统和上中新统，湖盆发育显著，总体以砂岩、粉砂岩和泥岩组合为特征，且泥质含量明显较下伏地层高；上新统也基本以砂岩、泥岩组合为主。

3. 图尔卡纳凹陷

图尔卡纳凹陷位于东支裂谷系中段，南洛基查尔凹陷的东北部，凯里奥凹陷的北部，近似南北走向，面积约为 6 800 km^2，为不对称的半地堑结构（胡滨 等，2019c）。图尔卡纳凹陷主要发育三个三级层序，自下而上对应上中新统、上新统和更新统，三套地层单元厚度中心的侧向迁移总体位于阶梯式断层的第二台阶的下盘，垂向上伴随地层变新，地层厚度呈增大趋势。钻井揭示，图尔卡纳凹陷火成岩发育相对较少，主要发育在上中新统底部和上新统底部，厚度也明显较南洛基查尔凹陷和凯里奥凹陷的火成岩厚度薄；砂岩、泥岩沉积占据优势，层序内总体呈垂向加积的叠置特点，反映了稳定的构造沉降和充足的物源供给的特点。

4. 凯里奥山谷凹陷

凯里奥山谷(Kerio Valley)凹陷位于东支裂谷系南段，宽度约为 15 km，长度约为 60 km，面积约为 1 000 km^2，总体呈半地堑结构，凹陷东部遭受抬升剥蚀（胡滨 等，2018a)。该凹陷发育 5 个三级层序，自下而上分别对应下中新统、中中新统、上中新统、上新统和更新统。各套地层单元厚度自西向东逐渐减薄，厚度中心总体位于边界断层下盘，因后期构造掀斜作用，该凹陷东侧各套地层单元均遭受了不同程度的剥蚀。但根据残存地层厚度侧向变化趋势，推测凯里奥山谷凹陷在同沉积期应该属于相对宽缓的半地堑，地层充填受西侧边界断层控制显著。

5. 北洛基查尔凹陷

北洛基查尔（North Lokichar）凹陷位于东支裂谷系中段，南洛基查尔凹陷的北部，平面上呈近似南北伸长的椭圆状，剖面上总体呈不对称的地堑结构（Boone et al.，2018a)。北洛基查尔凹陷的发育时间明显晚于南洛基查尔凹陷，主要发育 4 个三级层序，自下而上依次对应渐新统+下—中中新统、上中新统、上新统和更新统。中新世沉积地层厚度侧向变化不大，呈现对称地堑特征；至上新世，西侧边界断层活动显著增强，地层厚度自西向东逐渐减薄，厚度中心总体位于边界控沉积断层的下盘，且地层厚度最大，接近该凹陷地层厚度的一半；至更新世，断层活动减弱，地层厚度侧向变化平缓，总体呈西厚东薄的宽缓的楔形形态。各构造期残存地层厚度侧向变化总体比较平缓，厚度等值线间距大致相当，反映了侧向均匀变化的特点。

6. 楚拜亥凹陷

楚拜亥（Chew Bhair）凹陷形成于晚上新世，最大沉积厚度约为 4 600 m，平面上总体呈“S”形，剖面上凹陷南部总体呈对称的地堑结构，凹陷北部呈西断东超的半地堑结构。楚拜亥凹陷自下而上发育三个三级层序，分别对应上中新统、上新统和更新统，其中上新统地层厚度最大，代表了凹陷的主体充填层系。钻井揭示，楚拜亥凹陷上中新统火山溢流沉积较为发育，间夹湖相泥质沉积；上新统和更新统以砂岩、泥岩沉积为主，砂岩粒度总体较细，以中-细砂岩为主，但成分成熟度较低，反映了近源、强水动力快速堆积的特点。

1.3.2 东非裂谷西支阿伯丁凹陷地层分布特征

东非裂谷西支，除鲁夸（Rukwa）凹陷在渐新世短暂发育、之后抬升间断外，马拉维（Malawi）凹陷和阿伯丁凹陷均是在中新世及其后才开始发育，且凹陷充填物以陆源碎屑沉积占绝对优势，说明东非裂谷西支各凹陷是在裂谷第 II 演化阶段发育的，且裂陷活动强度相对较弱，深部岩浆作用参与程度低。

东非裂谷西支阿伯丁凹陷不同时期残存地层厚度的分布特征如图 1.4 所示。由于地震工区尚未覆盖凹陷全区，无法反映地层边界的超覆或剥蚀情况。但依据地震剖面解释和连井对比勾绘的残余地层厚度展布平面图、剖面图（图 1.4），仍可反映该凹陷地层分布有三个特征：①阿伯丁凹陷的发育时间明显较东非裂谷东支大部分凹陷发育时间晚，凹陷充填主要为晚中新世以来沉积的地层，下伏基底为火成岩；②垂向序列上，总体呈自下而上各个地层单元厚度逐渐增厚的趋势，反映了该凹陷发育以来沉降/沉积速率总体呈增大的趋势，表明该凹陷的裂陷作用仍在增强；③侧向上地层厚度总体表现为西南部为对称地堑，中部为不对称阶梯式地堑，北部为西断东超半地堑的变化，反映了东非裂谷西支断层活动强度自南向北的区段式变化。

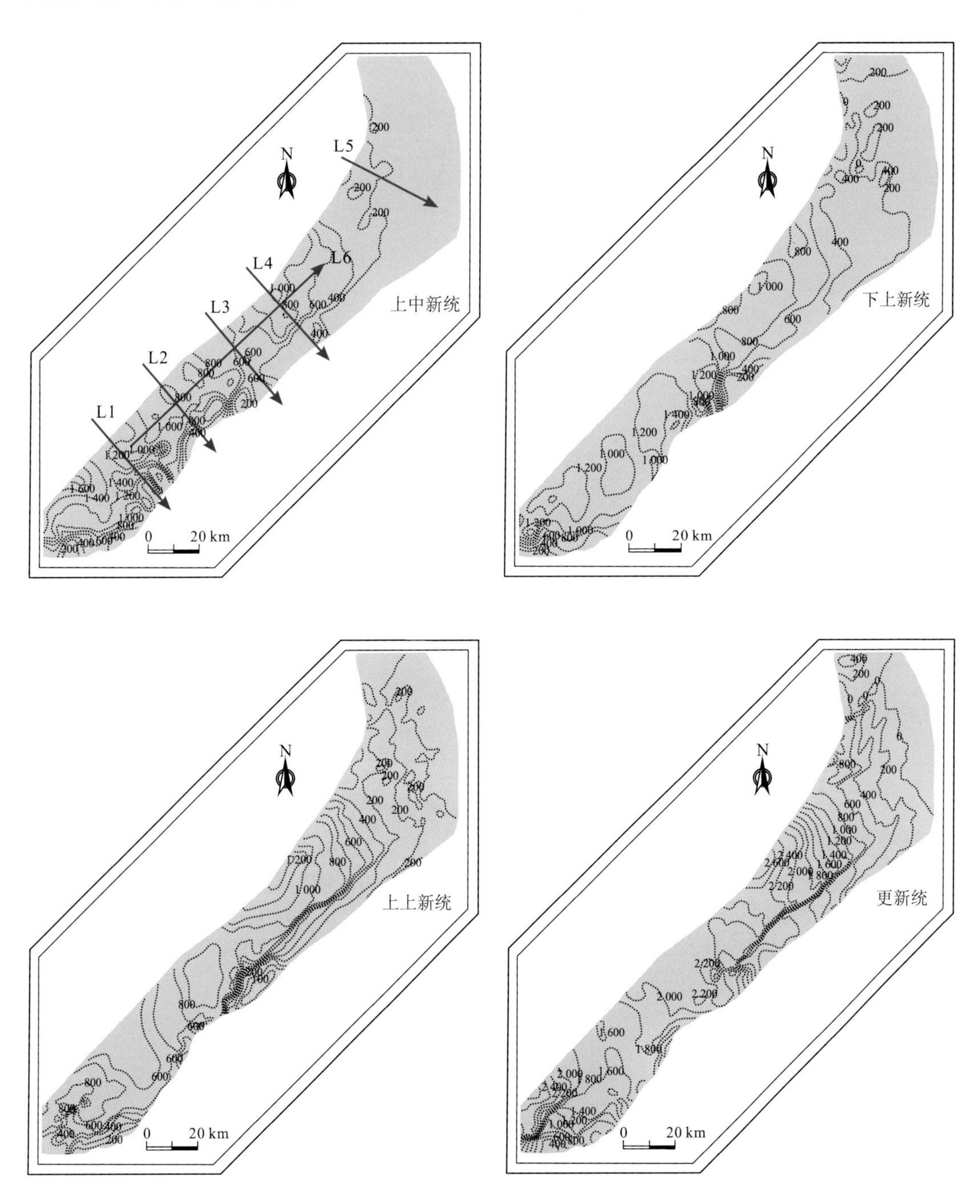

（a）残存地层厚度展布平面图（单位：m）

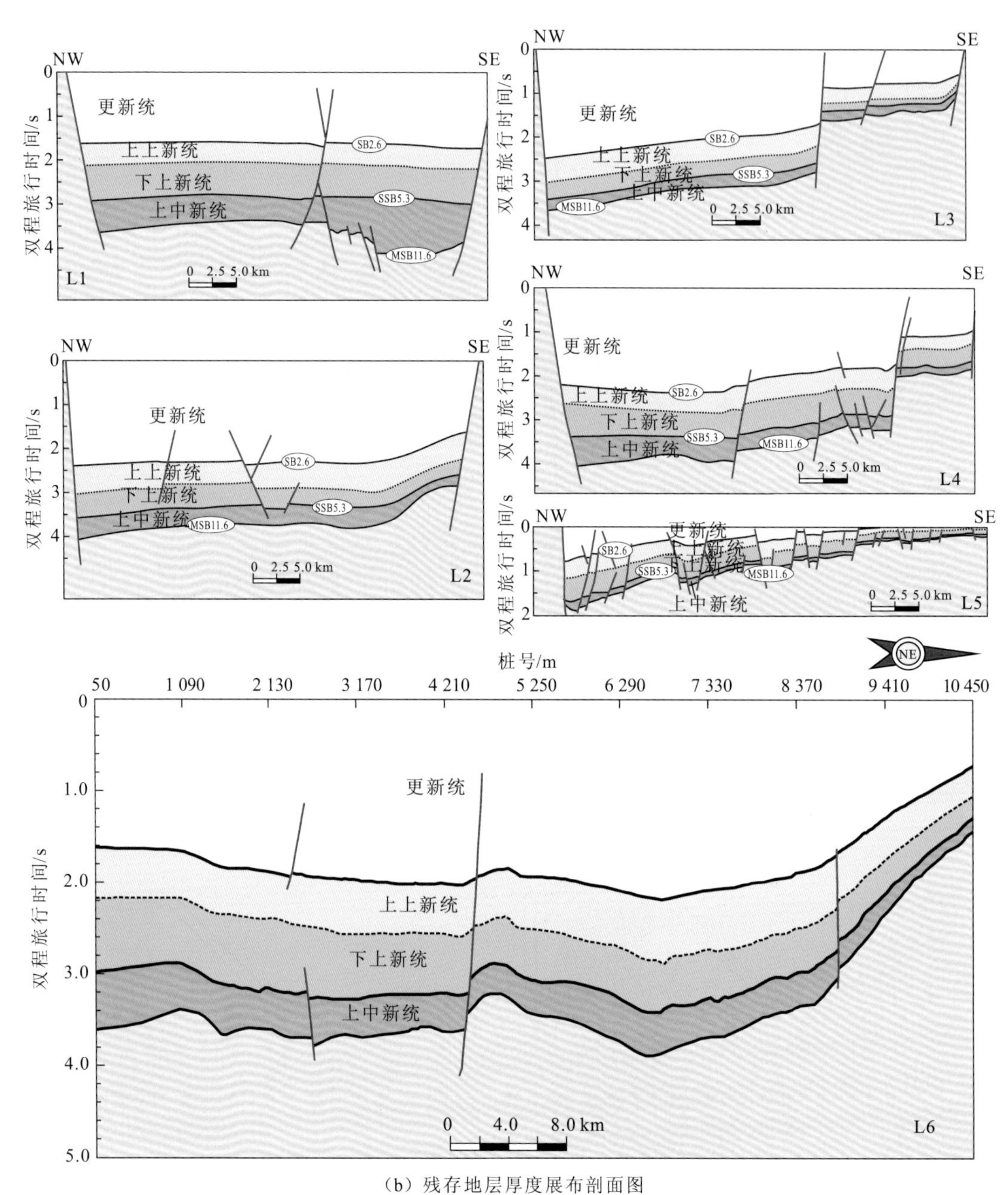

（b）残存地层厚度展布剖面图

图 1.4　东非裂谷西支阿伯丁凹陷残存地层厚度展布平面图、剖面图

1.4　区域构造演化简史

东非裂谷自寒武纪以来共经历了 5 期构造运动，新生代的大型张裂构造运动最终形成了东非裂谷现今的构造形态（Macgregor，2015）。

Macgregor（2015）、Bauer 等（2016）在前人钻井、区域地质、地震资料及综合研究成果的基础上，总结了东非裂谷的裂谷盆地、火山活动的发育演化过程（图 1.5），推测东非古—中—新生代大地构造演化过程主要受冈瓦纳大陆裂解和一系列地幔柱活动的影响。在石炭纪之前，东非地区一直处于稳定的冈瓦纳大陆内部，晚石炭世—早二叠世开始，冈瓦纳大陆发生裂解，东非裂谷受区域板块应力作用，开始形成早期裂谷，与东非裂谷相关的一系列裂谷活动一共经历了三个主要演化阶段（Macgregor，2015）。

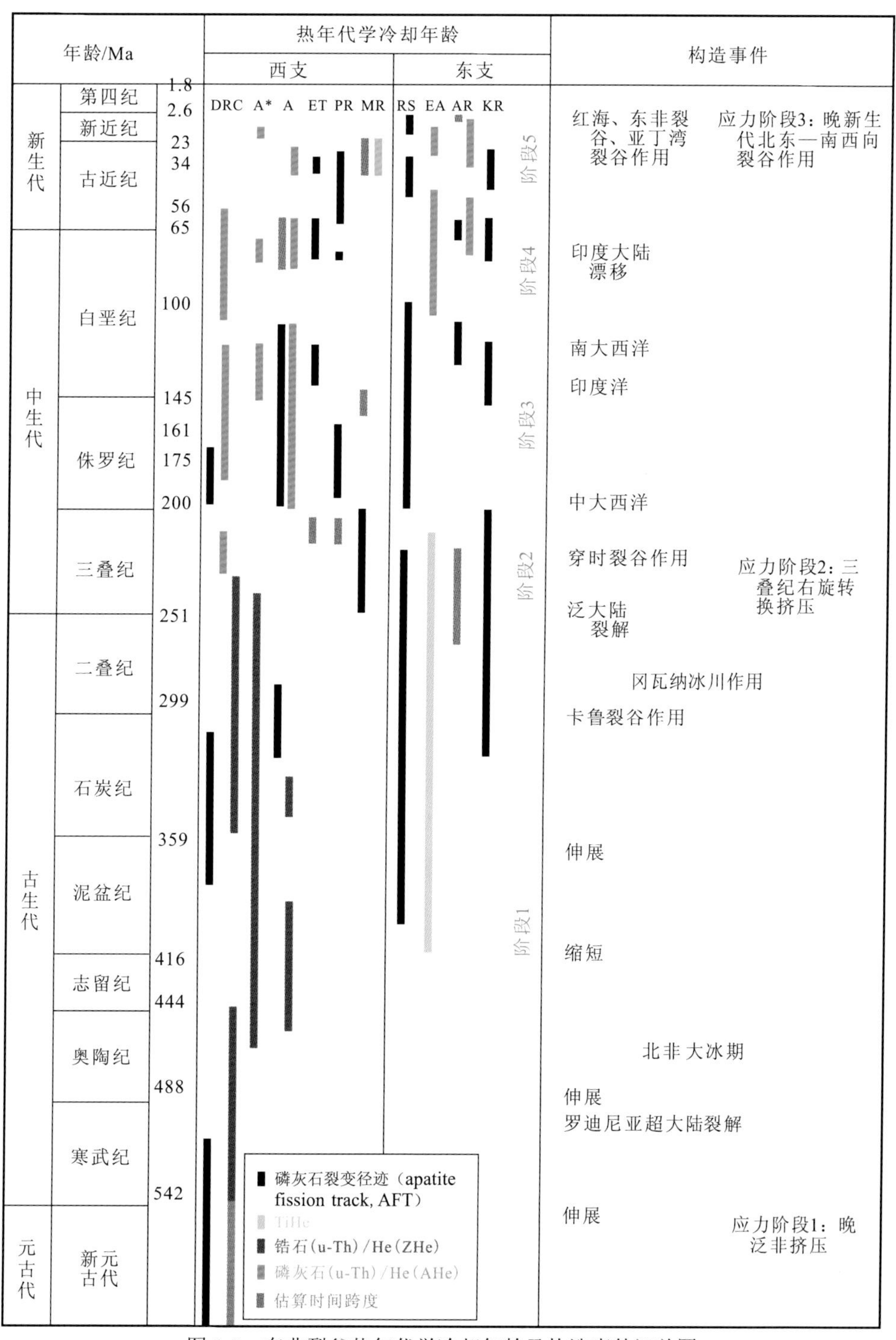

图 1.5　东非裂谷热年代学冷却年龄及构造事件汇总图

1.4.1 卡鲁陆内裂谷阶段

晚石炭世—早侏罗世卡鲁（Karoo）陆内裂谷阶段（北东—南西走向），受泛大陆拼合过程中非洲板块与南部南极洲板块的碰撞，整体在南北向挤压、东西向扩展的区域应力背景下发育（Morley，2010；Daly et al.，1989）。其中在开普褶皱带前缘形成卡鲁大型前陆盆地，而北部呈线性展布的裂谷为该时期沿基底古构造带发育的斜向伸展或拉分的盆地。该裂谷阶段经历时间长，为最老的广泛分布的裂谷相，主要分布于非洲大陆南部。现今东非裂谷的部分裂谷段有沿卡鲁裂谷发育的趋势，如西支的鲁夸裂谷，根据裂谷地层充填，表现为新生代裂谷叠加于早期卡鲁裂谷之上的继承性发育特征。

1.4.2 白垩纪板内裂谷阶段

白垩纪板内裂谷阶段（北西—南东走向），受晚侏罗世（约 183 Ma）卡鲁地幔柱活动的影响，先是东西冈瓦纳大陆的分离，即印度板块、南极洲板块从非洲板块分离，从而形成印度洋；再是南美洲板块与非洲板块分离，形成南大西洋，在这一阶段，肯尼亚、坦桑尼亚和莫桑比克的沿海地区形成多个侏罗纪裂谷。晚白垩世（约 95 Ma），非洲板块与欧亚板块的碰撞挤压，造成构造应力场的改变，在中非地区、东非地区形成左旋走滑作用，形成压扭性质的裂谷盆地，该时期裂谷遍布非洲中部，如中非剪切带形成的苏丹裂谷等。北西向展布、终止于图尔卡纳湖东岸的安扎（Anza）裂谷也主要发育于该阶段，该阶段偶发的裂谷活动在某些地区一直持续到新近纪早期（Talbot et al.，2004）。

1.4.3 新生代裂谷阶段

新生代的东非裂谷始于始新世，阿法尔地幔柱活动加速了红海—亚丁湾—东非裂谷三叉裂谷的形成。根据东支、西支裂谷的演化特点，可以将新生代裂谷分为两期。

1. 新生代裂谷 1 期（晚始新世—中中新世）

该阶段形成一系列北北东、近南北走向的裂谷段，裂谷作用主要发生在东非裂谷东支，裂谷活动始于肯尼亚西北部的图尔卡纳地区，形成南洛基查尔、凯里奥等凹陷（张燕 等，2017）。早期的卡鲁裂谷和白垩纪裂谷在局部地区如西支鲁夸等地区复活（Roberts et al.，2012）。南北向展布的莫桑比克造山带基底之上形成了一系列正断层并逐渐形成分段裂谷，伴随发生广泛的岩浆活动，埃塞俄比亚地区爆发大量玄武岩，阿法尔地幔柱作用逐渐减弱。该阶段沉积地层厚度大。

2. 新生代裂谷 2 期（中中新世末期至今）

该阶段为东非裂谷西支主要发育演化时期，东非裂谷西支自北端的阿伯丁凹陷向南传递。同时，东支裂谷继续发展，图尔卡纳和楚拜亥等凹陷逐渐进入主沉降期。该阶段一方面扩宽了原有裂谷范围；另一方面，上新世以后东支裂谷裂陷活动整体向南传递，延伸到坦桑尼亚北部。

第2章 东非裂谷盆地结构构造特征

一般大陆裂谷盆地的发展有三个关键阶段：①裂谷初始阶段，发育多个几何学和运动学上孤立的、不连续的小断层段及凹陷；②断层相互作用阶段，小断层段连接形成更长、断距更大的断裂体系及凹陷；③裂谷高峰活动阶段，伸展活动集中于少数大型盆地边界断层，盆内大多数断裂未活动。但实际发育过程中，受复杂的先存构造体系、区域应力场的变化、地幔活动或岩浆侵入引起的局部效应等影响，许多裂谷并未完全遵循完整的大陆裂谷发育阶段，如北海北部、亚丁湾等裂谷，裂谷的“初始阶段”和“高峰活动阶段”仅分段性叠加，即许多裂谷段仅经历了初始阶段，而部分裂谷段直接进入“高峰活动阶段”而未见“初始阶段”（Bell et al.，2015）。

通过详细的野外、地震和钻孔数据等资料，可以揭示裂谷发育各阶段相关的地层和构造，还原裂谷各阶段叠置关系，更好地认识裂谷发育演化全过程。

2.1 构造-地层格架

充分利用钻井、地质露头及地震等资料，在地震地质层位标定基础上，通过对东非裂谷盆地重点凹陷地震地质资料的精细解释，搭建东非裂谷盆地构造-地层格架。

2.1.1 关键构造界面厘定

通过对东非裂谷东支、西支重点凹陷钻井和测井资料分析，结合收集到的野外地质露头信息及前人研究成果（胡滨 等，2019a，2018a；贾屾 等，2018；张燕 等，2017；Morley，1999），对东非裂谷盆地重点凹陷进行地震地质层位标定，厘定上新统底、中新统底等关键构造界面。

1. 东支南洛基查尔凹陷

1）地震反射特征

南洛基查尔凹陷受边界断层和火山活动的控制，整体呈西陡东缓的半地堑结构，断层下盘为出露地表的前寒武纪变质岩（图2.1）。南洛基查尔凹陷内发育渐新统洛佩罗特组砂泥岩段、下中新统洛肯组砂岩段、下中新统洛肯组烃源岩段、中中新统奥沃威尔组、上中新统火成岩及上新统，最大沉积地层总厚度可达7000 m。其中渐新统与基底、上新统与下

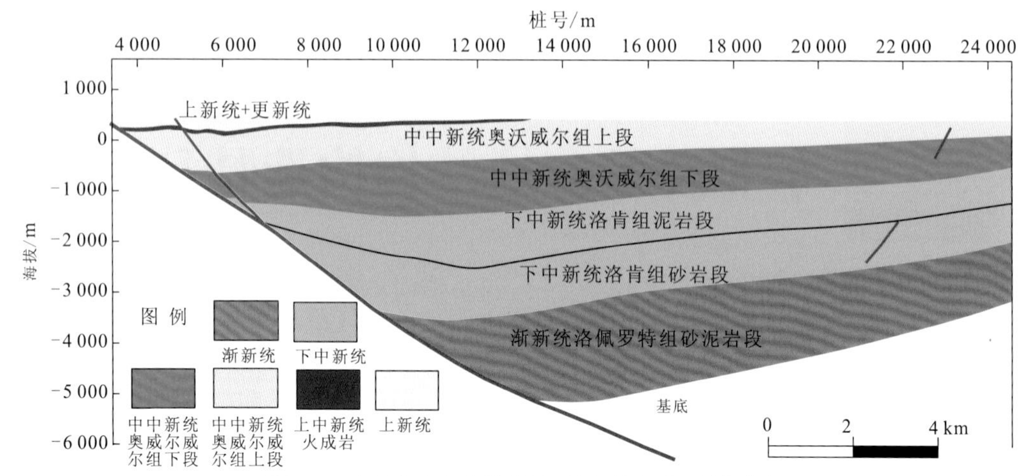

图 2.1　南洛基查尔凹陷构造-地层格架典型剖面图

覆地层呈不整合接触，其余地层均为整合接触关系。下中新统洛肯组泥岩段以深湖亚相泥页岩为主，是南洛基查尔凹陷内主力烃源岩段。

通过井震标定，南洛基查尔凹陷内 5 个层位的地震反射特征明显，易于追踪对比解释，自下而上分为 5 个构造界面。

（1）基底：前寒武纪变质岩与渐新统洛佩罗特组界面，在地震剖面上呈中等频率、中等连续性、较强振幅的反射特征。

（2）洛肯组底：即洛肯组砂岩段与洛肯组烃源岩段界面，在地震剖面上呈中高频、强连续性、较强振幅的反射特征。图 2.1 中渐新统顶面依据钻井数据（Loperot-1 井，简称为 L-1 井）在地震剖面上推测得出（Morley，1999）。

（3）奥沃威尔组下段底：即洛肯组泥岩段与奥沃威尔组下段界面，在地震剖面上呈中高频、较强连续性、较强振幅的反射特征。

（4）奥沃威尔组上段底：在地震剖面上呈中高频、较连续的反射特征，在凹陷中心处振幅和连续性较强，在远离凹陷中心处振幅和连续性变差。

（5）上新统底：实际为上中新统火成岩界面，在地震剖面上呈低频、连续强反射特征，在南洛基查尔凹陷内非常清晰。该套火成岩厚度较小且反射特征明显有利于全区追踪解释，部分钻井揭示该套火成岩之上为上新统，因此本小节将该套地震反射也作为上新统底界面的地震反射特征。

2）残存地层特征

南洛基查尔凹陷渐新统—中新统残存地层均呈北西向条带状展布（图 2.2），显示了边界断层对地层沉积的控制作用（由于厚度图来自地震解释结果，图 2.2 中渐新统残存地层厚度实际为基底至下中新统洛肯组底之间的残存地层厚度，即应为实际渐新统残存地层厚度加下中新统洛肯组残存地层厚度）。

其中，渐新统最大残存地层厚度超过 3 000 m，残存地层厚度中心位于南洛基查尔凹陷西南边界。下中新统洛肯组烃源岩段及中—上中新统最大残存地层厚度分别为 2 200 m 和 2 800 m，两者厚度中心较为重叠，但相对渐新统明显向北发生偏移。上新统残存地层厚度明显变薄，最大残存地层厚度约为 800 m，范围也明显变小，仅局限在南洛基查尔凹陷西南和北部部分地区，且有继续向北偏移的趋势（图 2.2）。

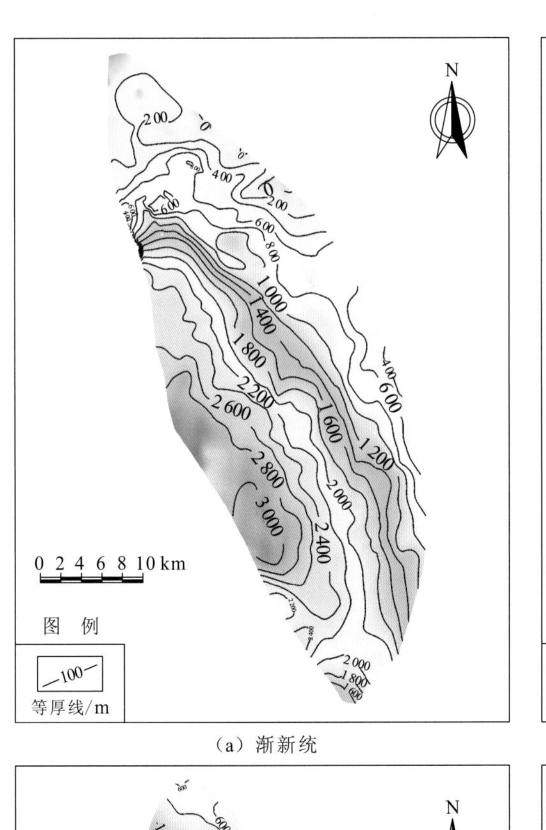

（a）渐新统

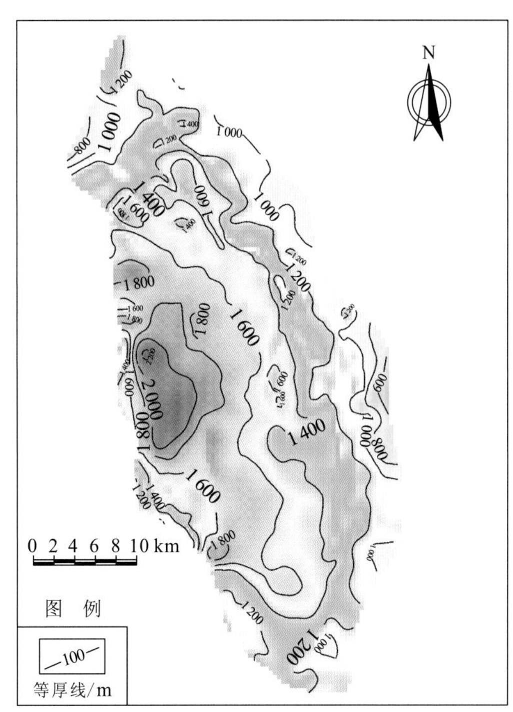

（b）下中新统洛肯组烃源岩段

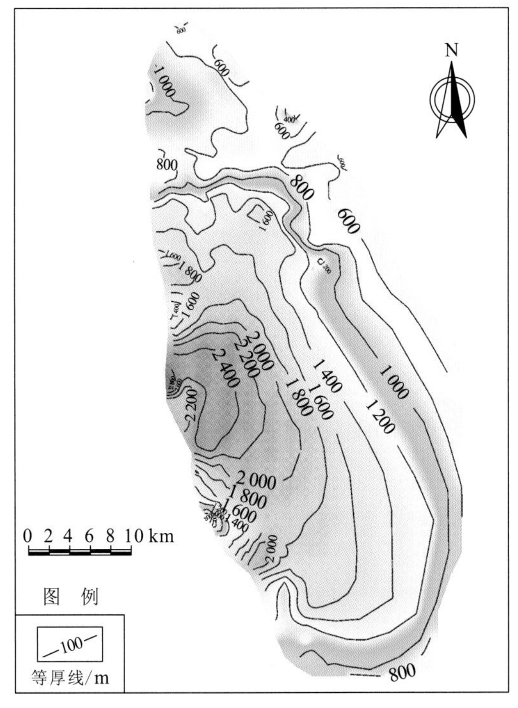

（c）中—上中新统

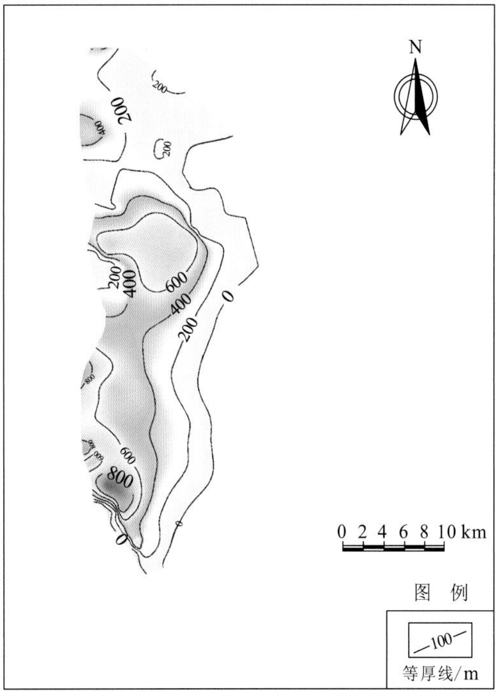

（d）上新统

图 2.2 南洛基查尔凹陷残存地层厚度图

整体上，渐新世—中中新世南洛基查尔凹陷残存地层较稳定分布且厚度、范围均较大，该阶段裂谷应处于稳定活动时期，但早中新世以后裂谷活动略向北偏移，而晚中新世之后裂谷活动萎缩，仅局限于南洛基查尔凹陷北部部分地区。

2. 东支凯里奥凹陷

1）地震反射特征

位于南洛基查尔凹陷东侧的凯里奥凹陷，近南北走向，长度约为 88 km，宽度约为 36 km。钻井揭示该凹陷发育渐新统、下中新统、中—上中新统、上新统和更新统 5 套沉积地层，凹陷最大沉积总厚度约为 6 500 m（胡滨 等，2019b；Morley，1999）。

东非裂谷东支自南洛基查尔凹陷向东和向北，地表大面积被火成岩覆盖，根据钻井及露头定年资料，研究区主要发育三套火成岩（上上新统、中新统顶部形成于 5.1 Ma，中新统内部形成于 10.0 Ma）。地质图中凯里奥凹陷地表露头可见中新统顶部（约形成于 5.1 Ma）火成岩。该凹陷的两口探井在中新统顶部也都钻遇这套火成岩，其凝灰岩夹泥岩岩性在地震剖面上反射特征明显，呈“两红夹一黑”的强反射特征，同相轴横向连续性好，可在凹陷内连续追踪对比解释，为该区标志层，下中新统顶部及渐新统顶部在过 K-l 井的地震剖面上呈现较连续、中频、强反射特征，横向上连续可追踪，可以较好地对比解释。

通过井震标定，凯里奥凹陷内自下而上 4 个构造界面分述如下（图 2.3）。

（1）基底：地震反射特征不清晰，通过钻井推测为一套弱连续-较连续的中强反射层顶面。

（2）下中新统底：地震剖面上表现为低频、强振幅、较连续反射特征，可进行全凹陷追踪对比解释。

（3）中—上中新统底：地震剖面上表现为中低频、较强振幅、较差连续反射特征，但由于地震剖面上该界面上下均呈大段空白反射，较易识别追踪。

（4）上新统底：即中新统顶部（约 5.1 Ma）地震反射特征明显的火成岩顶部。

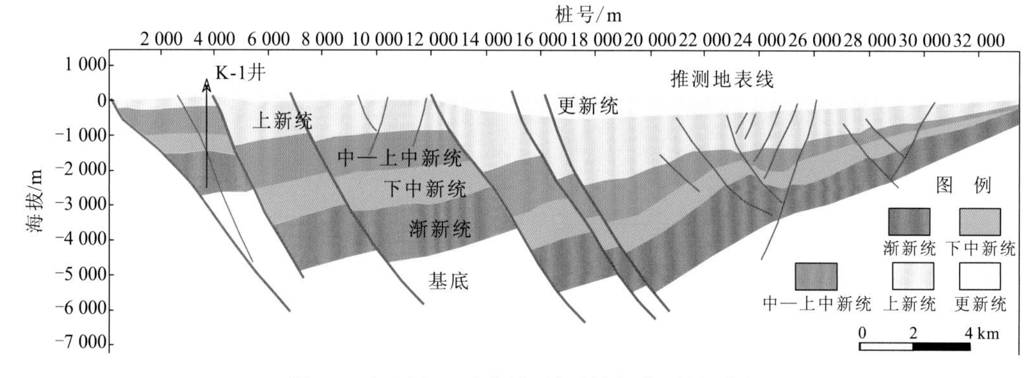

图 2.3 凯里奥凹陷构造-地层格架典型剖面图

2）残存地层特征

渐新统最大残存地层厚度约为 2 400 m，可分为两个厚度中心，整体位于凯里奥凹陷西部边界近南北向展布（图 2.4）。下中新统最大残存地层厚度约为 2 000 m，残存地层整体展布特征与渐新统相似，但厚度明显变小，厚度中心主要发育于凹陷西部边界中部。中—上中新统最大残存地层厚度约为 1 400 m，厚度中心范围逐渐向凯里奥凹陷西部边界萎缩。上新统+更新统残存地层厚度变化较大，最大厚度超过 2 400 m，厚度中心向凯里奥凹陷东部和北部迁移（图 2.4）。

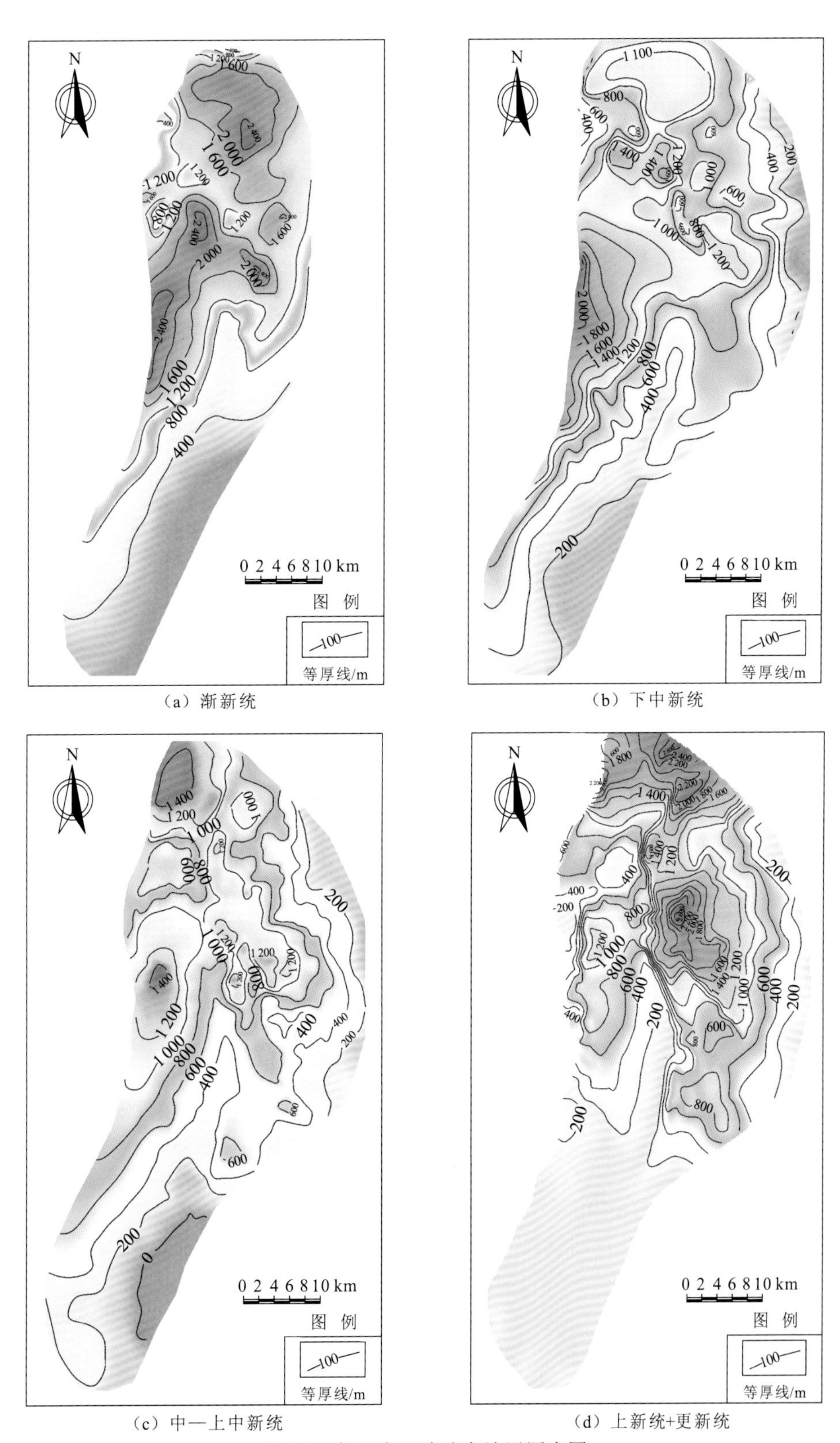

（a）渐新统　（b）下中新统

（c）中—上中新统　（d）上新统+更新统

图 2.4　凯里奥凹陷残存地层厚度图

整体上，凯里奥凹陷渐新统—中新统，残存地层厚度相对较稳定，显示了早期边界断层对凹陷发育的持续控制作用；而上新统+更新统残存地层厚度中心发生明显迁移，对应上新世以来裂谷活动的迁移，此时断裂活动主要集中于凯里奥凹陷内部大型断裂，边界断层对沉积的控制作用减弱。

3. 东支凯里奥山谷凹陷

1）地震反射特征

凯里奥山谷凹陷位于东非裂谷东支最南部，南洛基查尔凹陷南约 60 km 处。凯里奥山谷凹陷北部地表出露上新统火成岩，而东部卡玛西亚（Kamasia）地区可见出露的中新统恩戈罗拉（Ngorora）组砂泥岩，地质年代为 13.1～8.5 Ma（胡滨 等，2018a），该组砂泥岩露头样品显示烃源岩指标好，推测该组为有效烃源岩段。凯里奥山谷凹陷西部有下中新统湖相砂泥岩沿边界断层出露，推测为下中新统潜在烃源岩段。

凯里奥山谷凹陷缺少钻井，主要通过地质露头进行地震地质层位标定，部分剖面上目的层地震反射特征较不清晰，但部分地区界面地震反射特征连续性较强(多为火成岩反射)，上新统底在凯里奥山谷凹陷内呈明显中低频、较强振幅、连续地震反射特征，各地层之间呈整合接触（图 2.5）。

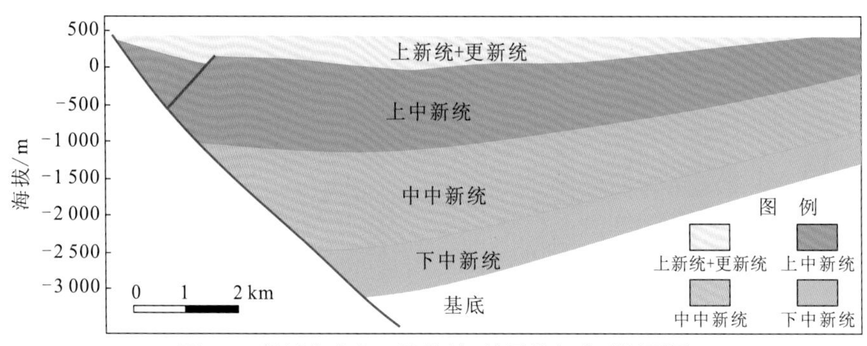

图 2.5 凯里奥山谷凹陷构造-地层格架典型剖面图

2）残存地层特征

凯里奥山谷凹陷中新统较发育，推测下中新统烃源岩段及上中新统烃源岩段最大残存地层厚度均超过 1 000 m，残存地层厚度中心整体南北向沿西部边界断层发育，地层展布特征有较强继承性，但凯里奥山谷凹陷内上新统+更新统残存地层厚度变小，且范围萎缩（图 2.6）。

4. 东支图尔卡纳凹陷

1）地震反射特征

图尔卡纳凹陷位于东非裂谷东支中部，凹陷呈近似南北走向，长度约为 180 km，宽度约为 45 km（图 2.7），现今图尔卡纳湖面之下为凹陷的沉积中心，该凹陷也是研究区面积最大的凹陷（胡滨 等，2019c）。

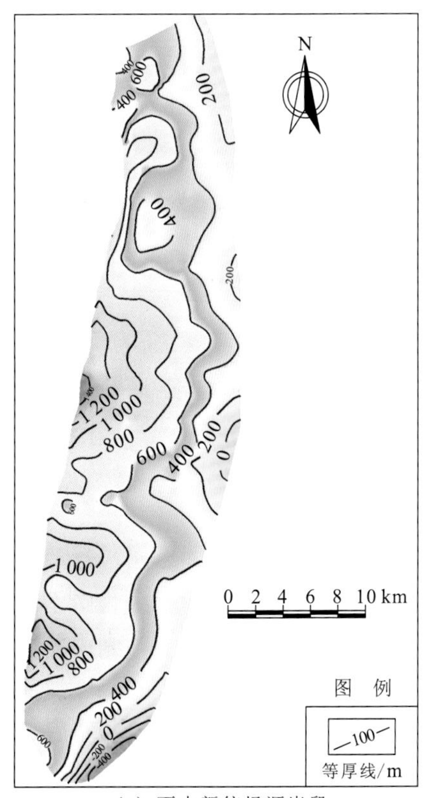

（a）下中新统烃源岩段

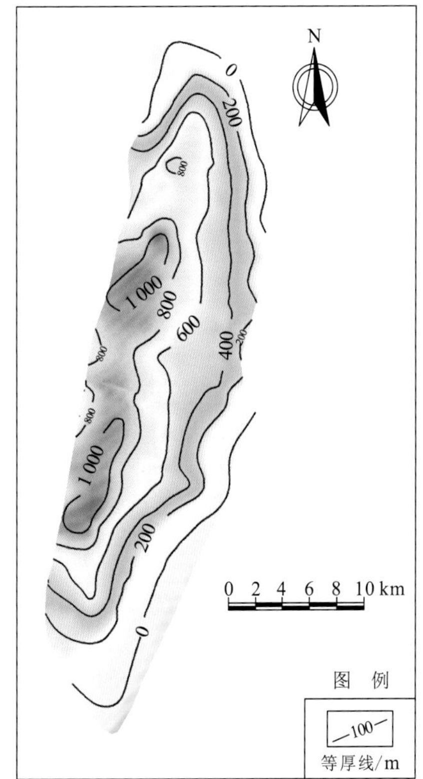

（b）上中新统烃源岩段

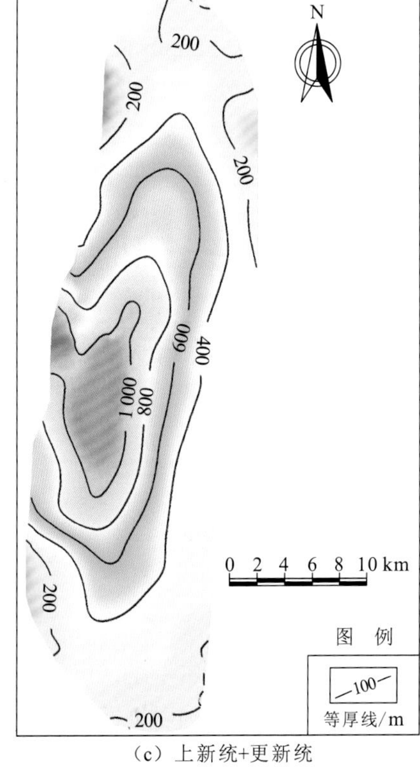

（c）上新统+更新统

图 2.6　凯里奥山谷凹陷残存地层厚度图

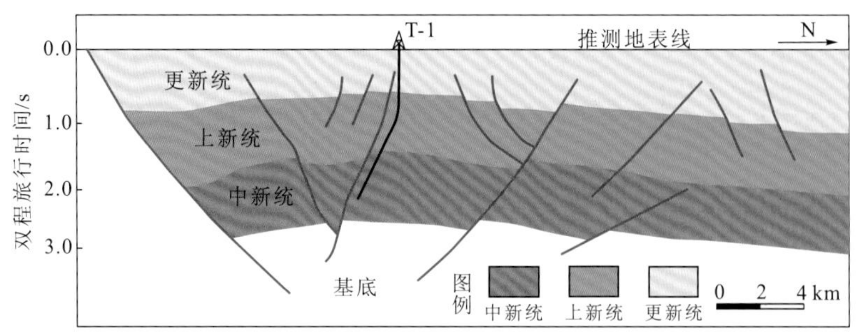

图 2.7 图尔卡纳凹陷构造—地层格架典型剖面图

图尔卡纳凹陷现今地表被大面积火成岩覆盖，根据地质露头定年资料，上新统底部火成岩（约 5.1 Ma）广泛发育（胡滨 等，2019c；Morley，1999）。图尔卡纳凹陷内两口钻井也均于上新统底部钻遇该套火成岩，其地震反射特征明显，在地震剖面上呈低频、强振幅、连续性好的反射特征，下伏地层呈 2～3 个连续强反射地震同相轴（图 2.7）。与凯里奥凹陷上新统底部火成岩地震反射特征一致，这套火成岩可作为区域地震反射标志层进行追踪解释和研究，根据井震标定，该套强反射波组最上面的强反射同相轴为上新统底。由于图尔卡纳凹陷深层地震品质较差，基底地震反射特征不明显，以上新统底为参考，利用厚度进行约束来推测基底。上新统顶即更新统底主要呈中频、中强振幅、较连续的地震反射特征，可进行连续追踪对比解释。基于上述地震反射特点，确定三个主要构造界面，即基底、中新统顶、上新统顶（图 2.7）。

2）残存地层特征

前人根据图尔卡纳湖西北侧拉普尔山脉（Lapur Range）地区地质露头研究，推测图尔卡纳凹陷中新统之下存在白垩系—始新统的砂岩和火成岩组合（Boone et al.，2018b；Morley，1999）。Tiercelin 等（2012）结合地质露头通过电磁反演也推测图尔卡纳凹陷底部存在该套地层，但低温热年代学数据表明西部边界控凹断裂于 14 Ma 开始快速活动，使下盘快速隆升剥蚀，新生代的图尔卡纳凹陷于此时进入主裂谷阶段（Boone et al.，2018b）。由于深部地震资料品质差，深部地层几乎无法识别，且早期沉积充填厚度有限，暂将基底至上新统底之间定为上中新统（图 2.7）。

根据地震解释结果，图尔卡纳凹陷中新统最大残存地层厚度超过 5 000 m，地层分布相对较均匀，最厚位于凹陷中部（图 2.8）。上新统+更新统最大残存地层厚度超过 5 000 m，可分为南北两个厚度中心，其中北部厚度更大、范围更广，预示上新世以来图尔卡纳凹陷北部可能为裂谷活动中心（图 2.8）。

5. 东支北洛基查尔凹陷

1）地震反射特征

北洛基查尔凹陷紧邻南洛基查尔凹陷和图尔卡纳凹陷，其西部边界断层为南洛基查尔凹陷边界断层向北的延伸，东部与图尔卡纳凹陷以低凸起相隔，凸起部位发育近南北向展布的洛蒂多克山脉（Lothidok Range），山脉上可见渐新世以来的火成岩和砂泥岩露头。由于该凹陷内无钻井，可通过地质露头完善地震层位标定（Boschetto et al.，1992）。地震剖

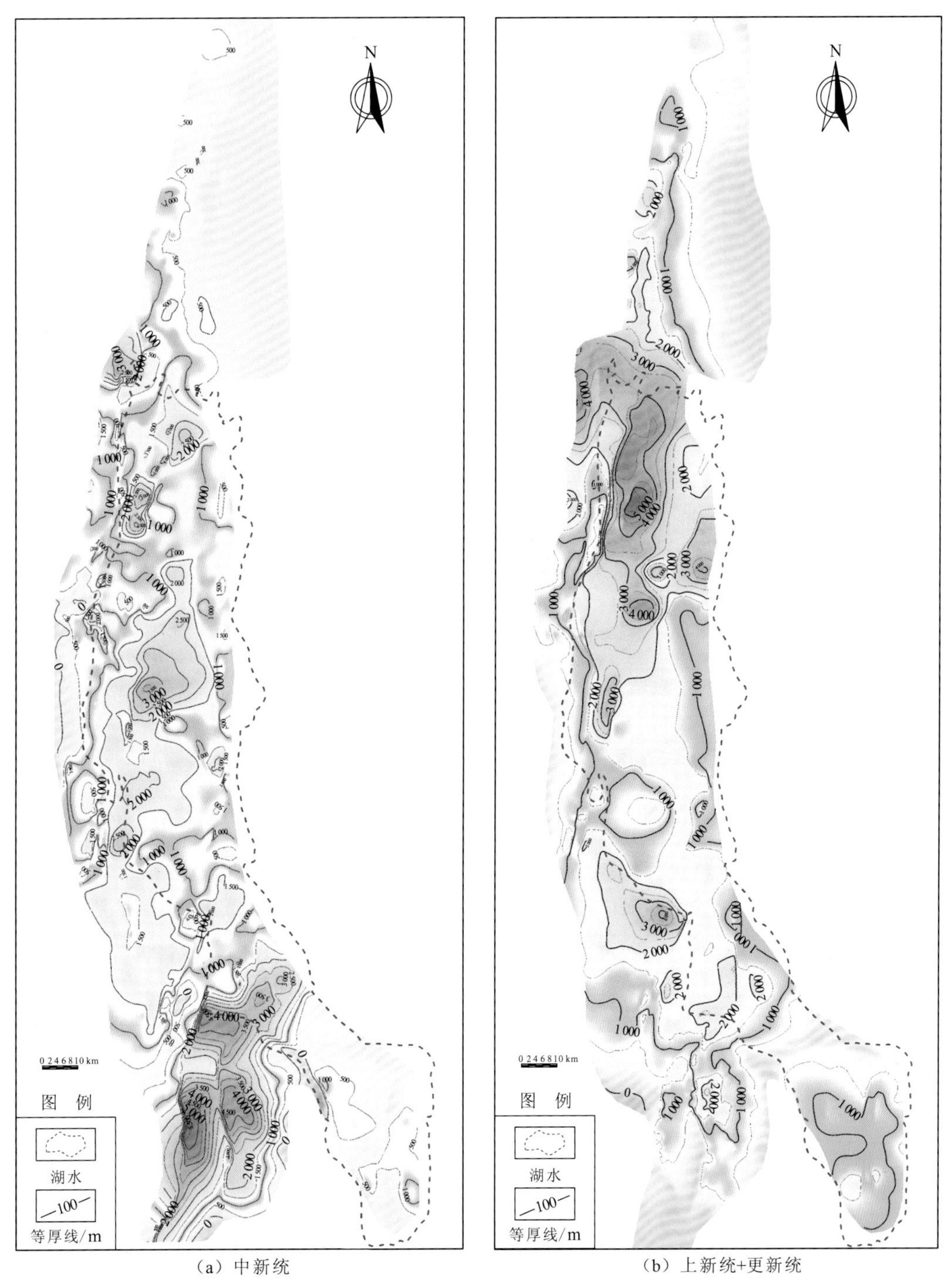

图 2.8 图尔卡纳凹陷残存地层厚度图

面上约 1.5 s 附近可见一套中低频、较强振幅、较连续反射的地震反射同相轴，该反射界面为上下地层明显的分界面，即该分界面之下，地层东厚西薄，而该界面之上，地层西厚东薄。Morley（1999）推测该分界面对应上中新统底（12.5～14 Ma），Boone 等（2018b）通过低温热年代学定年方法，对北洛基查尔凹陷西部边界断层下盘露头基底样品进行热历史模拟，推测该凹陷西侧基底于渐新世—中中新世经历了 0.2～0.8 km 的埋深，而东部洛蒂多克山脉渐新统+下—中中新统厚度超过 1400 m，因此渐新世—中中新世可能发育西倾的洛蒂多克控凹断裂，凹陷早期为东厚西薄的半地堑。而晚中新世以来，随着洛基查尔断裂自南向北扩展，逐渐控制了凹陷沉积，凹陷呈西厚东薄的半地堑（图 2.9）。Boone 等（2018a）及 Morley（1999）研究表明造成上下地层厚度差异的分界面应为上中新统底，通过地质露头在地震剖面上进行标定的结果也与此契合。通过与相邻图尔卡纳凹陷进行地震波组反射特征对比，完成基底和上新统底部的地震地质层位标定，进而确定三个主要构造界面，即基底、上中新统底、上新统底（图 2.9）。

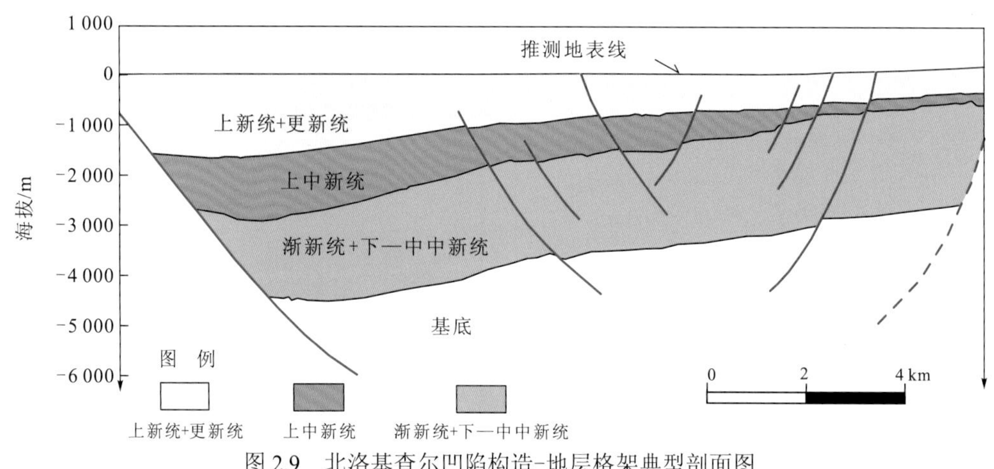

图 2.9　北洛基查尔凹陷构造-地层格架典型剖面图

2）残存地层特征

北洛基查尔凹陷早期残存地层特征为东厚西薄，最大厚度超过 2000 m，厚度中心近南北向条带状展布（图 2.10）。上中新统厚度中心向西迁移，但厚度中心范围相对局限于北洛基查尔凹陷西北部，推测此时边界断层发育规模有限。北洛基查尔凹陷上新统+更新统残存地层厚度及厚度中心范围明显扩大，推测上新世以来，边界断层逐渐向南北扩展，并最终与南洛基查尔边界断层连为整体（图 2.10）。

6. 东支楚拜亥凹陷

1）地震反射特征

楚拜亥凹陷位于南北向肯尼亚裂谷与北部埃塞俄比亚裂谷的连接部位，凹陷中两口探井均钻遇上新统底部（时间约为 5.1 Ma）火成岩，其地震反射特征明显，呈明显低频、强振幅、连续地震反射特征，凹陷内易于追踪对比解释，同时其地震反射特征与相邻图尔卡纳凹陷及凯里奥凹陷上新统底部火成岩的地震反射特征较为一致，这也侧面反映了中新世末期火山活动在研究区内广泛分布。井震标定确定三个主要构造界面，即更新统底、上新统底、基底（图 2.11）。更新统底呈中低频、强振幅、连续地震反射特征；上新统底呈低频、连续、强振幅地震反射特征；基底地震反射特征差异大，局部呈“两黑夹一红”的低频、中强振幅地震反射特征，但连续性较差。

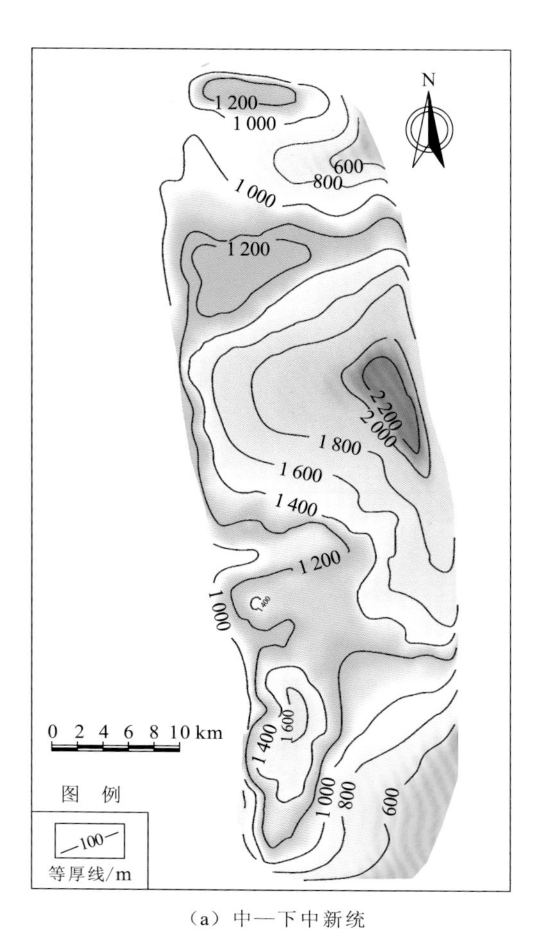

(a) 中—下中新统

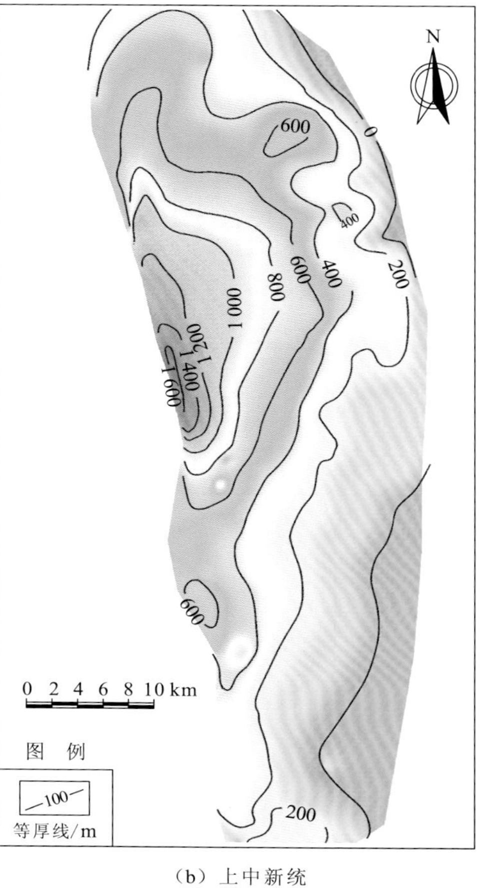

(b) 上中新统

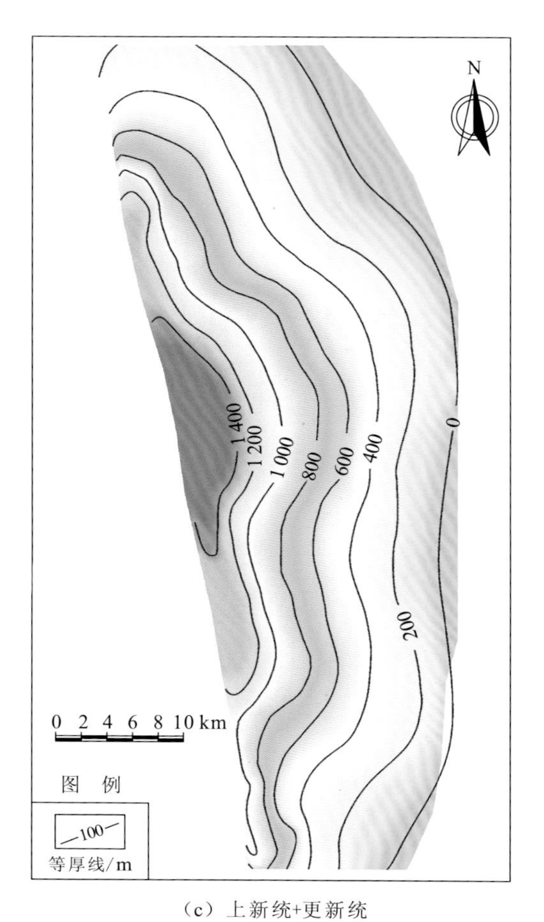

(c) 上新统+更新统

图 2.10　北洛基查尔凹陷残存地层厚度图

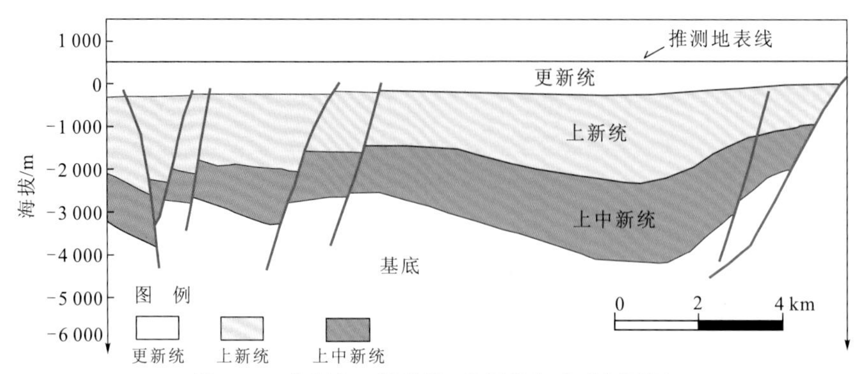

图 2.11　楚拜亥凹陷构造-地层格架典型剖面图

2）残存地层特征

楚拜亥凹陷残存地层展布特征有较强的继承性，上中新统分为东西两个南北向展布的条带状厚度中心，其中东部厚度略大，最大残存地层厚度大于 2000 m[图 2.12（a）]，预示东西两个边界断层在该地层沉积时期稳定发育并控制沉积。上新统+中新统残存地层展布范围及平面特征变化不大，但厚度明显增加，最大残存地层厚度大于 3000 m，表明该凹陷上新世以来进入裂谷主要活动阶段[图 2.12（b）]。

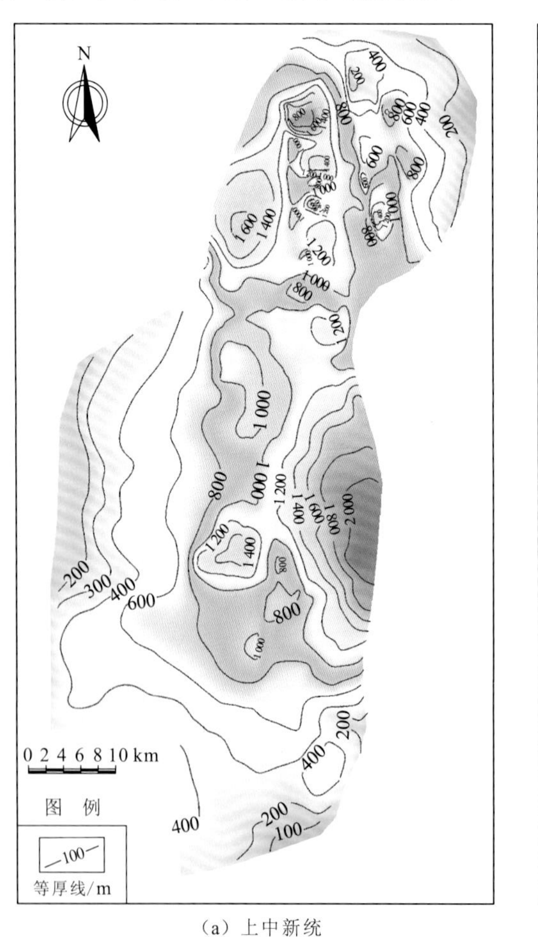

（a）上中新统

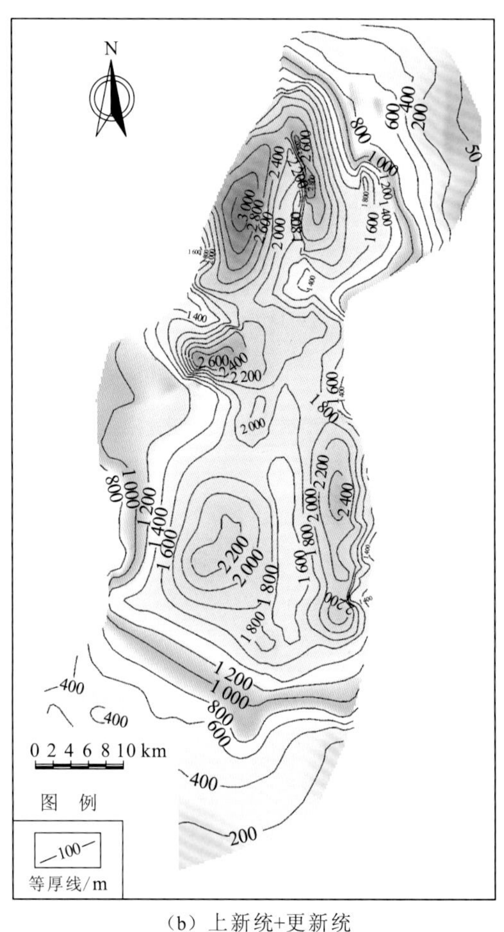

（b）上新统+更新统

图 2.12　楚拜亥凹陷残存地层厚度图

7. 西支阿伯丁凹陷

1）地震反射特征

阿伯丁凹陷位于东非裂谷西支北端。本书主要聚焦于阿伯丁凹陷中的阿伯特湖周缘。其中地层划分主要沿用了中海油研究总院有限责任公司 2013 年的全区统层方案。以金菲舍（Kingfisher）油田钻井标定为基础，向外进行引层解释。该方案确定了区域上 4 个地震反射层，即 T0（基底）、T07（上中新统顶）、T13（下上新统顶）及 T32（上上新统顶）（图 2.13）。

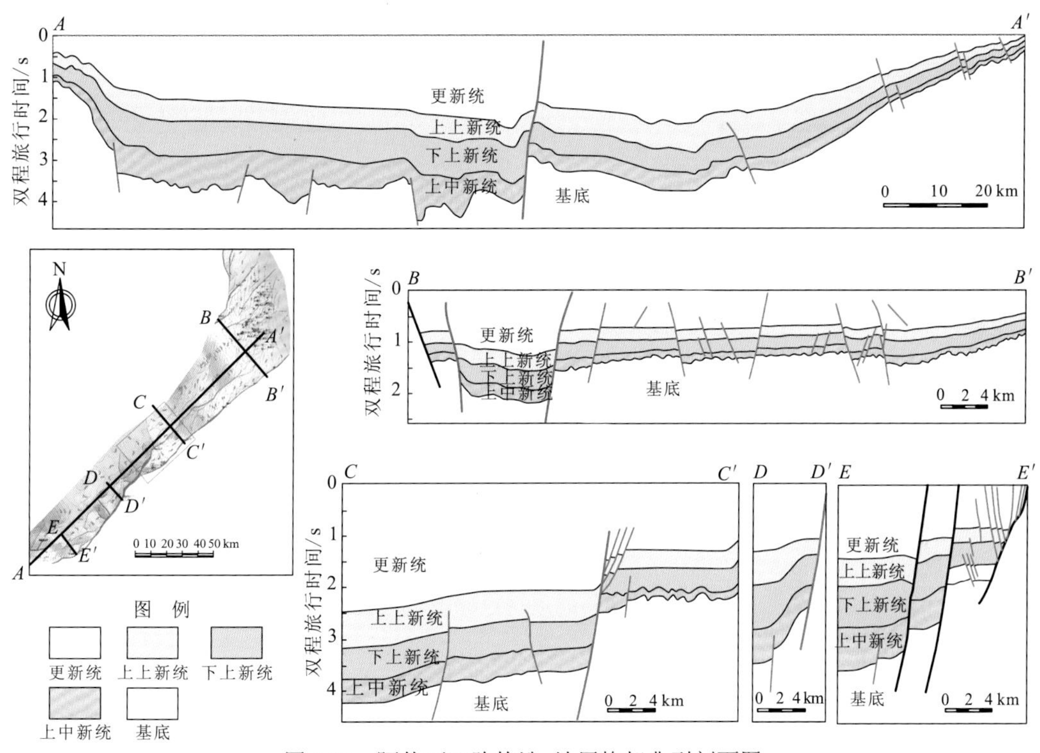

图 2.13　阿伯丁凹陷构造-地层格架典型剖面图

这 4 个区域地震反射层位的地震反射波阻特征横向变化较快。T0 反射层位在南北两侧非常清晰，为低频连续强地震反射，而在阿伯丁湖中心地区连续性变差、振幅变弱，主要依靠地层厚度变化趋势解释。T07、T13、T32 反射层位总体呈中等频率、较强连续性、较强振幅的地震反射特征。

2）残存地层特征

阿伯丁凹陷上中新统残存地层特征为西南厚东北薄，最大厚度范围为 1600～2200 m，厚度中心近南北向条带状展布（图 2.14）。下上新统至上上新统厚度中心向东北迁移，此时厚度中心范围相对局限于阿伯丁凹陷西北部，推测是阿伯丁凹陷西北边界断层快速发育导致的。阿伯丁凹陷更新统残存地层厚度及厚度中心范围明显扩大，推测更新世以来，边界断层活动进入高峰期，南北两个次凹同时发生快速沉积（图 2.14）。

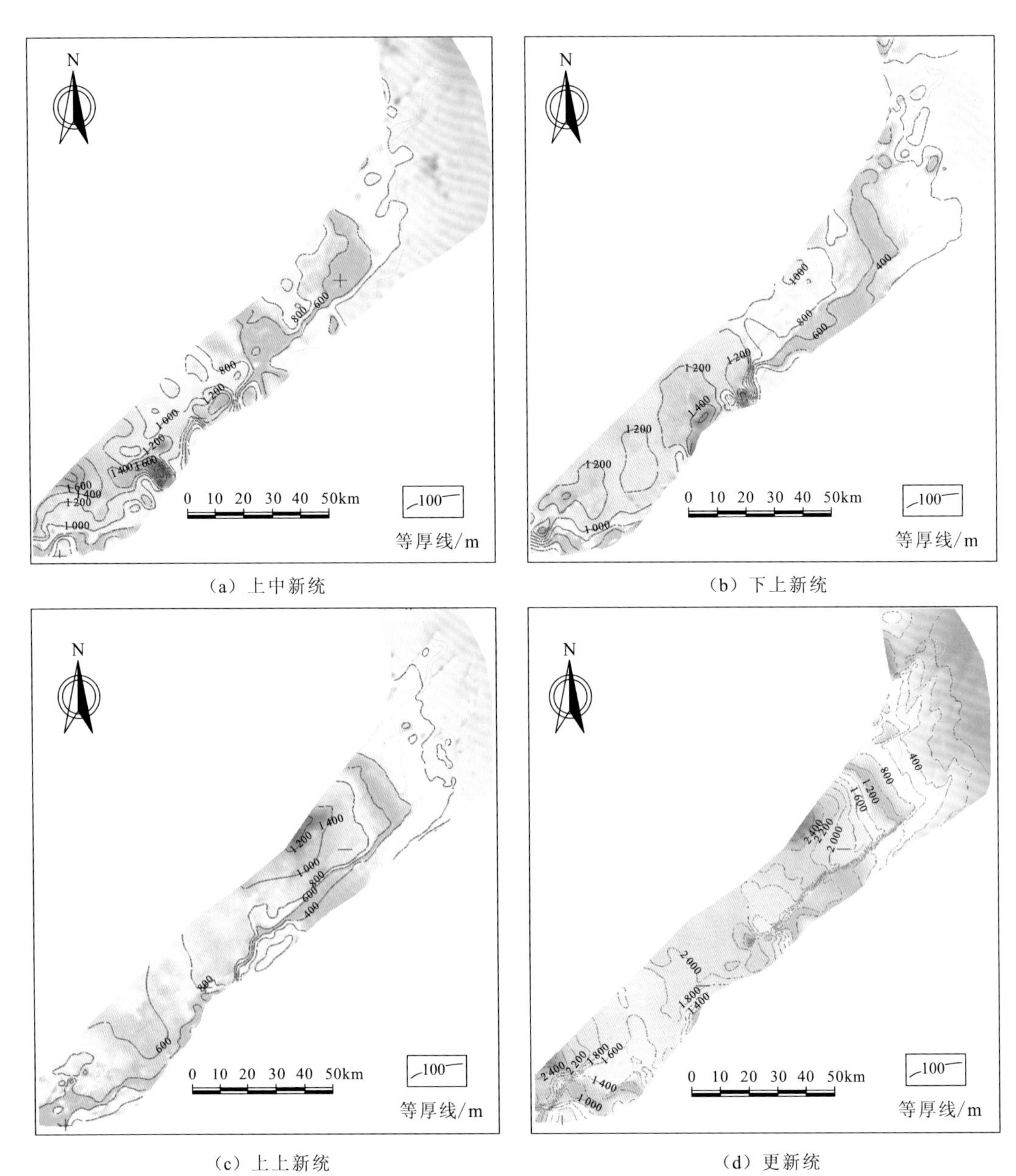

（a）上中新统　　（b）下上新统

（c）上上新统　　（d）更新统

图 2.14　阿伯丁凹陷残存地层厚度图

2.1.2　地层格架及分布特征

东非裂谷东支各凹陷主要发育时间跨度大，且各凹陷经历了不同的裂谷及火山活动，导致凹陷的沉积充填特征差异较大（图 2.15）。通过地震地质层位标定，发现研究区南洛基查尔凹陷下中新统洛肯组烃源岩段底部在地震剖面上呈中高频、较强振幅、强连续性的反射特征，易于进行区域追踪对比解释。通过地震反射特征对比，推测凯里奥及图克威尔等凹陷也发育该套烃源岩段，但整体上主要分布于研究区南部（张燕 等，2017）。中新统顶部的火成岩在地震剖面上呈“两红夹一黑”的强反射特征，为该区域地震反射标志层。

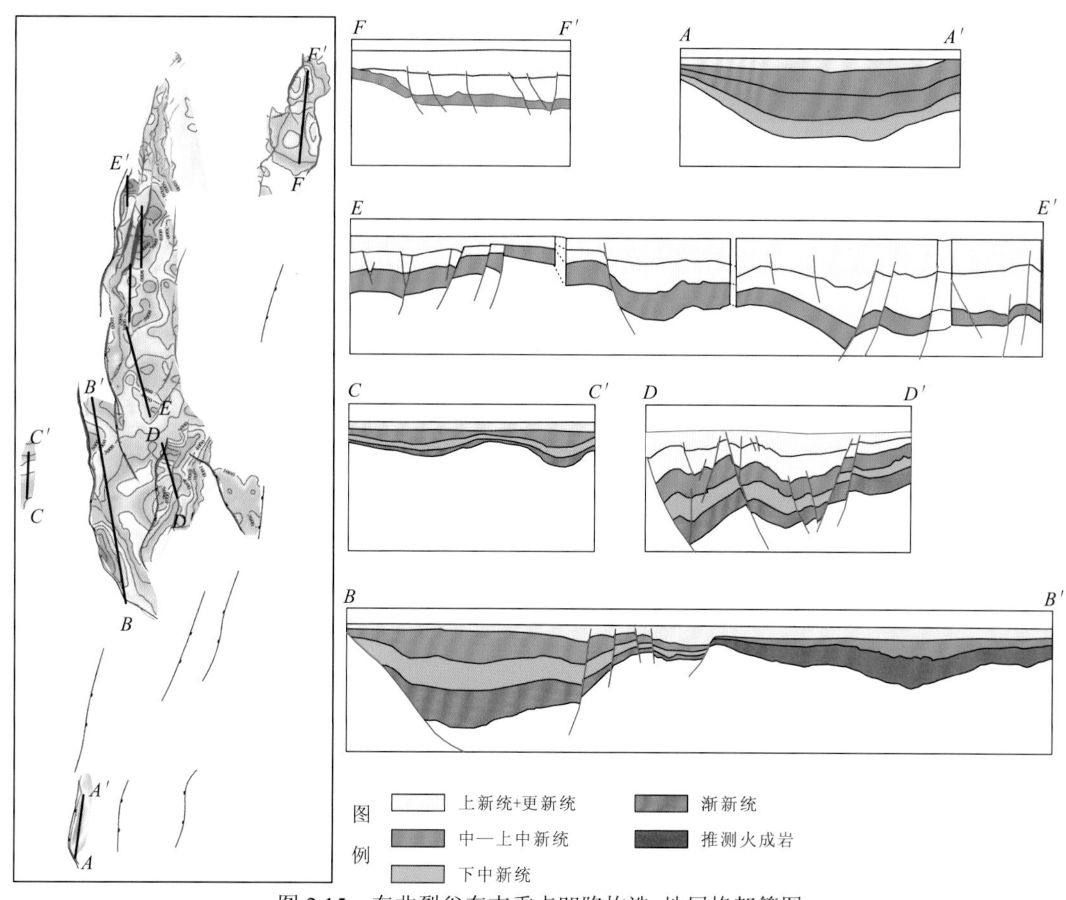

图 2.15　东非裂谷东支重点凹陷构造-地层格架简图

相对于东非裂谷西支窄长的残存地层特征（Shillington et al.，2020；Morley，1999），东支裂谷新生界残存地层特征更复杂，新生代凹陷沉积中心更分散，东支研究区范围内从南到北，分布南洛基查尔凹陷、凯里奥凹陷和图尔卡纳凹陷等多个新生代沉积中心，其中南洛基查尔凹陷新生界残存地层厚度最大，最厚处接近 7000 m，凯里奥凹陷及图尔卡纳凹陷沉积中心处新生界最大残存地层厚度也超过 6000 m。

整体上，东非裂谷东支新生代地层整体残存地层特征表现为多个沉积中心沿边界断层发育，中南部南洛基查尔凹陷和凯里奥凹陷充填地层相对较老，从这两个凹陷向南和向北，充填地层明显变新。

残存地层特征表明：自渐新世以来，地层沉积充填具有明显的迁移性，即渐新统—中新统主要分布于南部的南洛基查尔凹陷和凯里奥凹陷南部，上新世之后，沉积中心明显向北和向东迁移，上新统+更新统最大残存地层厚度位于凯里奥凹陷东部和北部及图尔卡纳凹陷北部，其中最大残存地层厚度位于图尔卡纳凹陷北部，超过 5000 m（图 2.16）。裂谷沉积充填的变化迁移特征与裂谷活动的变迁是密不可分的。

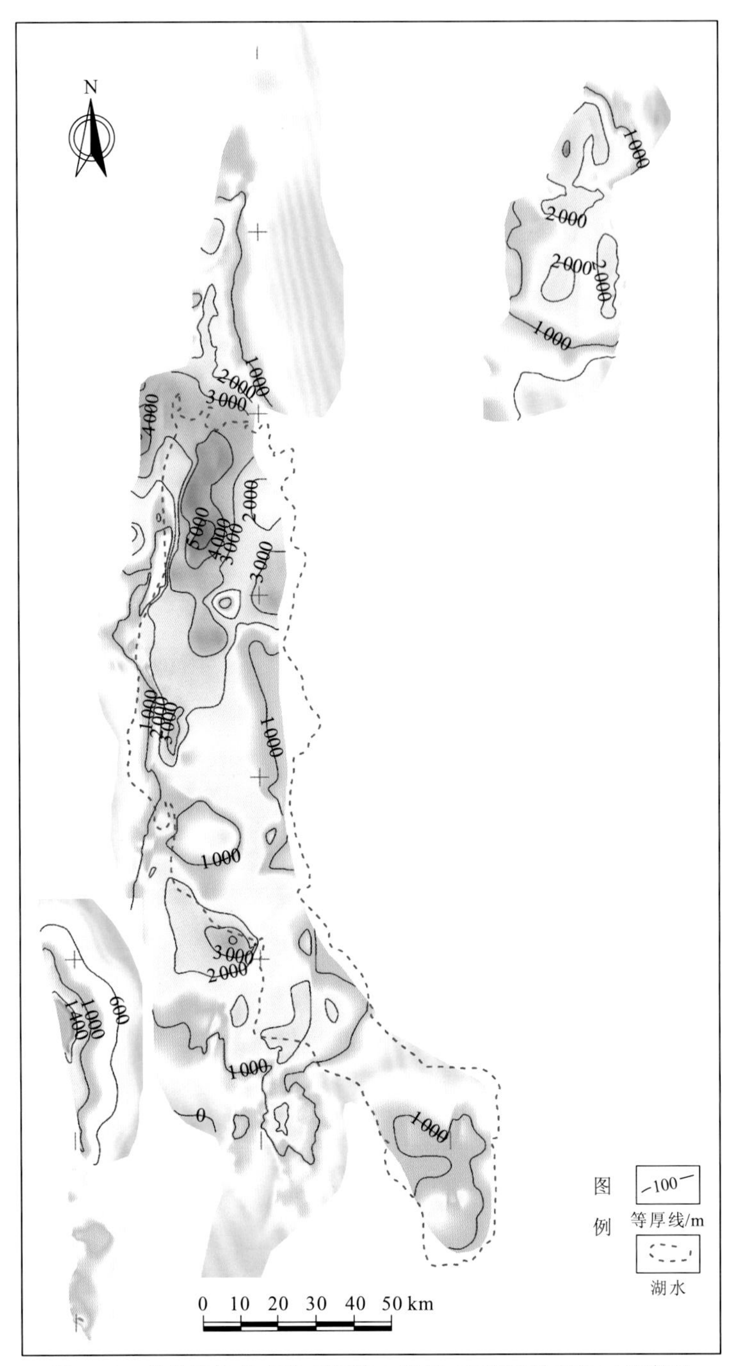

图 2.16　东非裂谷东支重点凹陷上新统+更新统残存地层厚度图

2.2　构造单元划分

以东非裂谷东支、西支盆地的基本构造特征、断裂特征、新生代残存地层厚度等为基础，结合重磁场特征，按照新生界沉积厚度所揭示的隆坳格局来划分构造单元。

2.2.1 构造单元划分原则

油气勘探通常要对盆地进行构造单元划分，合理的构造单元划分有利于明确勘探方向、开展勘探部署。勘探初期盆地构造单元划分主要利用非地震资料和少量地震资料，随着油气勘探的深入，则更多地利用地震、钻井及测井等方面的资料。依据的资料不同，确定的划分原则有所不同，但基本有 4 条：①重磁场的特点；②断裂规模和展布；③基岩出露、基底起伏与隆拗格局；④沉积岩厚度变化（主要勘探目的层的分布）。划分时要做到简洁、规范、实用、易操作。如果盆地内覆盖有地震资料及少量钻井资料，则可以根据实际资料对构造单元做必要的调整。一般来讲，同一构造单元通常具有相同或相似的基底特征、地层系统、沉积体系和构造演化，而对大地构造单元进行划分时，主要有三种不同的尺度：岩石圈尺度、板块尺度和盆地尺度（张吉光和王英武，2010；王步清 等，2009）。

本小节构造单元划分主要基于新的地层解释方案，根据本次对东非裂谷东西两支资料掌握程度的差异，以及东支裂谷、西支裂谷构造特征的差异，将东非裂谷东西两支分别划分为东、西两个一级构造单元，东支又可划分为 7 个二级构造单元（凹陷），针对重点凹陷进行三级构造单元划分（如洼陷、斜坡带等）。

2.2.2 构造区划及其特征

1. 东非裂谷东支构造单元

东支研究区主要为东非裂谷东支中部、连接东支北段埃塞俄比亚裂谷和南部肯尼亚裂谷的图尔卡纳地区。伴随较低的地貌特征，东支研究区地壳厚度明显小于南北两个高原地区（Chorowicz，2005），埃塞俄比亚高原和东非高原的地壳厚度约为 50 km，而东支研究区则不超过 40 km，其中图尔卡纳湖区厚度约为 20 km，最薄处位于图尔卡纳湖北部，对应新生代沉积中心位置（Emishaw and Abdelsalam，2019）。前人研究认为，该区域在地壳之下存在一个由岩浆底板作用形成的高速层（速度为 6.8 km/s），Morley（1999）推测这并非区域的岩浆侵入作用，而是由局部活跃的地幔柱活动引起的。

东支研究区为南北肯尼亚裂谷和埃塞俄比亚裂谷的连接部位或构造转换部位，发育一系列近平行的南北向展布的地堑或半地堑，如图克威尔、南洛基查尔、凯里奥等一系列凹陷，形成一个东西向排开较宽的裂谷带（Emishaw and Abdelsalam，2019；Tiercelin et al.，2012；Chorowicz，2005），前人研究认为这是由北西—南东向展布的先存构造体系控制的（Acocella et al.，1999），而区域内北西向的先存构造体系与白垩纪裂谷（安扎裂谷和苏丹裂谷）密切相关[图 2.17（Morley，2020）]。近期的研究表明，东非裂谷东支中部地区至少经历了两期不同方向的伸展，即早期（白垩纪—早新生代）与中非裂谷系统（安扎裂谷和苏丹裂谷）相关的北东—南西向区域伸展，至古近纪晚期（45 Ma）区域伸展方向变为近东西向（Civiero et al.，2014；Tiercelin et al.，2012）。Corti 等（2019）推测东支研究区新生代裂谷的发育及演化受北西—南东向中生代构造带控制，早期裂谷作用可能使东支研究区大规模范围内地壳变薄，弱化了东支研究区内近南北向展布的基底先存构造（莫桑比克造山带）的影响。东支研究区新生代裂谷断层的分布和几何特征、同裂谷沉积中心演化等，是受前寒武纪基底先存构造（基底异质性）和早期裂谷体系综合控制的，地幔柱活动导致的局部岩浆侵入等作用，加剧了局部地区断裂的复杂化，最终形成东支研究区特殊的新生代裂谷体系（图 2.17）。

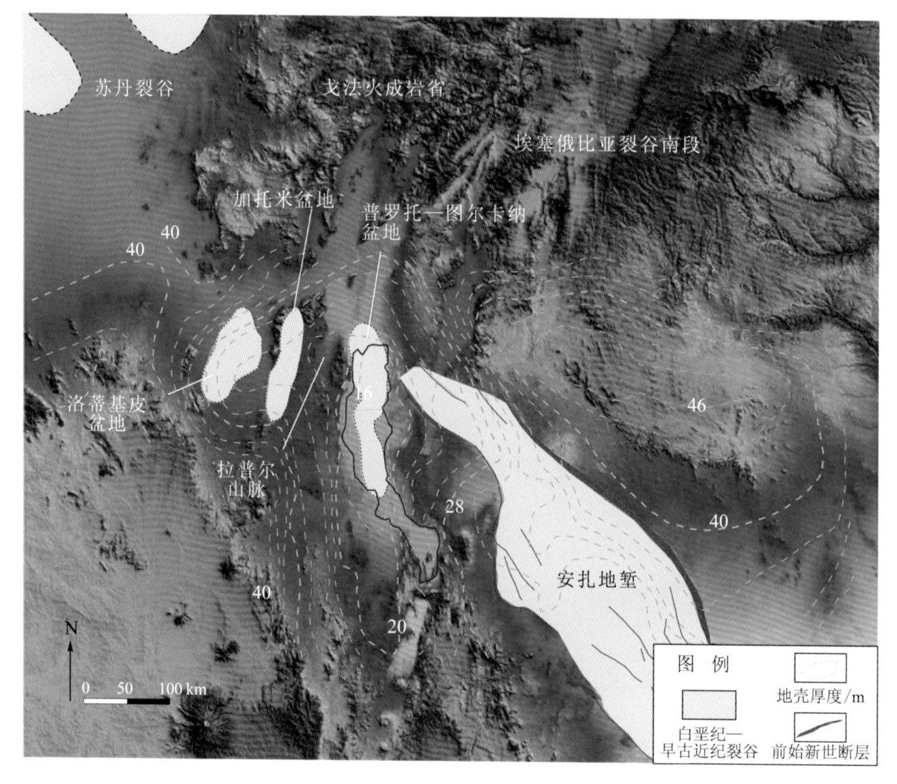

图 2.17　东支研究区区域地壳厚度及早期裂谷展布图

前人研究认为，东非裂谷东支中部地区（或图尔卡纳拗陷）（Brune et al.，2017）可分为南洛基查尔、欧姆（Omo）、图尔卡纳湖北部和图尔卡纳湖中部等 8 个（郭曦泽和侯贵廷，2014）或 11 个凹陷（贾屾 等，2018；张燕 等，2017）。通过地震精细解释，欧姆凹陷与图尔卡纳凹陷应为同一个凹陷，两凹陷整体构造变化趋势相似，且临近位置地层厚度及埋深相当，地形地貌上，欧姆凹陷与图尔卡纳凹陷之间未见明显的地貌差异，本书将这两个凹陷合并为一个凹陷。因此，图尔卡纳拗陷可分为 7 个凹陷（图 2.18）。其中位于图尔卡纳湖区的图尔卡纳凹陷南北带状延伸较长，可分为南北两个沉积中心，且南北构造特征略有差异，因此将图尔卡纳凹陷分为图尔卡纳凹陷南部和图尔卡纳凹陷北部两部分，并分别进行凹陷结构构造特征描述。

2. 东非裂谷西支构造单元

以凹陷的基底构造图为参考，根据地层展布、构造变形特征及断裂发育展布特征将阿伯丁凹陷重新划分为 3 个构造调节带、2 个陡断带、2 个次凹和 1 个断阶带，共 8 个次级构造单元（图 2.19）。北部构造调节带内断裂极其发育，断层较陡，倾角大多在 70° 以上，多数断层两盘地层厚度相差不多，属于晚期断层，主要是以北东—南西向及近南北向两组方向延伸。东部断阶带地层展布较为平缓，延伸范围较远。北部次凹总体走向为北东—南西

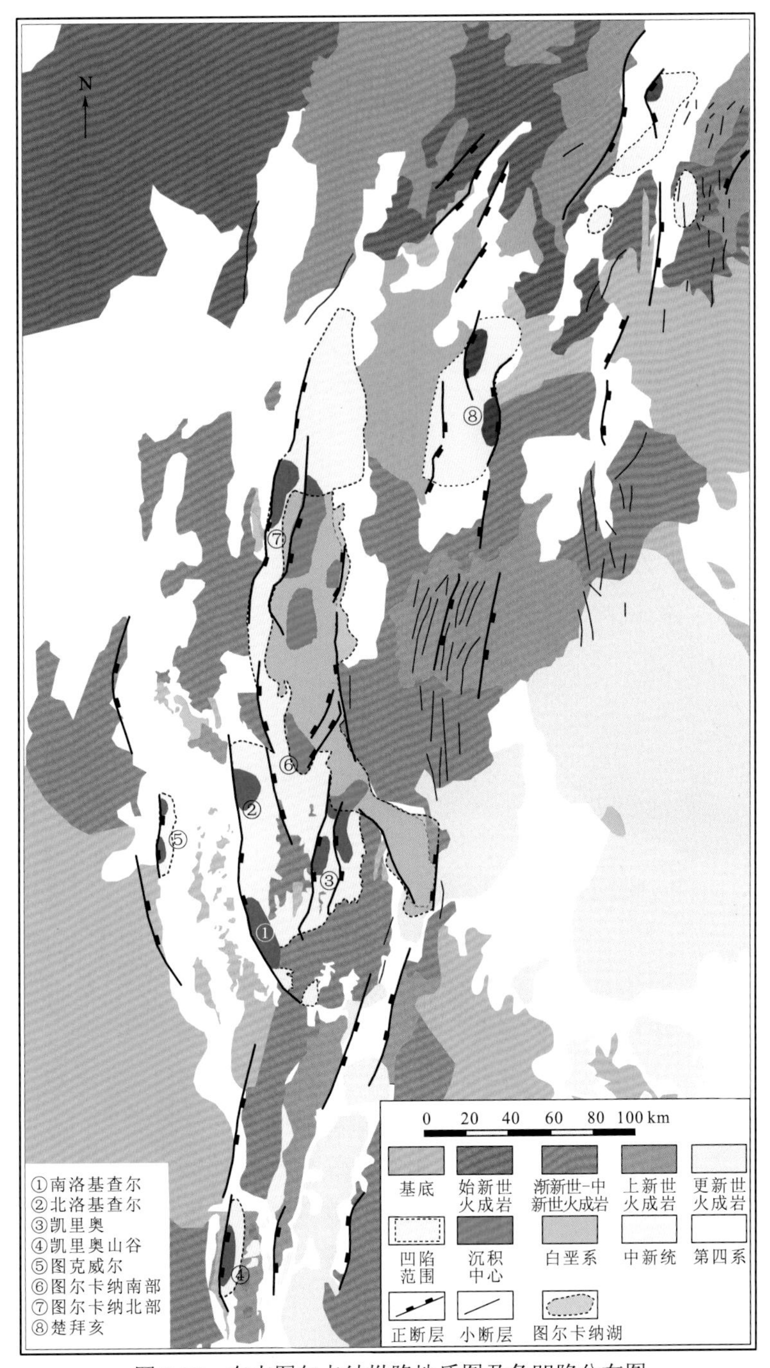

图 2.18 东支图尔卡纳拗陷地质图及各凹陷分布图

向，呈不对称地堑构造。中部构造调节带地层扭动变形明显。西部陡断带位于刚果（金）一侧，现有资料较少，根据最新的二维地震分析，西侧陡断带北段发育一条大型边界断层，断层上盘形成断背斜圈闭，南段可能发育二台阶，内部断层走向不清。南部次凹为北东—南西走向，靠近中部构造调节带地层的深度较深。东部陡断带地层埋深变化较大，在该地区的钻井较少，相关资料较少。南部构造调节带处于阿伯丁凹陷与塞姆利基（Semliki）凹陷之间，对两者起着调节作用，断层发育。

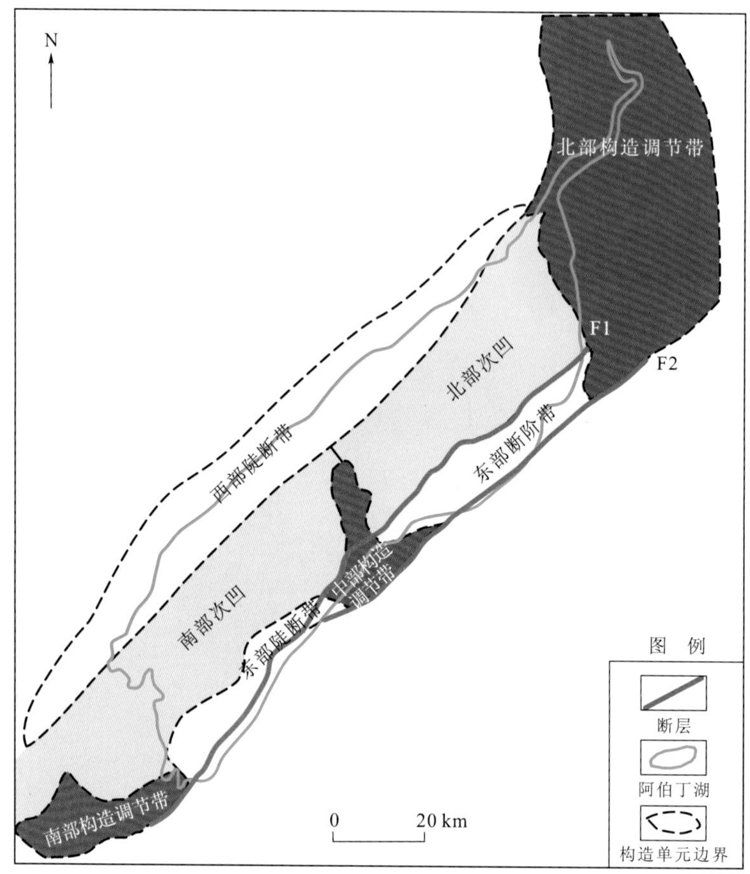

图 2.19　东非裂谷西支阿伯丁凹陷构造单元划分图

2.3　凹陷结构特征

地堑是地壳上广泛发育的一种地质构造，由地壳尺度的断裂体系控制，一般指中间为槽形下降断块、两侧被高角度断层限制的构造。仅在一侧为断层所限的断陷，称为半地堑构造。大规模地堑发育的地方，预示着地壳拉伸变薄（张文佑 等，1981）。地堑常呈长条形的断陷盆地，作为典型的新生代地堑构造系，新生代的东非裂谷在凹陷结构类型上多表现为地堑和半地堑。

2.3.1　重点凹陷结构特征

1. 南洛基查尔凹陷

南洛基查尔凹陷整体为典型半地堑，受西部控凹断裂控制，剖面上呈西陡东缓的半地堑结构（图 2.20），平面上呈西深东浅近南北向的“菱形”展布（贾屾 等，2018）。

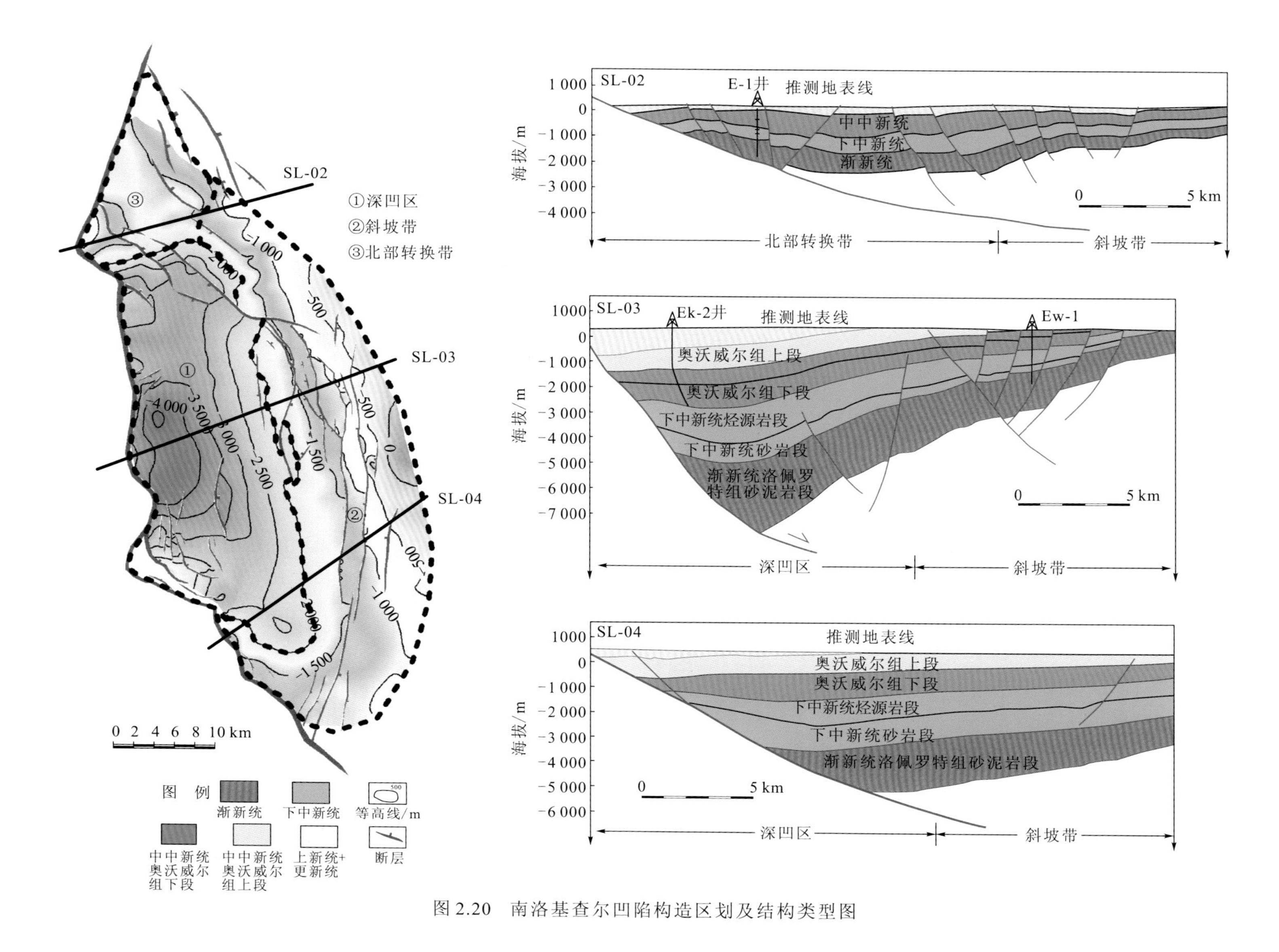

图 2.20 南洛基查尔凹陷构造区划及结构类型图

南洛基查尔凹陷结构较为简单，整体可分为深凹区、转换带和斜坡带三个构造单元。深凹区（中央洼陷）受边界断层控制整体近南北向展布，面积约为500 km^2，断裂不发育，地层最大厚度约为4 000 m，为已探明的东支裂谷最好的生烃中心。紧邻西部边界断层的断裂陡坡带上，断裂较发育，多个次级断裂依附边界断层发育，由于边界断裂的断层遮挡作用，形成多个断鼻及断背斜等同生构造，目前该凹陷的油田多位于这些构造上。斜坡带分布于南洛基查尔凹陷东侧，地层厚度薄，断裂非常发育，但断裂规模相对较小，多为小断距起调节作用的断层，断层的反向遮挡作用形成多个断块构造，为油气聚集的有利构造；南洛基查尔凹陷西北部边界断层发生明显的"Z"字形弯曲，为南洛基查尔凹陷与北洛基查尔凹陷的转换连接部位，斜坡带内断裂较发育，地层厚度较薄，紧邻边界断层形成疑似"反转背斜"构造，推测可能是由于晚期区域伸展方向发生改变，南洛基查尔凹陷与北洛基查尔凹陷连接部位的断层在斜向伸展作用下，局部发生挤压造成了构造"反转"（Morley et al.，2004）。

2. 凯里奥凹陷

凯里奥凹陷整体呈典型半地堑结构（图2.21），但与南洛基查尔凹陷略有不同，即其发育两条控凹断裂，控凹断裂持续拉张，西部边界断层控制整个凹陷沉积，上新世以来凹陷内部F3断裂活动强度大，控制上新统+更新统，凯里奥凹陷沉积中心整体向东迁移。

凯里奥凹陷整体由几条断裂分割为北部次凹、西部次凹、东部次凹和南部次凹等多个构造单元（图2.21）。北部次凹面积约为90 km^2（研究区范围内），断裂较发育，沉积中心位于最北部，最大沉积厚度可达6 500 m，向北与图尔卡纳凹陷相连，可能与北部图尔卡纳凹陷南次凹连为一体，但由于深部地震资料品质较差，难以确定。西部次凹位于北部次凹之南，与北部次凹被一大型鼻状构造带（次凸）分割，呈明显西断东翘的半地堑结构，近南北走向，面积约为130 km^2，断裂较发育，地层最大厚度约为5 500 m。东部次凹与西部次凹被大型断裂F3分割，东部次凹呈明显西断东超的半地堑结构，面积约为120 km^2，断裂极其发育，多为上新世以来形成的晚期断裂，地层最大厚度约为5 500 m，为上新世以来的沉积中心，次凹内局部发育晚期反转构造，勘探潜力较大。南部次凹范围小，与西部次凹以断层相隔，残存地层最大厚度约为 4 500 m（胡滨 等，2019b）。凯里奥凹陷内几个缓坡带整体埋深较浅，构造相对简单，基本为单斜构造，断裂较不发育，但东部缓坡带局部也发育晚期与断层相关的反转构造（图2.21）。

3. 凯里奥山谷凹陷

凯里奥山谷凹陷为西断东翘的单断迁移型半地堑，控凹断层持续拉张，沉积中心稳定。该凹陷结构特征与南洛基查尔凹陷较为相似，但地层厚度略小于南洛基查尔凹陷，且断层相对更不发育。

凯里奥山谷凹陷结构类型简单，整体依附于西部边界断层呈南北向带状展布（图2.22），沉积中心位于紧邻边界断层的凹陷中部，深凹区断层不发育，面积约为 260 km^2，地层最大厚度约为5 500 m；斜坡带断层不发育，面积约为280 km^2，地层埋深较浅（胡滨 等，2018a）。

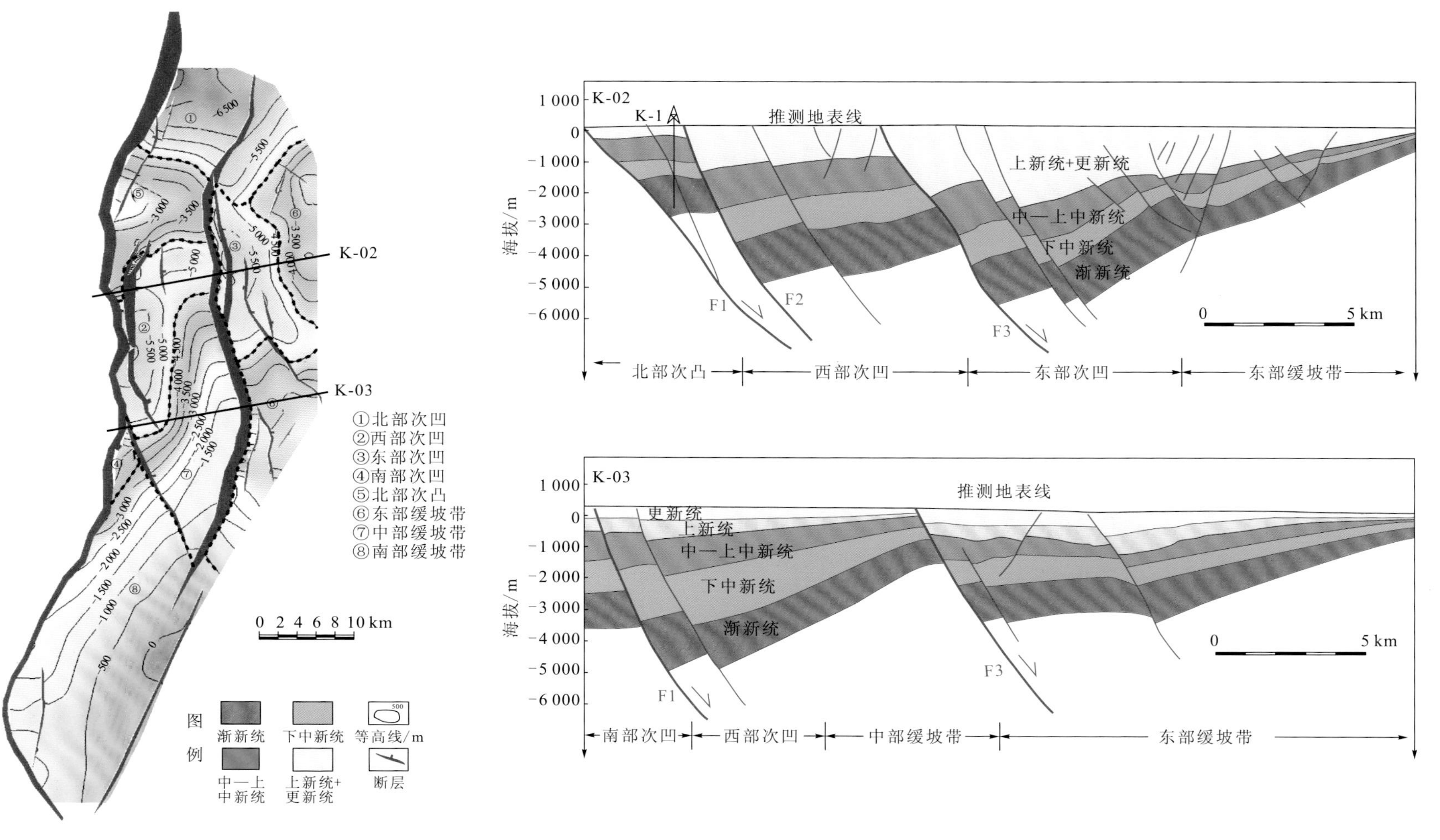

图 2.21　凯里奥凹陷构造区划及结构类型图

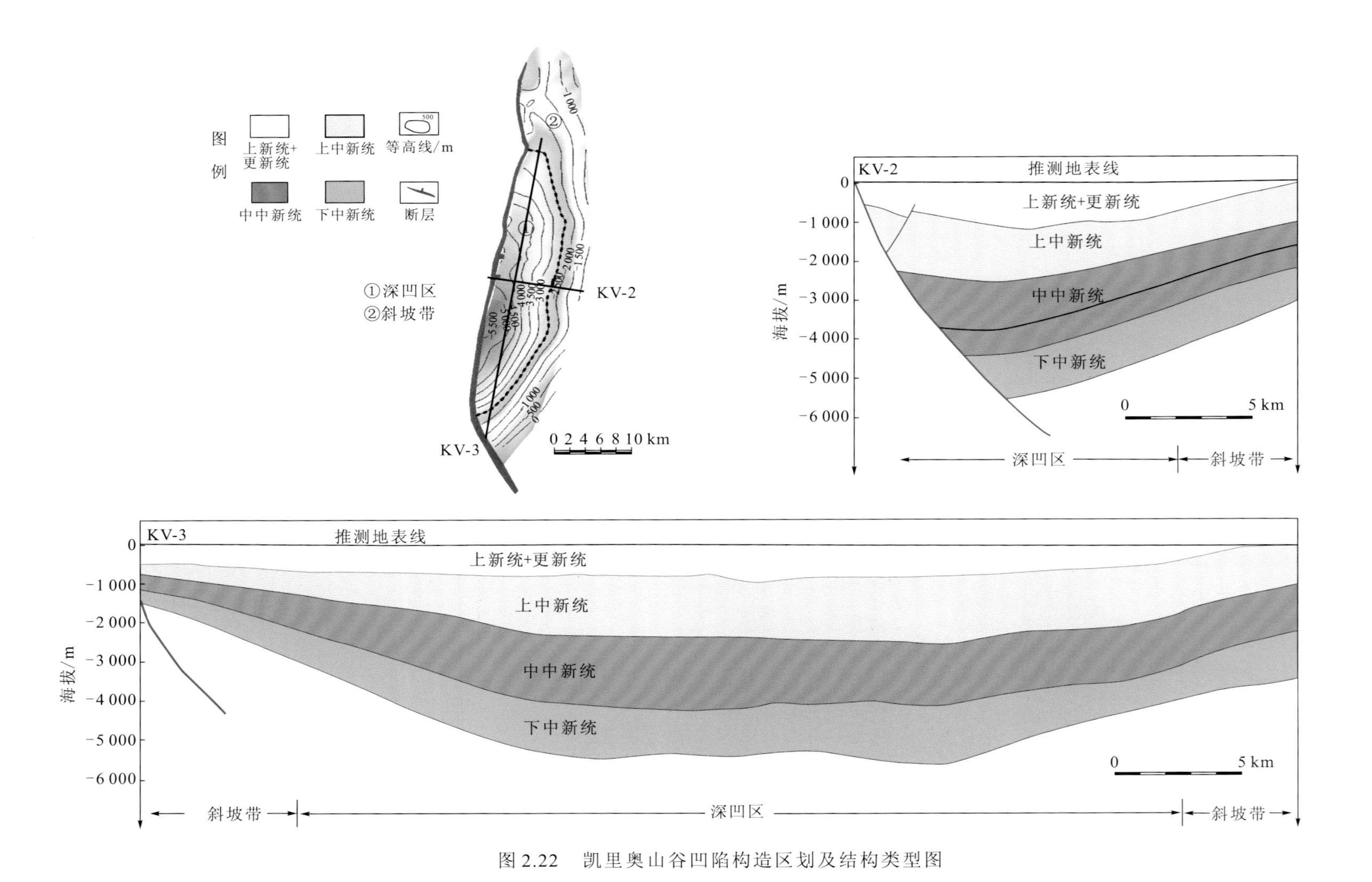

图 2.22　凯里奥山谷凹陷构造区划及结构类型图

4. 图尔卡纳凹陷

图尔卡纳凹陷面积大，整体呈近南北带状展布，包括整个图尔卡纳湖区和湖面西部岸上地区。图尔卡纳凹陷整体为不对称地堑，从南到北地堑形态变化明显，构造结构特征也较为复杂。其中北部为单断迁移型半地堑，控凹断裂持续拉张，上新世以来沉积中心向东迁移；中部为碟式不对称地堑，剖面范围内边界断层不明显，凹陷呈碟型，沉积中心较稳定分布于凹陷中心；南部为双断型地堑，控凹断裂持续拉张，沉积中心较稳定分布于凹陷中心（图 2.23）。

推测图尔卡纳北部应包括欧姆地区。虽然图尔卡纳凹陷与欧姆凹陷之间为资料空白区，前期解释将两者分为两个凹陷（胡滨 等，2019c；Morley，1999），但依据地震解释结果，通过构造分析，推测图尔卡纳凹陷与欧姆凹陷应为一个凹陷，后者是图尔卡纳凹陷向北继续延伸部分。主要的依据包括：①相邻平行骨干剖面上，两者构造特征相似，均呈西断东翘的半地堑构造形态；②相邻地震测线上，两者整体构造变化趋势相似，且邻近位置层位埋深及厚度相当；③图尔卡纳凹陷北部次凹边界断裂 F2 垂向断距大，平面延伸距离长（图尔卡纳凹陷测线控制范围内长度为 72 km），有向北继续延伸的趋势；④地形地貌上，湖水及周边山体均呈南北向“连续展布”，欧姆凹陷与图尔卡纳凹陷之间未见明显的地貌差异（图 2.23）。

图尔卡纳凹陷整体可分为三个次凹、北部斜坡带和中部火山带等几个构造单元（图 2.23）。北部次凹受控于 F1 和 F2 两个大型断裂，呈半地堑结构，断裂较发育，主要发育两条控制沉积的深大断裂，次级断裂均为受大型断裂影响而形成的调节断裂，该次凹面积约为 900 km^2，地层最大厚度约为 7 000 m，主要为上新统+更新统，为上新世以来的沉积中心；紧邻北次凹发育南北带状展布的断阶带，地层保存较全且埋深较浅，但地层厚度较薄，可能因自身无生烃能力且紧邻的次凹对其油气运聚不畅，带内已有钻井但未见油气显示；中部次凹边界断裂不明显，与北部次凹以一正向构造带分割（次凸），中部次凹呈碟式不对称地堑，深凹区发育一系列次级断裂，面积约为 400 km^2，地层最大厚度约为 5 500 m，上新统及以上地层厚度明显小于北部次凹；南部次凹呈东深西浅不对称的地堑结构，与中部次凹以中部火山带分割，面积约为 670 km^2，地层最大厚度约为 5 000 m，该次凹内上中新统相对最厚，而上新统及以上地层相对较薄，紧邻深凹区西部为一大型正向构造，已有一口钻井，在上新统底部钻遇较好的泥岩段但未见油气显示，该井失利的原因可能与南部次凹上新统厚度相对较薄、埋深相对较浅有关；中部火山带上地震反射杂乱，疑似火成岩的地震反射特征，上新统底部地震反射同相轴到该区域明显中断，推测由湖底火山活动形成低凸起；南部转换带为紧邻南部次凹、夹持于南洛基查尔凹陷及凯里奥凹陷之间的构造转换正向构造带，带内断裂较发育，地层相对较薄且埋深较浅。

5. 楚拜亥凹陷

楚拜亥凹陷整体呈双断型地堑结构，控凹断裂持续拉张，沉积中心较稳定分布于凹陷中心（图 2.24）。

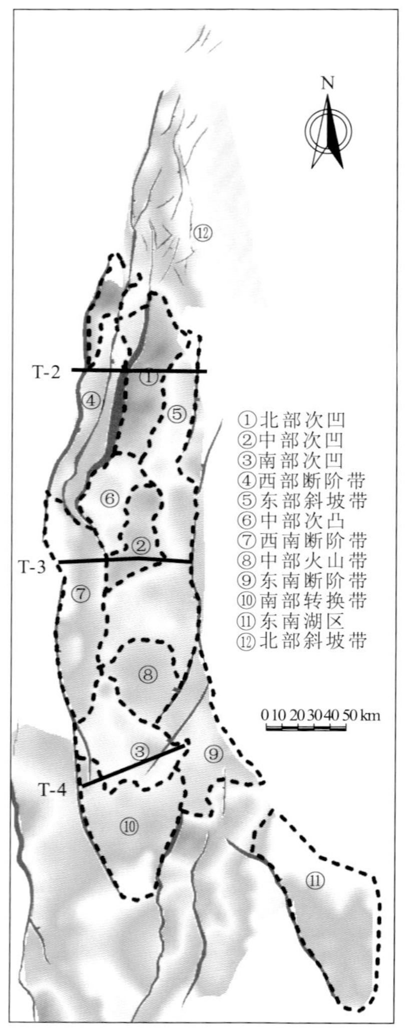

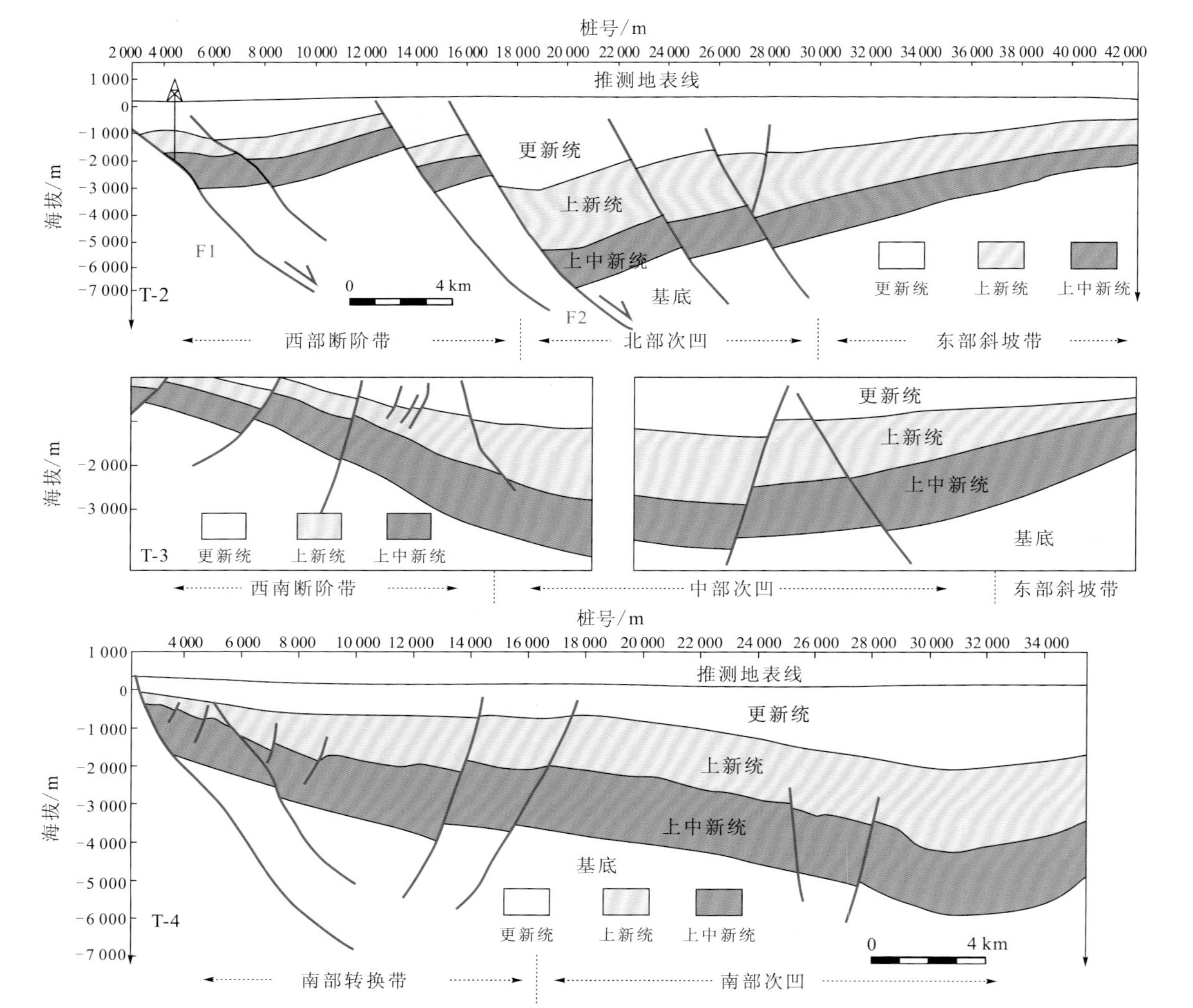

图 2.23　图尔卡纳凹陷构造区划及结构类型图

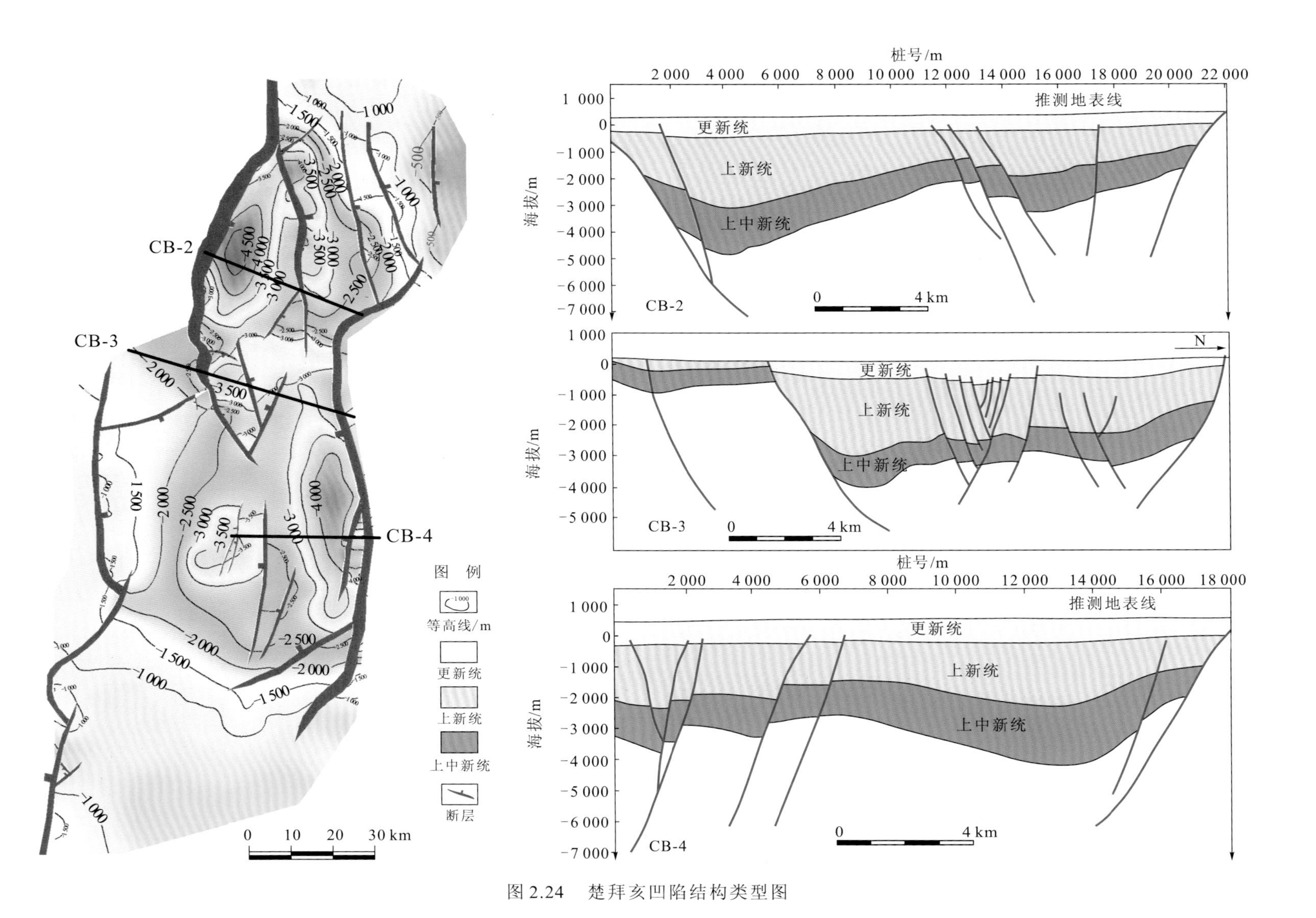

图 2.24　楚拜亥凹陷结构类型图

楚拜亥凹陷处于南北向肯尼亚裂谷和北东向埃塞俄比亚裂谷的转换连接部位，发育的东西两条边界断层均呈“S”形展布，凹陷可分为东西两个次凹、斜坡带和转换带等构造单元（图 2.24）。西次凹呈西厚东薄“不对称”的地堑结构，面积约为 260 km^2，地层最大厚度约为 4500 m，主要为上新统+更新统；东部次凹为东厚西薄“不对称”的地堑结构，面积约为 330 km^2，地层最大厚度约为 4500 m。两个次凹依附两个边界断层近南北向展布，地层厚度及范围相差不大且面积相当，均为上新世以来的沉积中心；位于中部的转换带为两个次凹的分界，整体为两个次凹间的低凸起，地层最大厚度为 3000～3500 m，带内断裂极其发育，且多为晚期形成的次级小型断裂；楚拜亥凹陷东北和西南方向远离凹陷中心的斜坡带上地层较薄，断裂较发育，多为次级调节断裂。

6. 北洛基查尔凹陷

北洛基查尔凹陷比较特殊，表现为平行变换型地堑结构，东西两条控凹断裂活动强度在不同阶段发生变换，导致沉积中心发生迁移（图 2.25）。

北洛基查尔凹陷构造相对简单，可分为深凹区和斜坡带两个构造单元（图 2.25）。深凹区或西部洼陷为现今沉积中心，位于北洛基查尔凹陷西部，紧邻边界断层近南北向发育，面积约为 200 km^2，地层最大厚度约为 4200 m，断裂不发育，仅局部发育次级调节断裂；斜坡带地层埋深浅，断裂较发育，多为次级调节断裂，但未见明显的构造圈闭。

2.3.2 不同凹陷结构特征对比

东非裂谷盆地重点凹陷根据结构类型可分为 5 类，即典型地堑、典型半地堑、单断迁移型半地堑、碟式不对称地堑和平行变换型地堑（图 2.26）。

为了更好地对比分析区域内各凹陷结构特征（图 2.26），将东非裂谷西支典型地堑阿伯丁凹陷也进行简单解剖。其中，东非裂谷西支的结构特点相对更简单，阿伯丁凹陷即为典型地堑，边界断层呈较陡的“板式”正断层，沉积盖层表现为双断型。而东非裂谷东支图尔卡纳拗陷整体上类型众多，复杂多变，以半地堑为主，其中南洛基查尔凹陷和凯里奥山谷凹陷为典型半地堑，边界断层剖面呈“铲式”形态，断层活动时间长，受断层长期持续活动控制，沉积地层剖面上呈邻近断层地层厚度增厚的“楔状”形态。凯里奥凹陷为单断迁移型半地堑，凹陷整体受控于边界“铲式”正断层，但在裂谷发育中后期，凹陷边界断层控制作用逐渐减弱，而凹陷内部大型断裂活动性增强，地层沉积中心随之向内部大型断裂迁移。图尔卡纳凹陷范围大、南北延伸长，凹陷结构类型也有差异，其中北部与凯里奥凹陷类似为单断迁移型半地堑，而凹陷中部由于受火山活动影响，呈边界断层不甚发育的碟式不对称地堑形态，凹陷南部则与阿伯丁凹陷类似，表现为双断型的典型地堑特征。北洛基查尔凹陷沉积地层从早期东厚西薄转变为晚期西厚东薄，上下地层呈“跷跷板”形态，推测应为凹陷边界断层由早期的东强西弱向晚期的西强东弱转变而导致的。

空间分布上，东非裂谷东支南部 5 个凹陷结构特征较为相似，但与北部几个凹陷结构特征相比则差异明显（图 2.27）。南部 5 个凹陷剖面几何形态均呈西断东翘的半地堑结构，相邻的南洛基查尔凹陷及凯里奥凹陷呈“多米诺”式；平面上，几个凹陷近东西向平行排列，整体呈宽裂谷形态；地层充填特征上，南部几个凹陷沉积地层较全，渐新统—更新统

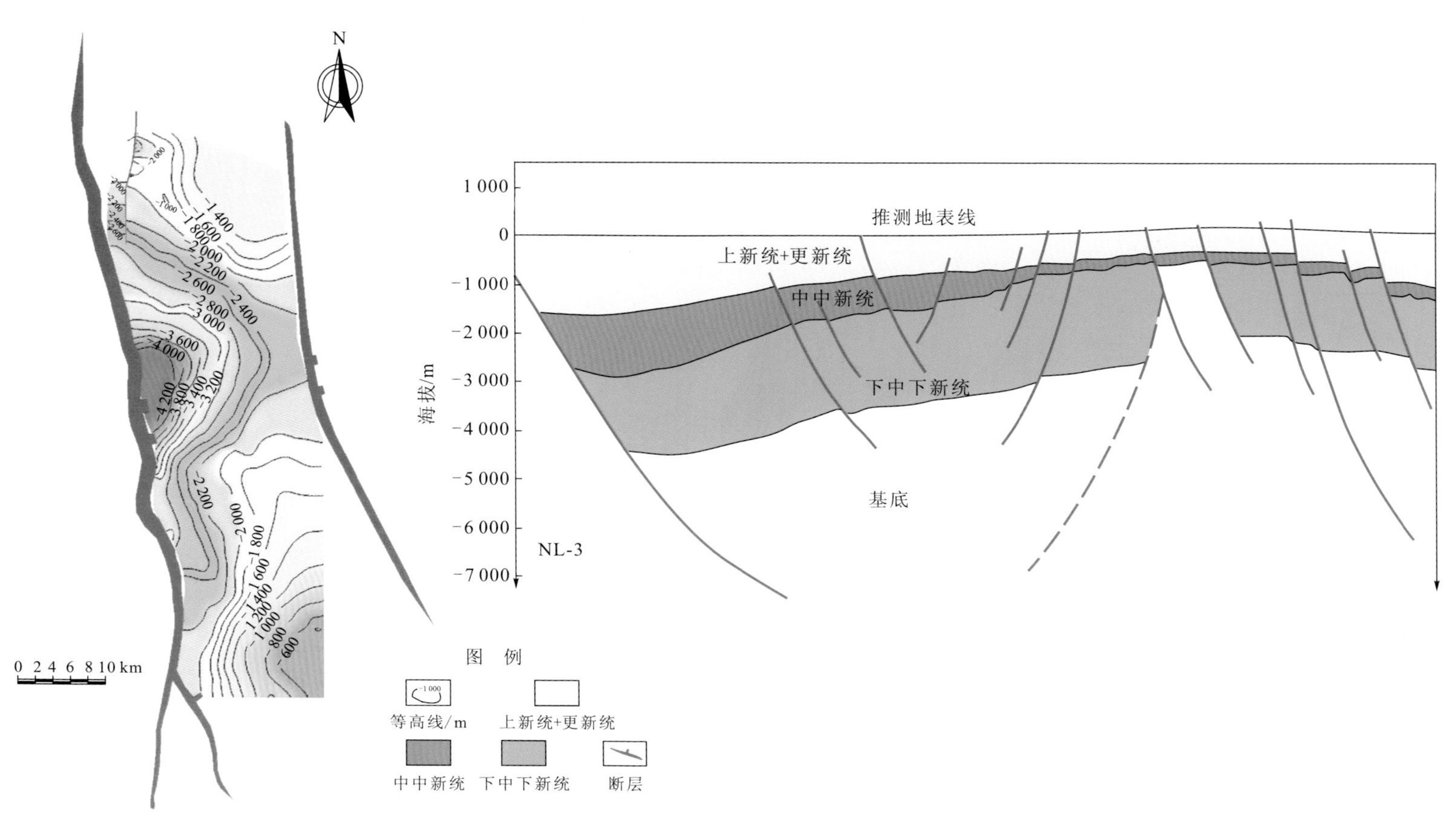

图 2.25　北洛基查尔凹陷结构类型图

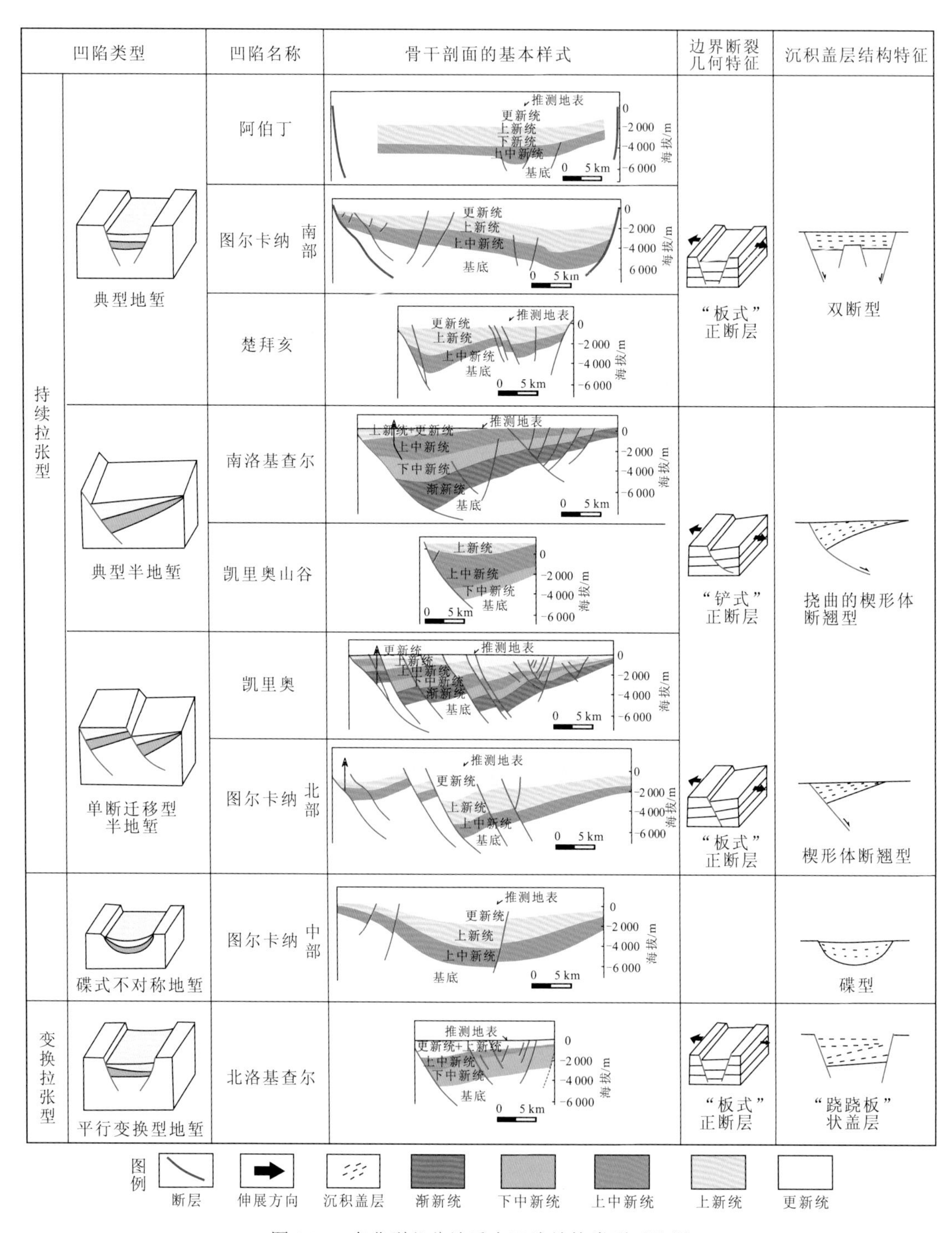

图 2.26　东非裂谷盆地重点凹陷结构类型对比图

均有发育，但中新统最发育。北部几个凹陷剖面几何形态以“不对称”地堑为主；平面展布特征表现为近南北向带状的窄裂谷带（图 2.27），楚拜亥凹陷位于肯尼亚裂谷和埃塞俄比亚裂谷转换连接部位，呈“S”形态；地层充填较南部少，主要发育中新统—更新统，上新统最发育。

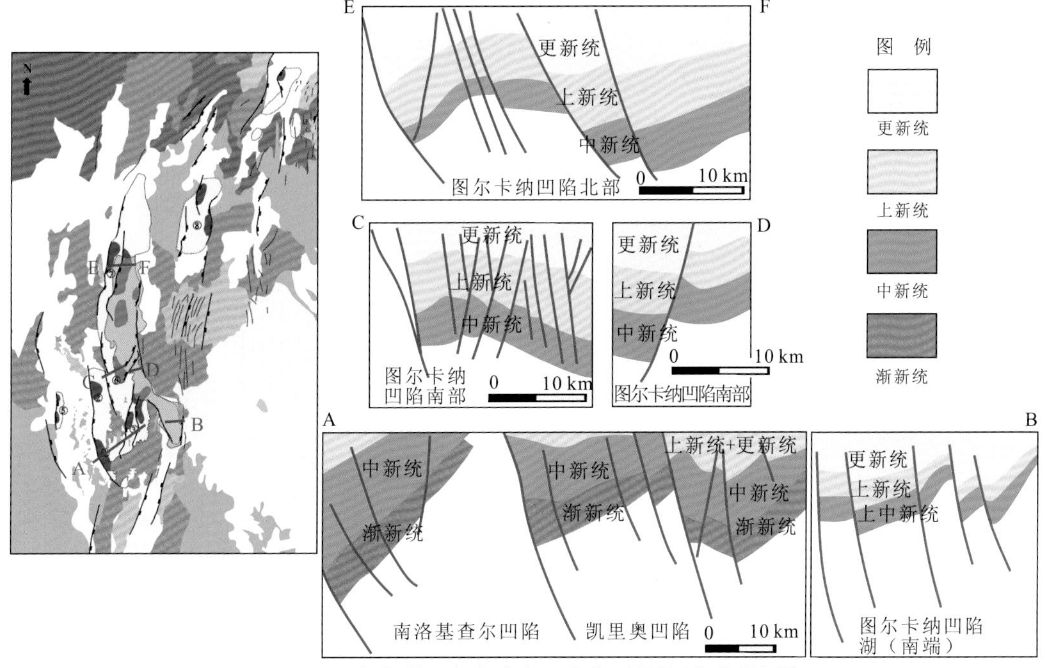

图 2.27　东非裂谷东支重点凹陷典型结构剖面对比图

通过东非裂谷盆地各凹陷结构特征（图 2.26、图 2.27）对比：东非裂谷盆地由南向北由“半地堑”向“地堑”转变、“东西平行”北北西向宽裂谷向“南北带状”窄裂谷转变；而地层充填特征则呈现出由南向北各凹陷地层由“老”逐渐变“新”的变化。这些特征表明不同裂谷段演化过程及动力学成因机制存在差异。

2.4　构造变形特征

2.4.1　断裂系统特征

大陆裂谷初始发育阶段实际是多个断层段聚焦成核的过程，长时间伸展导致应变集中在少量边界正断层并形成地堑或半地堑，东非裂谷正是由一系列正断层控制的多个地堑或半地堑组成。断层根据规模，一般可划分为控凹断层（I 级断层）、凹陷内次级控带断层（II 级断层）和小型盖层断层（III 级断层）三类。I 级断层控制凹陷整体形态和沉积充填，影响凹陷内 II 级断层的发育特征；II 级断层控制着凹陷内次级构造带；III 级断层则控制着凹陷内油气的运移与聚集。研究区各凹陷边界断层均为 I 级断层，图尔卡纳凹陷及凯里奥凹陷中部也发育控制上新统和更新统沉积的 I 级断层，研究区其他断层均为 II 级断层和 III 级断层。

以东非裂谷东支上新统底构造图（图 2.28）为例，结合各主要凹陷骨干剖面特征，对东非裂谷东支主要凹陷断层整体特征进行分析。

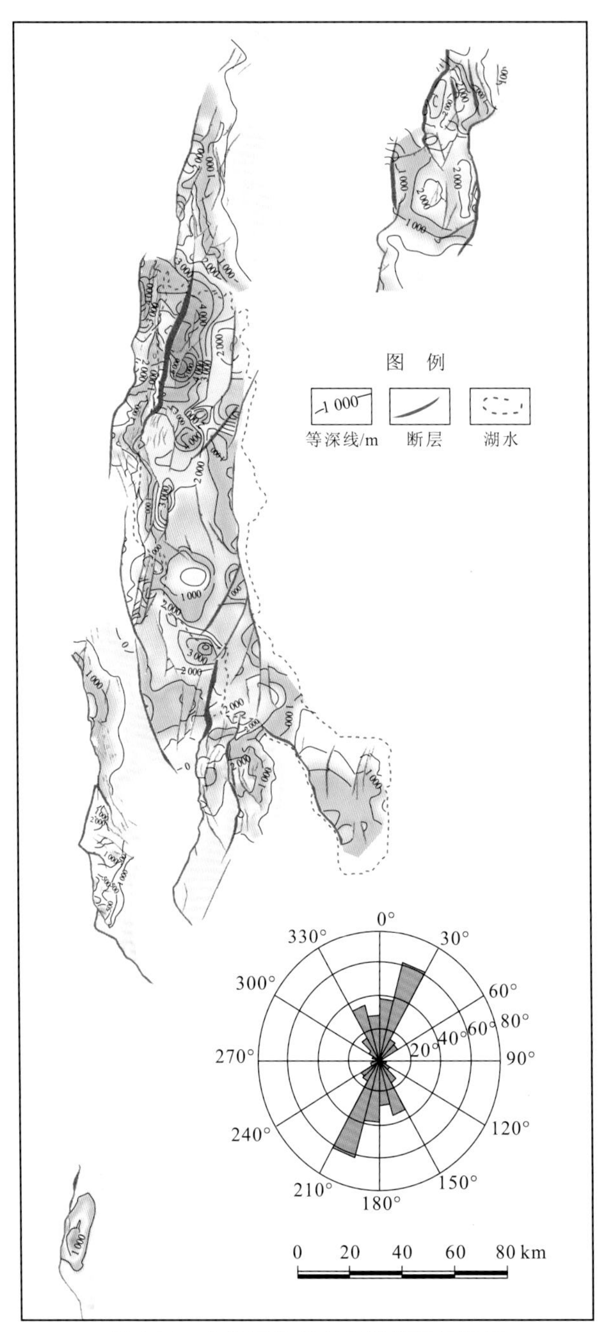

图 2.28　东非裂谷东支上新统底构造图

图中为断层走向玫瑰花图

整体上，断层平面上分段性明显。东非裂谷东支断层整体走向为北北西向、近南北向及北北东向，其中以北北东向为主，这与中新世以来区域上伸展应力北西西—南东东方向相吻合。凹陷内多条断层均由多个走向略有差异的断层段组成，多数断层段走向与断层走向较为接近，但断层段（断层上每一段产状不变的断层段）数目明显增加。据统计，东非裂谷东支上新统底断层共 197 条，而断层段共 648 个，断层平面展布特征上，尤其各凹陷的边界断层，均表现为明显的分段性，各断层段的走向均有变化，连接的断层段在平面上多呈“之”字形或“Z”字形展布（图 2.28）。

东非裂谷东支断层的“之”字形或“Z”字形形态与泰国湾部分断层形态一致，这种断层形态不仅仅是由区域伸展方向发生变化时断层连接作用引起的，更多还受先存断裂体系影响[图 2.29（Morley et al.，2004）]。前人研究认为，东非裂谷东支图尔卡纳拗陷南部存在北西向大型基底转换带，其中北西向展布的前寒武纪基底构造较发育（Knappe et al.，2020），同时中生代裂谷作用也可能形成北西向早期裂谷构造带（Corti et al.，2019；Civiero et al.，2014），新生代裂谷早期形成的断层会“遵循”这些北西向先存轨迹“复活”（Henza et al.，2011），如南洛基查尔凹陷边界断层，之后由于区域伸展方向逐渐转为近东西向，并形成大量与区域伸展方向垂直的近南北向断层，不同阶段形成的断层相互搭接并发生迁移，新老断层连接、切割形成“Z”字形（Henza et al.，2011）。

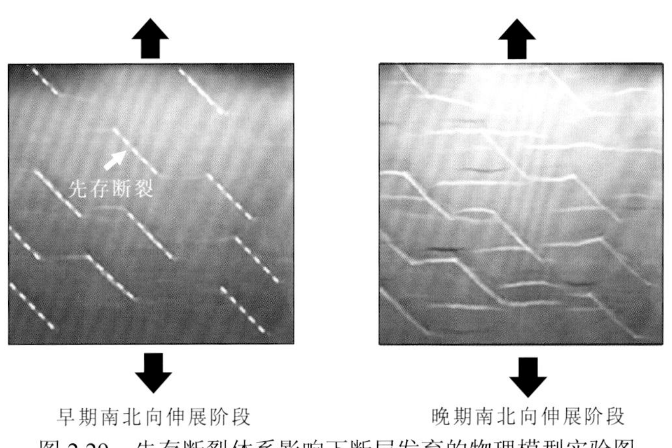

图 2.29　先存断裂体系影响下断层发育的物理模型实验图

研究区南部南洛基查尔凹陷及凯里奥凹陷边界断层平面均呈“Z”字形特征，即两条边界断层南段均呈北北西向展布，而北段走向则变为近南北向或北北东向。其中，北西向的断层段可能受基底先存构造或中生代裂谷影响先形成，而北部近南北向的断层段则形成时间较晚。两个凹陷残存地层特征也表明，渐新统及中新统受北西向断层段控制主要分布于两个凹陷的南部，而上新统则向北部迁移，断层分段性影响其对沉积中心及潜在生烃中心分布的控制，而断层转换连接部位的转换斜坡或局部正向构造长期以来为油气勘探的有利目标。

2.4.2　构造样式类型

大陆裂谷以裂陷环境为主，主要发育伸展构造样式。不同阶段伸展方向的转变，以及地幔活动引起的岩浆侵入作用等，会在局部形成挤压应力环境，造成一些非典型的反转构造样式。东非裂谷构造样式及其赋存的构造环境有两种情况：①裂陷地质背景导致的伸展构造样式；②应力环境的变化及岩浆侵入活动导致的反转构造样式。

1. 伸展构造样式

伸展构造是岩层在伸展作用下形成的构造变形，其基本构造样式是地堑或半地堑，局部还包括正向断阶、反向断阶、“Y”字形断裂组合等样式，其应力作用为水平伸展和基底翘倾。东非裂谷各凹陷均为地堑或半地堑样式，东支部分凹陷之间呈“多米诺”式构造组合。东非裂谷各凹陷内伸展构造广泛发育，构成了盆地主要的构造样式类型。对凹陷内部局部构造样式进行分析总结，具体可以细分为 6 个小类（图 2.30）。

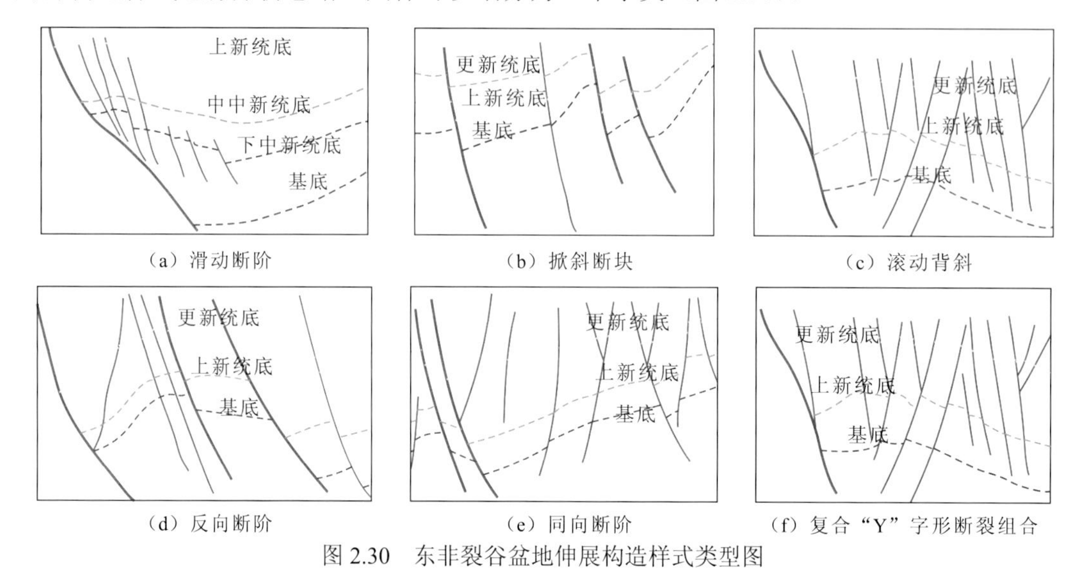

图 2.30　东非裂谷盆地伸展构造样式类型图

（1）滑动断阶：通常形成于边界断层控制的凹陷陡坡带，边界断层上盘岩体在重力作用下失稳滑塌，形成一系列与边界断层倾向一致的阶梯状正断层，向上呈发散状，向下逐渐收敛（图 2.30），南洛基查尔凹陷、凯里奥凹陷及图尔卡纳凹陷边界断层附近该构造样式均比较发育。

（2）掀斜断块：该构造样式是地层在拉张应力作用下，块体破裂，并沿断层面发生旋转而形成。区域内中生代、新生代地层在伸展背景下广泛发育此类构造样式，区域内规模最大的掀斜断块发育于图尔卡纳凹陷南部及东部。

（3）滚动背斜：又称逆牵引背斜，在生长断层发育期间，上盘岩体沿铲式正断层弯曲断层面滑落，使两盘之间产生潜在空间，上盘通过下掉弯曲来弥合这个潜在空间而形成滚动背斜。该构造样式在南洛基查尔凹陷中南部可见，紧邻凹陷边界断层发育较宽缓的滚动背斜。

（4）反向断阶：与同向断阶的发育位置和要素相似，但其断层面组合与地层倾向相反，此类构造样式在东非裂谷东支较为发育，主要发育于凯里奥凹陷及图尔卡纳凹陷。

（5）同向断阶：通常形成于单断凹陷缓坡带，由多条产状基本一致的断层在剖面上依次叠置而成，平面上相互平行，正向断阶的断层面与地层倾向一致，在断层下盘形成一系列的顺向断块或断鼻构造。此类构造样式主要发育于凯里奥凹陷及图尔卡纳凹陷。

（6）复合“Y”字形断裂组合：“Y”字形断裂和反“Y”字形断裂组合到一起可以构成复合“Y”字形断裂组合，通常发育在单断凹陷控凹主断层上盘。东非裂谷东支此构造样式较发育，紧邻边界断层深凹区及远离边界断层的斜坡带上均有发育。

2. 反转构造样式

两种力学性质在断层面上发生逆转可形成反转构造。断层的逆转运动有两种类型：由正断层转为逆断层（正反转构造）和由逆断层转为正断层（负反转构造）。在断陷盆地中，由伸展体质转化为挤压环境时，常常利用原有的张性正断层面发生逆转，使断陷期充填层序发生变形，或者有限挤出，形成典型的反转构造。早期断裂系统重新活动，是产生反转构造的基础。也就是说，一旦一个断裂系统贯穿地壳，就会在某些范围内被后来的变形阶段再次利用。

东支新生代裂谷中凯里奥凹陷及图尔卡纳凹陷内局部可见正反转构造，前人认为东支在上新世和更新世的裂谷活动间隙发生过局部正反转（Morley，1999）。但与典型的受区域应力环境变化形成的正反转构造不同，东非裂谷为局部产生正向或斜向挤压而形成的正反转背斜等构造，如图尔卡纳凹陷南部及凯里奥凹陷东部等。据 Morley 等（2004）对泰国湾内局部反转构造特征的分析，推测东非裂谷地区这些“非典型”反转构造多发生在不同走向断层段的连接部位，可能由于区域伸展应力方向发生变化，早期断层段随后发生斜向伸展作用，引起断层段在连接部位形成局部斜向挤压应力环境，而形成局部反转构造（图 2.31）。南洛基查尔凹陷边界断层北部“之”字形转折处的（断）背斜构造也可能为该类型的反转构造（Vetel and Le Gall，2006；Morley et al.，2004）。另外，图尔卡纳凹陷中部火山带上可能存在由岩浆侵入作用导致局部挤压而形成的浅层小型反转构造。

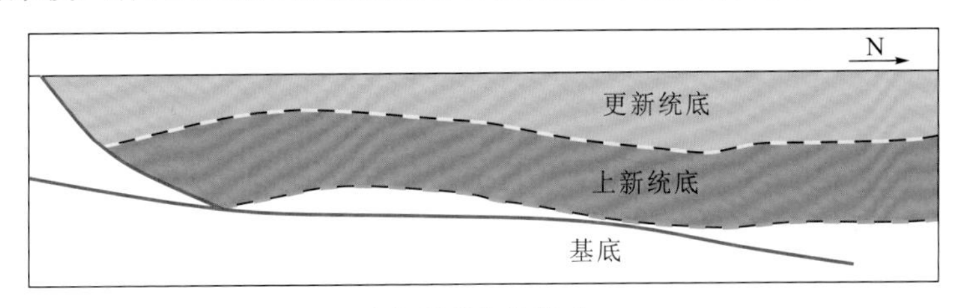

（a）反转构造样式一

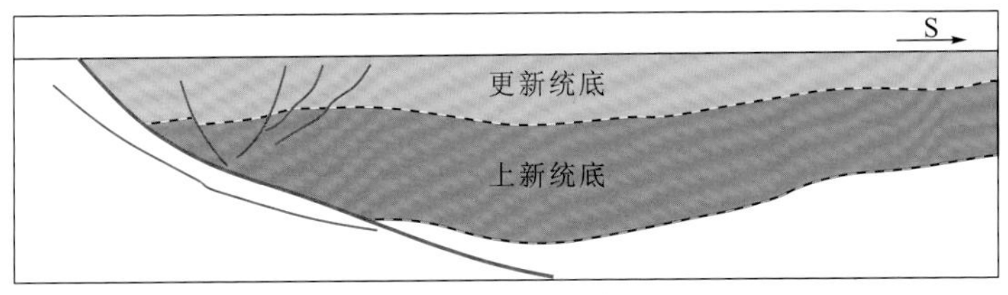

（b）反转构造样式二

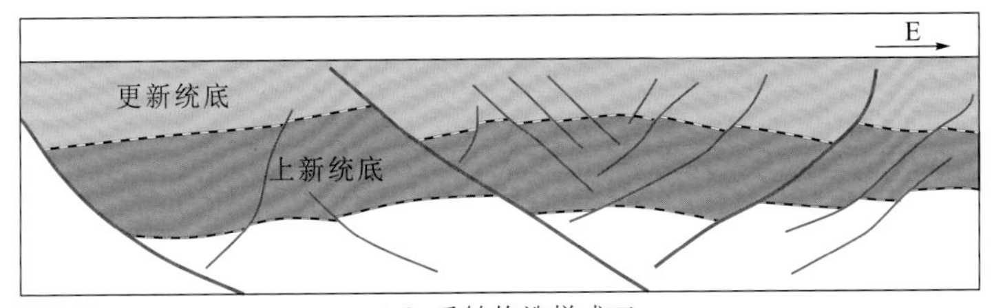

（c）反转构造样式三

图 2.31　凯里奥凹陷反转构造样式图

第3章 东非裂谷盆地构造运动学

根据收集的东非裂谷盆地最新的定年数据，结合部分钻井资料和野外露头资料，重新厘定东非裂谷盆地东支和西支重点地区新生代裂谷及火山活动的时序，并以地震资料地质解释成果作为依据，通过分析断层活动速率，结合平衡剖面的恢复，重新划分裂谷活动阶段，分析东非裂谷构造演化过程。

3.1 裂谷初始活动时间厘定

3.1.1 低温热年代学证据

低温热年代学定年体系是根据矿物颗粒中放射性元素（如 ^{238}U）的衰变产物（如裂变径迹造成的晶体损伤或子体同位素）在矿物晶体内的产出和积累来标定矿物的热年龄，进而重建地质体的热演化历史（Fleischer et al.，1975；Price and Walker，1963）。以裂变径迹和（铀-钍）/氦[(U-Th)/He]为代表的低温年代学方法，主要应用于一些富 U 的矿物（如锆石、磷灰石、榍石等），由于其封闭温度较低［磷灰石(U-Th)/He 定年的封闭温度最低可至 40℃］，对地表温度十分敏感。浅部地壳的地表形态变化包括造山带的隆升、断层的活动、大型河流的形成演化、构造-热演化等，均可用低温热年代学定年进行约束。

裂变径迹的方法主要基于富 U 矿物衰变时在矿物晶格造成的损伤（裂变径迹），从裂变径迹开始积累，经历的时间用矿物中积累的径迹密度估计。如果宿主岩石经历的高温达到裂变径迹的部分退火带，已形成的裂变径迹将会逐渐缩短（热退火过程），直到其经历的温度达到裂变径迹的封闭温度，裂变径迹将完全消失，直到下次达到封闭温度以下裂变径迹将再次积累(Fleischer et al.，1975)。一般磷灰石裂变径迹的封闭温度为 110～120℃，部分退火带的温度为 60～110℃。而(U-Th)/He 定年法通过测定矿物中放射性元素 U 和 Th 发生的α衰变产生积累的 ^{4}He 含量和矿物中残存的 U 和 Th 含量，进而测定矿物的热年龄。

对东非裂谷的构造-热演化，前人进行了较多的低温热年代学研究。本节整理前人利用低温热年代学方法确定的各裂谷段活动时间的数据[图 3.1（Boone et al.，2018a，2018b）]，综合分析研究区裂谷初始活动时间。

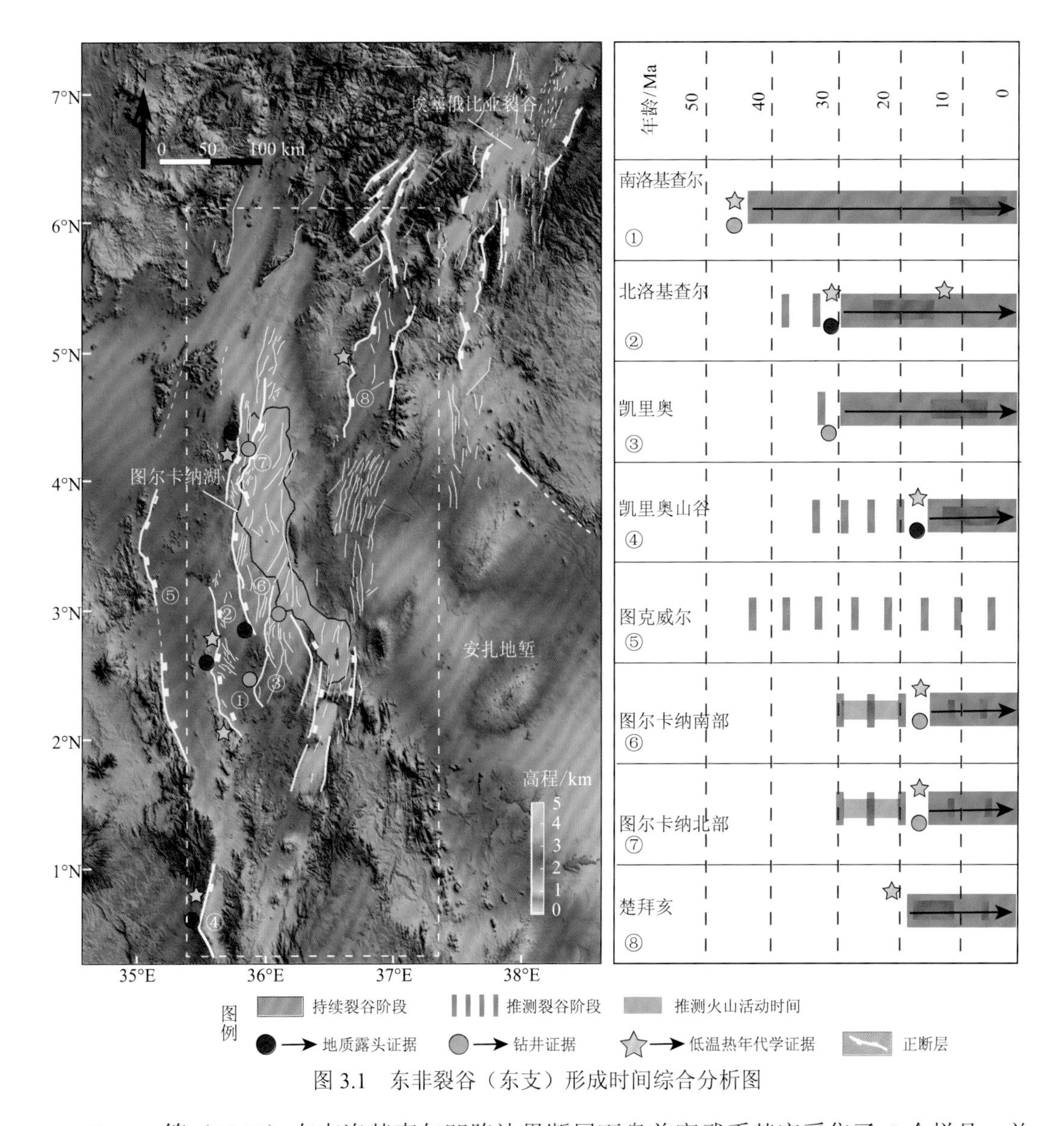

图 3.1 东非裂谷（东支）形成时间综合分析图

Boone 等（2019）在南洛基查尔凹陷边界断层下盘前寒武系基底采集了 5 个样品，并分别进行了磷灰石裂变径迹和磷灰石(U-Th)/He 测试分析，测试数据的联合反演和正演模拟结果表明边界断层下盘在始新世—中新世经历了明显的冷却（从高于 100℃到接近地表温度）过程，而快速冷却的时间始于 45 Ma（图 3.1、图 3.2），指示了该凹陷边界断层的初始活动时间。

Boone 等（2018b）对北洛基查尔凹陷西部边界断层下盘采集的 11 个基底变质岩样品分别进行了磷灰石裂变径迹、磷灰石(U-Th)/He 和锆石(U-Th)/He 分析测试，综合分析推测渐新世—中中新世，北洛基查尔凹陷西部基底经历了埋藏升温阶段，但沉积盖层厚度有限（0.2～0.8 km），推测该阶段凹陷可能已进入裂谷阶段，但此时东部边界断层为控凹断层，凹陷沉积中心位于东部，而西部为斜坡带；中中新世至今，西侧边界断层进入快速活动阶段，凹陷沉积中心迁移至西部（Boone et al.，2018a；Morley，1999）。因此，北洛基查尔凹陷裂谷初始活动应始于渐新世，而中中新世以来，沉积中心向西迁移。

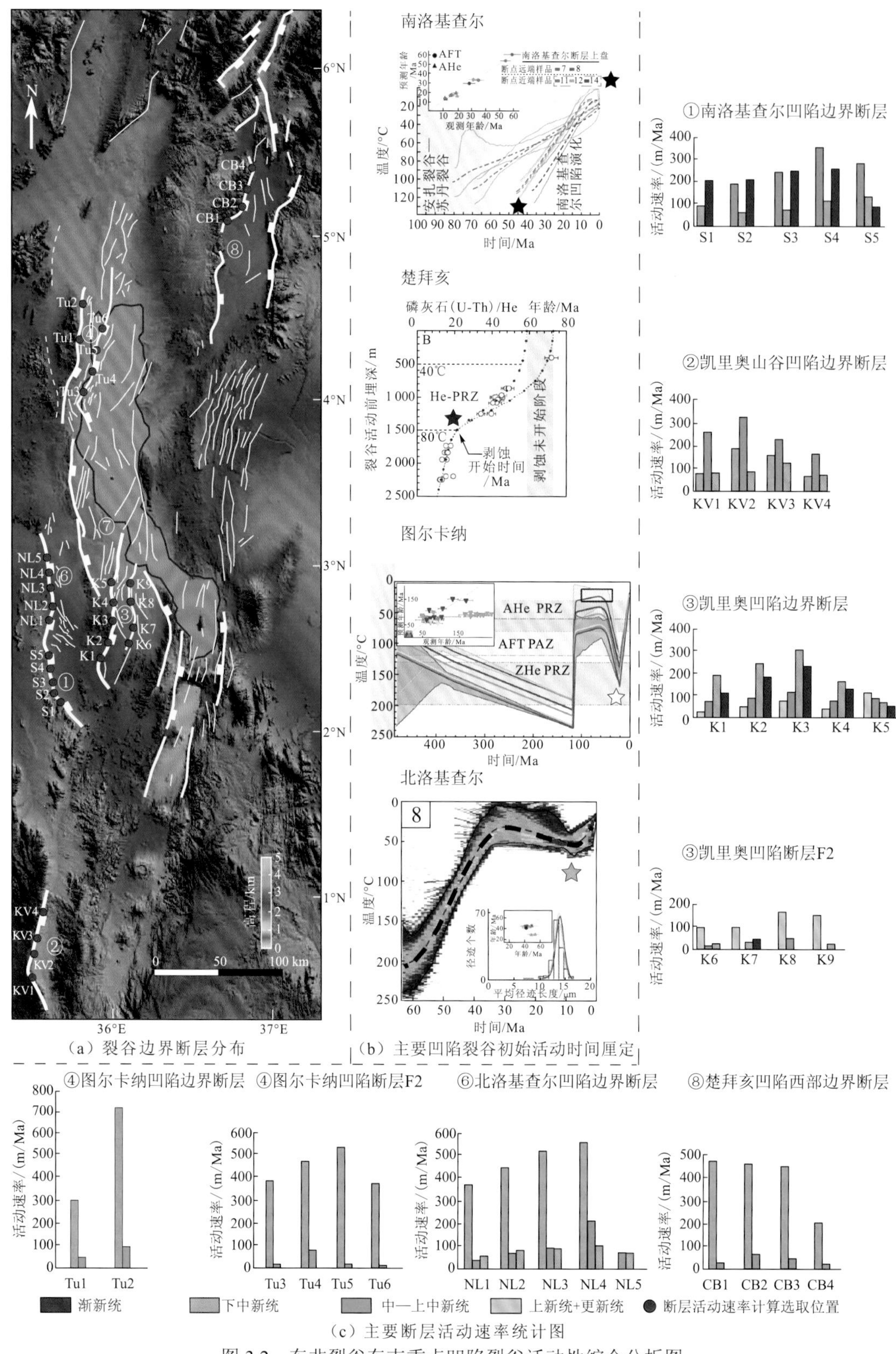

(a) 裂谷边界断层分布　(b) 主要凹陷裂谷初始活动时间厘定

(c) 主要断层活动速率统计图

图 3.2　东非裂谷东支重点凹陷裂谷活动性综合分析图

PRZ 为部分保留区（partial retention zone）

Torres 等（2015）通过对凯里奥山谷凹陷西部边界断层下盘采集的样品进行磷灰石裂变径迹、磷灰石(U-Th)/He 和锆石(U-Th)/He 分析测试，推测与新生代东非裂谷相关的裂谷活动始于中中新世（15 Ma）。Boone 等（2018b）对图尔卡纳湖西部拉普尔山脉地区的 10 个基底变质岩样品进行了磷灰石裂变径迹、磷灰石(U-Th)/He 和锆石(U-Th)/He 分析测试，热模拟结果表明图尔卡纳凹陷西部边界断层形成于中中新世（14 Ma），即该地区裂谷活动始于 14 Ma。Pik 等（2008）根据楚拜亥凹陷西部边界断层下盘 11 个基底变质岩样品的磷灰石裂变径迹和磷灰石(U-Th)/He 测试结果，建立冷却模型并进行热历史模拟分析，推测边界断层于 20 Ma 开始活动。

3.1.2 钻井及地质露头依据

南洛基查尔凹陷西部边界断层附近出露中中新统河流-湖相砂岩，覆盖于前寒武纪基底变质岩之上，露头顶部局部被中中新统溢流火成岩覆盖（Morley，2020；Talbot et al.，2004）。位于南洛基查尔凹陷东部斜坡带的 L-1 井，于井底钻遇洛佩罗特组砂泥岩段（未钻穿），地质年龄为早渐新世或始新世，前人通过地震解释普遍认为渐新统—中中新统在南洛基查尔凹陷内连续发育（贾屾 等，2018；Morley，1999；Boschetto et al.，1992）。

南洛基查尔凹陷边界断层向北延伸，逐渐变为近南北向展布，受其控制，形成现今近南北向展布的北洛基查尔凹陷。该凹陷内无钻井，但东部纳佩代（Napedet）山区和洛蒂多克山区出露渐新统—上新统（Morley，1999；Boschetto et al.，1992），其中洛蒂多克山区渐新统—中新统较发育，为主要露头出露区。Boschetto 等（1992）将出露的地层主要分为三个单元，包括图克威尔段（晚中新世—上新世沉积）、洛蒂多克砂泥岩段（18～13 Ma）和卡拉科尔（Kalakol）玄武岩段（18～28 Ma），三套地层厚度超过 1 500 m，地层产状整体西倾。Morley（1999）利用洛蒂多克山区露头对该区地震剖面进行标定，推测中中新统底为地震剖面上的“跷跷板”界面，即该界面之下发育渐新统+下—中中新统，地层特征东厚西薄，而界面之上则发育上中新统、上新统和更新统，地层西厚东薄。Morley（1999）据此推测：渐新世—早中新世，南洛基查尔凹陷东部（现今洛蒂多克山脉前）存在西倾边界断层（洛蒂多克断层），控制裂谷早期沉积；中中新世之后，南洛基查尔凹陷东部断层活动停滞，而西部东倾的洛基查尔断层（北段）开始活动并逐渐控制上中新统及其上部地层，该断层继续发育，最终与南洛基查尔西部边界断层（洛基查尔断层南段）连为一体。

凯里奥凹陷紧邻南洛基查尔凹陷东侧，近南北向展布，两者均为西断东翘的半地堑，中部为洛肯地垒相隔（胡滨 等，2019b；张燕 等，2017；Morley，1999）。钻井揭示凯里奥凹陷内发育渐新统—更新统，各地层间呈整合接触（胡滨 等，2019b）。依据钻井及地震反射特征推测该凹陷裂谷活动始于渐新世。

凯里奥山谷凹陷位于南洛基查尔凹陷南部约 60 km。凯里奥山谷凹陷为南北走向，长度约为 60 km，东西宽度约为 15 km，呈典型的半地堑结构（胡滨 等，2018a）。凯里奥山谷凹陷周缘中新统—上新统露头较发育，其中位于西部边界断层下盘的坦巴奇（Tambach）段露头与边界断层平行、呈南北向条带状展布，长度超过 30 km，地质年代约为早中新世（＞14 Ma）（Boone et al.，2018a）。另外，凯里奥山谷凹陷东部也可见中中新统砂泥岩及上新世火成岩出露。前人结合露头及地震资料推测凹陷内中新统—更新统连续发育（Mugisha et al.，1997）。由于凯里奥山谷凹陷西部局部可见古近系砂岩段（推测形成时间为古近纪）（Boone et al.，2018），胡滨等（2019b）推测凯里奥山谷凹陷内可能存在渐新统。

位于南洛基查尔凹陷西部的图克威尔凹陷缺乏地质露头及钻井等基础资料，由于该凹陷邻近南洛基查尔凹陷，张燕等（2017）根据两者地震资料特征对比推测该凹陷内渐新统—更新统连续发育，图克威尔凹陷新生代裂谷活动始于始新世或渐新世。

图尔卡纳凹陷位于东非裂谷东支中部，南洛基查尔凹陷东北部（图 1.1），图尔卡纳凹陷近南北走向，长度约为 180 km，宽度约为 45 km，主体位于现今图尔卡纳湖上（胡滨 等，2019a）。图尔卡纳凹陷南北两口钻井均钻遇上中新统、上新统和更新统—全新统。图尔卡纳凹陷西部边界断层附近可见晚白垩世—早新生代时期形成的拉普尔砂岩段（Tiercelin et al.，2012），据大地电磁资料推测，该套地层在图尔卡纳凹陷北部也大范围存在（Abdelfettah et al.，2016），但该砂岩段厚度较薄，其形成原因与安扎裂谷活动相关，不属于新生代东非大裂谷活动阶段。中—晚始新世（35～45 Ma），受阿法尔地幔柱活动的影响，图尔卡纳地区被大面积火成岩覆盖。

综合上述地质露头、地震资料地质解释成果及热年代学数据，推测东支裂谷活动始于中部南洛基查尔凹陷，之后向南北方向呈“跳跃式”发展（Boone et al.，2019），即东支现今空间上相对连续的裂谷段，其形成时间并不连续，这可能是由地幔活动的时空变化及地壳非均质性的相互驱动造成的。

3.2　裂谷活动性分析

3.2.1　断层活动速率分析

断层活动速率是指某一地层单元在一定时期内，因断层活动形成的落差，与相应沉积时间的比值（李勤英 等，2000；王燮培 等，1990）。利用断层活动速率可有效识别断层的活动强度（史冠中 等，2011），对正断层下盘被剥蚀严重的地区，通过计算断层活动速率来分析断层的演化也有很好的效果。

1. 东非裂谷东支重点凹陷

针对东非裂谷东支重点凹陷，选取控制重点凹陷及断层的 33 条二维地震测线，通过采集地震测线与断层交点处的数据，计算主要目的层沉积时期的断层活动速率（图 3.2）。从不同测线不同层位断层活动速率的计算结果（图 3.2）来看，总结各凹陷主要断层的活动特征如下。

（1）渐新世：图尔卡纳地区中部几条断层活动性较强，断层活动主要集中在南洛基查尔凹陷和凯里奥凹陷。其中，南洛基查尔凹陷边界断层在该时期活动速率较大，活动强度中南部强、北部较弱，断层南部活动速率基本均大于 200 m/Ma，最大可达 265 m/Ma；凯里奥凹陷边界断层活动速率略小于南洛基查尔凹陷，断层活动速率基本均大于 100 m/Ma，断层中部最大活动速率约为 220 m/Ma，凹陷内次级断层 F2 活动性很弱，仅局部活动，活动速率约为 50 m/Ma。由于北洛基查尔凹陷地震资料品质较差，深部层位及断层难以落实，未做断层活动速率计算。

（2）早中新世：南洛基查尔凹陷和凯里奥凹陷边界断层持续活动。其中南洛基查尔凹陷断层活动性较渐新世明显减弱，断层中部活动强度较弱，活动速率为 60～80 m/Ma，断层南北活动强度略强，约为 100 m/Ma，北部最大可达 125 m/Ma。而该时期凯里奥凹陷断层活动性明显增强，断层中部活动速率最大，活动速率可达 305 m/Ma，断层南北活动速率逐渐变小，但断层南部活动速率仍高达 195 m/Ma，而断层北部活动速率则逐渐降至约 75 m/Ma。下中新统沉积时期，北洛基查尔凹陷和凯里奥山谷凹陷边界断层整体也开始活动，但断层活动速率不大，基本约为 100 m/Ma，且两条边界断层的活动性较均匀，均呈断层中部活动性略强而向断层发育的南北方向活动性逐渐减弱的特点。该时期楚拜亥凹陷和图尔卡纳凹陷边界断层尚未活动。

（3）中—晚中新世：东非裂谷东支各凹陷边界断层均有活动，但整体上，南洛基查尔凹陷和凯里奥山谷凹陷在该阶段边界断层活动速率明显强于其他凹陷。其中南洛基查尔凹陷断层北部活动性强，最大活动速率为 345 m/Ma，最小活动速率约为 200 m/Ma；凯里奥山谷凹陷则南部断层活动性强，最大活动速率为 320 m/Ma，最小活动速率约为 180 m/Ma。中—上中新统沉积时期，区域内其他各凹陷断层也均开始活动，但活动性均相对较弱，除北洛基查尔凹陷局部断层活动速率超过 200 m/Ma，凯里奥凹陷、楚拜亥凹陷和图尔卡纳凹陷断层活动速率均不超过 100 m/Ma。

（4）上新世至今：早期形成的一些凹陷，如南洛基查尔凹陷边界断层活动几乎停滞，凯里奥凹陷和凯里奥山谷凹陷断层活动性也整体变弱，而形成时间相对较晚的一些凹陷，如楚拜亥凹陷和图尔卡纳凹陷断层活动性则显著增强。具体来讲，凯里奥凹陷边界断层活动速率整体不超过 100 m/Ma，而该凹陷内部次级断层 F2 活动性则超过边界断层，活动速率大于 100 m/Ma，最大约为 200 m/Ma。北洛基查尔凹陷断层活动性自南向北增强，南部断层活动速率为 370 m/Ma，向北增强至约 560 m/Ma。楚拜亥凹陷西部边界断层活动性整体较强，其中南部断层活动速率均为 400～500 m/Ma，仅北部断层活动速率约为 200 m/Ma。图尔卡纳凹陷边界断层活动性最强，断层活动速率最大超过 700 m/Ma，凹陷内部次级断层活动性整体也较强，断层活动速率为 370～520 m/Ma，中部断层活动性最强，活动速率可达 520 m/Ma。

根据断层活动性分析，东非裂谷东支重点凹陷边界断层活动性特点表现为：渐新世—早中新世，部分边界断层活动，活动强度较大；中—晚中新世，边界断层均开始活动，但活动强度普遍较小；上新世以来，部分早期活动较强的断层几乎停止活动，而其他断层则达到活动高峰。

依据边界断层活动特点，东非裂谷东支重点凹陷主要裂谷活动时间可分为中中新世之前和中中新世之后两个时期，按照边界断层活动强度，又可分为 4 个活动阶段，即渐新世—早中新世阶段、早中新世—中中新世阶段、中—晚中新世阶段和上新世至今阶段。

2. 东非裂谷西支重点凹陷

东非裂谷西支阿伯丁凹陷东部发育两条边界断层 F1 和 F2（图 2.19），断层附近构造单元分布复杂，根据断层活动速率和区域沉降速率变化规律，阿伯丁凹陷东部的构造单元主要受两条边界断层的控制作用。本小节沉降速率计算是在现今各凹陷残存地层厚度的基础上，根据各凹陷、不同地质时期的岩性特征差异，分别考虑古水深和沉积压实作用等影响因素，通过 EBM 盆地模拟系统，利用回剥技术计算得出（刘恩涛 等，2010；吴庐山 等，2005）。阿伯丁凹陷东部陡断带沉降速率在早上新世之后向北逐渐下降，同断层 F1 活动速率变化一致，东部断阶带沉降速率则从早上新世开始略微增加，断层 F1 在此区域的断层活动速率也有从早上新世开始增加的趋势，可认为断层 F1 对这两个区域起控制作用。

阿伯丁凹陷内发育三个构造调节带，南部构造调节带的断层活动速率在各时期均低于邻近的东部陡断带，因此认为南部构造调节带的发育也主要受控于断层 F1；断层 F1 在凹陷北边发育不明显，对北部构造调节带发育形成的影响较小；根据断层 F2 的活动速率趋势，认为断层 F2 对北部构造调节带起主要控制作用。凹陷中央的中部构造调节带发育于两条大型断层和南北两个次凹之间，根据断层活动速率趋势，断层 F2 在此区域发育明显，因此推测中部构造调节带主要受断层 F2 控制。

阿伯丁凹陷内部发育南北两个次级凹陷，根据沉降速率和断层活动速率变化，南部次凹受断层 F1、断层 F2 的影响不大，其沉降中心位置也略靠近西侧，推测南部次凹的发育可能受控于西部的边界断层或受到凹陷内的其他断层影响；而北部次凹在早上新世之后逐渐显露有形成新的沉降中心的趋势，与此同时，受断层 F1 影响，东部断阶带靠近北部次凹区域沉降速率也有加快，可能与断层 F1 的发育有关，因此推测断层 F1 对北部次凹的形成演化也存在影响，但并不一定是主控断层。

3.2.2 沉降速率分析

1. 东非裂谷东支重点凹陷

南洛基查尔凹陷渐新世进入裂谷初始阶段，中新世为主要裂谷阶段，但其中渐新世—中中新世裂谷活动相对持续稳定，沉降速率变化不大，中中新世之后裂谷活动几乎停滞，为早期持续活动型裂谷（图 3.3）。

图尔卡纳凹陷上新世以来沉降速率明显变大（图 3.4），且图尔卡纳凹陷北部更大（图 3.5），相应地，图尔卡纳凹陷上新统—更新统厚度及面积均较大，推测图尔卡纳凹陷北部上新统具有较大勘探潜力（图 3.5）。

凯里奥凹陷形成时间早，为持续发育型裂谷，经历多个裂谷阶段，主要裂谷阶段为（渐新世、早中新世和上新世—更新世）。与南洛基查尔凹陷不同，凯里奥凹陷上新世以来经历了另一个主裂谷阶段，上新世之后凹陷东部沉降速率显著增加，沉降中心明显向东迁移（图 3.3）。

凯里奥山谷凹陷和北洛基查尔凹陷自中新世以来持续发育，其中北洛基查尔凹陷最大沉降速率变化不大，上新世之后沉降速率略有增加（图 3.6）。

整体上，各凹陷控凹边界断层活动速率与凹陷沉降速率变化特征一致，显示了边界断层对凹陷的控制作用。上新世以来，凯里奥及东非裂谷北段图尔卡纳、楚拜亥等凹陷为主要沉积中心且受火山侵扰作用小，有利于发育良好的生烃中心，勘探潜力较大（图 3.5～图 3.7）。

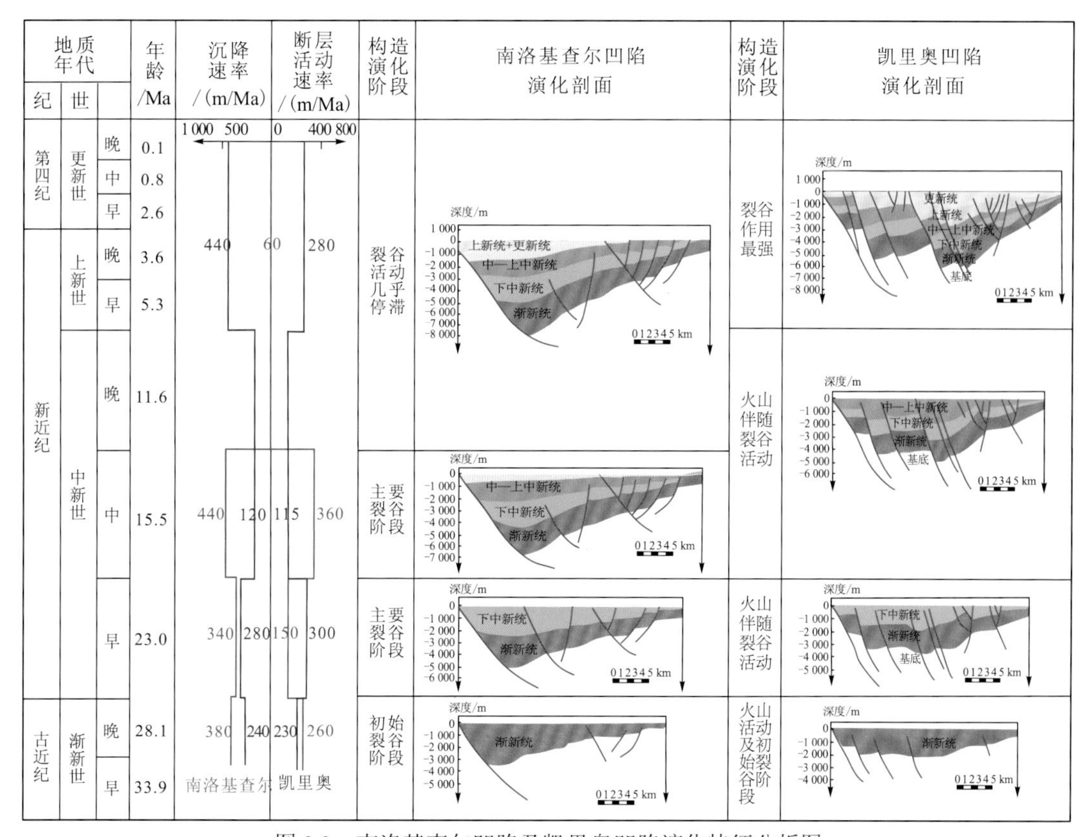

图 3.3　南洛基查尔凹陷及凯里奥凹陷演化特征分析图

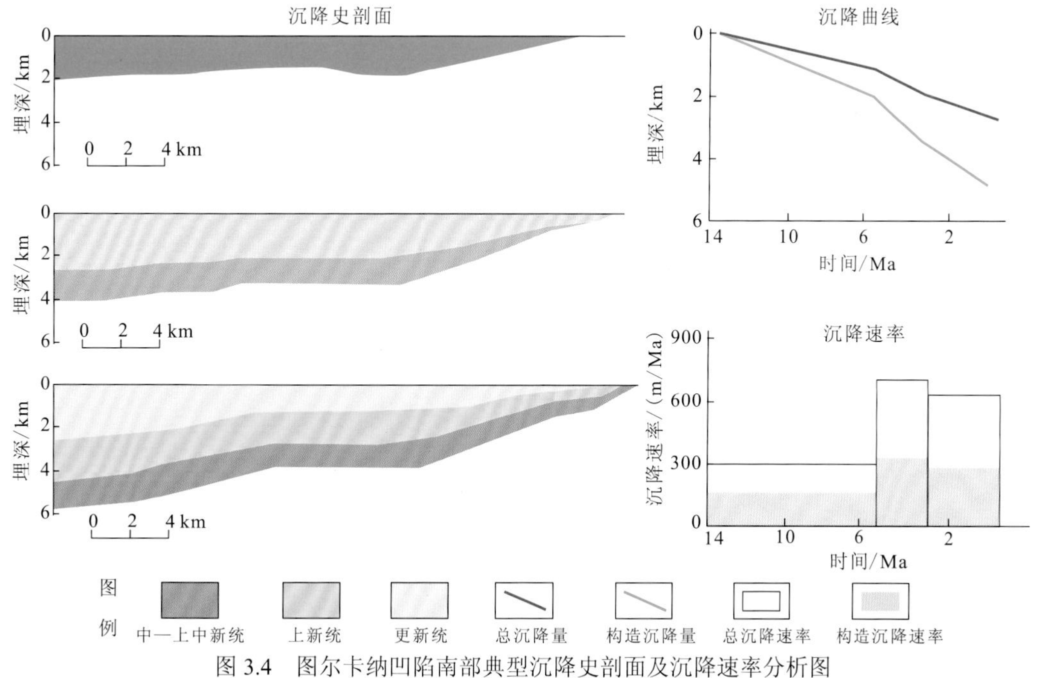

图 3.4　图尔卡纳凹陷南部典型沉降史剖面及沉降速率分析图

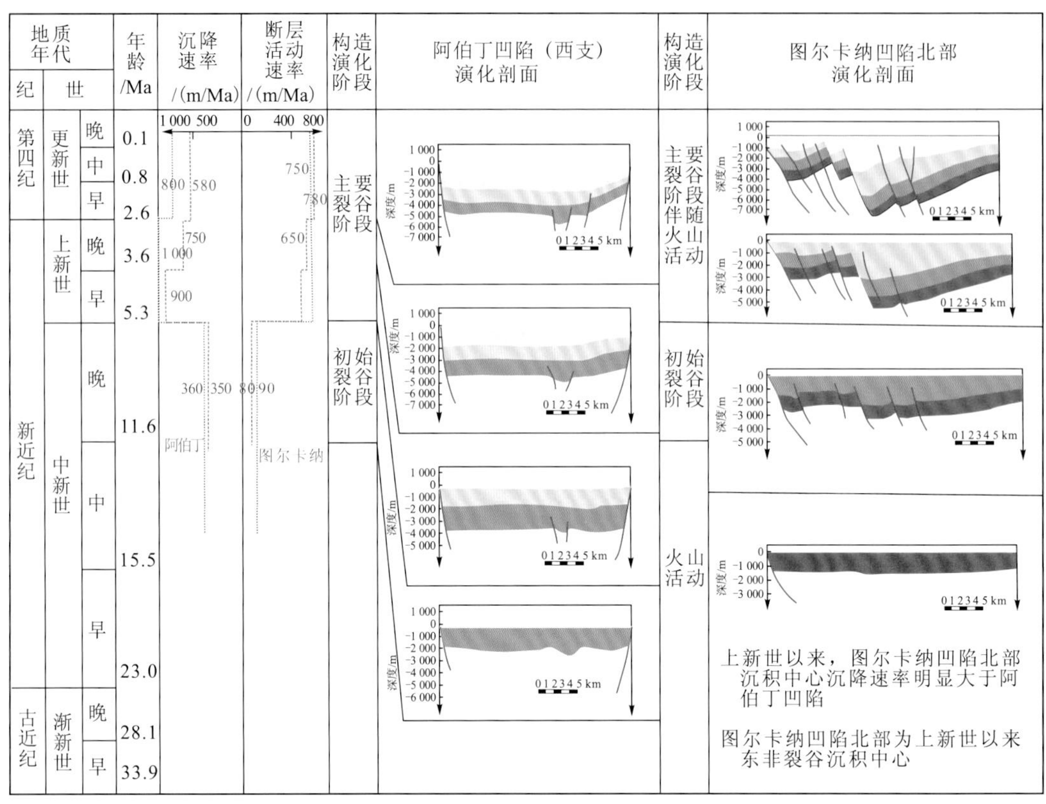

图 3.5　阿伯丁（西支）凹陷及图尔卡纳凹陷北部演化特征分析图

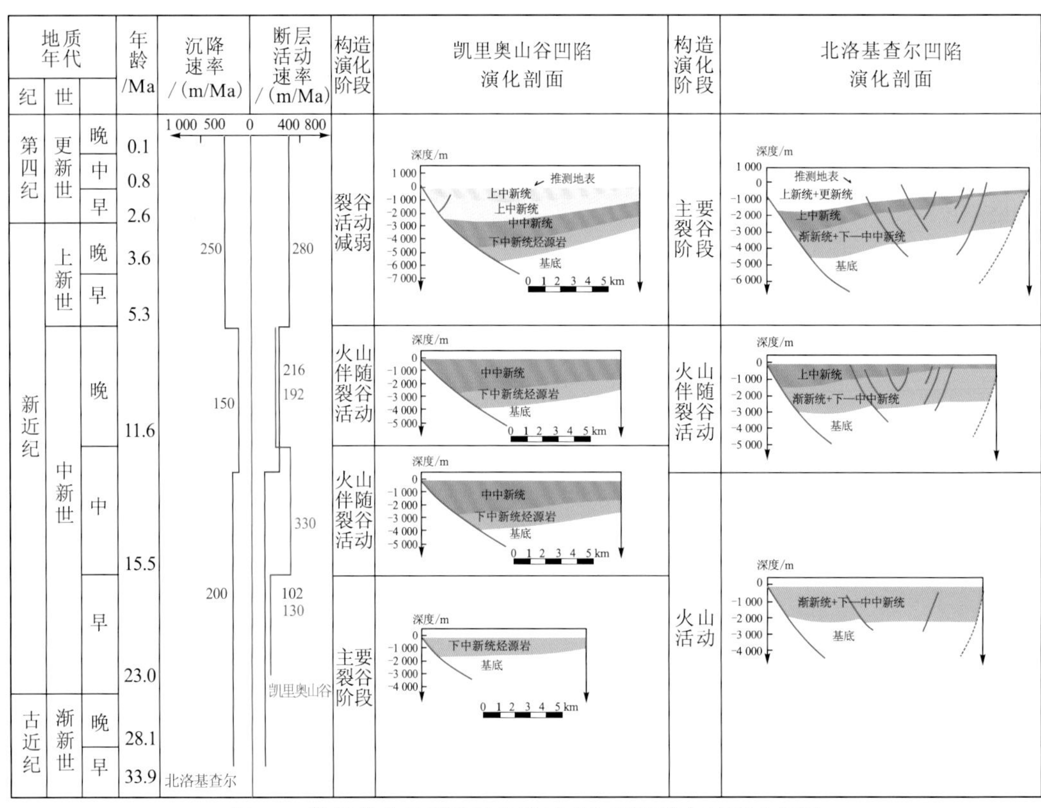

图 3.6　凯里奥山谷凹陷及北洛基查尔凹陷演化特征分析图

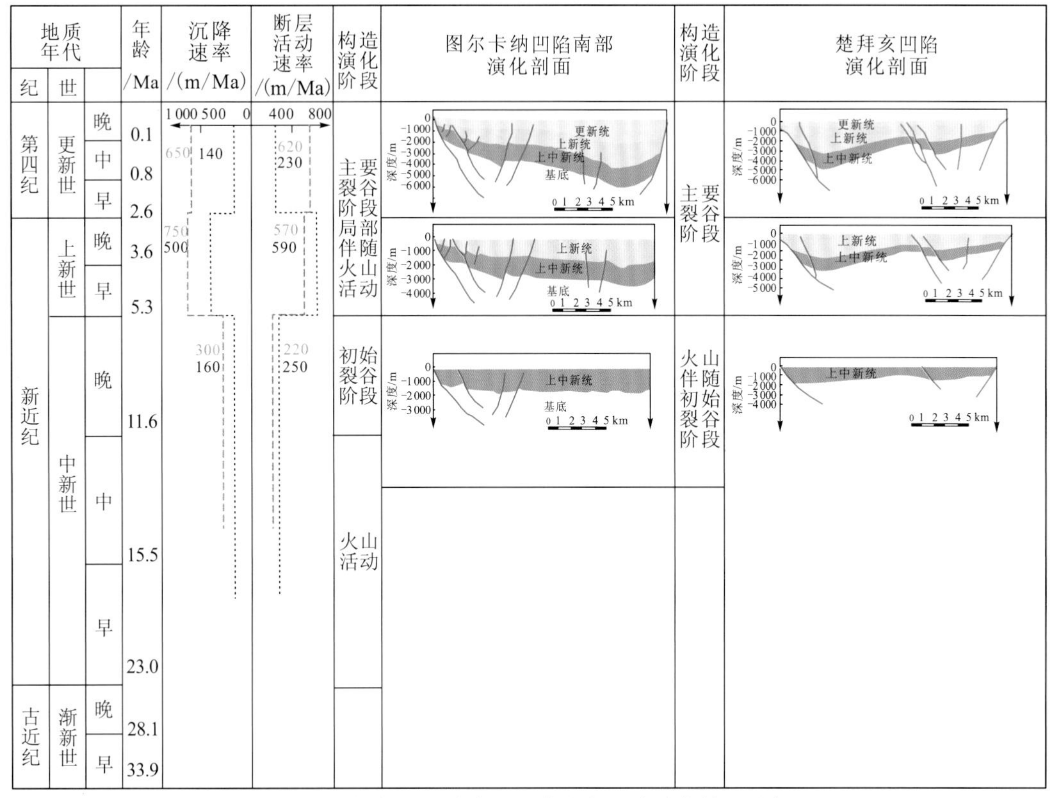

图 3.7　图尔卡纳凹陷南部及楚拜亥凹陷演化特征分析图

2. 东非裂谷西支重点凹陷

东非裂谷西支阿伯丁凹陷在晚中新世开始孕育形成，早上新世沉降速率达到峰值接近 500 m/Ma，更新世次之，表明这两个时期为阿伯丁凹陷主要的沉降时期。阿伯丁凹陷沉降速率变化呈快慢交替的趋势，凹陷最北部区域沉降速率始终低于 100 m/Ma，凹陷最南部区域沉降速率几乎维持在 100～200 m/Ma，变化不大，凹陷东部边界区域自早上新世后沉降速率逐渐增加，后维持在 200 m/Ma 左右；凹陷内部沉降速率变化幅度颇大，凹陷中部以南区域（今南部次凹）在早上新世时期为主要沉降中心，至晚上新世时期沉降速率略有减少，中部以北区域（今北部次凹）沉降速率呈递增趋势，其沉降速率逐渐增加并成为沉降速率最大的区域，由此可看出阿伯丁凹陷内沉降中心呈由南至北逐渐迁移的趋势。

3.3　裂谷构造演化过程

3.3.1　平衡剖面分析

南洛基查尔凹陷剖面构造演化过程相对简单，边界断层自初始裂谷阶段即开始活动，剖面呈西断东翘的继承性发育特征，中新世之后凹陷内次级断层逐渐开始发育，主要起构造调节作用。各时期地层厚度（残存）及面积（大于 1 000 m 厚度的面积）表明，渐新统—

中中新统厚度变化较稳定，厚度中心依附边界断层发育于凹陷中南部，最大厚度均超过2000 m，但下中新统超过1000 m，地层展布面积较大，达940 km^2，钻井证实该套地层为主力烃源岩层，可能的烃源岩有效面积大，中中新世之后，沉积中心明显北移，上新统—更新统（推测）厚度较小且局限于凹陷北部（图3.3）。

图尔卡纳凹陷北部在发育演化时间历程上与东非裂谷西支阿伯丁凹陷较为相似，均为晚中新世初始裂谷，而上新世之后进入主裂谷阶段（图3.5）。但不同的是，图尔卡纳凹陷北部残存安扎裂谷作用影响的白垩纪—新近纪砂岩及早新生代火成岩，表明新生代裂谷活动之前，图尔卡纳部分地区先经历了火山活动（Morley，1999）。从构造发育史剖面上来看，图尔卡纳凹陷中部、南部构造演化特征相对简单，整体呈持续发育地堑形态，而图尔卡纳北部与凯里奥凹陷较为相似，上新世之后存在明显的裂谷构造迁移。

构造发育史剖面上，可见凯里奥凹陷在上新世之后构造活动明显向东迁移，凹陷由早期单断持续性半地堑逐渐变为单断迁移性半地堑，残存地层厚度中心也向北和向东迁移，凹陷东部断层 F3 活动性变强且控制地层沉积。凯里奥凹陷内该断层上盘上新统底部已钻遇良好烃源岩，不排除下盘上新统具良好的勘探潜力（图3.3）。

典型剖面构造演化特征也相对简单，长期以来呈边界断层控制的单断持续性半地堑，其构造演化特征与南洛基查尔凹陷较为相似，但该凹陷构造变形强度相对更弱，次级断层不发育。根据地震解释结果，下中新统潜在烃源岩段最大厚度为1400 m，但超过1000 m厚度的范围较小，仅为50 km^2，推测烃源岩段厚度一般，面积小，勘探潜力一般（图3.6）。

北洛基查尔凹陷于中中新世（约 13 Ma）之后，西部洛基查尔断层北段形成并发育，受其控制，北洛基查尔凹陷转变为西断东翘的半地堑［据 Morley（1999）的地震解释方案及 Boone 等（2018a）的低温热年代学数据推测证实，该凹陷内地层“跷跷板”分界面应为约 13 Ma 的上中新统底］；上新世之后，随着凹陷西部洛基查尔断层持续发育，沉积了厚约1500 m的上新统+更新统，其中大于1000 m地层厚度的范围约为260 km^2，晚中新世以来可能于西部边界断层附近存在潜在烃源岩段，但地层厚度及展布范围均相对较小，勘探潜力不大（图3.6）。

3.3.2 东非裂谷东支演化过程

综合各项分析，东非裂谷盆地东支区域演化历程分为以下4个阶段（图3.8）。

（1）第一阶段（古新世—早中新世）：位于图尔卡纳凹陷东部的白垩纪安扎地堑内，部分白垩纪裂谷活动形成的先存断层发生活化并控制部分新生界沉积。据 Morley（1999）推测，该阶段图尔卡纳湖西侧的洛蒂多克地区应有断层活动并接受部分新生界沉积，但由于缺乏相关地质及地震资料，洛蒂多克凹陷无法得到证实。地震及钻井资料揭示，位于图尔卡纳凹陷中部的南洛基查尔凹陷、凯里奥凹陷于该阶段开始发育并形成凹陷雏形，两个凹陷于渐新世末已形成西断东翘的半地堑，其边界断层及沉积中心轴向整体呈北西西向展布，沉积中心依附边界断层发育；根据断层及沉积中心展布特征，推测该时期应力伸展方向为北东东—南西西向。早渐新世，北洛基查尔凹陷沉积了较薄的砂砾岩层，之后被巨厚火成岩覆盖，渐新世末形成东断西翘的半地堑，基本为火成岩充填。

古新世—早中新世
65(±2)~20(±2) Ma

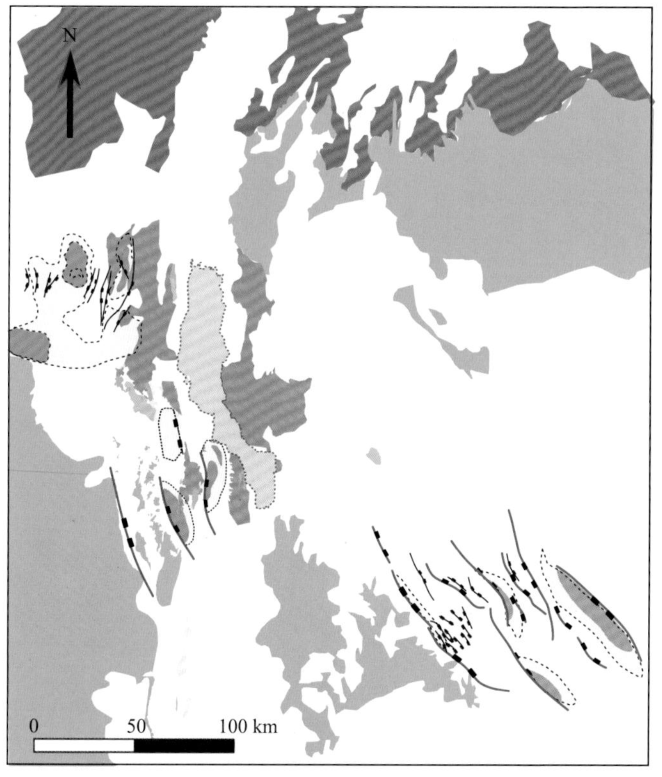

早—中中新世
20(±2)~12(±2) Ma

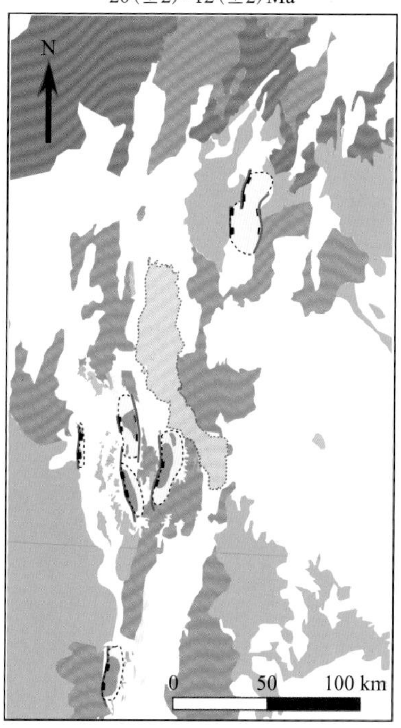

中—晚中新世
[12(±2)~5] Ma

上新世至今
5 Ma以来

图 例

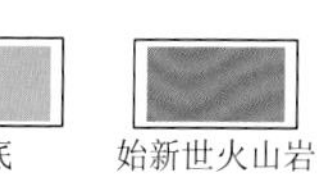

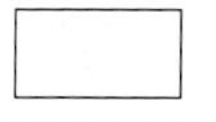

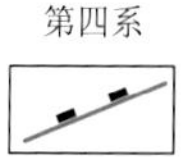

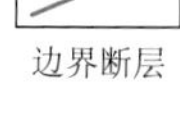

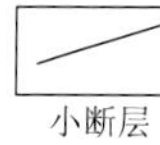

图 3.8　东非裂谷盆地东支裂谷演化示意图

（2）第二阶段（早—中中新世）：南洛基查尔凹陷、凯里奥凹陷持续发育，根据露头推测，凯里奥山谷凹陷原始湖相沉积范围大于现今该凹陷范围，整体沿寒武系露头边界呈近南北向展布；该时期图尔卡纳湖及其北部、洛基查尔凹陷与凯里奥凹陷之间火成岩广泛分布，推测该阶段图尔卡纳凹陷进入火山广泛活动时期。

（3）第三阶段（中—晚中新世）：南洛基查尔、凯里奥等凹陷持续发育，两个凹陷均已发育成熟，洛基查尔断层南北贯通，受其影响，北洛基查尔凹陷的沉积中心向西迁移；图尔卡纳凹陷东西两侧边界断层开始发育，形成凹陷中部和北部两个沉积中心；受东西两侧边界断层活动的影响，楚拜亥凹陷也已形成东西两个沉积中心；该阶段东非裂谷东支各凹陷边界断层均已活动或部分活动，各凹陷进入整体发育阶段，图尔卡纳地区整体沉积范围扩大并向北扩展。中中新世（约 10 Ma），纳佩代山区火山活动形成溢流玄武岩，南洛基查尔凹陷被火山熔岩覆盖。

（4）第四阶段（上新世至今）：南洛基查尔凹陷南部边界断层已几乎停止活动，仅凹陷中北部接受较薄沉积；图尔卡纳凹陷及楚拜亥凹陷边界断层活动强度大，凹陷进入主裂谷期；图尔卡纳凹陷及凯里奥凹陷内部次级断层活动强度增大，受其影响，两个凹陷沉积中心均向东迁移；凯里奥凹陷南部至凯里奥山谷凹陷东部为更新世火山活动中心，火成岩大面积发育。

东支研究区整体演化特点表现为：南早北晚，先宽后窄，向东迁移。即新生代早期，一系列裂谷呈北西—南东向近平行发育；早中新世，裂谷集中于南部南洛基查尔凹陷及凯里奥凹陷附近；中中新世后，裂谷向北演化迁移；上新世以来，裂谷向东演化迁移。

3.3.3　东非裂谷西支演化过程

东非裂谷西支阿伯丁凹陷发育始于 14～12 Ma，即中中新世，而大规模的裂谷活动始于 8 Ma 左右。东非裂谷西支区域演化历程分为以下 5 个阶段。

（1）第一阶段（12 Ma 前）：该阶段为前裂谷阶段，阿伯丁凹陷为一碟形盆地，先存断层以水平活动为主。此时区域上地势东高西低，来自东部的水系在充满盆地后继续向东汇入刚果盆地，这种状况一直持续到中新世末。

（2）第二阶段（12～8 Ma，中—晚中新世）：裂谷初期，伴随着南端火山活动，阿伯丁凹陷开始发育。裂谷活动首先在盆地西侧形成控盆断层，阿伯丁凹陷初见雏形。

（3）第三阶段（8～4 Ma，晚中新世—早上新世）：阿伯丁凹陷的边界主断层开始发育，进入主要裂谷期。伴随着裂谷活动的加强，阿伯特湖和爱德华湖（Lake Edward）两个小地堑逐渐发展扩大并直至二者连通，形成统一的阿伯丁地堑。地堑范围内被湖水充满，即古奥贝鲁卡湖（Lake Obweruka）雏形阶段，并随着裂谷活动的加强而逐渐扩大。此时整个阿伯丁凹陷位于湖平面以下，盆地的沉积中心受边界断层的控制，其中北部盆地沉积中心位于阿伯特湖凹陷，南部盆地沉积中心可能位于爱德华湖靠近刚果（金）一侧。此时期是盆地内主要烃源岩和储层的发育时期。由于边界断层的强烈活动，物源主要以东西双向的轴向物源为主。

（4）第四阶段（4～2.6 Ma，晚上新世）：构造稳定期，持续的裂谷活动，造成裂谷间隆升明显，古奥贝鲁卡湖在～4 Ma 达到最大面积后，持续处于较高水位。此时物源仍以短轴径向物源为主，但由于受裂谷间隆升对其的阻碍，盆地早期发育的侧向物源会发生改变，水系会选择隆升不太剧烈或连接两条正断层的传递斜坡注入盆地。

（5）第五阶段（2.6 Ma 至今，更新世—全新世）：该阶段构造活动加剧，托罗（Toro）构造带隆升形成鲁文佐里山（Rwenzori Hill）。古奥贝鲁卡湖开始萎缩，并被逐渐重新分割为阿伯特湖和爱德华湖。该期构造活动导致区域上向北掀斜，完全改变了盆地的排水系统。该期构造活动导致区域上汇水体系的变化，区域内水系变为以径向流动为主，阿伯特湖的湖水经西尼罗河（West Nile River）向北流入苏丹境内，此时沉积中心由南部迁移到北部。

第4章 东非裂谷盆地构造演化物理模拟及数值模拟

构造物理模拟是定量研究构造变形过程的重要手段与方法。近年来，岩石圈尺度大陆裂谷演化过程的物理模拟研究主要集中在几个方面：①变形的模式和演化特征及其与裂谷动力学的关系（Agostini et al.，2009；Corti and Manetti，2006）；②岩石圈流变结构对裂谷构造的影响（Bonini et al.，2007）；③伸展过程的对称与非对称模式（Sokoutis et al.，2007）；④断裂系统在裂谷过程中的演化及其与继承性构造的关系（Wang et al.，2021；Maestrelli et al.，2020；Zwaan and Schreurs，2020；Michon and Merle，2003）；⑤岩浆侵入对伸展变形的影响（Corti，2004）；⑥间歇性或稳定裂谷作用（Mulugeta and Ghebreab，2001）。这些模拟和实验结果被成功用于解释裂谷的复杂构造模式和演化过程。

前人虽然在岩石圈伸展和裂谷动力学机制方面开展了一系列模拟研究工作，但对经历不同伸展方向、多伸展阶段的裂谷发育演化特点，以及早期阶段形成的断层在晚期裂谷阶段的活化及其对晚期裂谷发育演化的影响的研究仍相对较少（Bellahsen and Daniel，2005；Acocella et al.，1999）。另外，对东非裂谷盆地各凹陷构造样式对比和演化过程的模拟工作也相对欠缺。本章的模拟实验主要针对这些工作开展。

4.1 东非裂谷东支图尔卡纳拗陷大尺度构造物理模拟

4.1.1 模型设计及实验装置

1. 地质模型建立及证据

图尔卡纳拗陷包含东非裂谷东支6个主要的凹陷（图1.1），在地貌上是位于东非高原和埃塞俄比亚高原之间的洼地（图4.1），该地区现今构造背景主要受努比亚板块和索马里板块运动的影响（Saria et al.，2014），呈现近东西向的区域伸展（Emishaw and Abdelsalam，2019）。东非裂谷东支北部的埃塞俄比亚裂谷和南部的肯尼亚裂谷均为高原裂谷，裂谷地貌形态深（断崖宽度大于1 km）且窄（裂谷宽度小于100 km），而位于东非裂谷东支中部的图尔卡纳拗陷，则不见断崖式裂谷发育，多条断层近平行发育，形成形态宽缓的宽裂谷带（Chorowicz，2005），裂谷整体宽度大于300 km。

近期研究表明，新生代裂谷之前的构造事件在很大程度上控制了该地区的构造形态及地形地貌特征（Chorowicz，2005），其中中生代裂谷活动对研究区的影响尤为重要（Boone et al.，2019）。白垩纪—早新生代的裂谷活动形成了北西向展布的安扎裂谷和苏丹裂谷，图尔卡纳拗陷现今虽然被火成岩大面积覆盖，但局部仍可见白垩系露头[图 4.2（Boone et al.，2018b）]，表明中生代裂谷事件对研究区有影响。部分学者推测新生代之前安扎裂谷和苏丹裂谷可能相互连接形成一个整体[图 4.1（Emishaw and Abdelsalam，2019；Brune et al.，2017；Globig et al.，2016）]。东非地区地球物理数据证明，现今图尔卡纳拗陷出现明显的地壳较薄区域，且地壳减薄带呈北西向展布（Globig et al.，2016），部分学者推测这种现象继承自研究区的中生代裂谷事件（Morley，2020；Brune et al.，2017）。因此，受中生代裂谷活动影响，图尔卡纳拗陷在地形地貌上不仅异于南北高原裂谷，新生代裂谷形态也与南北高原裂谷明显不同（Brune et al.，2017）。

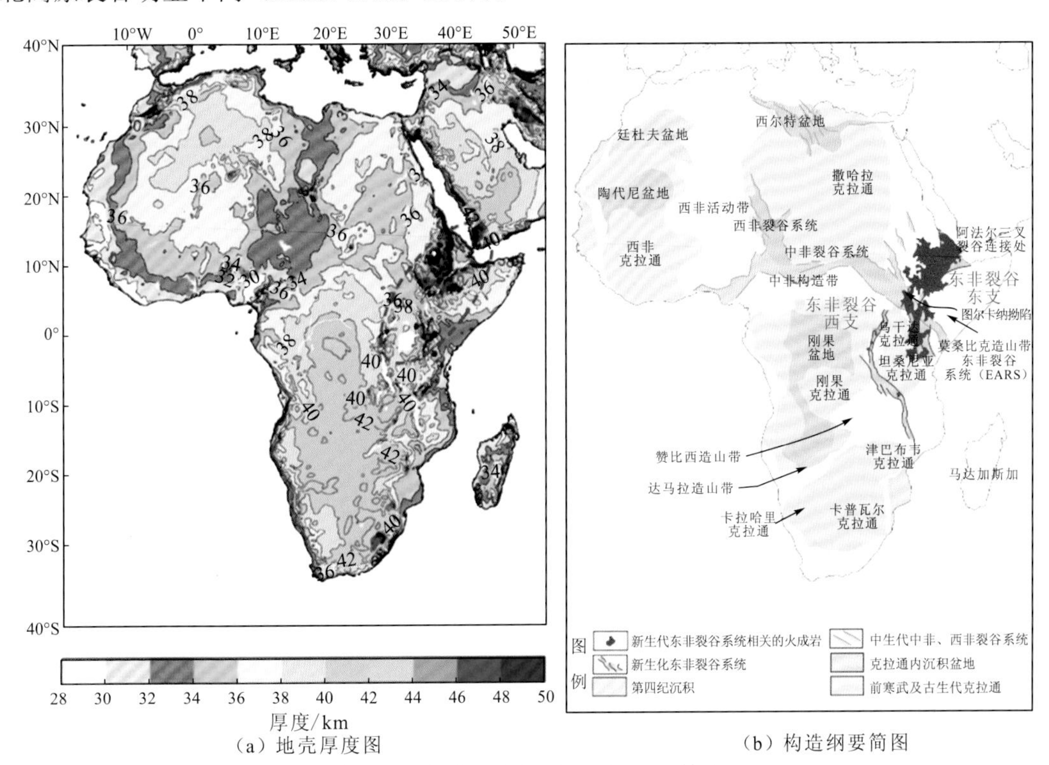

（a）地壳厚度图　　（b）构造纲要简图

图 4.1　非洲地壳厚度及构造纲要简图

前人虽然对两个伸展阶段、不同伸展方向的伸展构造开展过相关构造物理模拟实验，但前期实验仍存在可改进的方面：①未考虑下地壳韧性层的作用，且上地壳也仅采用黏土或较纯的石英砂进行模拟，在材料的选取上仍可进一步加强（Bellahsen and Daniel，2005；Bonini et al.，1997；Keep and McClay，1997；McClay and White，1995）；②在第一伸展阶段结束后，前人未对模型进行二次铺砂，这就导致在第二伸展阶段不能很好地观察先存断裂的活化特征，实验仅展示了两阶段断裂的（切割）关系（Bellahsen and Daniel，2005；Bonini et al.，1997；Keep and McClay，1997；McClay and White，1995）；③虽然 Brune 等（2017）也针对图尔卡纳拗陷开展过最新的上地幔+地壳尺度的基于重力离心机的构造物理模型实验，且分别用不同的砂体混合物对地壳和地幔进行针对性模拟，但受重力离心机的实验条件限制，该模型无法开展不同伸展方向、两个伸展阶段的多期伸展作用模拟，也仅能观察设置的上地幔或下地壳“透入型”先存构造“软弱带”对新生代构造活动的影响，而缺乏“间隔型”先存断裂在新生代裂谷活动中的“活化”作用及其对晚期构造活动影响的研究。

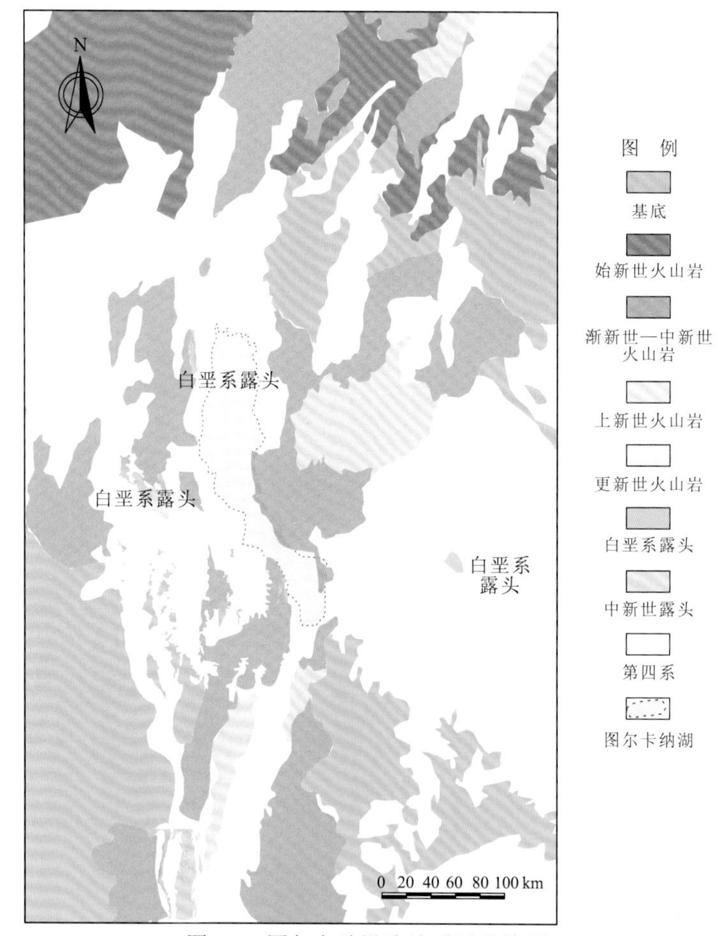

图 4.2 图尔卡纳拗陷地质露头简图

基于此，本小节在前人研究的基础上，结合研究区特殊的地球物理特征，选择合适的材料，设计图尔卡纳拗陷两个伸展阶段、不同伸展方向的大尺度构造物理模型，并在第一伸展阶段结束后对模型进行重新铺砂。

在 Brune 等（2017）研究的基础上，进行大尺度构造物理模拟时，将图尔卡纳拗陷分为三个区域：北西向展布的图尔卡纳裂谷区，位于南北的肯尼亚裂谷和埃塞俄比亚裂谷窄裂谷段，以及裂谷区域之外的高原地区。研究区主体部位（图尔卡纳新生代裂谷）地壳厚度设置为 25～30 km，代表新生代裂谷作用之前的初始莫霍面深度，埃塞俄比亚高原和东非高原地壳初始厚度约为 40 km（Sippel et al.，2017）。在设置模型时，通过弹力橡胶带来模拟中生代裂谷活动作用形成的强度相对减弱的地壳（上地幔）软弱带，在橡胶带之上分别铺设北西向展布的聚二甲基硅氧烷（polydimethylsiloxane，PDMS）黏性混合物和砂体混合物模拟下地壳和上地壳（图 4.3）。

图尔卡纳拗陷经历了早期（白垩纪—早新生代）与中非裂谷系统（安扎裂谷和苏丹裂谷）相关的北东—南西向的区域伸展作用，以及古近纪晚期（45 Ma）以来与新生代东非大裂谷相关的近东西向的区域伸展作用（Boone et al.，2019；Corti et al.，2019）。根据最近的大地测量结果（Saria et al.，2014），图尔卡纳拗陷现今表现为近东西向的区域伸展。基于此，设置两个不同方向伸展阶段的模型装置（图 4.3）。Corti 等（2019）研究发现，东

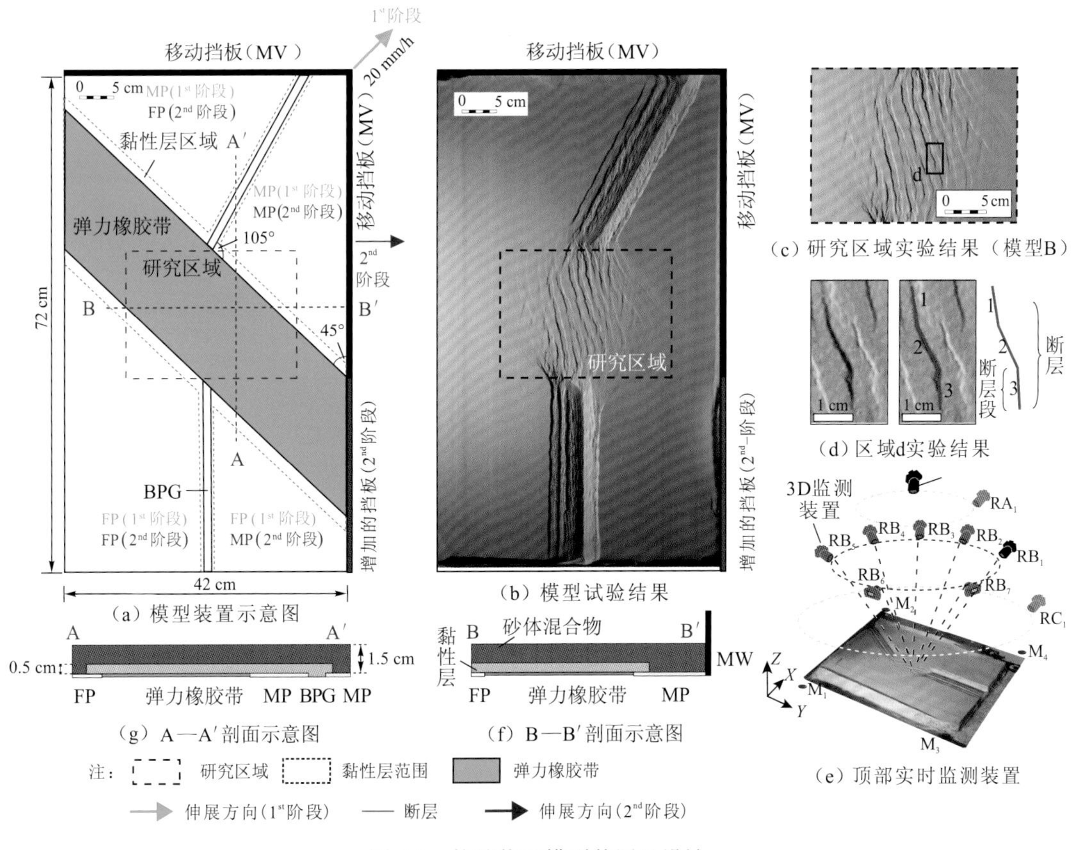

图 4.3 构造物理模型装置及设计

FP：固定底板；MP：移动底板；MV：移动挡板；BPG：底板间空隙；RA：远景 3D 照片采集位置；RB：中景 3D 照片采集位置；RC：近景 3D 照片采集位置

非裂谷东支图尔卡纳地区中新世以来整体近东西向伸展量较小，伸展量为 40～60 km。本小节大尺度构造物理模拟中，第二伸展阶段近东西向 3 cm 的伸展（表 4.1），相当于自然界实际 45 km 的伸展量（表 4.2）。

表 4.1 模型不同伸展阶段伸展速率与伸展量统计表

模型伸展阶段	模型参数	模型 A	模型 B	模型 C	模型 D
1st（南西—北东向伸展）	伸展方向	南西—北东	南西—北东	南西—北东	南西—北东
	伸展速率/（cm/h）	—	2	2	2
	伸展量/cm	—	1	2	3
2nd（西—东向伸展）	伸展方向	西—东	西—东	西—东	西—东
	伸展速率/（cm/h）	2	2	2	2
	伸展量/cm	3	3	3	3

注：模型 A 未经历第一阶段伸展，模型 B～D 经历两阶段伸展，且第一阶段伸展量逐步增加（从 1 cm 增加到 3 cm）。相反，在所有模型中，第二阶段的伸展量均保持恒定（3 cm）。伸展方向如图 4.3 所示

表 4.2　模型材料及模型比例参数表

参数		模型	自然界实际数值	模型/自然界（比例）
石英砂与钾长石砂混合物（70%石英+30%钾长石，按重量，模拟上地壳）	密度ρ/（kg/m^3）	1 408	约 2 700	0.5
	内摩擦系数μ	约 0.8	0.6～0.85	1
	黏聚力 c/Pa	约 9	约 1×10^7	9×10^{-7}
	厚度 h/m	0.01	约 1.5×10^4	6.7×10^{-7}
PDMS-刚玉混合物（按重量～1∶1，模拟下地壳）	密度ρ/（kg/m^3）	1 440	约 2 700	0.5
	黏度 η/（Pa·s）	1.5×10^5	10^{22}～10^{23}	1.5×10^{-18}～1.5×10^{-17}
	厚度 h/m	0.005	约 7.5×10^3	6.7×10^{-7}
重力 g/（m/s^2）		9.8	9.8	1
应力σ/Pa		—	—	3.4×10^{-7}
伸展速率 V/（m/s）		5.55×10^{-6}	3.9×10^{-11}（1.2 mm/a）～3.9×10^{-10}（12.3 mm/a）	1.6×10^4～1.6×10^5

2. 实验装置

本次实验工作在意大利国家研究理事会地质与地球资源研究所和佛罗伦萨大学联合的构造物理模拟实验室完成（图 4.4），通过地壳尺度模拟实验，分析多阶段裂谷过程中断层的活化与伸展量的关系（Wang et al.，2021）。

图 4.4　构造物理模拟实验室

在 Brune 等（2017）工作基础上，重新设置图尔卡纳拗陷的构造物理模型。模型如图 4.3 所示，模型整体长度为 72 cm，宽度为 42 cm，模型厚度为 1.5 cm，模型缩放比例为 1 cm 相当于 15 km（表 4.2）。模型底部主要由 4 块底板和一个绿色弹力橡胶带组成，其中底板连接在两个可移动挡板上，两个由电动马达带动的移动挡板对模型进行伸展作用［图 4.3（a）、(b)］；绿色弹力橡胶带模拟中生代裂谷作用形成的软弱基底，绿色弹力橡胶带起到重新分布上覆地壳层的拉伸应力的作用（McClay et al.，2002）；南部和北部基底板上的两个狭窄缝隙模拟埃塞俄比亚裂谷和肯尼亚裂谷［(不使用弹力橡胶带，图 4.3（a）、(b)］；在此之上覆盖 0.5 cm 厚的聚二甲基硅氧烷刚玉混合物，用以模拟下地壳韧性层；之后，在整个模型最上部铺设厚度为 1.0 cm 的由 70%枫丹白露石英砂和 30%钾长石砂组成的混合砂层（Del Ventisette et al.，2005），用以模拟上地壳脆性层。

在自然重力实验平台上，开展两个阶段不同方向伸展过程的实验［图 4.3（a）］。以模型 A 作为参考模型，本次实验仅对其进行西—东向单阶段伸展。在模型第一伸展阶段，将模型北东—南西向伸展速率定为 2 cm/h，4 个模型第一伸展阶段的伸展量分别为 0 cm、1 cm、2 cm 和 3 cm（表 4.1）。在第一伸展阶段之后，对模型进行重新铺砂，以约 0.1 cm 厚的砂层重新覆盖整个模型，以便更好地显示第二伸展阶段新断层的形成与演化和/或断层活化。在之后的第二伸展阶段中，移动挡板以 2 cm/h 的速度拉动移动底板，进行西—东向伸展，所有模型的伸展量为 3 cm（表 4.1）。

在实验过程中，通过实验平台顶部与电脑连接的高清照相机，以每 120 s 的时间步长来获取高分辨率俯视照片，用于监视模型变形演化的过程。在第二伸展阶段的中途（即伸展 1 cm 和 2 cm 后）和第二伸展阶段结束时（即伸展 3 cm 后）分别对模型进行短暂暂停，并采集 3D 照片，以用于在 Agisoft Photoscan 软件中进行基于摄影测量的 3D 模型重建［图 4.3（e）］。在实验结束后，针对第一伸展阶段结束、第二伸展阶段过程中（伸展 1 cm 和 2 cm 后）和第二伸展阶段结束后，对每个模型的俯视照片进行断层详细描绘［图 4.3（c）、（d）］。并使用 Matlab™ 开发的 FracPaQ 工具（Healy et al.，2017）对获得的断层进行定量统计分析。

4.1.2 模型材料及模型比例

在前人构造物理模拟实验工作的基础上（Brune et al.，2017；Henza et al.，2011；Bellahsen and Daniel，2005；Bonini et al.，1997），本次实验使用一种新的砂体混合物来模拟上地壳：按照重量计算，将 70%的石英砂（枫丹白露砂）和 30%的钾长石砂（Kaolinwerke-AKW 长石 FS-900-SF 砂）均匀混合。该比例的砂体混合物，更适合模拟与自然实例缩放比例为 1 cm 相当于 15～20 km 的、地壳尺度的构造物理模型实验。使用该混合砂体进行这种比例的地壳尺度构造物理模拟实验时，实验结果混合砂体中形成的断层，更接近于真实裂谷的断层及裂缝的发育模式（Montanari et al.，2017）。而针对下地壳，本次实验中使用由 PDMS 和刚玉砂体混合制成的黏弹性混合物，其中 PDMS 与刚玉的质量比约为 1:1，通过人工混合，获得适当密度（1 440 kg/m^3）的混合物，该混合物适用于构造物理模拟中的下地壳（Maestrelli et al.，2020）。材料物理参数见表 4.2。

为了最逼真和定量化地还原自然界原型，构造物理模拟模型需要遵循标准的动态的几何学和运动学缩放原理（Reber et al.，2020；Ramberg，1981；Hubbert，1937）。本次模拟实验以模型厚度与自然界原型厚度比例 $h^*\approx 6.7\times 10^{-7}$ 的几何比例进行构建，因此模型中的 1 cm 约对应于自然界原型中的 15 km，模型厚度［下地壳 LC（lower crust）厚度+上地壳 UC（upper crust）厚度］为 1.5 cm，意味着自然界实际的地壳厚度约为 23 km，由于模型是在正常重力条件下设计的，重力缩放比例 $g^*=1$（其中星号表示模型与自然之间的比例）。考虑自然岩石密度约为 2 700 kg/m^3，本实验采用混合砂体的密度（1 408 kg/m^3）意味着密度比例（ρ^*）约为 0.5，从而导致应力比（$\sigma^*=\rho^* g^* h^*$）约为 3.4×10^{-7}。模拟材料和天然材料的内摩擦系数（μ）必须相似（$\mu^*\approx 1$），实验中使用的石英砂、长石砂混合物可满足要求。为了确保模型的动态缩放，黏聚力比（c^*）和应力比（σ^*）必须相似。要满足此条件，c^* 和 σ^* 需具有相同的数量级（表 4.2）。黏度比、应变率比、速度比与应力比关系为

$$\sigma^* = \eta^* \varepsilon^* = \eta^*(V^*/h^*) \tag{4.1}$$

式中：ε^*为应变率比。在模型实验中，下地壳的黏度$\eta_{模型} \approx 1.5\times10^5$ Pa·s，实验中的应变速率$\varepsilon \approx 1.1\times10^3$/s，本次实验采用的伸展速率为 20 mm/h。根据实验中设置的数据，计算得到这些实验材料相对应的实际的下地壳黏度为 $10^{22}\sim10^{23}$ Pa·s，对应的伸展速率为 1.2～12 mm/a（表 4.2），这与东非裂谷中实际的伸展速率较为相符（Stamps et al.，2021；Brune et al.，2017）。表 4.2 总结了相应的缩放参数和缩放比例。

4.1.3　模拟实验结果分析

1. 模型 A：单阶段伸展

在模型 A 中，仅对模型进行了西—东方向（第二阶段）的伸展，模型结果可作为其他模型的参考。模型 A 整体变形区域局限在北西—南东走向的较宽区域内（与下覆弹力橡胶带几乎重合），变形特征是发育一系列近南北向和北北西—南南东向展布的正断层，断层垂向断距相对有限，受断层控制，形成了一系列近乎平行、不连续、短而窄的地堑［图 4.5（a）］。根据断层平面展布方向，主要研究区域［图 4.5（a）、（b），图 4.6］可以分为三段：北部，中部和南部。在北部地区，断层从北部窄裂谷的顶端以近马尾状向南散开，断层走向以北西—南东向和南北向为主；在南部地区，断层展布特征与北部地区相似，与北部地区呈镜像关系，断层从南部窄裂谷的连接区域向北扩展开来；在中部地区，断层几乎垂直于该阶段东西向伸展方向，呈北北西—南南东向展布［图 4.5（a）、（b）］。在北部、中部、南部之间的连接部位，由于不同走向断层的连接，局部形成了一些产状弯曲的断层，一些过度弯曲的断层平面呈锯齿形［图 4.5，图 4.6］。

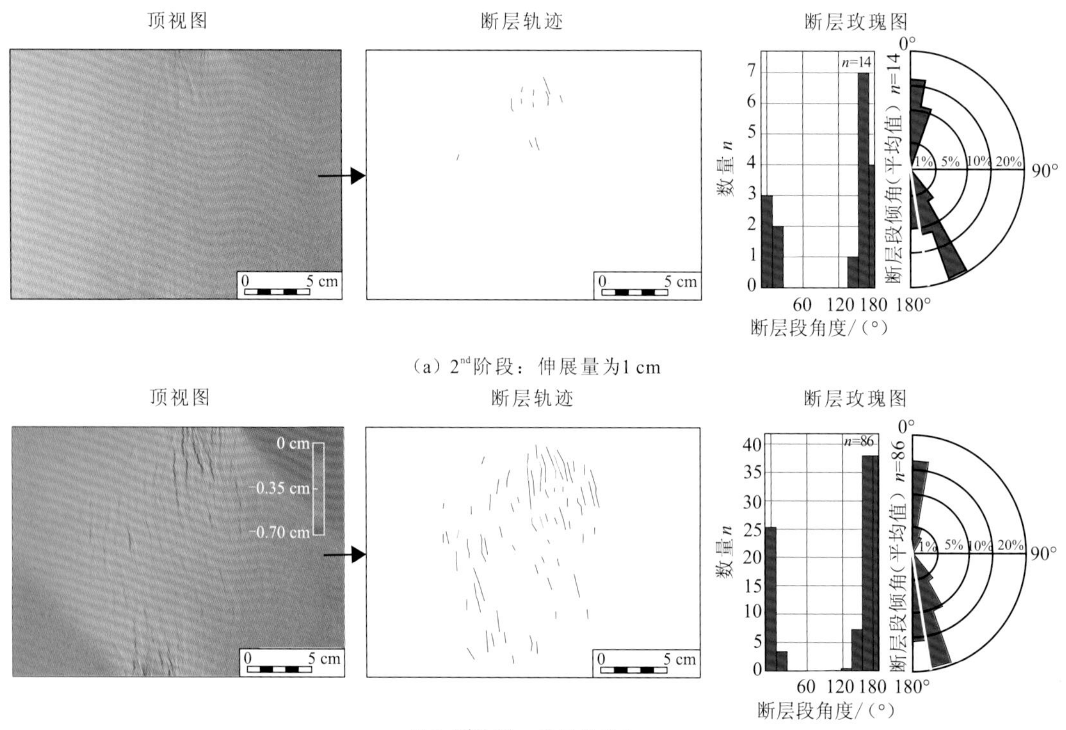

（a）2nd阶段：伸展量为1 cm

（b）2nd阶段：伸展量为2 cm

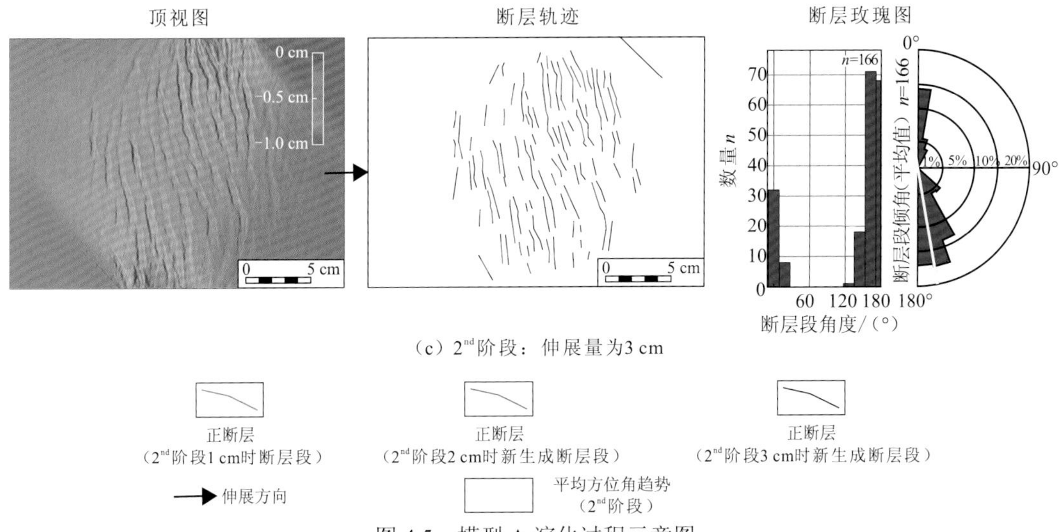

（c）2nd阶段：伸展量为3 cm

图 4.5　模型 A 演化过程示意图

左列为叠加透视数字高程模型（digital elevation model，DEM）照片（其中左列第一张无 DEM）；中间一列为对应左边照片的断层平面展布图；右列为断层段展布特征（直方图和玫瑰图），其中断层走向方位角在 0°～180°，黄线代表平均方位角走向（第二阶段）更大

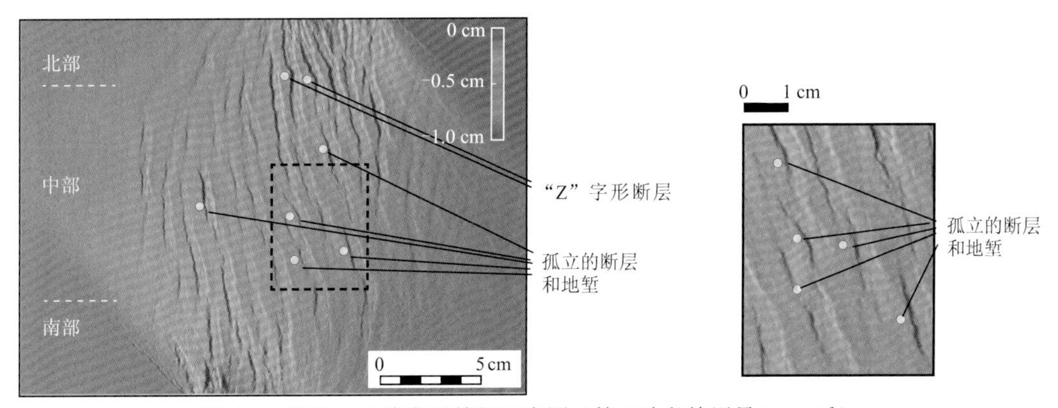

图 4.6　模型 A 最终变形特征示意图（第二阶段伸展量 3 cm 后）

在模型演化过程中，断层的演化表现出正断层生长模式的一些典型特征（Bramham et al.，2021；Rotevatn et al.，2019），即从孤立的断层段发育为断层的延伸和连接（图 4.5）。在伸展量为 1 cm 时，孤立的短断层数量相对有限，且主要发育在北部地区［图 4.5（a)］。当伸展量达到 2 cm 后，孤立断层的数量逐渐增加，断层长度也显著增加［图 4.5（b)］。当伸展量达到 3 cm 时，一些早期形成的断层段连接在一起，形成长度更长的垂向断距更大的断层系统［图 4.5（c)］，且断层段的数量也在相应增加，由伸展量 1 cm 时的 14 达到伸展量 3 cm 时的 166。图 4.7 中选取的典型断层生长的 *D-L* 剖面呈“钟形”曲线。总的来讲，在断层演化生长过程中，断层的长度和垂向断距明显增加（图 4.7、图 4.8）。在整个模型演化过程中，断层的整体走向趋势与伸展方向呈大角度倾斜，但垂直于伸展方向的断层段的数量似乎随着伸展量的增加而增加（图 4.5）。

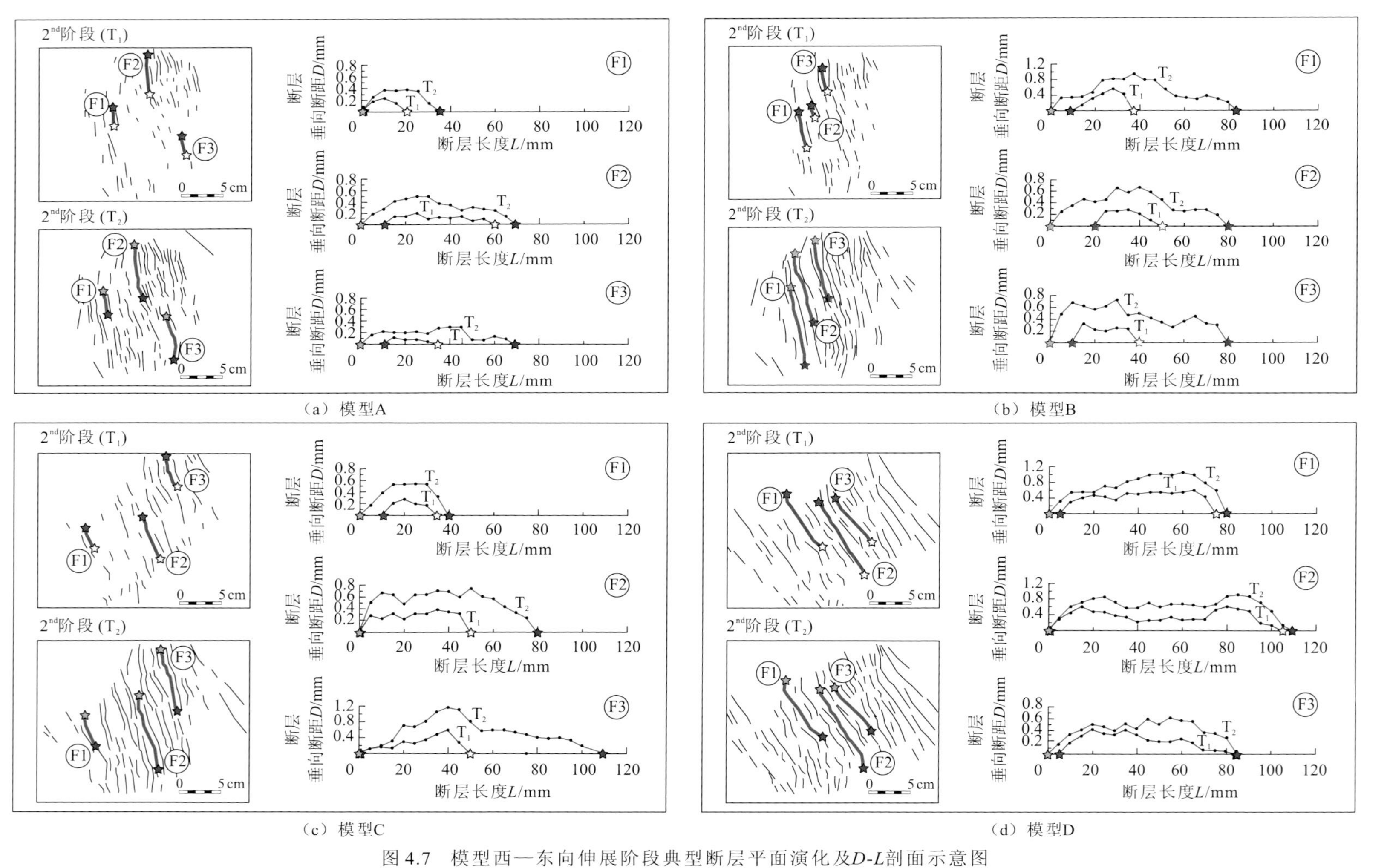

图 4.7 模型西—东向伸展阶段典型断层平面演化及D-L剖面示意图

T_1代表伸展量为2 cm时，T_2代表伸展量为3 cm时；蓝色线条为伸展量为2 cm时的断层，红色线条为伸展量为3 cm时的断层；F_1、F_2、F_3分别为三条断层；平面图中彩色星标与剖面图中相对应

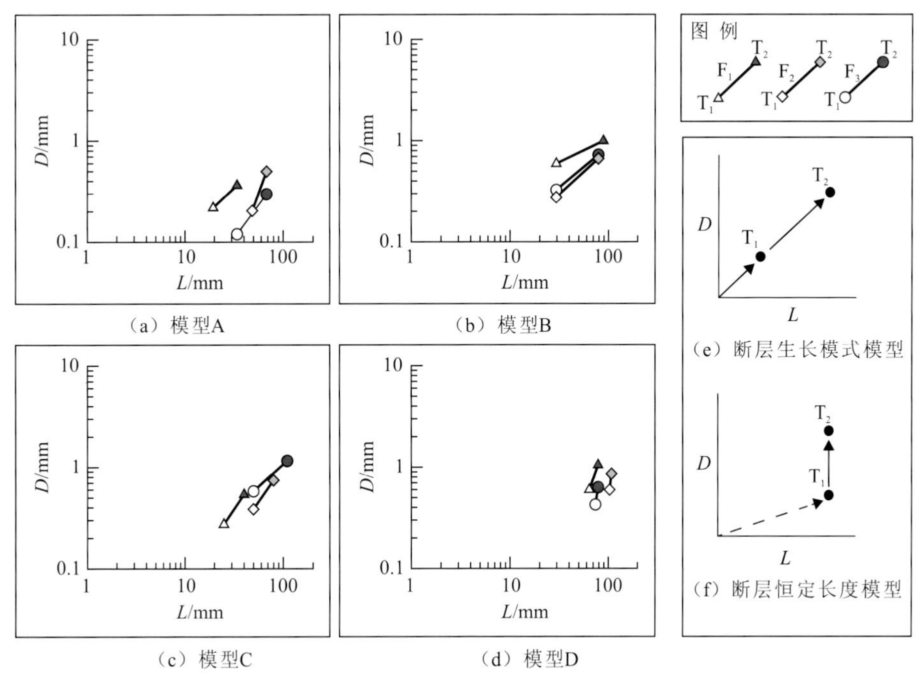

图 4.8 模型从 T_1 到 T_2 时间三条典型断层最大垂向断距（D）与断层长度（L）关系图

模型 A～C 显示了典型的断层生长模式，模型 D 则显示了典型的恒定长度断层生长模式

2. 模型 B：两阶段伸展，第一阶段伸展量为 1 cm

模型 B（与之后的模型 C 及模型 D）均经历了两个不同阶段的伸展（图 4.9）。在模型经历第一阶段 1 cm 伸展后，模型整体变形成了一系列的小型正断层（长度与断距均相对有限），断层最大长度仅约为 3 cm，平均长度为 1.5 cm。该模型中第一阶段伸展的断层发育强度（extensional itensity，EI）较低。断层走向（北西—南东向）近乎垂直于第一阶段伸展方向（南西—北东向）[图 4.9（a）]。

模型 B 的第二阶段伸展中，首先形成一些少量的孤立的较短断层，断层的走向略倾斜或几乎垂直于第二阶段的伸展方向［图 4.9（b）]。随着伸展量不断增加，模型中断层和地堑的演化特征与模型 A 相似（图 4.5），即断层的数量、长度和垂向断距均随伸展量的增加而增加，断层的整体走向趋势几乎与第二阶段伸展方向垂直。模型 B 最终的变形特征与模型 A 也较为相似，最终形成由正断层控制的一系列狭窄的地堑[图 4.9(c)、(d)]。然而，尽管模型 B 与模型 A 的最终变形特征存在几何学上的相似性，但通过 DEM 图可以看出，模型 B 断层的垂向断距（地堑的深度）应略大于模型 A［图 4.5（c），图 4.9（d)]。另外，在模型 B 中，近北北西向展布的狭窄且连续的地堑更发育，地堑边界断层多通过转换斜坡连接（图 4.10，图 4.11），部分断层则直接连接并形成弯曲的“Z”字形断层（图 4.11）。值得注意的是，该模型中第二阶段伸展形成的断层的走向与第一阶段伸展形成的断层的走向几乎没有任何关系（图 4.9）。最后，在模型演化过程中，断层长度（断层生长过程中，小断层相互连接）和垂向断距也明显增加（图 4.10），断层生长的 D-L 曲线与模型 A 相似（图 4.7）。

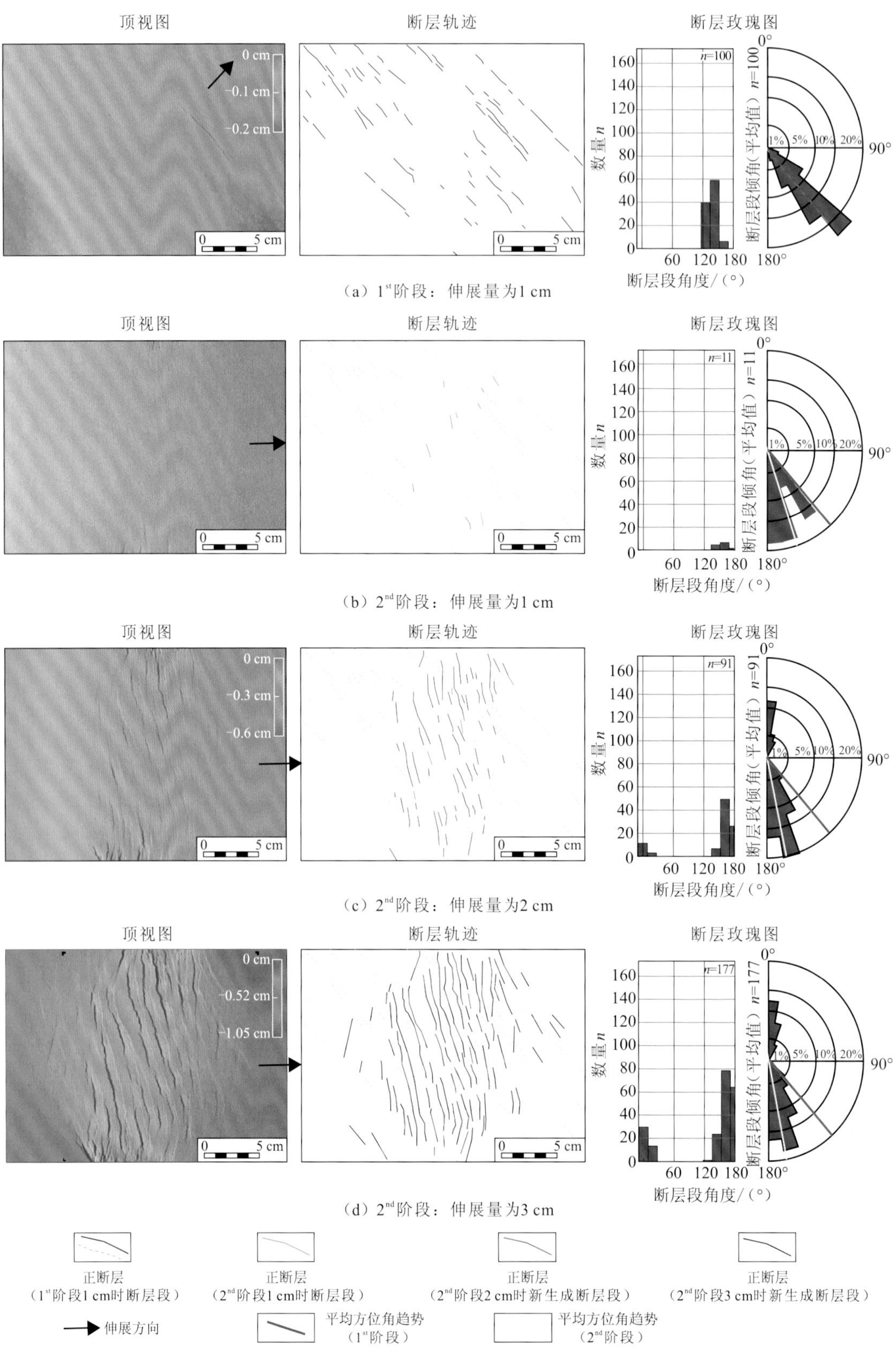

图 4.9 模型 B 演化过程示意图

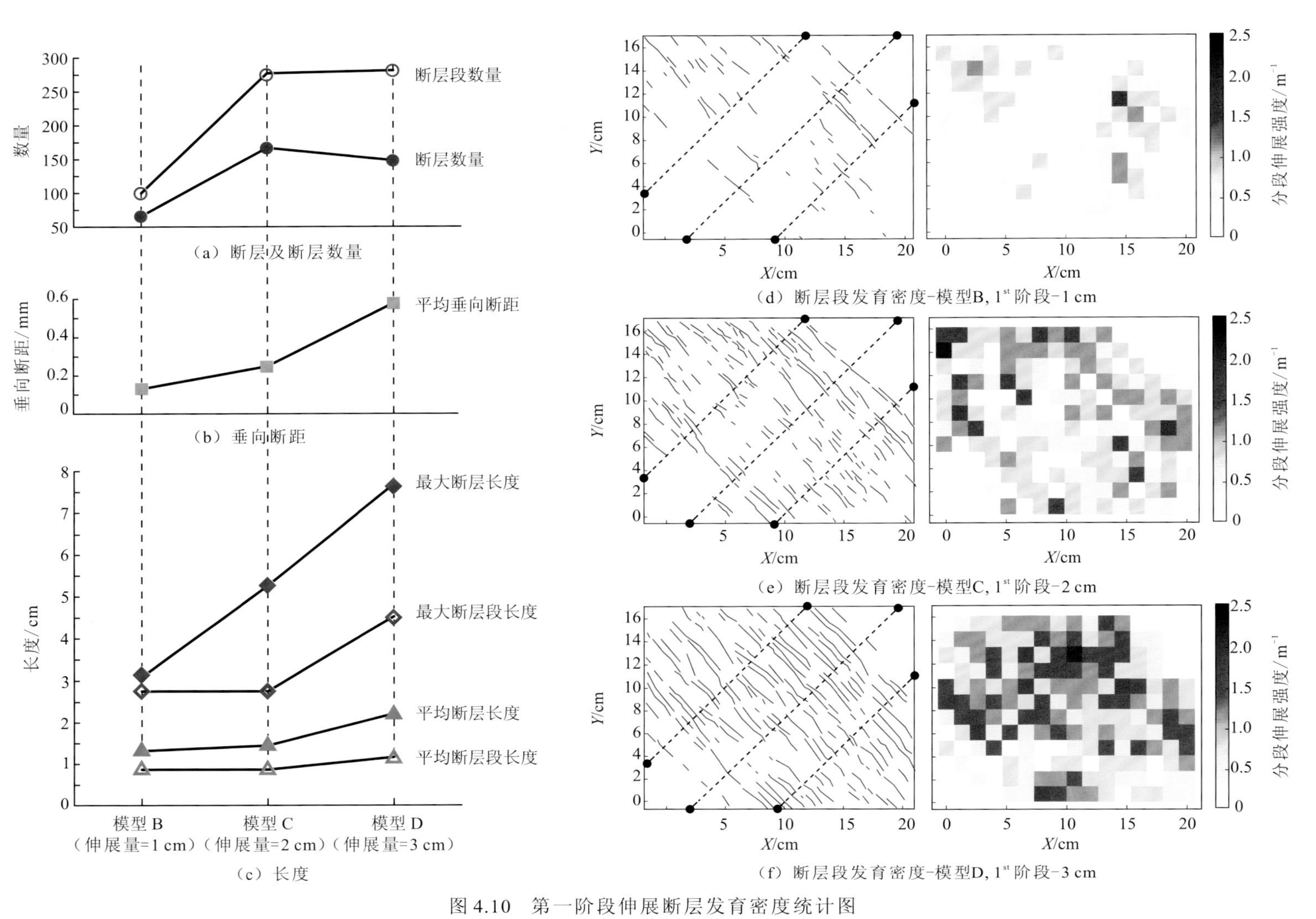

（a）断层及断层数量

（b）垂向断距

（c）长度

（d）断层段发育密度-模型B, 1st 阶段-1 cm

（e）断层段发育密度-模型C, 1st 阶段-2 cm

（f）断层段发育密度-模型D, 1st 阶段-3 cm

图 4.10　第一阶段伸展断层发育密度统计图

（b）中显示的断层垂向断距是沿着（d）～（f）中三条黑色虚线标记的横断面计算得出的

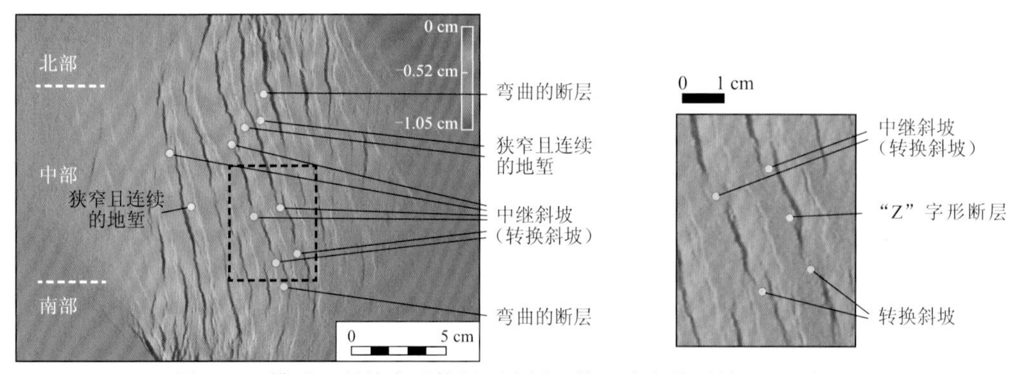

图 4.11　模型 B 最终变形特征示意图（第二阶段伸展量 3 cm 后）

3. 模型 C：两阶段伸展，第一阶段伸展量为 2 cm

模型 C 第一阶段的伸展量达到 2 cm，第一阶段伸展结束后，在北西向展布的、受两条边界断层控制的较宽裂谷带内，发育一系列短的断层和狭窄的地堑，断层走向几乎垂直于第一阶段的伸展方向［图 4.12（a）］，此时断层的数量、长度、垂向断距及较宽裂谷带整体沉降量均大于第一阶段伸展变形结束时的模型 B［图 4.9（a），图 4.11，图 4.12（a）］。第一阶段伸展较大的变形导致断层和断层段数目增加［分别 >150 和 >250；图 4.10（a）］。同时，相对于模型 B［图 4.10（d）］，模型 C 的伸展强度［图 4.10（e）］明显增大。

模型 C 第二阶段伸展中，随着伸展量不断增加，一些孤立的断层段沿走向（北北西向和近南北向）不断延伸，并与其他断层相连，形成平面上更长、更复杂和弯曲的断层［图 4.12（b）、（c）、（d）］。整体上，断层的生长模式与模型 A、模型 B 相似，断层经历了横向的生长延伸和连接作用［图 4.7（c），图 4.8］。

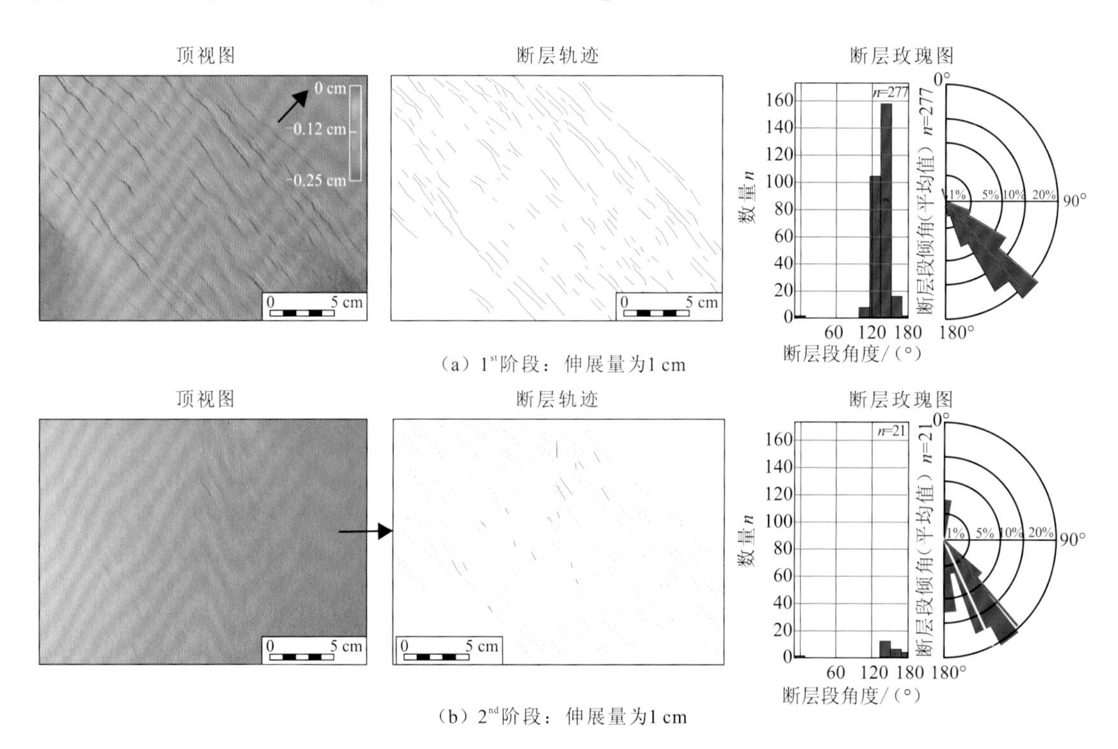

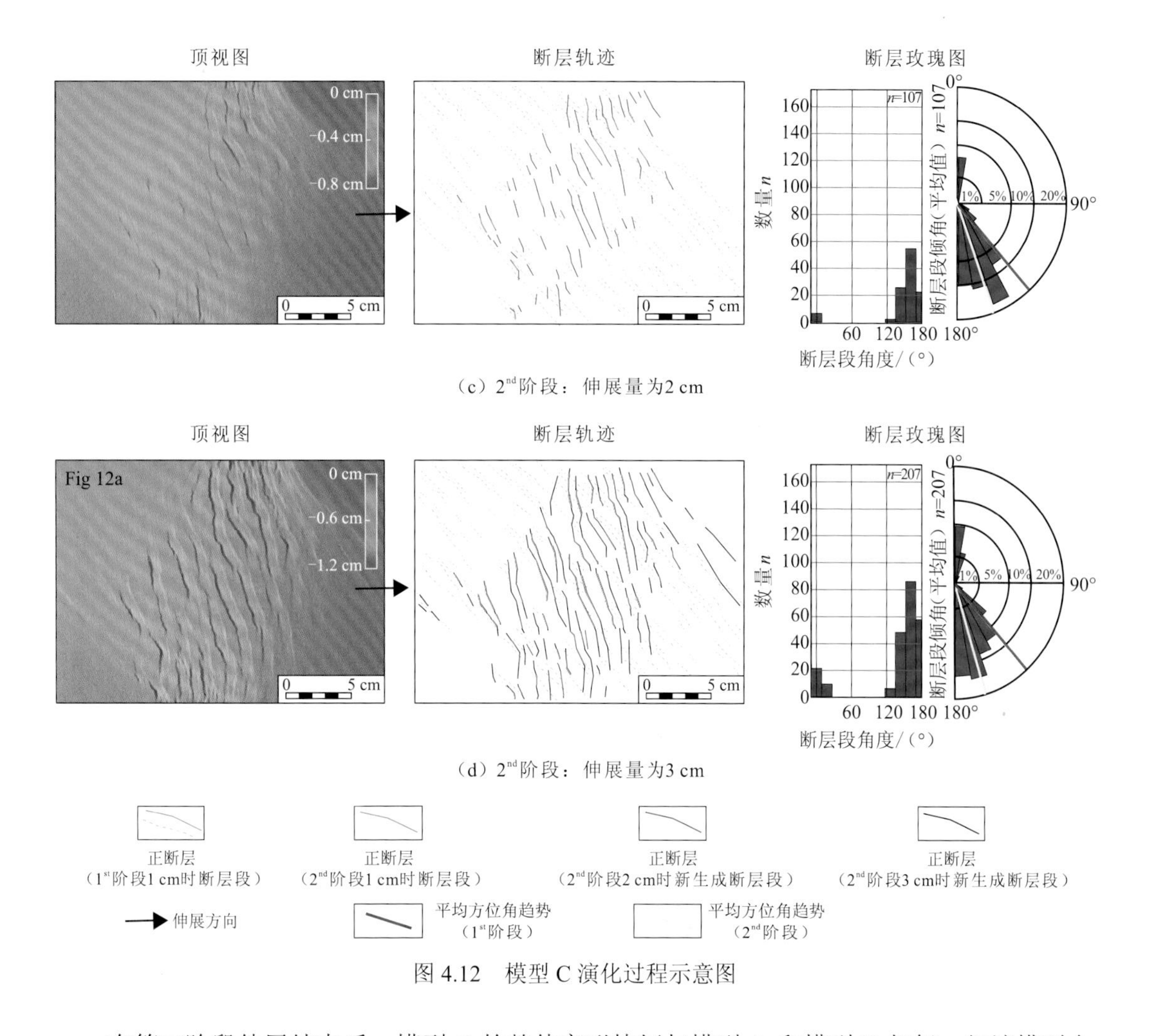

（c）2nd阶段：伸展量为2 cm

（d）2nd阶段：伸展量为3 cm

图 4.12　模型 C 演化过程示意图

在第二阶段伸展结束后，模型 C 的整体变形特征与模型 A 和模型 B 相似，但该模型中断层段的走向更复杂和分散，包括北西—南东向、北北西—南南东向和近南北向[图 4.12(d)，图 4.13]。在模型 C 中部，变形更集中在北北西—南南东向展布的、较连续的一系列地堑中［图 4.12（d），图 4.13］。

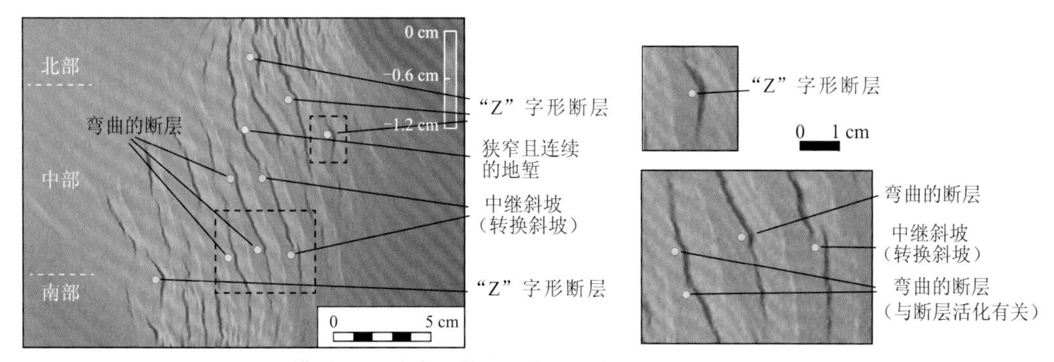

图 4.13　模型 C 最终变形特征示意图（第二阶段伸展量 3 cm 后）

4. 模型 D：两阶段伸展，第一阶段伸展量为 3 cm

模型 D 在第一伸展阶段过程中发生了较大的变形，这与其他模型明显不同。在第一阶段伸展结束时，断层和地堑极发育，断层走向约为北北西—南南东向。由于断层的生长和连接作用，该阶段断层数量相对模型 C 略有减少［图 4.10（a）］，但是断层规模明显增加，相对于模型 B 和模型 C，该模型在第一阶段伸展结束后断层长度和垂向断距均显著增加［图 4.9（a），图 4.10，图 4.12（a），图 4.14（a）］，断层发育密度也明显增加（图 4.10）。

在第二阶段伸展结束后，模型 D 中出现相对复杂且分段性较强的一系列断层，断层的整体平面走向与之前三个模型不同，呈明显的北西—南东向和北北西—南南东向。模型 D 的北部和南部变形特征与模型 C 相似。在模型 D 的中部，北西—南东向和北北西—南南东向的断层常在局部呈锯齿形和弯曲形（图 4.14，图 4.15）。在该模型第二阶段伸展初始阶段，形成一系列与伸展方向并不垂直的孤立的、较短断层，断层产状与第一阶段结束时形

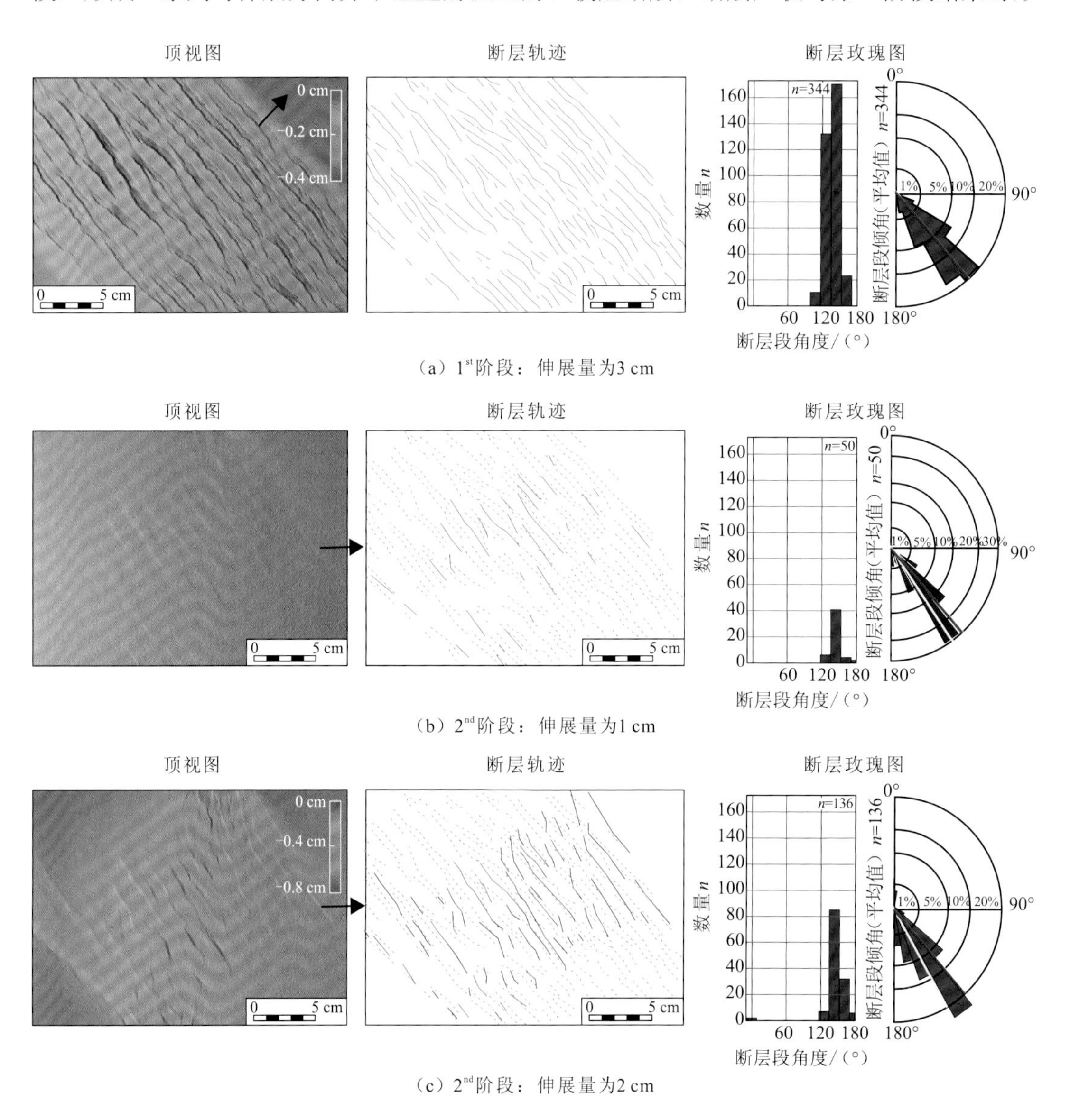

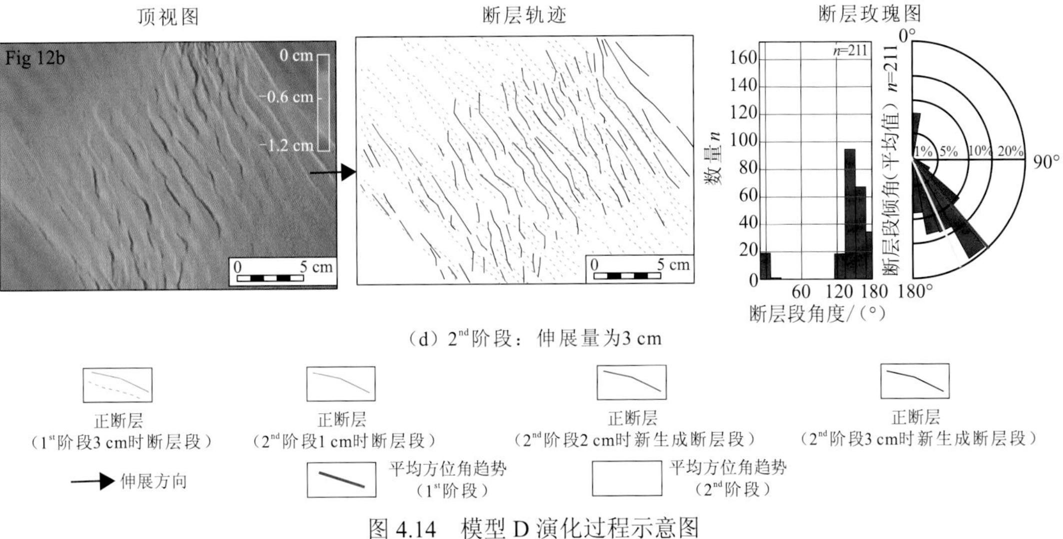

图 4.14　模型 D 演化过程示意图

成的断层产状较为接近［图 4.14（b）］。在第二阶段持续伸展过程中，断层的传播和演化特点与模型 A、B、C 明显不同，*D-L* 剖面显示（图 4.7，图 4.8），从 T_1 到 T_2，典型断层的长度几乎没有增加，但垂向断距明显增大。另外，模型 D 中局部变形更复杂，断层分段性更明显，其中第二阶段伸展结束时形成的断层段数为 211，明显大于其他模型最终阶段伸展的断层段数量（图 4.5，图 4.9，图 4.12，图 4.14）。该阶段结束时断层整体趋势几乎与第一阶段伸展形成的先存断层平行（图 4.12）。

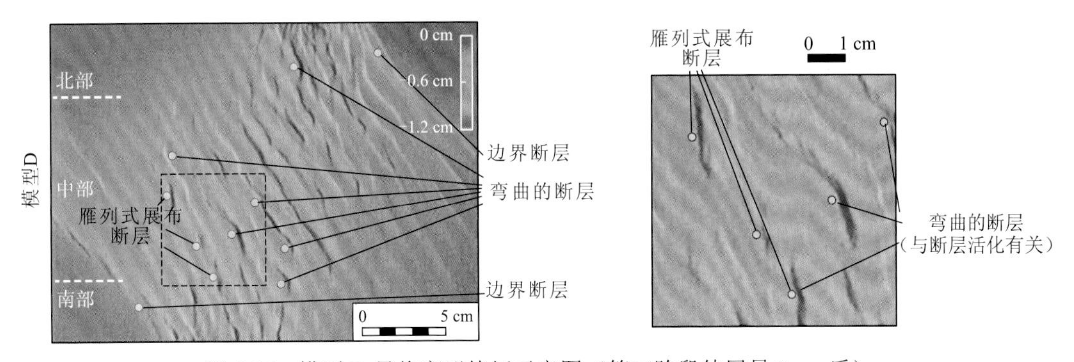

图 4.15　模型 D 最终变形特征示意图（第二阶段伸展量 3 cm 后）

综上所述，模型 A、模型 B 和模型 C 在第二阶段伸展变形结束时，整体变形特征有相似性，而与模型 D 不同（图 4.16）。随着第一阶段伸展量的增加，第二阶段伸展变形结束时的断层似乎更发育，且该阶段断层的平面走向更趋于北西—南东向，并显示出受第一阶段伸展形成的先存断层的影响（图 4.16）。断层的活化在模型局部表现得更明显（图 4.17）。其中，在模型 C 的第二阶段伸展结束后，局部可见第一阶段伸展形成的北西—南东向的断层段在第二阶段伸展发生活化，并与第二阶段伸展新形成的近南北向断层连接，形成弯曲的断层；在模型 D 中，则可见较长的第一阶段伸展形成的断层在第二阶段伸展发生明显活化，并与第二阶段伸展新的近南北向断层连接，形成明显的“Z”字形或“之”字形断层（图 4.17）。

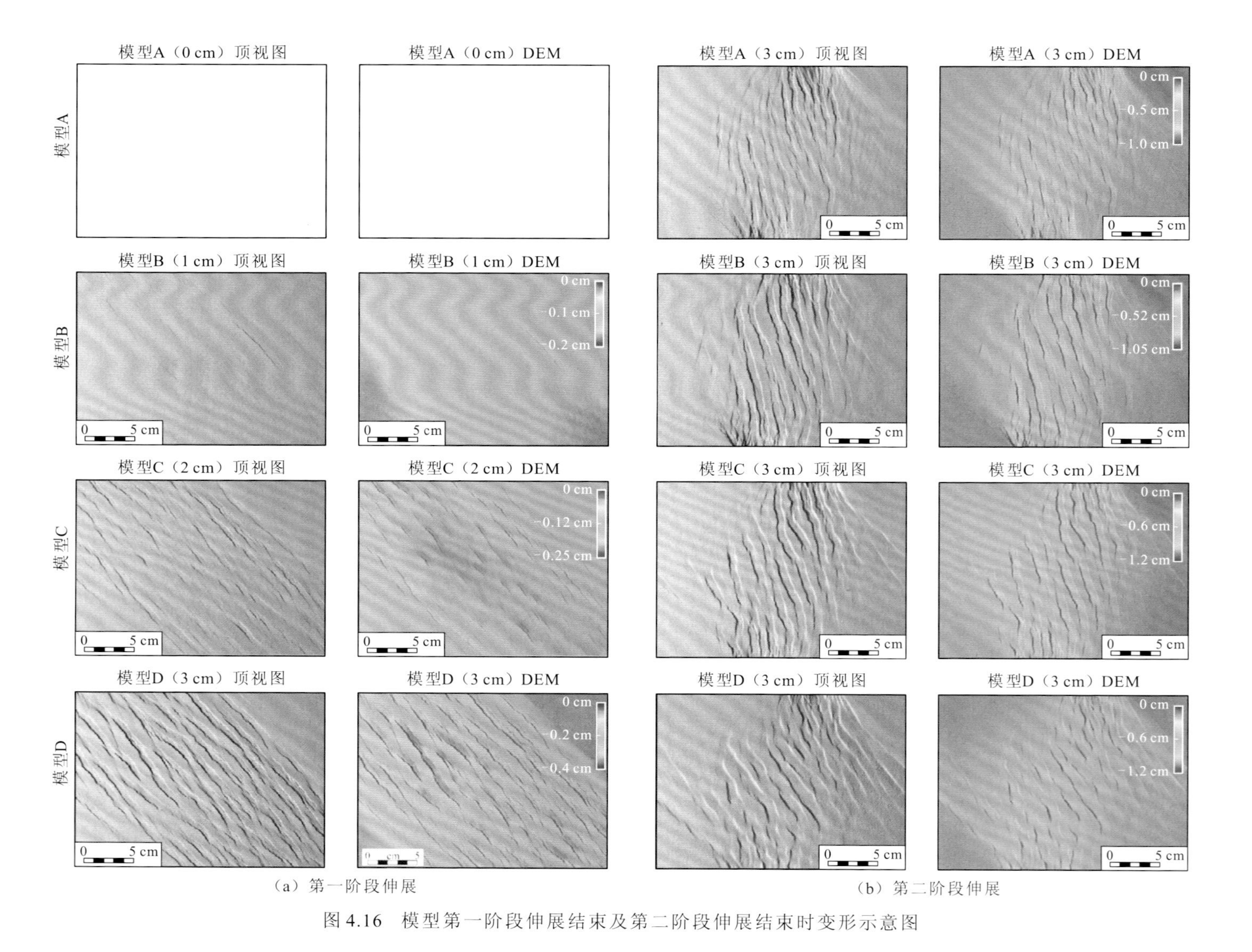

图 4.16 模型第一阶段伸展结束及第二阶段伸展结束时变形示意图

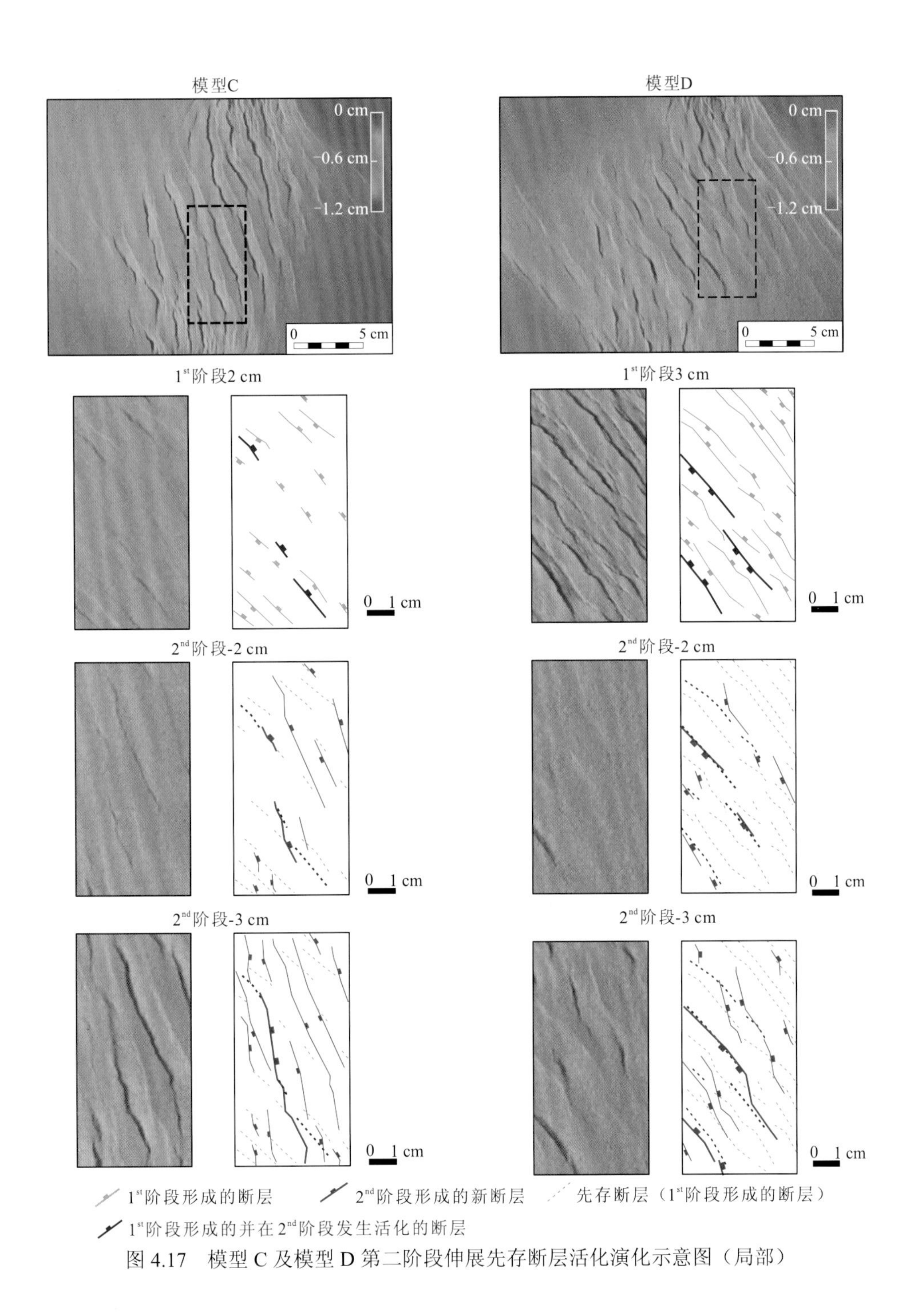

图 4.17　模型 C 及模型 D 第二阶段伸展先存断层活化演化示意图（局部）

4.2　重点凹陷构造物理模拟

以东非裂谷东支和西支的南洛基查尔凹陷、楚拜亥凹陷、凯里奥凹陷和阿伯丁凹陷为实例，通过凹陷尺度的砂箱物理模拟实验，对凹陷发育的演化过程、构造样式及沉积中心分布与迁移规律进行对比分析，揭示剪切伸展模式差异和转换对东非裂谷盆地重点凹陷构造演化、沉积充填和成藏模式的控制作用和机制，也为凹陷烃源岩和成藏条件精细评价提供参考。

4.2.1 实验模型设计

东非裂谷东支的发育演化与深部地幔柱的热活动密切相关，为深部地幔柱垂向作用下的主动型裂谷，重点凹陷表现为非对称的半地堑构造样式，演化时间上具有西早东晚的特征。东非裂谷盆地的剪切伸展模式整体上表现为简单剪切伸展模式，深部最高热异常区偏向东非裂谷盆地的东侧。简单剪切伸展模式控制了肯尼亚裂谷盆地凹陷西深东浅、西早东晚的非对称半地堑构造样式，凹陷内的沉积中心受西侧边界主干断层的控制。东非裂谷东支重点凹陷发育和演化具有由西向东迁移的特征（图 4.18）。

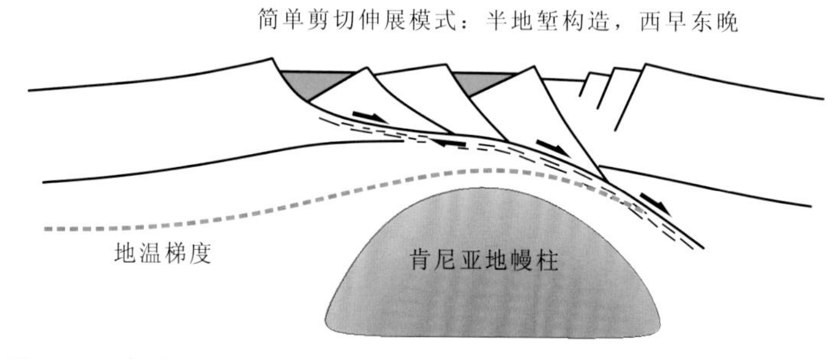

图 4.18　东非裂谷盆地东支重点凹陷发育和演化的简单剪切伸展模式

肯尼亚裂谷盆地凹陷的沉积和构造演化表现为多期性，控制凹陷沉积中心分布的边界断层也具有近南北向和北西向两组方位，在凹陷的西南侧通常表现为弧形弯曲样式（图 4.19）。肯尼亚裂谷发育早期，深部地幔柱活动相对较弱，裂谷盆地内凹陷的发育主要分布在裂谷西侧，在简单剪切伸展模式下，形成强烈非对称的半地堑构造样式，以南洛基查尔凹陷为典型代表，伸展方向为北东东向，南洛基查尔凹陷整体呈北北西向展布，沉积中心集中分布在凹陷的西南侧，凹陷的沉降受南侧北北西向主边界断层的控制［图 4.19（a）］。肯尼亚裂谷发育晚期，由于深部地幔柱活动增强，裂谷进一步演化并伴随强烈的火成岩浆作用，剪切伸展模式由早期的简单剪切伸展模式逐渐向纯剪切伸展模式转变，伸展方向也逐渐偏转为近东西向。肯尼亚裂谷发生整体性的伸展，裂谷盆地内凹陷的发育和演化向裂谷的东侧迁移，以凯里奥凹陷、图尔卡纳凹陷和楚拜亥凹陷的演化为代表［图 4.19（b）］。

东非裂谷东支肯尼亚裂谷含油气南洛基查尔凹陷为东支主动型裂谷形成演化的代表性重点凹陷。其剪切伸展模式和两期伸展转换对该凹陷的沉积中心和烃源岩分布、油气成藏和改造起重要的控制作用。在早期近北东东向的低温简单剪切伸展模式下，形成强烈非对称的半地堑，西侧北北西向边界主断层控制凹陷沉积和烃源岩分布，在晚期肯尼亚裂谷整体转变为近东西向高温纯剪切伸展模式下，在凹陷的北西端构成伸展拉张区，形成晚期张扭断层，控制凹陷内油气运聚改造，在南洛基查尔凹陷北西侧聚集成藏（图 4.20）。

楚拜亥凹陷受控于盆地西北边缘和东南边缘的两条高角度边界正断层，中新世约 20 Ma 以来，楚拜亥凹陷开始发育。上新世—更新世（5.3 Ma）以来，楚拜亥凹陷进入快速裂陷沉积阶段，这一阶段主要受控于区域伸展作用（图 4.21）。

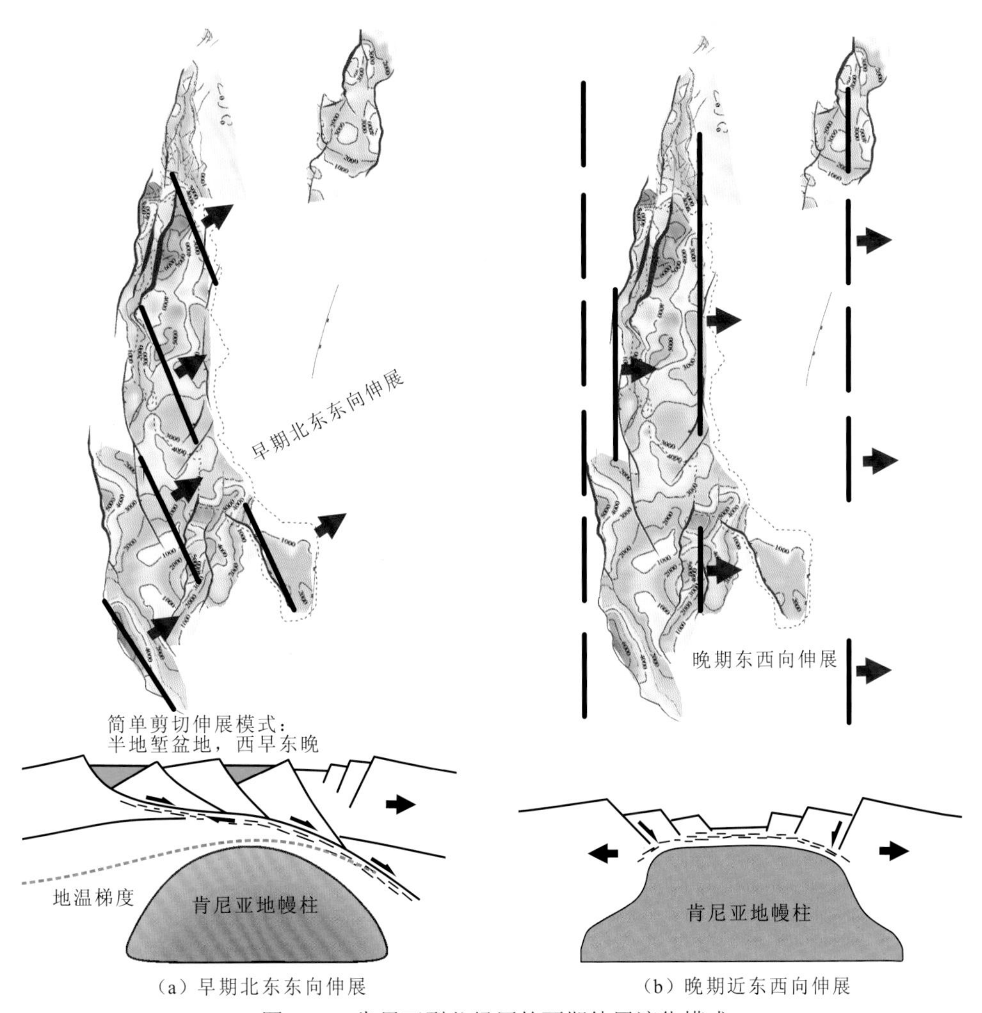

图 4.19　肯尼亚裂谷经历的两期伸展演化模式

东非裂谷西支发育和演化是在坦桑尼亚刚性块体发生水平刚性运动下，受水平伸展作用控制形成的被动型裂谷，西支凹陷的演化受纯剪切伸展模式控制。与东非裂谷东支近南北向的线性展布格局明显不同的是，东非裂谷西支呈“Z”字形弯折展布，具有强烈的构造分带性，使得各凹陷的演化强烈受先存基底构造软弱带与区域伸展方向之间的相对方位关系所控制。

东非裂谷西支凹陷的空间分布和演化受区域和局部两个尺度的构造软弱带控制。在区域上，坦桑尼亚刚性块体与西侧努比亚板块之间的“Z”字形构造软弱带边界控制了东非裂谷西支的空间展布特征、凹陷的分布和伸展构造样式。如在东非裂谷西支北端的阿伯丁凹陷和基伍凹陷，其先存基底构造软弱带与区域伸展方向正交，凹陷演化表现为正向伸展构造样式；坦噶尼喀凹陷和南端的马拉维凹陷处于构造转换带，其先存构造软弱带的走向与区域伸展方向斜交，凹陷演化表现为斜向伸展下的转换伸展构造样式；而鲁夸凹陷的先存构造软弱带边界与区域伸展方向近平行，凹陷演化表现为走滑拉分伸展构造样式（图 4.22，表 4.3）。

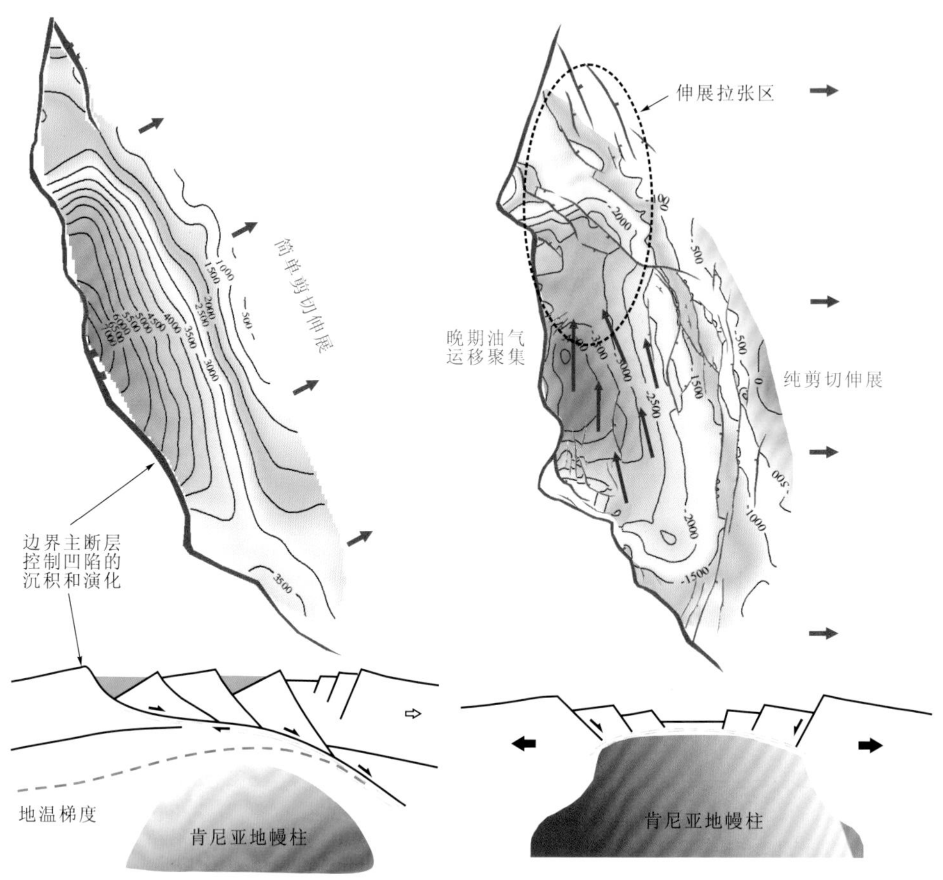

图 4.20　南洛基查尔凹陷形成演化的剪切伸展模式

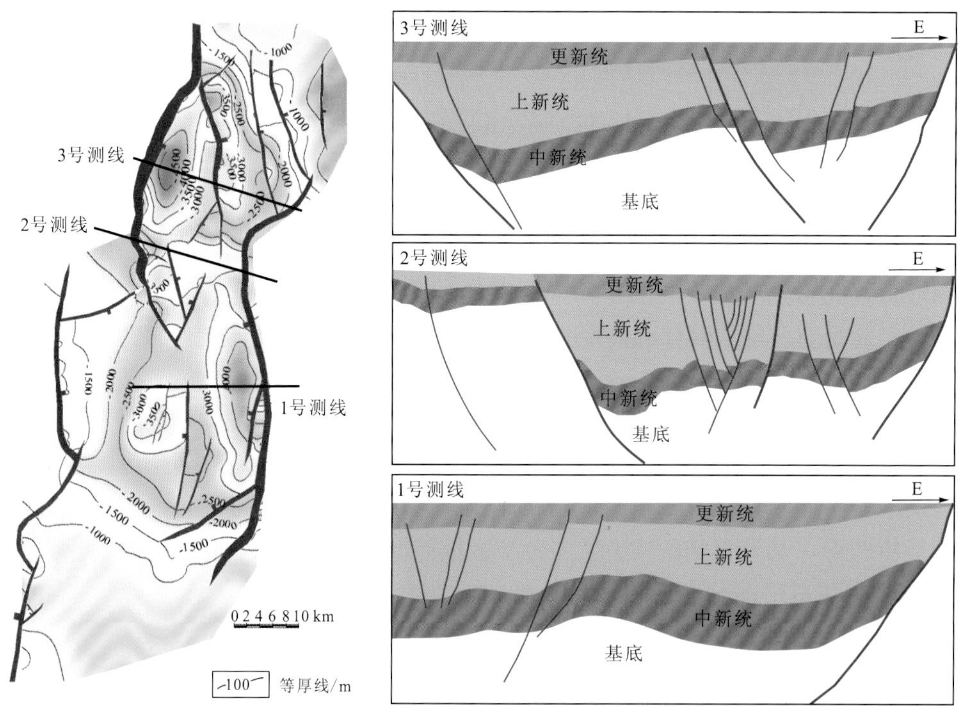

图 4.21　楚拜亥凹陷构造样式及模拟模型

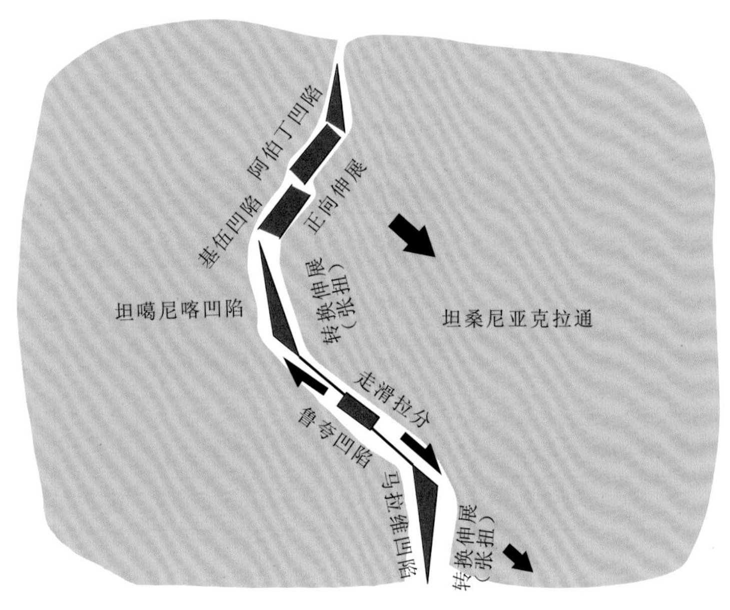

图 4.22　东非裂谷西支凹陷空间组合模式和动力学机制

表 4.3　东非裂谷西支凹陷发育模式

伸展构造样式	区域伸展方向与先存基底构造软弱带关系	应力场特征	典型凹陷	凹陷构造特征
正向伸展	正交	拉张应力场	阿伯丁凹陷、基伍凹陷	阶梯状正断层与对称地堑构造样式
转换伸展	斜交	张扭应力场	坦噶尼喀凹陷、马拉维凹陷	负花状构造样式
走滑拉分	平行	张扭应力场	鲁夸凹陷	走滑拉分盆地及负花状构造样式

在局部凹陷尺度上，小尺度的构造软弱带和构造转换带造成凹陷内部多个沉积中心的分布，以东非裂谷西支阿伯丁凹陷为典型代表。走滑断层的阶梯状叠置长度和间距也控制凹陷内部沉积中心的分布，以东非裂谷西支鲁夸凹陷为典型代表（表 4.3）。

本小节基于南洛基查尔凹陷、楚拜亥凹陷、凯里奥凹陷和阿伯丁凹陷等典型凹陷演化过程、构造变形特征及剪切伸展模式，建立构造物理模拟模型，设计砂箱物理模拟实验模型 19 个（图 4.23 仅展示部分），开展 22 组对比实验（表 4.4）。实验模型的设计和实验方案主要考虑同沉积作用及沉降速率、伸展速率、模型基底初始厚度、基底伸展属性及其转换、伸展方向转换、初始边界断层几何形态及其排列组合特征、先存基底构造软弱带的几何特征及其与伸展方向的关系等因素对凹陷发育演化和构造样式的影响和控制作用（表 4.4）。将模拟实验结果剖面与典型地质剖面进行对比，分析模型构造演化过程和构造样式特征，并对实验模型典型变形阶段进行 DEM 和粒子图像测速（particle image velocimetry，PIV）定量对比分析。

表 4.4　东非裂谷盆地重点凹陷构造物理模拟实验模型与实验过程

模型编号	实验模型	实验模型主控因素	实验目的	基底伸展属性	模型厚度/cm	伸展速率/（mm/s）	典型凹陷对比
SL01S1	同沉积正向伸展	同沉积作用，伸展速率	同沉积作用下伸展速率对凹陷演化的影响	简单剪切拆离滑脱	15	0.010	南洛基查尔
SL02S1	同沉积正向伸展			简单剪切拆离滑脱	15	0.100	
SL03S1	晚期正向伸展	伸展模式继承	剪切伸展模式继承和转换对凹陷演化的影响	简单剪切拆离滑脱	15	0.020	
SL04S1	晚期正向伸展	伸展模式转换		纯剪切伸展	15	0.020	
SL05S1	晚期斜向伸展	伸展方向转换+伸展模式继承	基底伸展属性转换和伸展方向转换对演化的影响	简单剪切拆离滑脱	15	0.020	
SL06S1	晚期斜向伸展	伸展方向转换+伸展模式转换		纯剪切伸展	15	0.020	
KR01S1	晚期正向伸展	剪切伸展模式继承	剪切伸展模式继承和转换对凹陷演化的影响	简单剪切拆离滑脱	15	0.020	凯里奥
KR02S1	晚期正向伸展	剪切伸展模式转换		纯剪切伸展	15	0.020	
KR03S1	晚期斜向伸展	伸展方向转换+伸展模式继承	基底伸展属性转换和伸展方向转换对凹陷演化的影响	简单剪切拆离滑脱	15	0.020	
KR04S1	晚期斜向伸展	伸展方向转换+伸展模式转换		纯剪切伸展	15	0.020	
CB01S1	无间距正向伸展	叠置间距=0	阶梯状边界断层初始叠置长度与间距比对凹陷演化的影响	纯剪切伸展	15	0.010	楚拜亥
CB02S1	小间距正向伸展	叠置长度与间距比为 4∶1		纯剪切伸展	15	0.010	
CB03S1	大间距正向伸展	叠置长度与间距比为 2∶1		纯剪切伸展	15	0.010	
CB04S1	60°斜向伸展	叠置间距 =0	阶梯状边界断层在斜向伸展条件下凹陷的演化特征	纯剪切伸展	15	0.010	
AB01S1	单-正向先存基底构造软弱带	初始先存基底构造软弱带与伸展方向的方位关系	先存基底构造软弱带几何特征对凹陷演化的影响	纯剪切伸展	9	0.010	阿伯丁
AB02S1	单-斜向先存基底构造软弱带			纯剪切伸展	9	0.010	
AB03S1	直角形先存基底构造软弱带	横向软弱带		纯剪切伸展	9	0.010	
AB04S1	矩形先存基底构造软弱带	复合型先存基底构造软弱带		纯剪切伸展	6	0.010	
AB04S2		伸展速率		纯剪切伸展	6	0.005	
AB04S3		基底厚度增厚		纯剪切伸展	14	0.010	
AB04S4		基底伸展属性转换		简单剪切拆离滑脱	6	0.010	
AB05S1	弓形先存基底构造软弱带	复合型先存基底构造软弱带		纯剪切伸展	6	0.010	

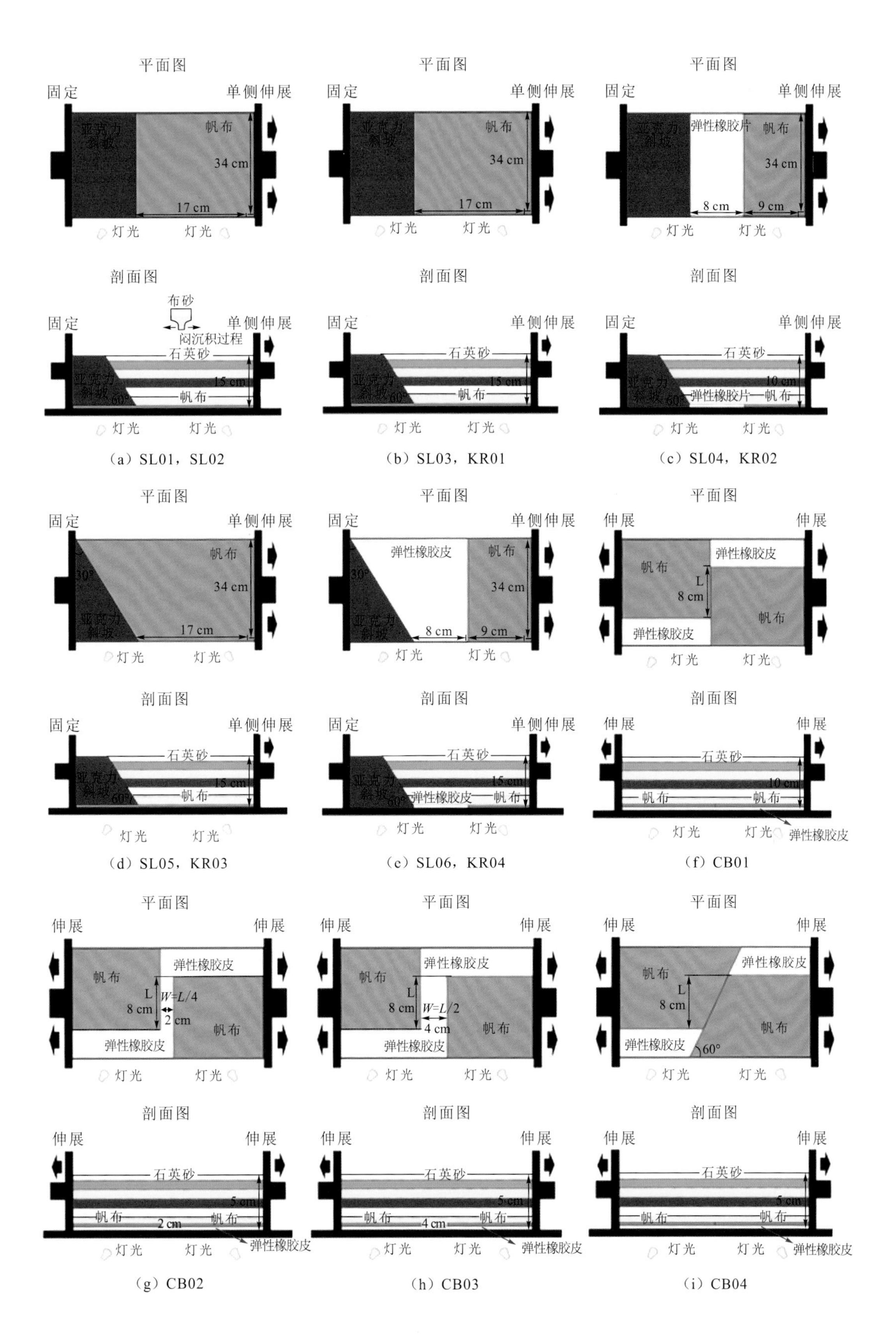

(a) SL01，SL02
(b) SL03，KR01
(c) SL04，KR02
(d) SL05，KR03
(e) SL06，KR04
(f) CB01
(g) CB02
(h) CB03
(i) CB04

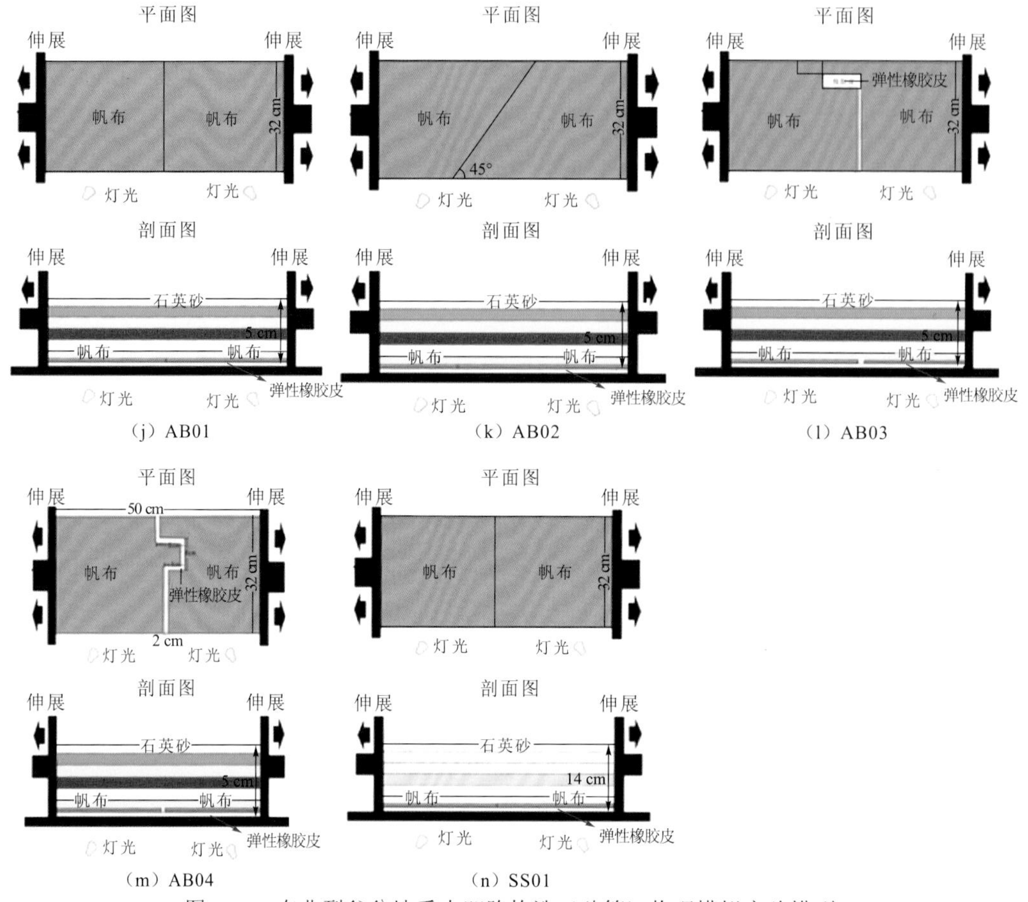

图 4.23　东非裂谷盆地重点凹陷构造（砂箱）物理模拟实验模型

4.2.2　南洛基查尔凹陷

1. 实验模型与实验过程

南洛基查尔凹陷实验模型设计考虑同沉积作用、伸展方向及基底伸展属性，设计 5 个实验模型和 6 组对比实验（表 4.4，图 4.23），对比分析裂谷盆地的伸展速率、剪切伸展模式转换、伸展方位转换对凹陷构造演化的控制和影响机制。

1）不同伸展速率条件下的差异性对比实验

模型 SL01S1 和模型 SL02S1 为同沉积正向简单剪切伸展实验，初始实验模型布设厚 15 cm 的石英砂，模拟裂谷发育之前的上地壳。伸展过程中，根据南洛基查尔凹陷实际地震地质解释资料，划分出 4 个主要构造期次。在各主要构造期次的凹陷伸展沉降期，对模型铺设石英砂至水平，模拟同构造期的同沉积作用，同沉积速率等于凹陷的沉降速率。模型 SL01S1 和模型 SL02S1 的单侧伸展位移量为 6 cm，边界伸展速率分别为 0.01 mm/s 和 0.1 mm/s，在同样模型和伸展剪切模式条件下，对比伸展速率相差 10 倍时凹陷构造演化的差异性。

2）剪切伸展模式转换的差异性对比实验

模型 SL03S1 和模型 SL04S1 为晚期正向简单剪切和纯剪切伸展实验，主要模拟南洛基查尔凹陷在中新统沉积后，上新世至今正向伸展模式下的凹陷后期构造演化特征（未考虑晚期同沉积作用）。其中模型 SL03S1 模拟晚期继承性简单剪切伸展模式下的构造演化，模型 SL04S2 模拟由早期简单剪切伸展模式转换为晚期纯剪切伸展模式后，凹陷的构造演化特征。初始实验模型划分为 4 个构造期次的沉积地层（T1～T4），铺设厚 15 cm 的石英砂基底和半地堑凹陷内的沉积地层，并在模型中使用红色石英砂标注主力烃源岩层（图 4.24）。两组实验的边界伸展速率均为 0.02 mm/s。

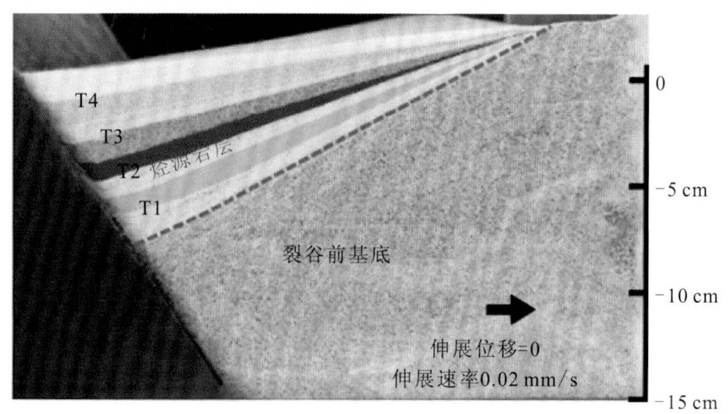

图 4.24　南洛基查尔凹陷晚期正向伸展的初始实验模型

3）伸展方向转换的差异性对比实验

模型 SL05S1 和模型 SL06S1 分别为晚期斜向简单剪切和纯剪切伸展实验，模拟南洛基查尔凹陷在中新统沉积后，上新世至今发生的伸展方向转换，在斜向伸展模式下的凹陷后期构造演化特征。其中模型 SL05S1 模拟在晚期斜向伸展条件下继承性简单剪切伸展模式的凹陷构造演化特征，模型 SL06S1 模拟在晚期斜向伸展条件下转换为纯剪切伸展模式的凹陷构造演化特征。通过两组实验对比分析南洛基查尔凹陷在伸展方向和伸展模式转换下的凹陷演化差异。在斜向伸展模型中，模型伸展区边界与伸展方向呈 60° 夹角（图 4.23）。初始实验模型铺设厚 15 cm 的石英砂基底及 4 个构造期次的沉积地层（T1～T4），并在模型中使用红色石英砂标注主力烃源岩层（图 4.25）。边界伸展速率均为 0.02 mm/s。

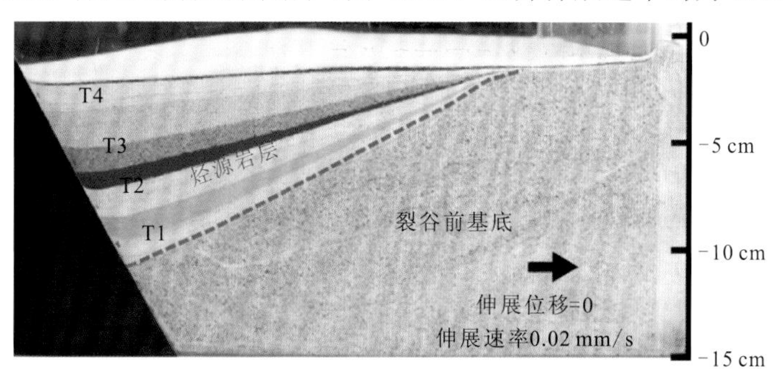

图 4.25　南洛基查尔凹陷晚期斜向伸展的初始实验模型

2. 模拟实验结果分析

1）裂谷同沉积正向简单剪切伸展模拟实验结果

在正向简单剪切伸展模式下，西侧边界控制整个凹陷的伸展和沉积，以及最终形成半地堑的构造样式。凹陷的沉积主要受控于西侧边界断层的位移，沉积中心主要分布于凹陷的西侧（图 4.26）。凹陷的演化主要表现为两个典型阶段。

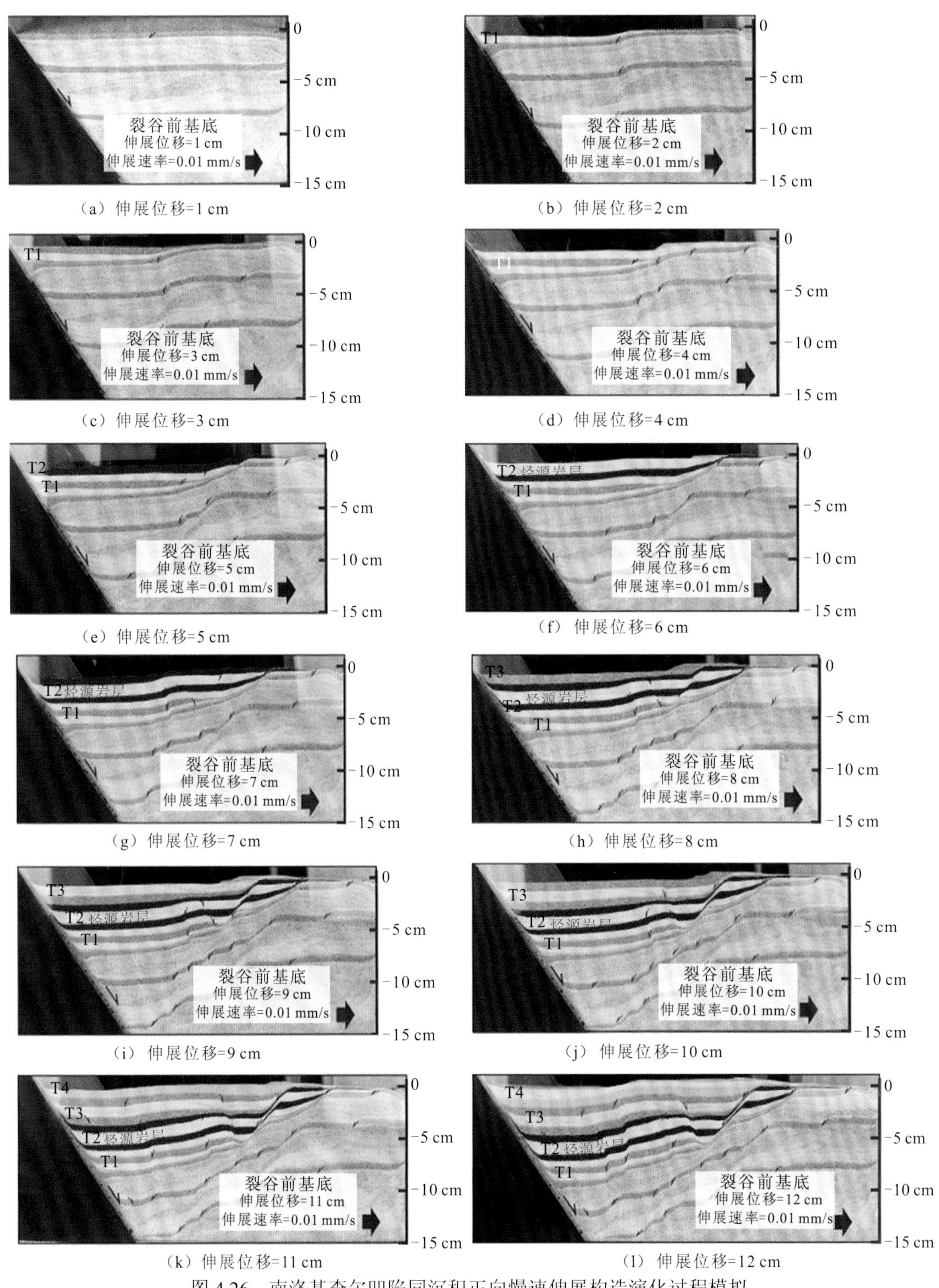

（a）伸展位移=1 cm （b）伸展位移=2 cm
（c）伸展位移=3 cm （d）伸展位移=4 cm
（e）伸展位移=5 cm （f）伸展位移=6 cm
（g）伸展位移=7 cm （h）伸展位移=8 cm
（i）伸展位移=9 cm （j）伸展位移=10 cm
（k）伸展位移=11 cm （l）伸展位移=12 cm

图 4.26 南洛基查尔凹陷同沉积正向慢速伸展构造演化过程模拟

（1）早期西侧边界断层控制下的非对称半地堑形成和演化。在伸展作用早期，模型的水平伸展构造变形以西侧边界断层的正断层位移来实现。随着伸展作用继续，伴随西侧边界断层的活动，在边界断层东侧开始发育反向正断层，反向正断层与西侧边界断层共同构成一个地堑，控制着凹陷的初始形态及沉积中心的位置。随着伸展作用继续，在东侧开始发育新的反向断层，一系列新生反向断层逐渐向东扩展，形成阶梯状排列。该系列反向断层的形成时间由西向东逐渐变新，断距由东向西逐渐变大。西侧边界主断层和东侧阶梯状反向断层共同控制了凹陷的构造样式和沉积，逐渐演化为西深东缓的非对称半地堑。沉积中心的分布强烈受西侧边界断层的控制。

（2）晚期东侧斜坡带断陷发育。当模型的水平伸展位移量达到模型垂向厚度 1/2 时，在凹陷的东侧斜坡带开始发育与西侧边界断层倾向相同的同向断层，同向断层与相邻的反向断层在凹陷东部斜坡带构成小型地堑，地堑表现为对称构造样式。模拟实验的最终结果表现为西侧边界断层控制下的整体强烈非对称半地堑及东部斜坡带小型对称地堑的构造样式，与南洛基查尔凹陷剖面解释的构造样式相吻合（图 4.27）。

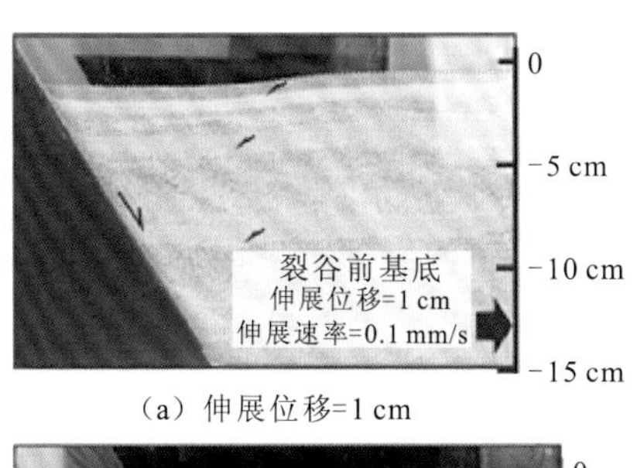

（a）伸展位移=1 cm

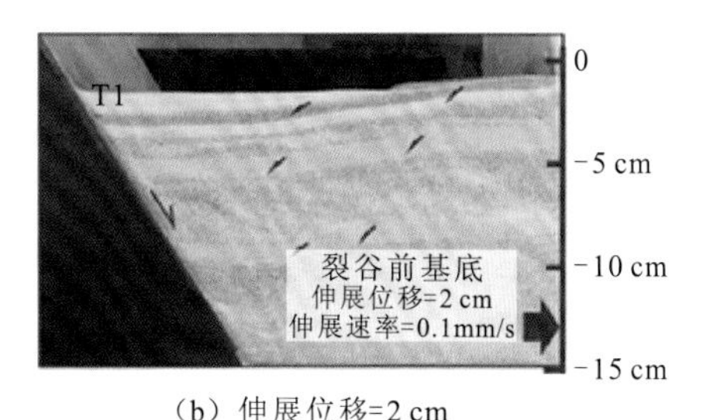

（b）伸展位移=2 cm

（c）伸展位移=3 cm

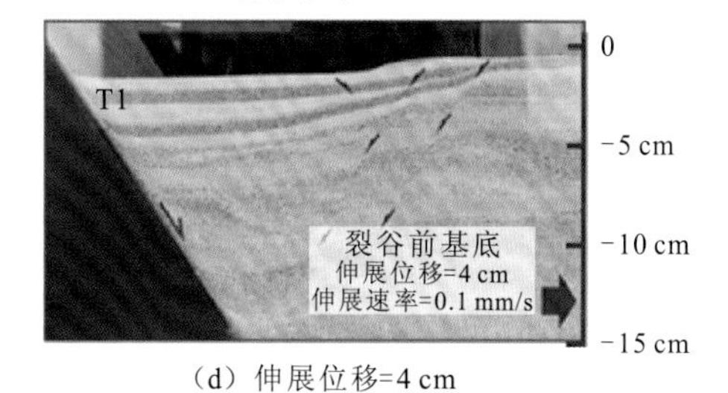

（d）伸展位移=4 cm

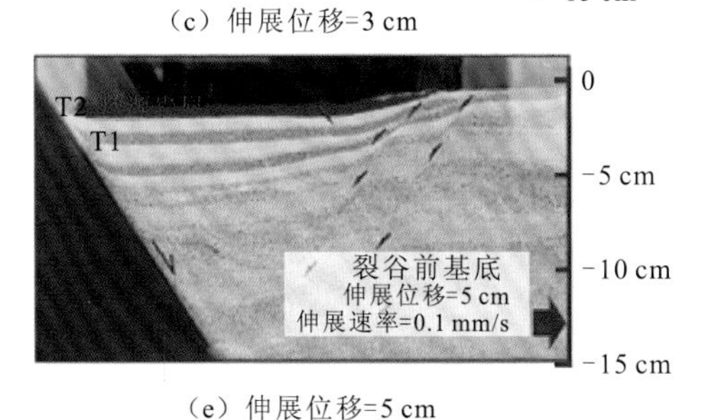

（e）伸展位移=5 cm

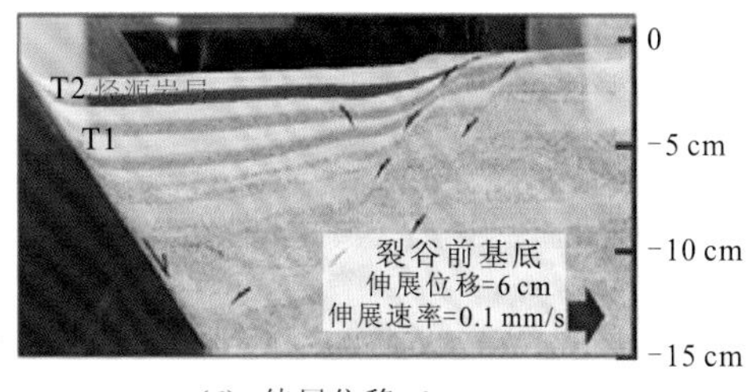

（f）伸展位移=6 cm

（g）伸展位移=7 cm

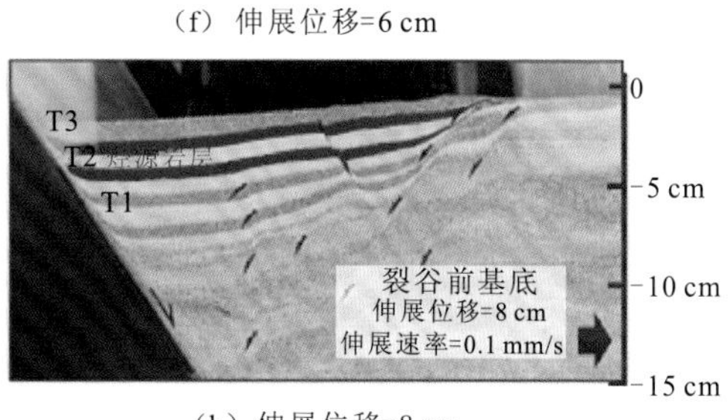

（h）伸展位移=8 cm

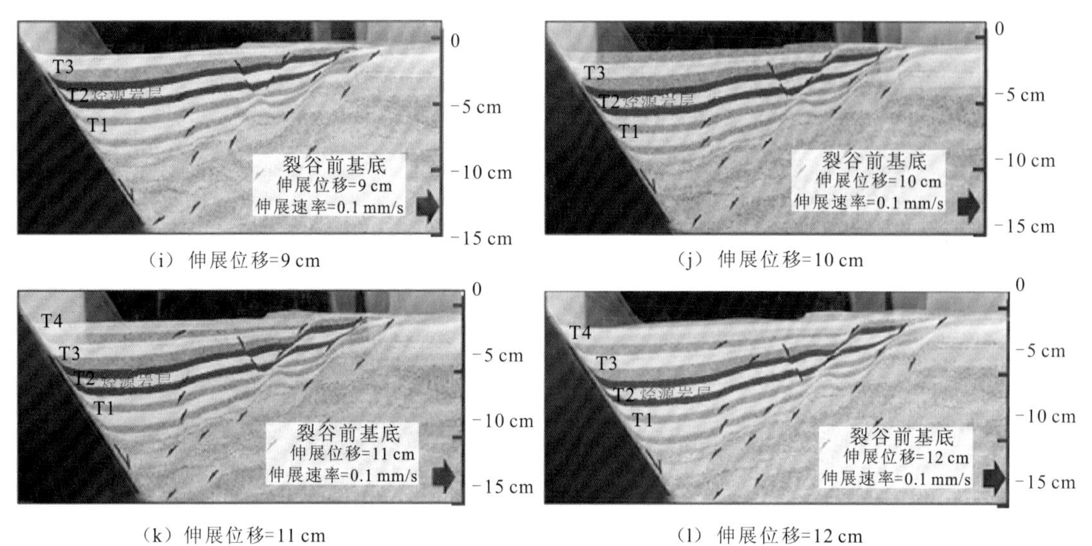

（i）伸展位移=9 cm　（j）伸展位移=10 cm

（k）伸展位移=11 cm　（l）伸展位移=12 cm

图 4.27　南洛基查尔凹陷同沉积正向快速伸展构造演化过程模拟

两种不同伸展速率的简单剪切伸展模式下，模拟实验结果均与剖面解释结果相似。水平伸展速率对南洛基查尔凹陷的整体演化过程和总的构造样式影响较小（图 4.28）。

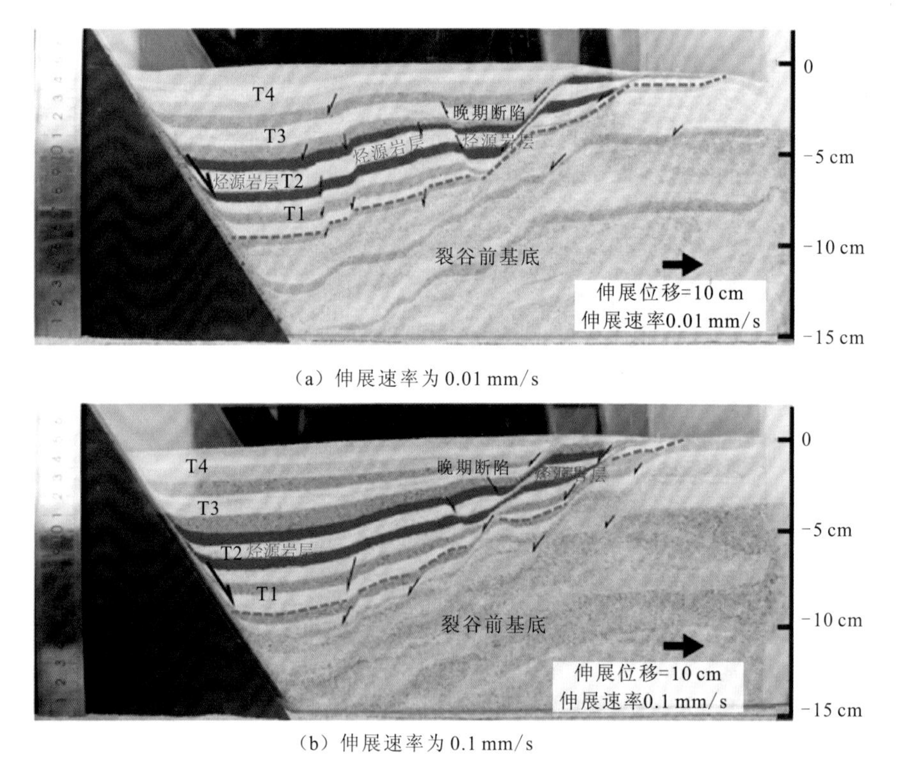

（a）伸展速率为 0.01 mm/s

（b）伸展速率为 0.1 mm/s

图 4.28　南洛基查尔凹陷同沉积正向伸展在不同伸展速率下的模拟实验结果对比

半地堑凹陷构造样式主要受控于西侧主边界断层及简单剪切伸展模式。两者的差别主要表现为东侧斜坡带同向断层和小型断陷发育，当伸展速率较小时，东部斜坡带上的反向断层的断距和小型断陷的沉积更为明显，水平伸展和沉积会向东部斜坡带迁移。当水平伸展速率越快，西侧边界断层和反向断层控制的半地堑构造样式越稳定。

通过模拟发现，晚期伸展作用和断裂系统的发育表现为向凹陷东侧斜坡带迁移的特征。东部斜坡带晚期表现的伸展作用，以及小型断层和断陷的发育，可能为南洛基查尔凹陷的成藏条件改造、油气运移与聚集成藏创造条件。

2）裂谷晚期正向伸展模拟实验结果

（1）晚期正向简单剪切伸展表现为非对称半地堑的快速沉降。凹陷的演化继续表现为西侧边界断层控制下的非对称半地堑沉降（该组实验未考虑同沉积作用，实验中沉降中心的变化可表现同沉积中心的变化）。沉积中心依然分布于凹陷的西侧，受控于边界断层的活动。在晚期随着伸展作用的进行，在东部斜坡带出现同向断层和小型断陷发育（图 4.29）。

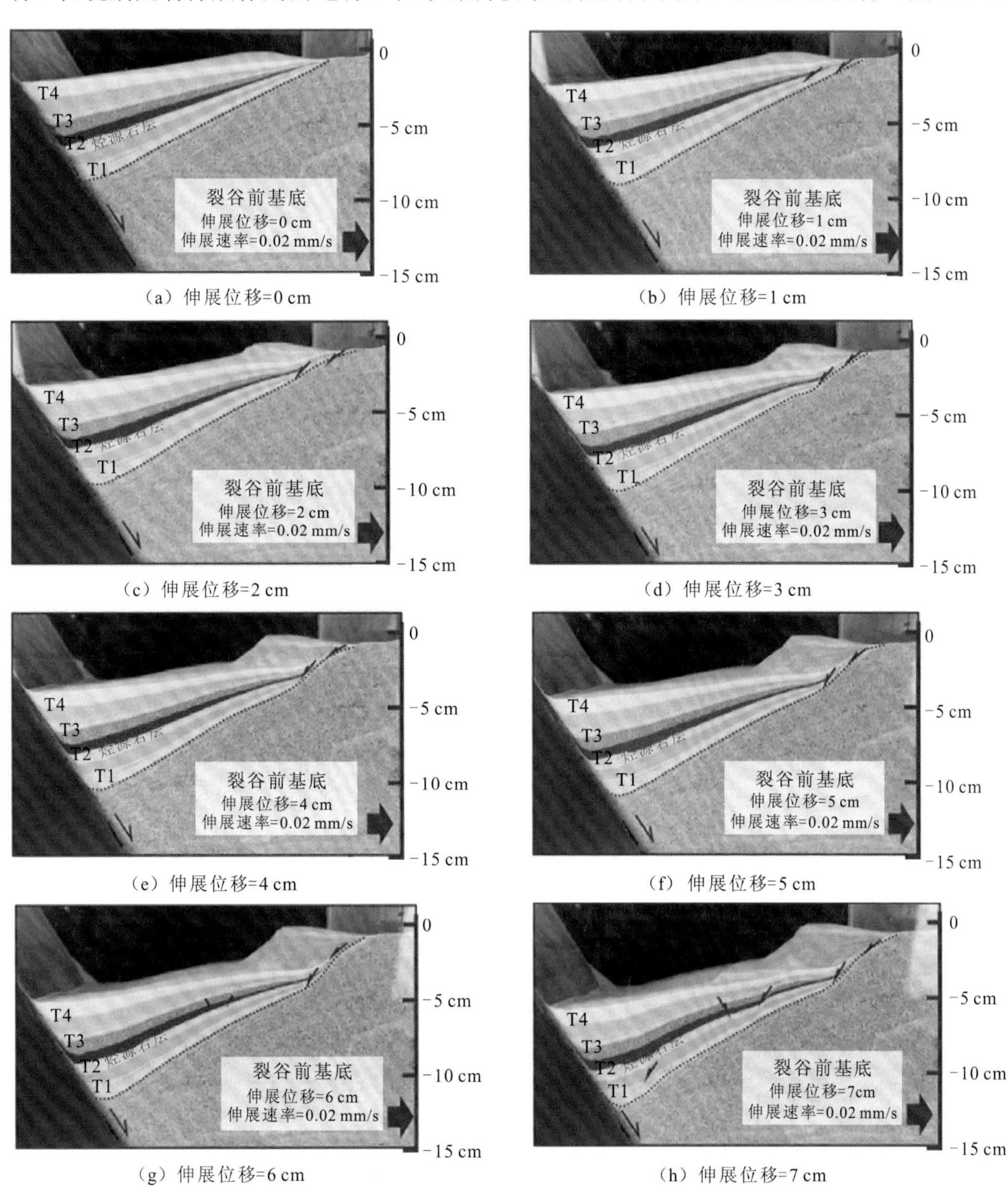

（a）伸展位移=0 cm （b）伸展位移=1 cm

（c）伸展位移=2 cm （d）伸展位移=3 cm

（e）伸展位移=4 cm （f）伸展位移=5 cm

（g）伸展位移=6 cm （h）伸展位移=7 cm

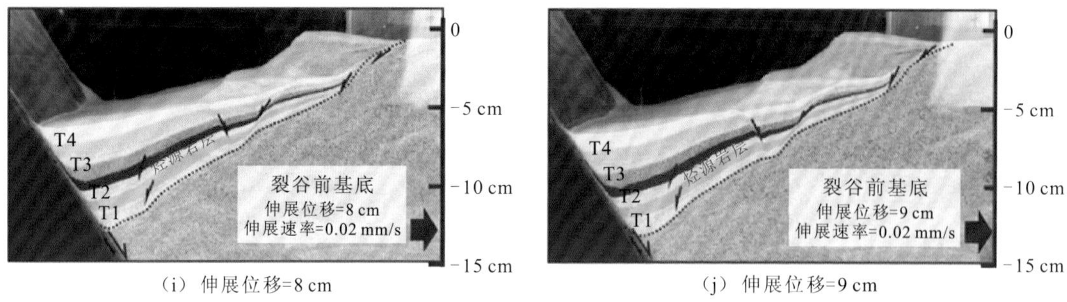

（i）伸展位移=8 cm　　（j）伸展位移=9 cm

图 4.29　南洛基查尔凹陷晚期正向简单剪切伸展模拟实验结果

（2）晚期正向纯剪切伸展转换为东部斜坡带的伸展断陷作用。模拟实验结果显示，水平伸展发生在早期形成的半地堑东部斜坡部位，同向断层和反向断层同时发育，在斜坡部位表现为对称的地堑构造样式。初始形成的地堑较宽，由两侧两条主要同向断层和反向断层构成边界，限定东部斜坡地堑的空间位置和范围。随着伸展的继续，在地堑内部形成新的同向断层和反向断层，在东部斜坡地堑中央部位形成新的小型地堑。沉积中心发生明显的迁移，迁移到凹陷东部斜坡部位（图 4.30）。两组模拟实验结果表明，晚期不同的剪切伸展模式可形成不同的裂谷形态（图 4.31）。

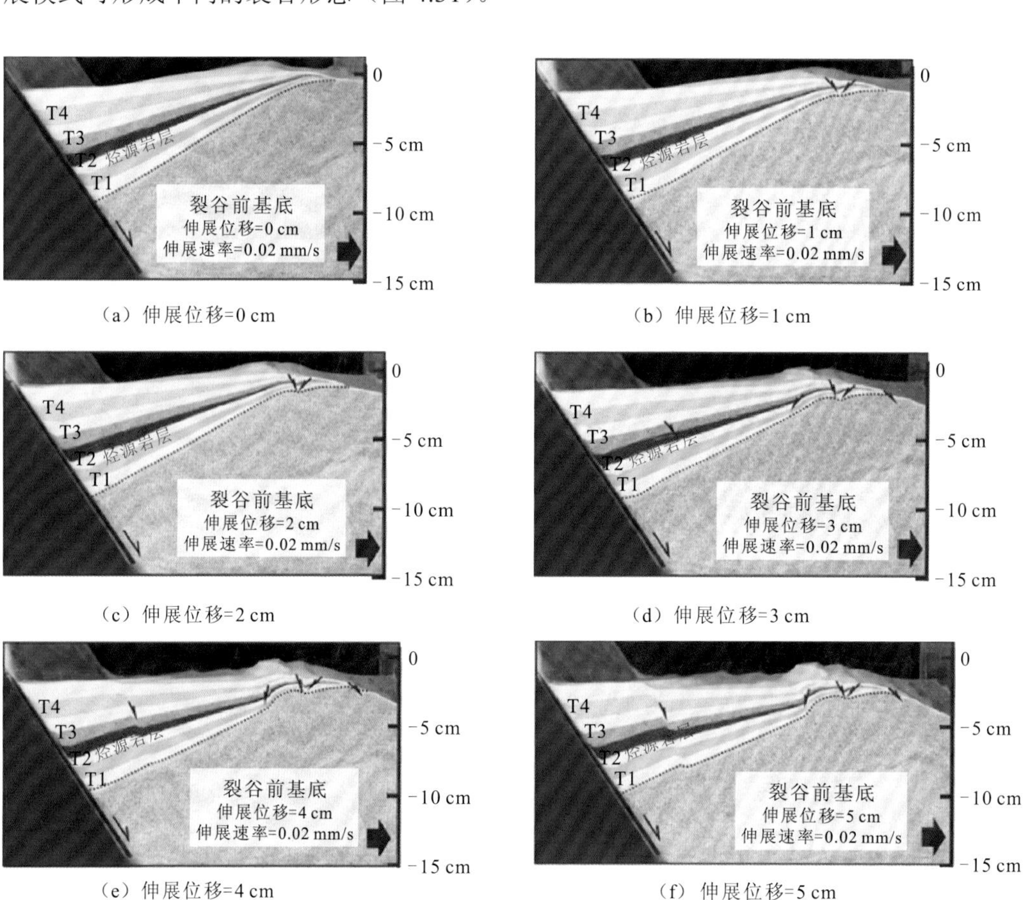

（a）伸展位移=0 cm　　（b）伸展位移=1 cm

（c）伸展位移=2 cm　　（d）伸展位移=3 cm

（e）伸展位移=4 cm　　（f）伸展位移=5 cm

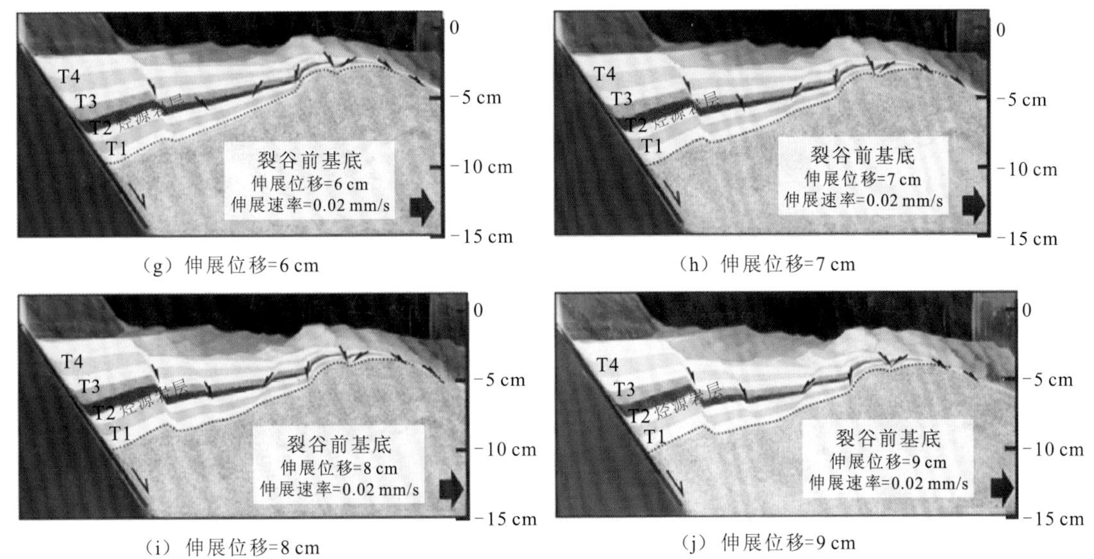

（g）伸展位移=6 cm　（h）伸展位移=7 cm

（i）伸展位移=8 cm　（j）伸展位移=9 cm

图 4.30　南洛基查尔凹陷晚期正向纯剪切伸展模拟实验结果

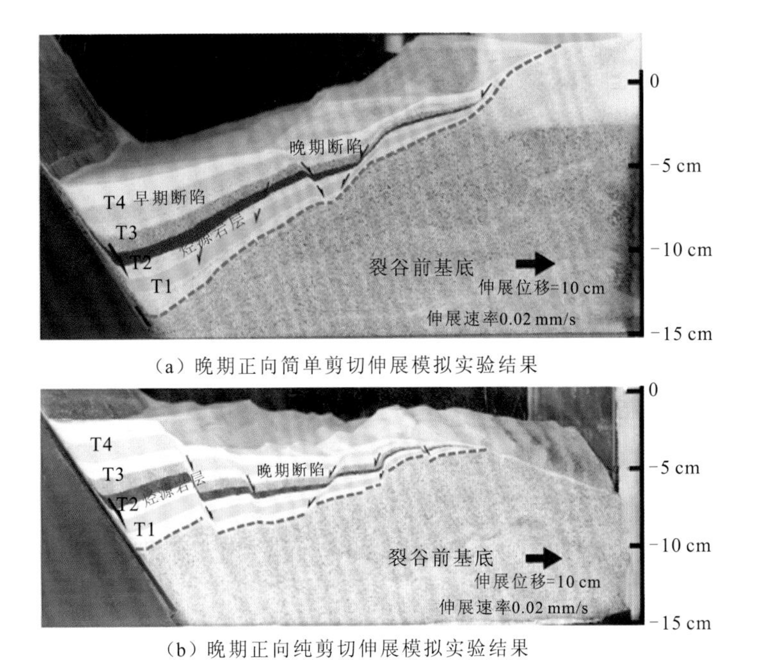

（a）晚期正向简单剪切伸展模拟实验结果

（b）晚期正向纯剪切伸展模拟实验结果

图 4.31　南洛基查尔凹陷晚期正向简单剪切和纯剪切伸展模拟实验结果对比

3）裂谷晚期斜向伸展模拟实验结果

（1）简单剪切伸展模式下晚期斜向伸展表现为凹陷整体快速沉降和晚期雁列式小型断陷发育。模型 SL05S1 模拟结果显示（模型 SL05S1 与模型 SL06S1 未考虑晚期同沉积作用，实验中沉降中心的变化可视为同沉积中心的变化），凹陷的整体持续演化依然表现为快速沉降，以及西深东浅的非对称半地堑构造样式（图 4.32～图 4.34）。与正向伸展相似的是，在凹陷东部斜坡相同部位发育同样的晚期小型断陷。不同的是，这些小型断陷在平面上表现为雁列式左阶排列，表明凹陷晚期受斜向张扭应力场的作用（图 4.32）。

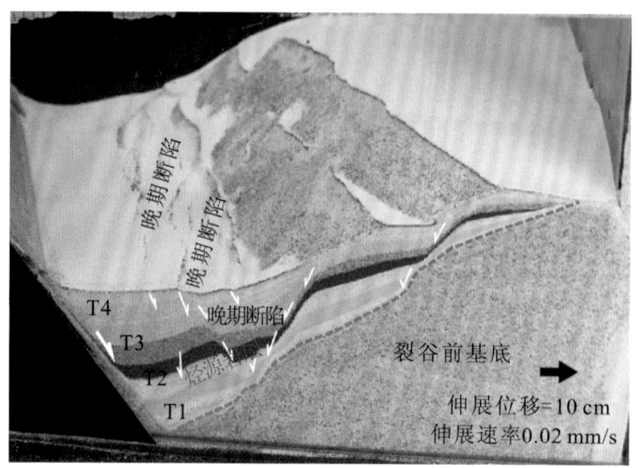

图 4.32　南洛基查尔凹陷晚期斜向简单剪切伸展模拟实验三维结果

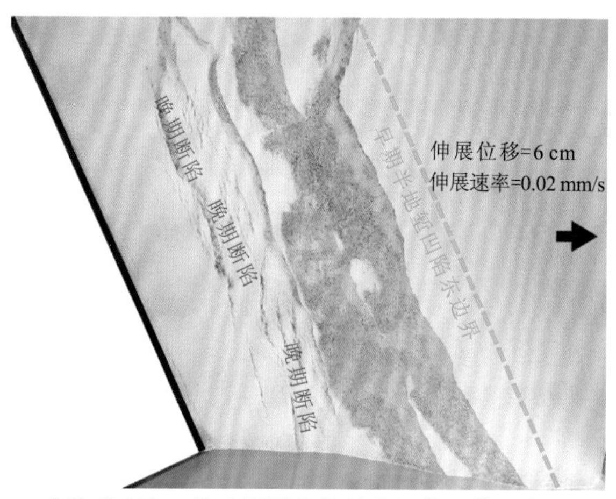

图 4.33　南洛基查尔凹陷晚期斜向简单剪切伸展模拟实验平面结果

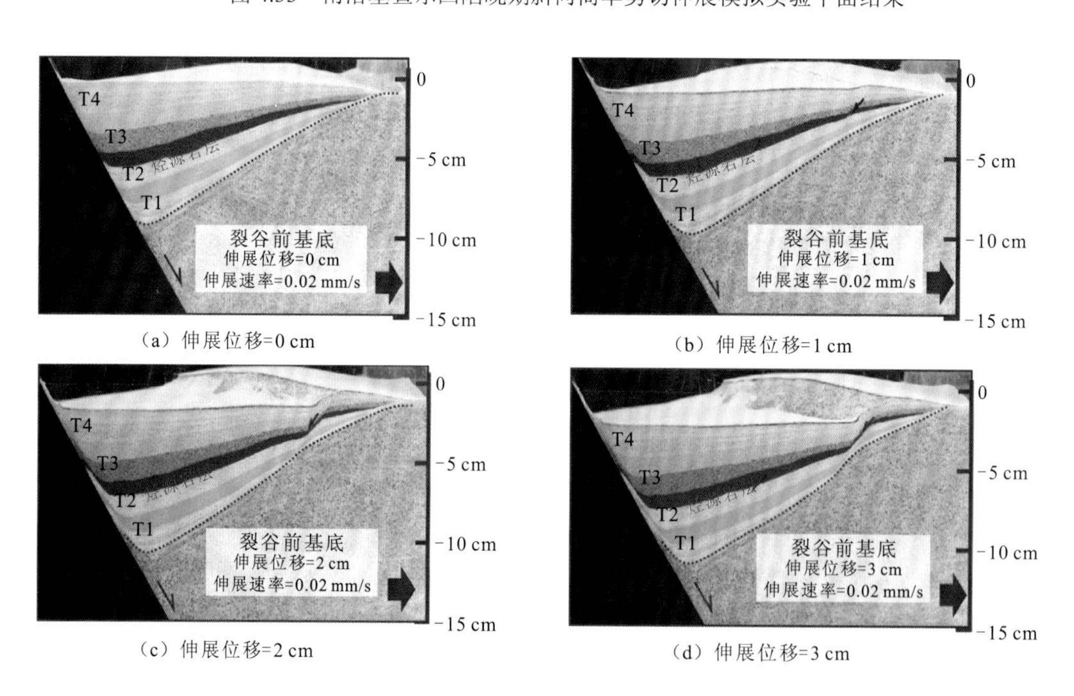

（a）伸展位移=0 cm　　（b）伸展位移=1 cm

（c）伸展位移=2 cm　　（d）伸展位移=3 cm

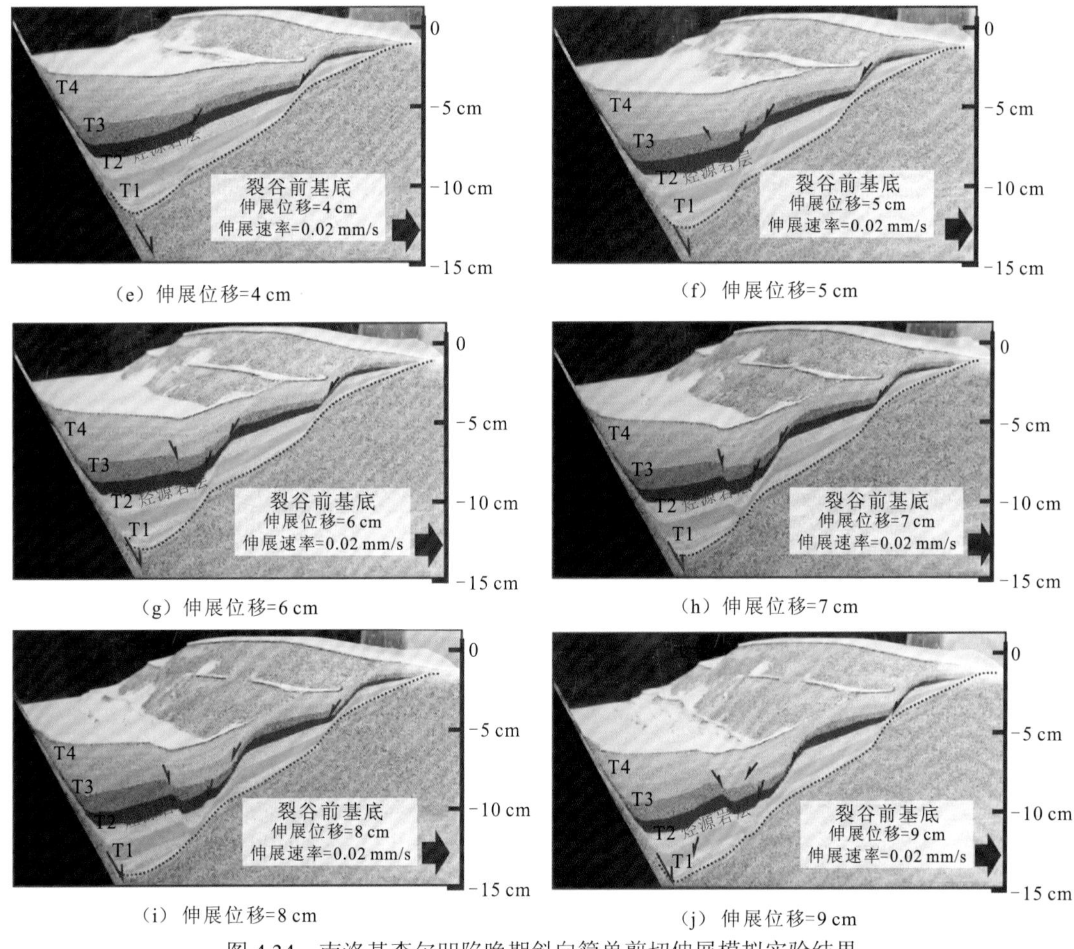

（e）伸展位移=4 cm　（f）伸展位移=5 cm

（g）伸展位移=6 cm　（h）伸展位移=7 cm

（i）伸展位移=8 cm　（j）伸展位移=9 cm

图 4.34　南洛基查尔凹陷晚期斜向简单剪切伸展模拟实验结果

（2）纯剪切伸展模式下晚期斜向伸展表现为东部斜坡带雁列式弧形断陷带发育。模型SL06S1模拟结果显示，在晚期转换为纯剪切伸展模式后，凹陷由早期受西侧边界断层控制的半地堑沉降转换为整体较均一的伸展沉降。在早期凹陷的东部斜坡带上发育一系列同向断层和反向断层，形成晚期对称型地堑，最大沉降中心远离西侧主边界断层，分布于凹陷斜坡带（图 4.35～图 4.37）。

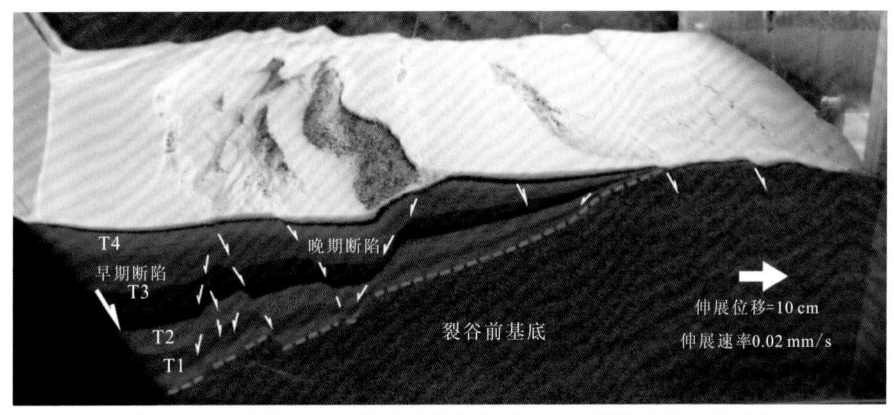

图 4.35　南洛基查尔凹陷晚期斜向纯剪切伸展模拟实验三维结果

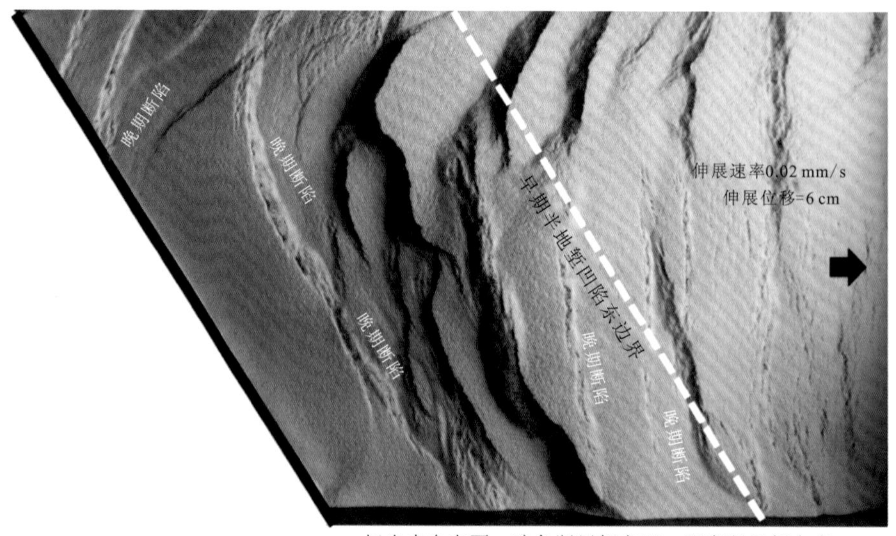

图 4.36 南洛基查尔凹陷晚期斜向纯剪切伸展模拟实验平面结果

平面上，一系列晚期伸展断层呈弧形阶梯状展布。在南部区域，断层总体走向与凹陷主边界断层呈小角度相交，左阶雁列式展布。在北部区域，断层沿走向呈弧形弯曲，逐渐转向北东走向（图 4.36）。

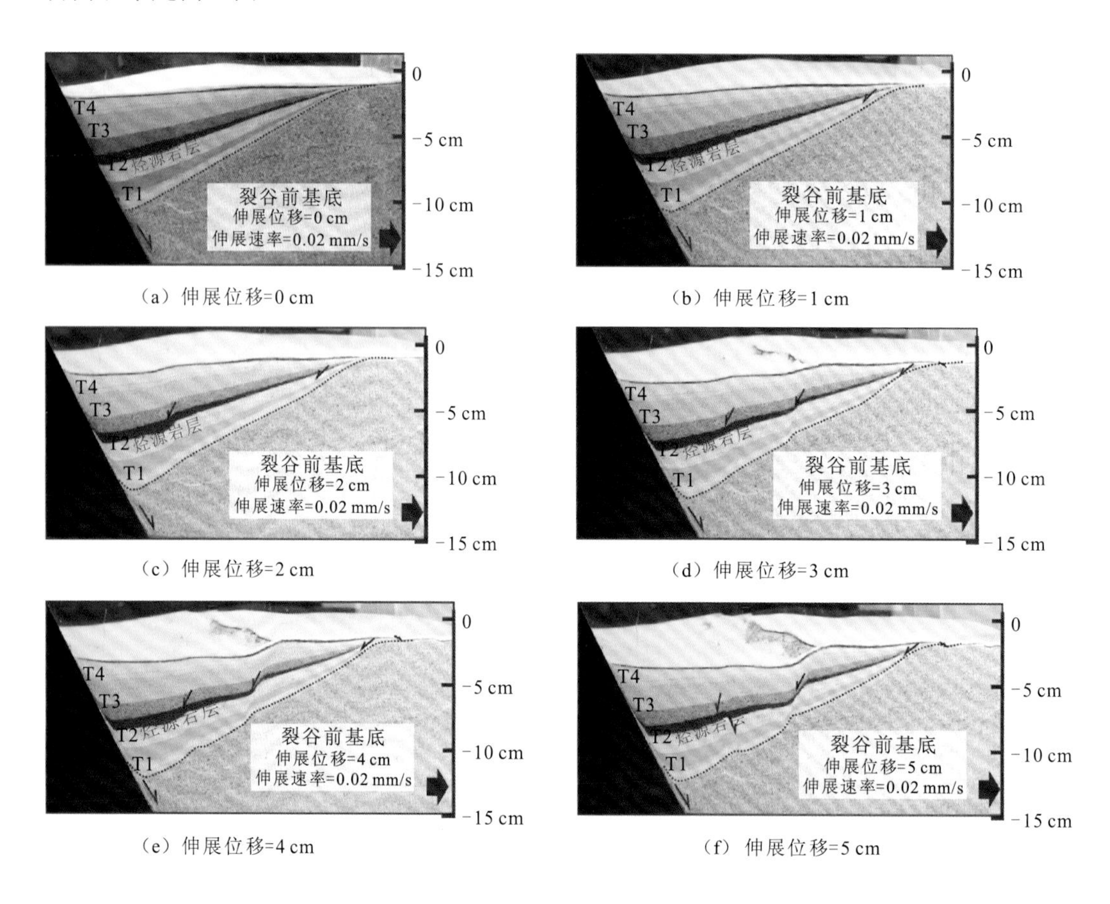

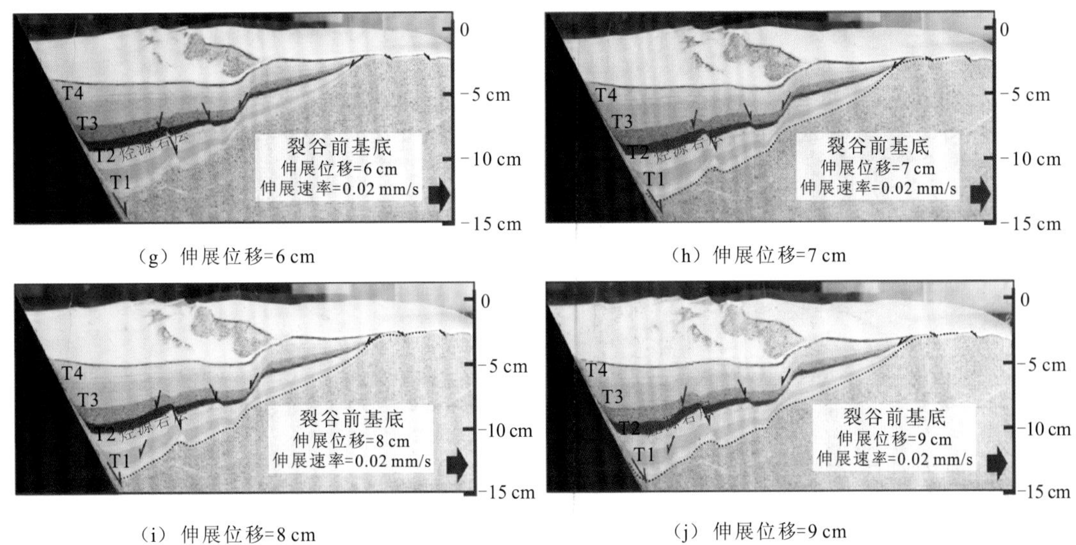

（g）伸展位移=6 cm　（h）伸展位移=7 cm

（i）伸展位移=8 cm　（j）伸展位移=9 cm

图 4.37　南洛基查尔凹陷晚期斜向纯剪切伸展模拟实验结果

（3）晚期斜向伸展模式转换对凹陷构造样式的影响。两组对比模拟实验结果表明，晚期斜向伸展模式的转换对南洛基查尔凹陷的构造样式起到重要的影响（图 4.32，图 4.34，图 4.37）。早期简单剪切伸展模式下发育的非对称半地堑构造样式，在伸展模式转换为纯剪切模式之后，断裂系统的发育和断陷迁移到凹陷斜坡带，凹陷内的断层由早期的以反向断层为主，转换为正向断层和反向断层同时发育。沉积中心由早期的西侧边界迁移至凹陷斜坡带。

（4）晚期伸展方向转换对凹陷构造样式的影响。晚期伸展方向转换使得伸展方向与凹陷的主边界断层和凹陷轴向斜交，从而使早期的凹陷受斜向伸展作用，应力场表现为张扭性质。新发育的断层在几何形态上表现为弧形弯曲，在平面上呈雁列式阶梯状排列。SL06 模型实验结果也证实晚期斜向伸展模式的转换及伸展方向的转换，形成的构造样式与南洛基查尔凹陷实际的地质资料解释结果最为吻合（图 4.33，图 4.36）。模拟实验结果同时也指示，晚期伸展方向的转换引起的张扭应力场和断裂系统会强烈地影响和控制凹陷内油气的运移和聚集成藏。

4.2.3　凯里奥凹陷

1. 实验模型与实验过程

凯里奥凹陷设计 4 个实验模型开展 4 组对比实验（表 4.4，图 4.23），模拟凯里奥凹陷在中新统沉积后，上新世至今发生伸展方向的转换，在斜向伸展模式下的凹陷后期构造演化特征（未考虑晚期同沉积作用）。其中模型 KR01 和模型 KR02 对比晚期持续正向伸展下，剪切伸展模式对凹陷持续演化的影响，模型 KR03 和模型 KR04 对比晚期斜向伸展条件下，剪切伸展模式对凹陷持续演化的影响。4 组实验的初始模型布设厚 15 cm 的石英砂，模拟裂谷发育之前的上地壳。实验模型的边界伸展速率为 0.02 mm/s，单侧总伸展位移量为 9 cm。

2. 模拟实验结果分析

1）正向简单剪切伸展模拟实验结果

模型 KR01S1 模拟实验结果揭示：凹陷的沉降受控于西侧边界断层的活动。在凹陷的东部斜坡带上发育反向断层，随着伸展作用的持续，反向断层的发育向凹陷内侧迁移，使得沉降中心范围向边界断层集中（图 4.38）。

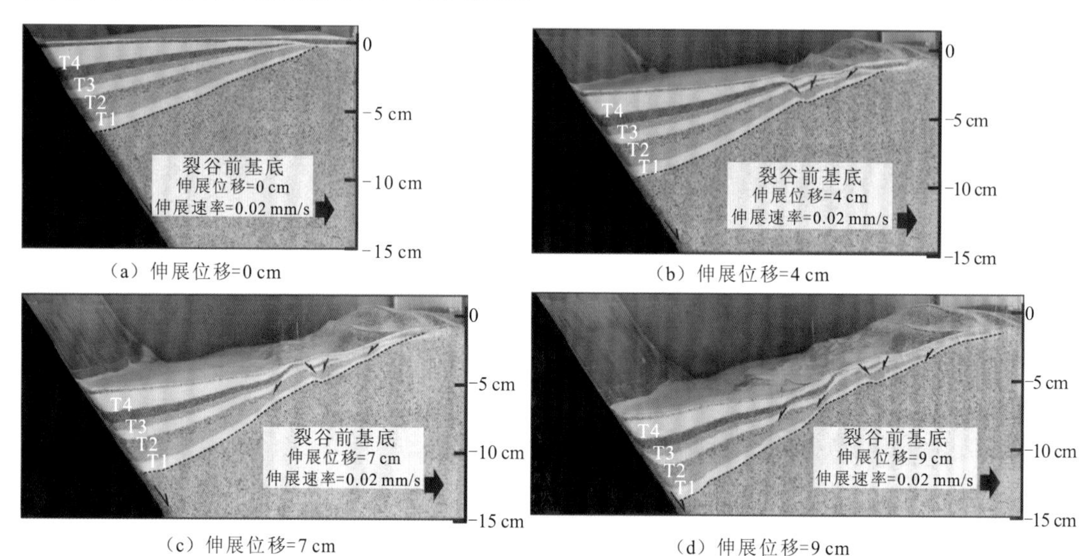

（a）伸展位移=0 cm　（b）伸展位移=4 cm

（c）伸展位移=7 cm　（d）伸展位移=9 cm

图 4.38　凯里奥凹陷正向简单剪切伸展模型 KR01 构造演化模拟实验结果

2）正向纯剪切伸展模拟实验结果

模型 KR02S1 模拟的构造剖面演化过程反映断层的发育和凹陷的沉降主要分布于早期凹陷的东部斜坡带。在东部斜坡带上，一系列同向断层和反向断层构成近对称的地堑构造样式。随着伸展作用的持续，新生的同向断层逐渐向凹陷西侧边界发育。一系列向东倾斜的同向断层表现出阶梯状排列的构造组合样式（图 4.39）。

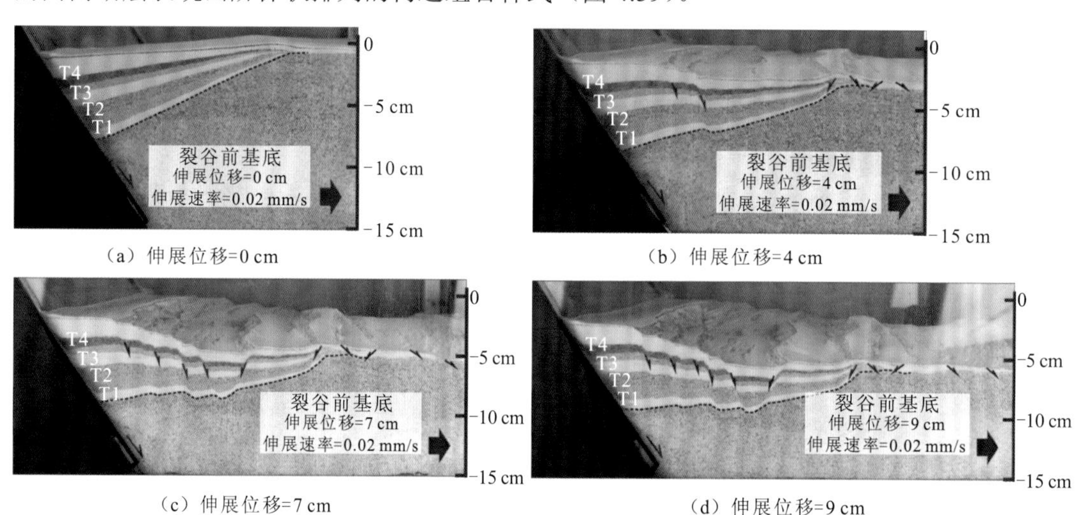

（a）伸展位移=0 cm　（b）伸展位移=4 cm

（c）伸展位移=7 cm　（d）伸展位移=9 cm

图 4.39　凯里奥凹陷正向纯剪切伸展模型 KR02 构造演化模拟实验结果

3）斜向简单剪切伸展模拟实验结果

模型 KR03S1 模拟的构造剖面演化过程反映凹陷的沉降受控于西侧边界断层的活动。在凹陷的东部斜坡带上持续发育反向断层，随着伸展作用的持续，反向断层的发育向凹陷内侧迁移；在后期，同向断层在东部斜坡带上发育，使得东部斜坡带上形成晚期小型断陷（图 4.40）。

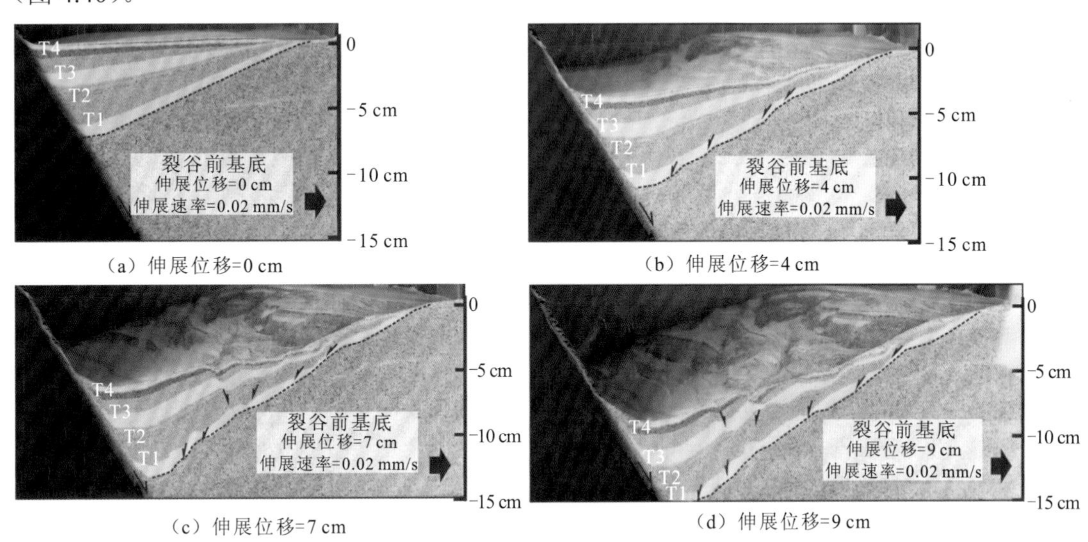

图 4.40　凯里奥凹陷斜向简单剪切伸展模型 KR03 构造演化模拟实验结果

4）斜向纯剪切伸展模拟实验结果

模型 KR04S1 模拟晚期同时发生剪切伸展作用和伸展方向转换，使得凹陷受张扭性质的纯剪切伸展作用。模拟实验结果揭示：断裂的发育和凹陷的沉降主要分布于早期凹陷的东部斜坡带。在东部斜坡带上，一系列同向断层和反向断层构成近对称的地堑构造样式。随着伸展作用持续，新生的同向断层逐渐向凹陷西侧边界发育。一系列同向断层表现为向东倾斜的阶梯状排列的构造组合样式（图 4.41）。

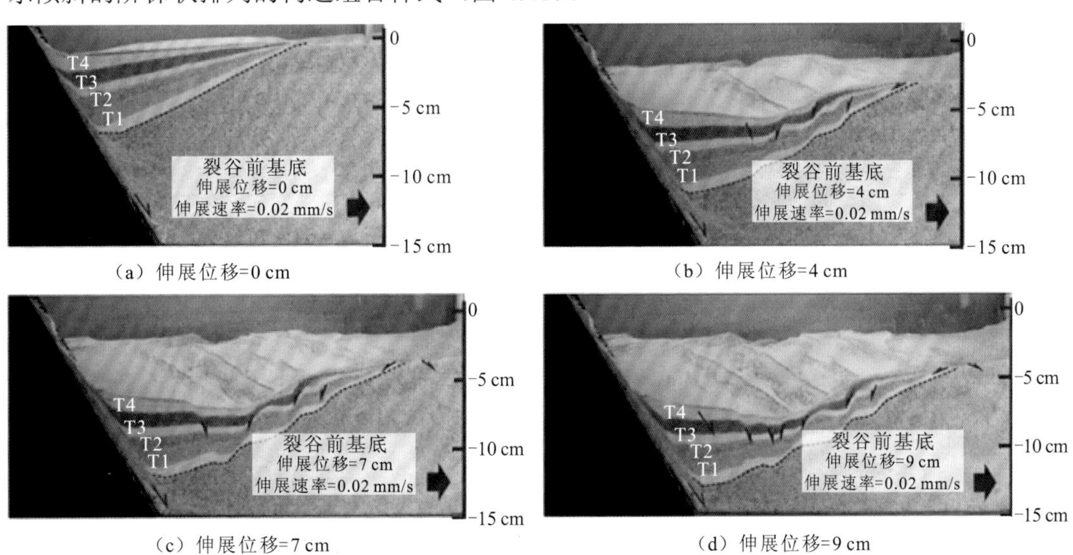

图 4.41　凯里奥凹陷纯剪切斜向伸展模型 KR04 构造演化模拟实验结果

4.2.4 楚拜亥凹陷

1. 实验模型与实验过程

基于楚拜亥凹陷独特的地质特征，设计阶梯状边界断层控制下的凹陷演化动力学模型（图 4.42，图 4.43）。基于该模型，考虑阶梯状边界断层初始叠置的长度和间距，设计 3 个实验模型，开展 3 组对比实验（表 4.4，图 4.23）。考虑伸展方向与初始边界断层斜交时对凹陷演化的影响，设计一个边界断层叠置的斜向伸展模型，并开展一组实验。实验模型 CB01、CB02 和 CB03 中，两侧初始边界呈阶梯状叠置，初始叠置长度 L=8 cm，叠置间距 W 分别为 0、2 cm 和 4 cm，即无间距、间距为 1/4 叠置长度、间距为 1/2 叠置长度。模型两侧边界各伸展 5 cm，伸展速率为 0.01 mm/s。

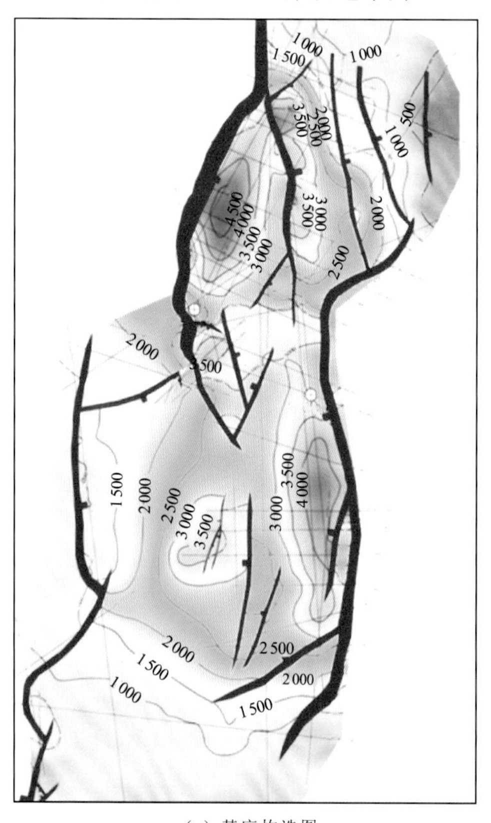

（a）基底构造图

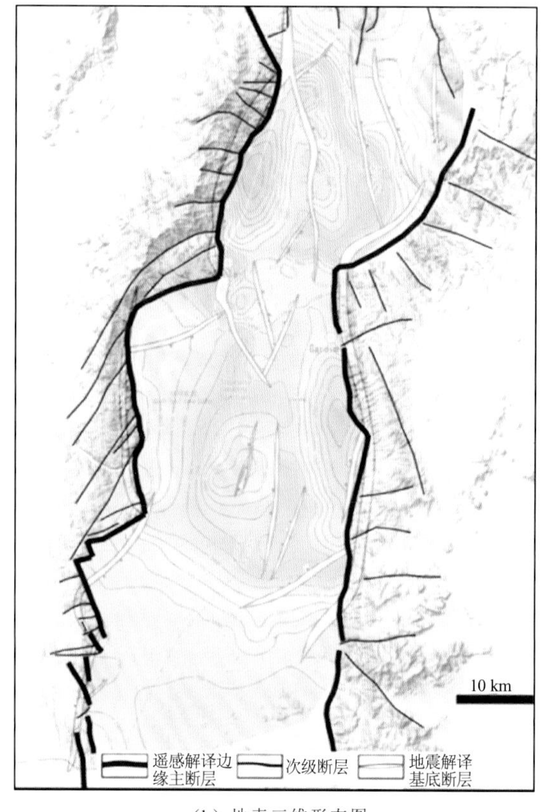

（b）地表三维形态图

图 4.42 楚拜亥凹陷基底构造与地表三维形态图

2. 模拟实验结果分析

1）无间距叠置正向伸展模拟实验结果

（1）非对称伸展限定凹陷南北宽、中部窄的分带性格局。位移场结果显示，凹陷的伸展和构造演化表现出明显的南北分带性。在模型的南北部位，发生东西向非对称的伸展位移，在模型中部，伸展位移相对对称，位移场的东西突变边界标示出南北宽、中部窄的凹陷分带性格局（图 4.44～图 4.47）。

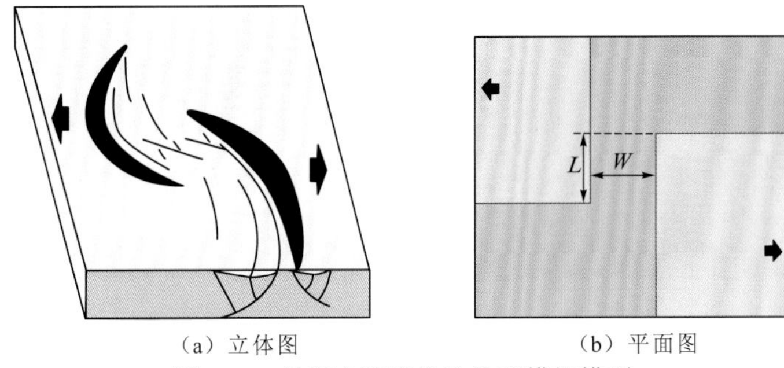

（a）立体图　　（b）平面图

图 4.43　楚拜亥凹陷构造物理模拟模型

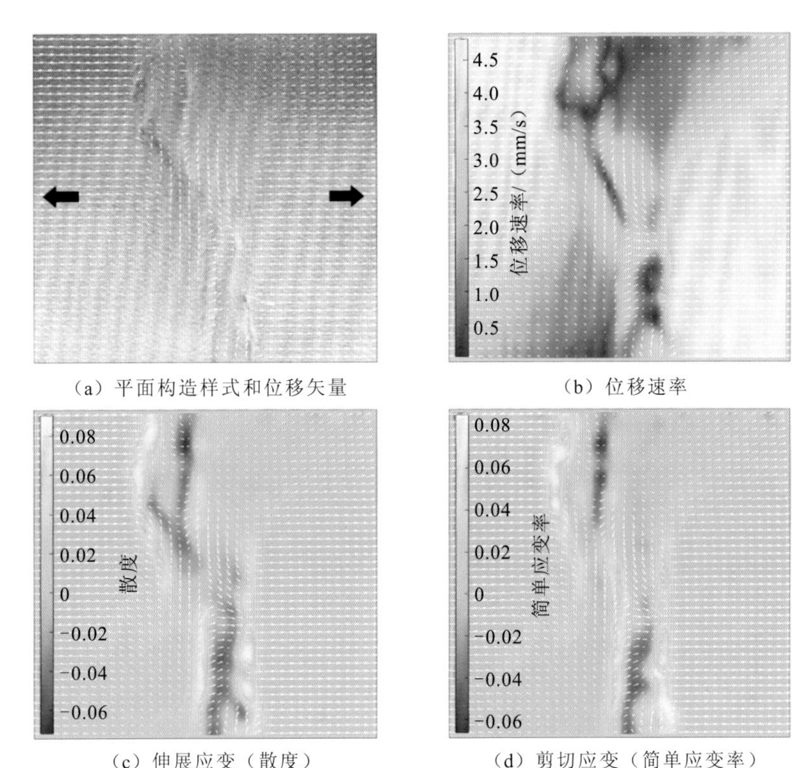

（a）平面构造样式和位移矢量　　（b）位移速率

（c）伸展应变（散度）　　（d）剪切应变（简单应变率）

图 4.44　模型 CB01 初始伸展阶段平面构造样式与粒子图像测速分析结果

（2）北北东向弧形边界断层和凹陷内北北西向次级断层组合。伸展应变场和剪切应变场分析结果表明，在伸展初期，断层的发育和活动以两侧边界断层为主，边界断层呈弧形弯曲展布，并呈雁列式阶梯状排列（图 4.44）。随着伸展作用的持续，边界断层呈总体走向为北北东向的弧形展布，同时在中部区域，开始发育北北西向的次级断层（图 4.45，图 4.46）。

（3）雁列式多沉积中心分布。在伸展初期，凹陷的发育和演化受东西两侧边界断层的控制，分别在南北靠近边界断层区域形成沉降中心，随着进一步的伸展，凹陷加宽，内部北北西向次级断层发育，南北两个凹陷沉降区在中部连通。在伸展作用的后期，凹陷内次级断层的活动，形成多个沉降中心，这些沉降中心在平面上呈雁列式阶梯状排列分布，但最大沉降中心依然分布于南北两侧区域，分别受东西边界断层活动的控制（图 4.48）。

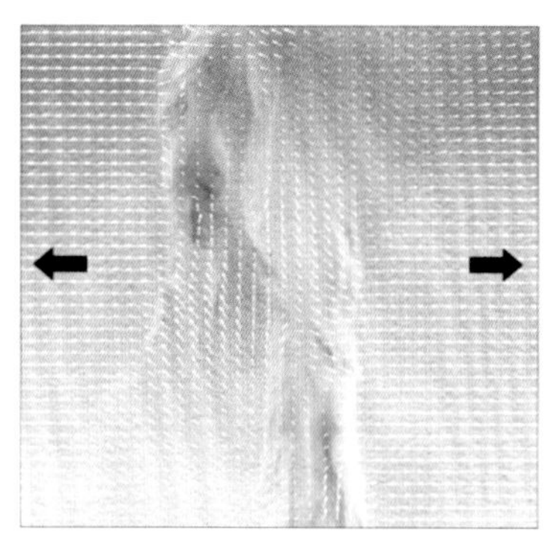

（a）平面构造样式和位移矢量

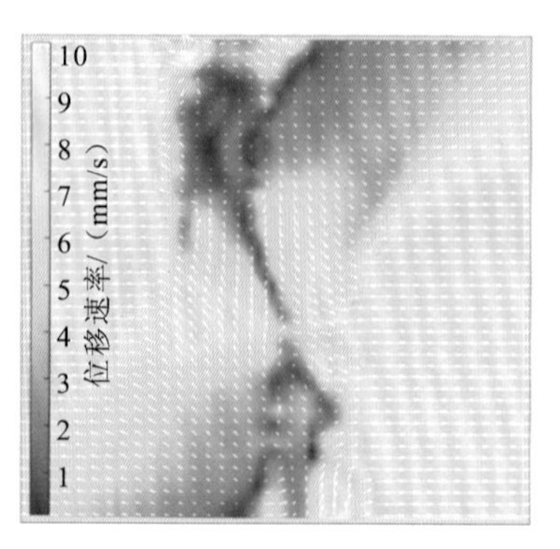

（b）位移速率

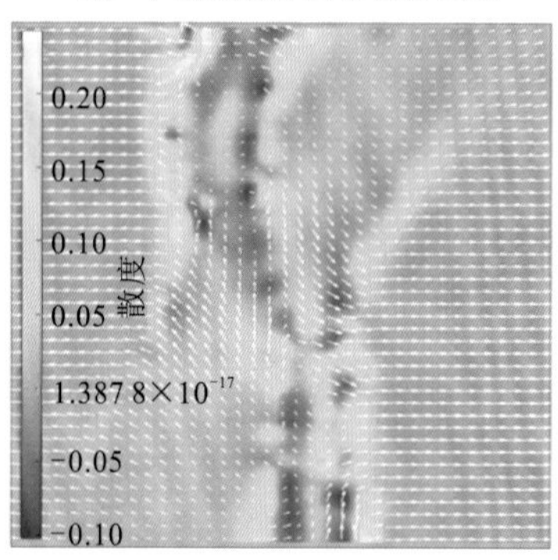

（c）伸展应变（散度）

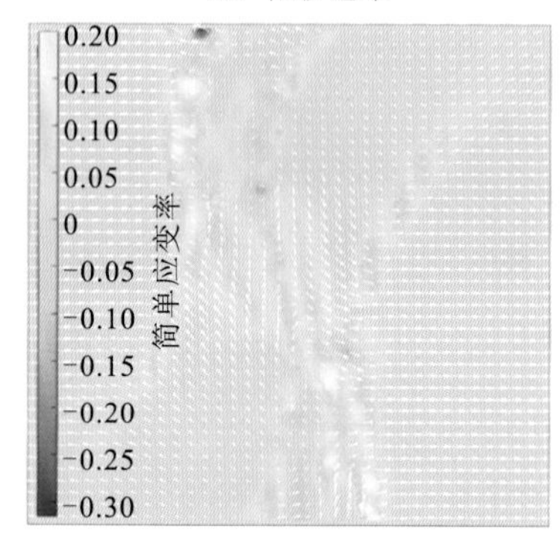

（d）剪切应变（简单应变率）

图 4.45　模型 CB01 持续伸展阶段平面构造样式与粒子图像测速分析结果

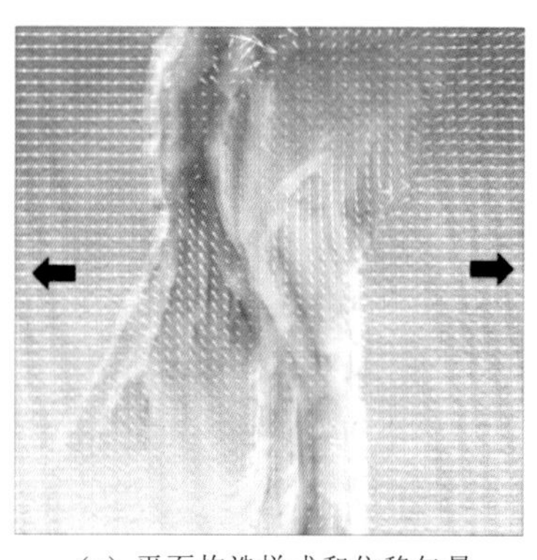

（a）平面构造样式和位移矢量

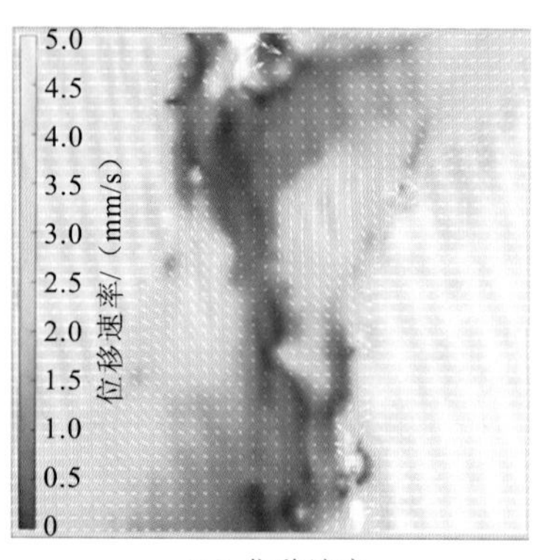

（b）位移速率

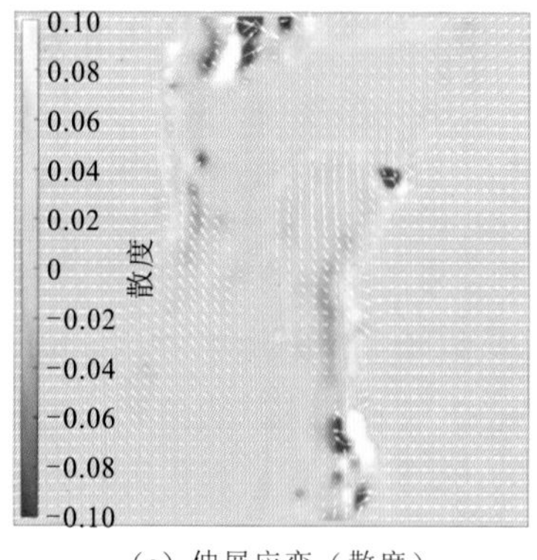

（c）伸展应变（散度）

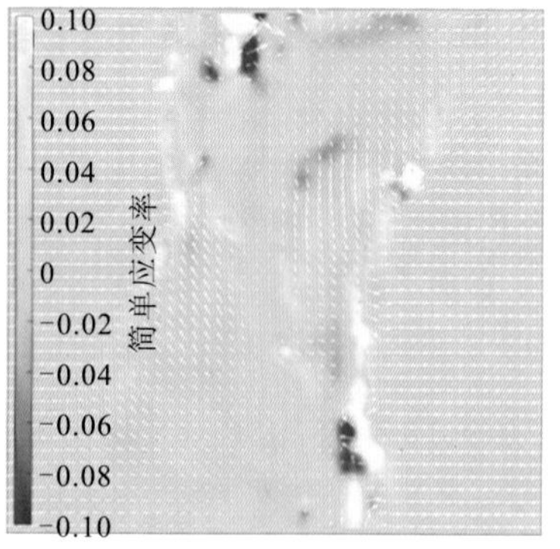

（d）剪切应变（简单应变率）

图 4.46　模型 CB01 后期伸展阶段平面构造样式与粒子图像测速分析结果

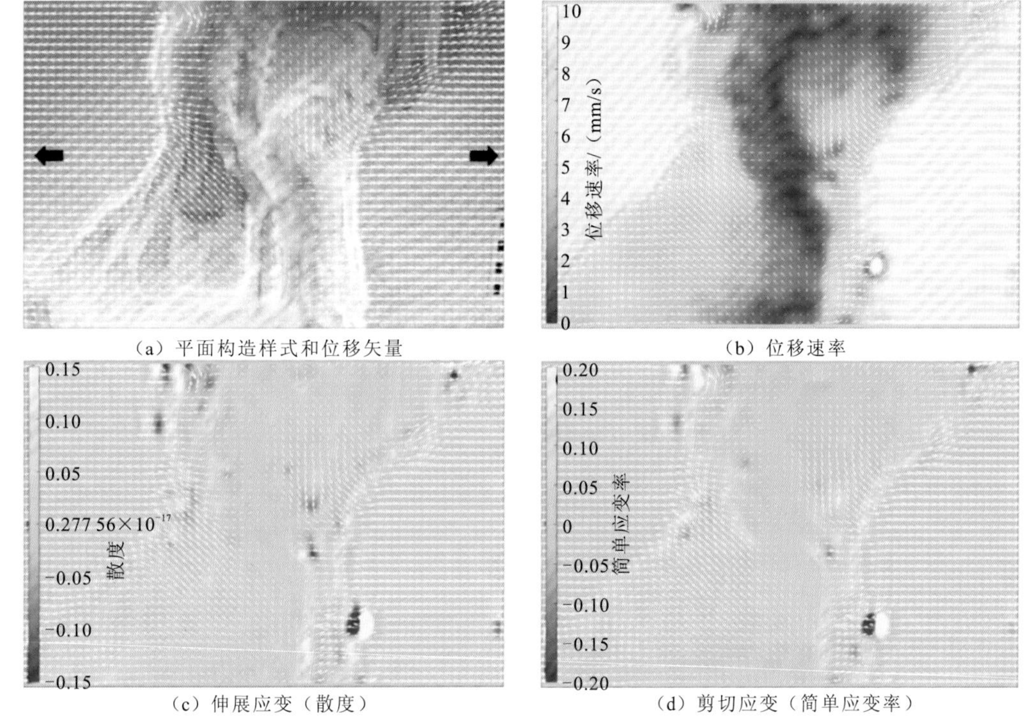

（a）平面构造样式和位移矢量　　（b）位移速率

（c）伸展应变（散度）　　（d）剪切应变（简单应变率）

图 4.47　模型 CB01 最终伸展阶段平面构造样式与粒子图像测速分析结果

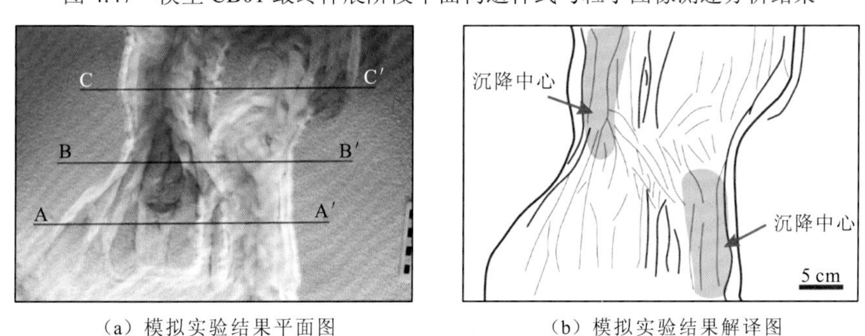

（a）模拟实验结果平面图　　（b）模拟实验结果解译图

图 4.48　楚拜亥凹陷无间距叠置正向伸展模型 CB01 模拟实验结果

在实验的最终模拟结果基础上，分别在南部、中部和北部切制三个横切剖面（图 4.48）。在南部横切剖面 AA′上可以发现，主沉降中心分布于东侧边界断层附近，形成快速沉降的断陷，其沉降受东侧边界断层的控制。在北部横切剖面 CC′上，构造样式正好与南部相反，主沉降中心分布于西侧边界断层附近，形成快速沉降的断陷，其沉降受西侧边界断层的控制。在中部横切剖面 BB′上，表现为同时受东西两侧边界断层控制下的断陷，为两侧深、中间浅的对称地堑样式（图 4.49）。

2）1/4 间距叠置正向伸展模拟实验结果

模型 CB02S1 相对模型 CB01S1，增加初始边界间距为 2 cm。模拟实验结果显示，凹陷的格局、断裂系统的演化和沉降中心的分布在整体上相似。整体上依然表现为南北分带性伸展和南北宽、中部窄的凹陷格局。在伸展初期，断层的发育和活动以两侧边界断层为主，随着伸展作用持续，凹陷内部发育不同方位的次级断层。凹陷断裂系统依然表现为北北东向的弧形边界断层和凹陷内北北西向次级断层的组合样式（图 4.50～图 4.52）。

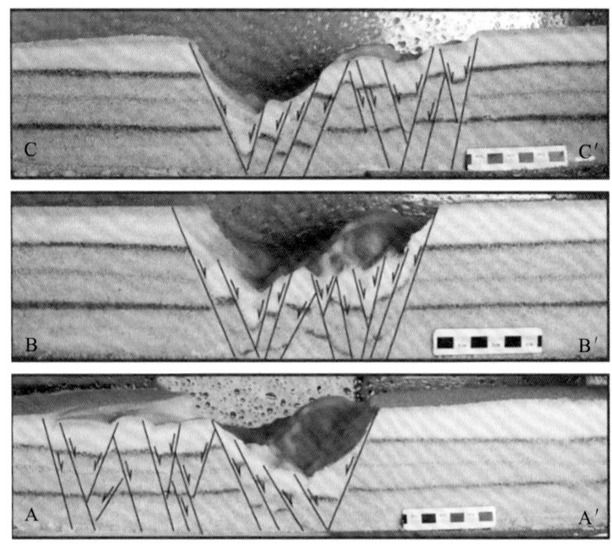

图 4.49　楚拜亥凹陷无间距叠置正向伸展模型 CB01 模拟实验结果剖面图

剖面位置见图 4.48（a）

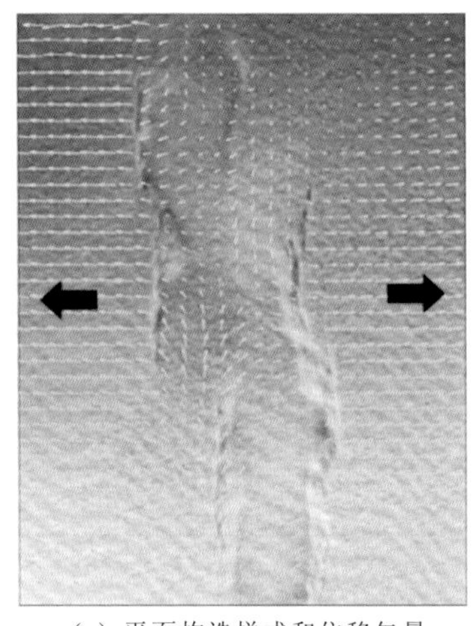

（a）平面构造样式和位移矢量

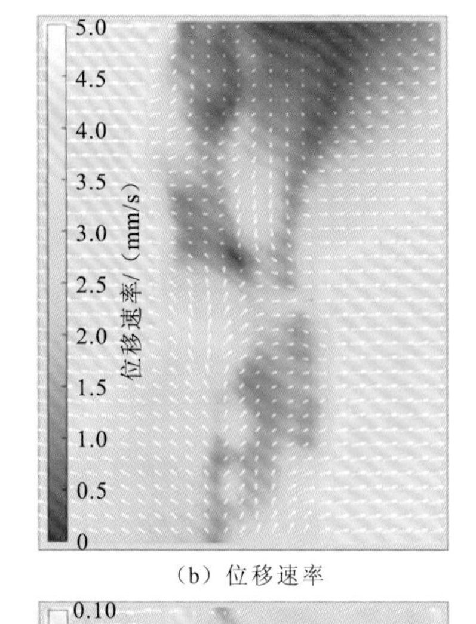

（b）位移速率

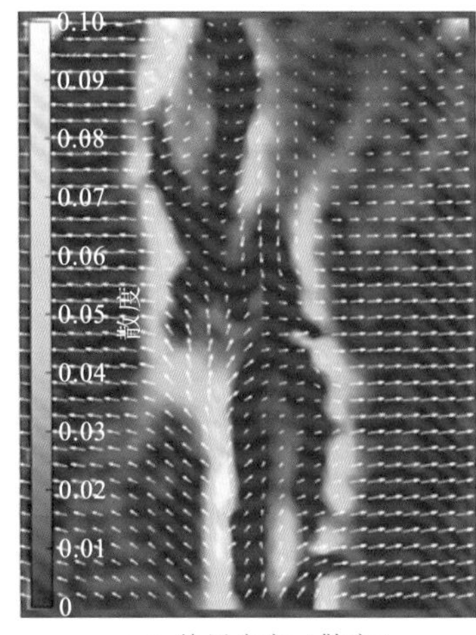

（c）伸展应变（散度）

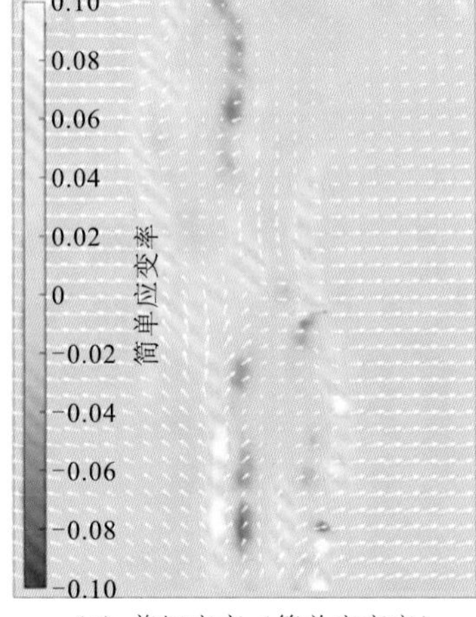

（d）剪切应变（简单应变率）

图 4.50　模型 CB02 初始伸展阶段平面构造样式与粒子图像测速分析结果

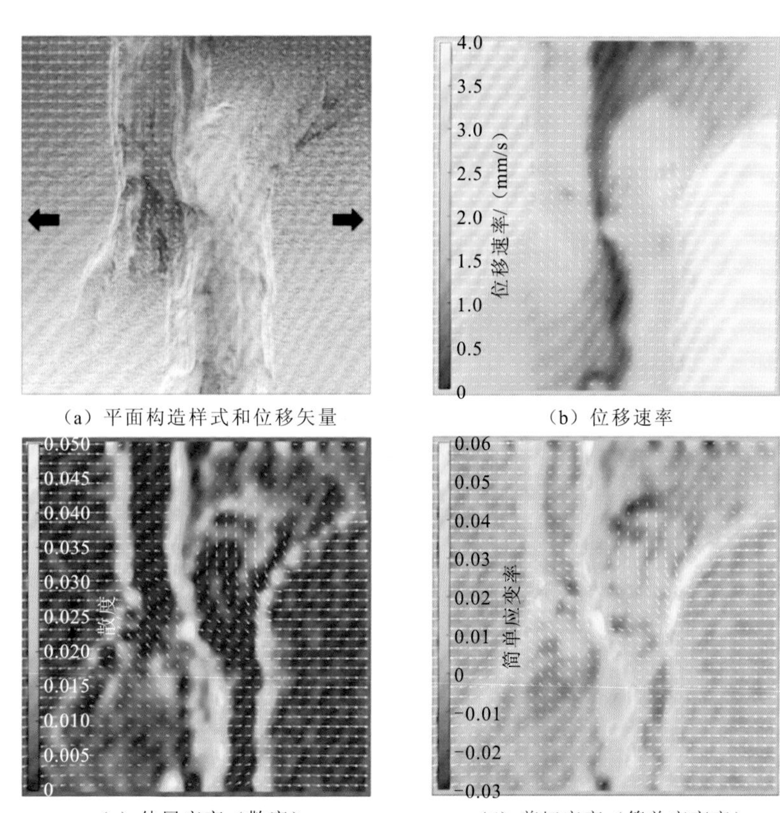

（a）平面构造样式和位移矢量　　（b）位移速率

（c）伸展应变（散度）　　（d）剪切应变（简单应变率）

图 4.51　模型 CB02 持续伸展阶段平面构造样式与粒子图像测速分析结果

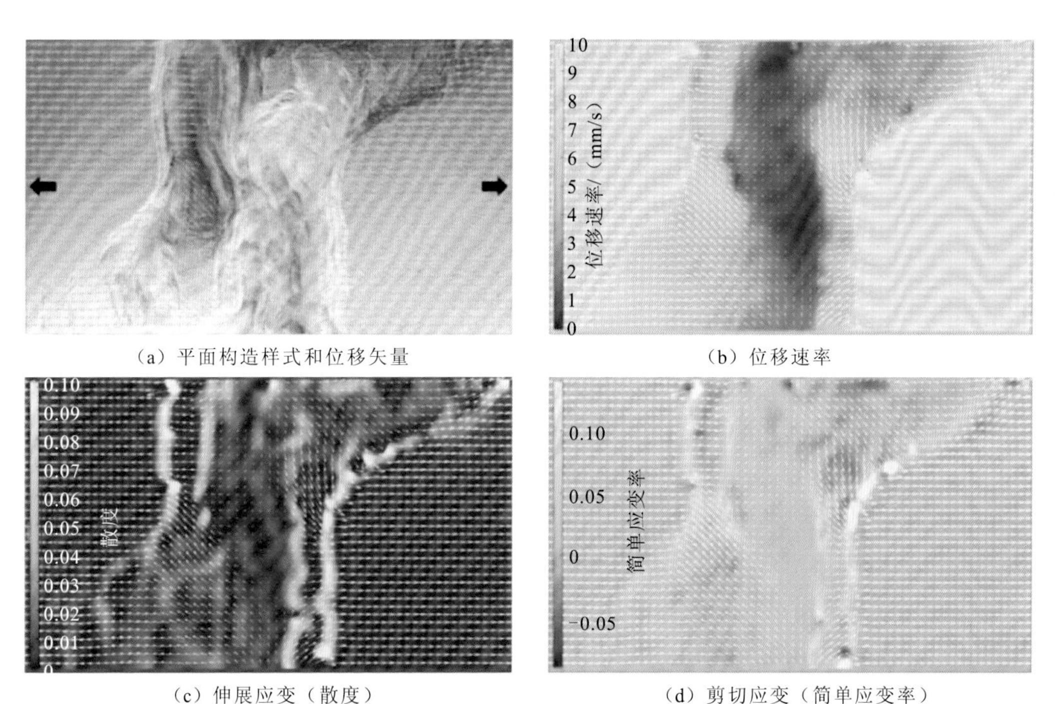

（a）平面构造样式和位移矢量　　（b）位移速率

（c）伸展应变（散度）　　（d）剪切应变（简单应变率）

图 4.52　模型 CB02 最终伸展阶段平面构造样式与粒子图像测速分析结果

沉降中心依然分布于南部靠近边界断层区域，但其分布受东西边界断层活动的控制更为强烈（图 4.53，图 4.54）。凹陷内部的断陷发育和沉降中心在南北两个区域更为集中，分区性更强。随着伸展的持续，南北两个沉降中心的连通性，相对实验模型 CB01 模拟的结果较弱。

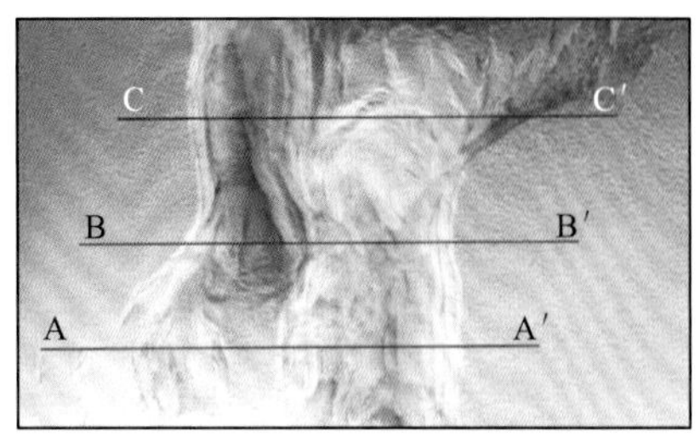

（a）模拟实验结果平面图　　（b）模拟实验结果解译图

图 4.53　楚拜亥凹陷 1/4 间距叠置正向伸展模型 CB02 模拟实验结果

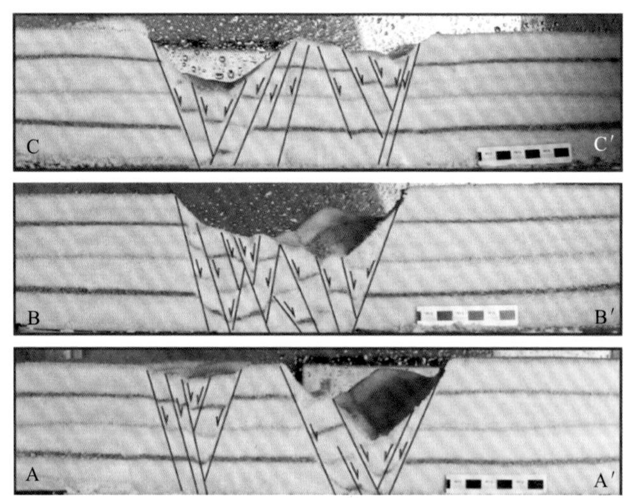

图 4.54　楚拜亥凹陷 1/4 间距叠置正向伸展模型 CB02 不同剖面模拟实验结果图

剖面位置见图 4.53（a）

3）1/2 间距叠置正向伸展模拟实验结果

模型 CB03S1 增加初始边界间距为 4 cm，具有更大的初始叠置间距。模拟实验结果显示，凹陷的格局、断裂系统的演化和沉降中心产生明显的差异。从伸展作用开始，在南北两条边界断层附近形成两个明显的狭长型独立断陷。两个独立断陷呈左阶雁列式排列。断层的发育和活动也被限制在南北两个独立断陷区域。两个沉降中心被叠置区间隔分离。

随着伸展作用的持续，南北两个狭长型独立断陷逐渐向两侧扩张，新发育的断层也向两侧扩展，中部叠置区逐渐变窄，被新发育的断层切割。至模拟后期和最终阶段，早期独立的两个断陷依然保持独立，南北两个沉降中心逐渐向中部迁移，更为集中，但依旧不连通（图 4.55～图 4.57）。

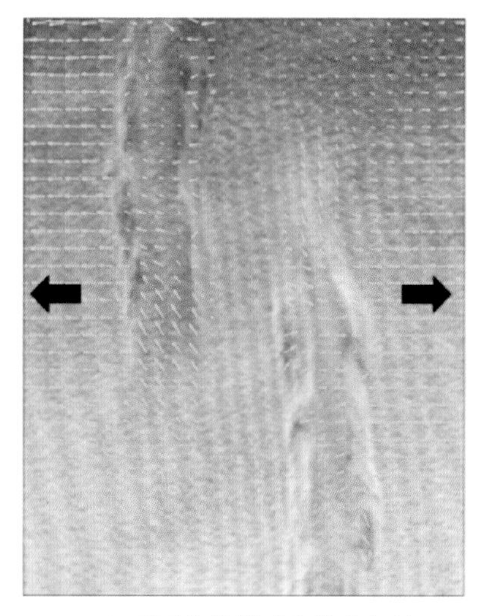

（a）平面构造样式和位移矢量

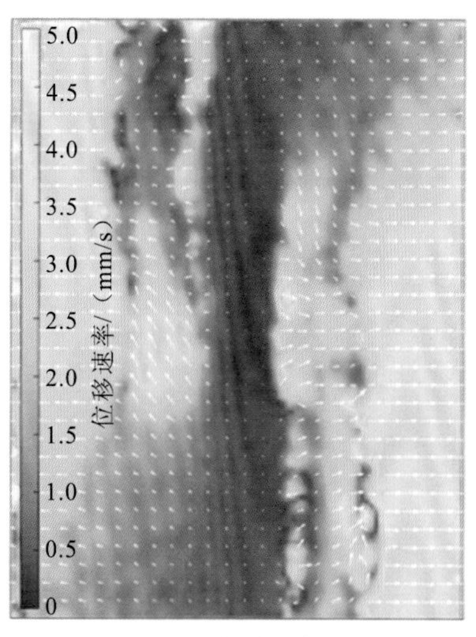

（b）位移速率

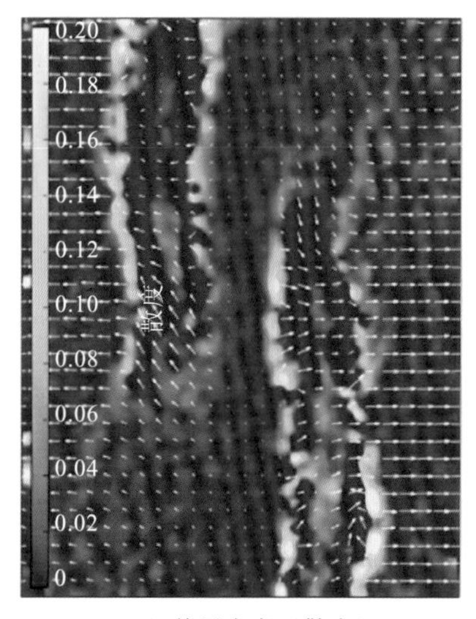

（c）伸展应变（散度）

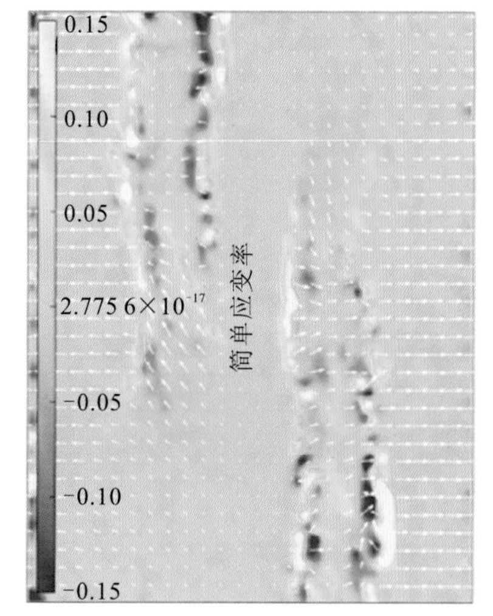

（d）剪切应变（简单应变率）

图 4.55　模型 CB03 初始伸展阶段平面构造样式与粒子图像测速分析结果

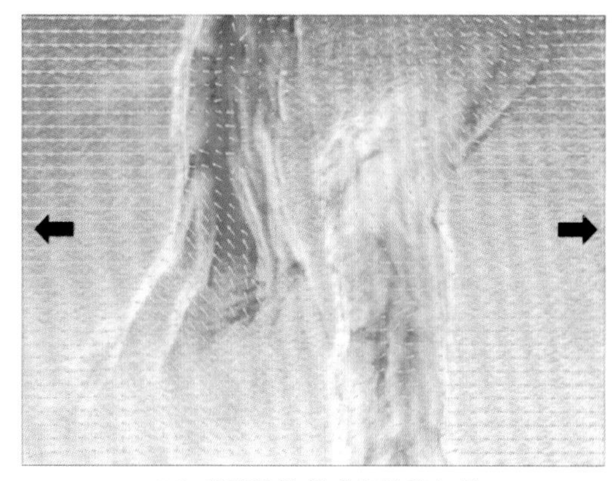

（a）平面构造样式和位移矢量

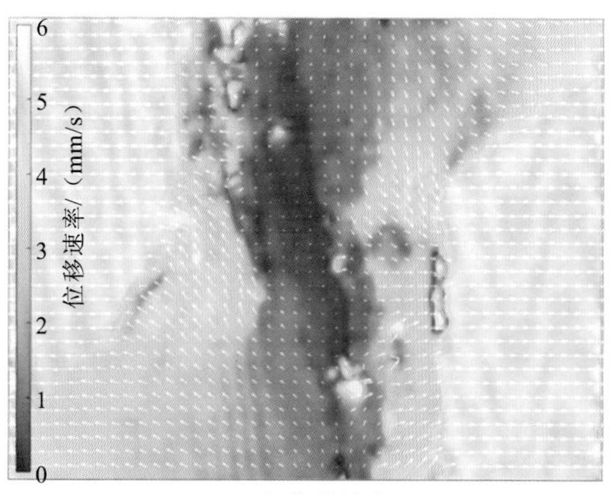

（b）位移速率

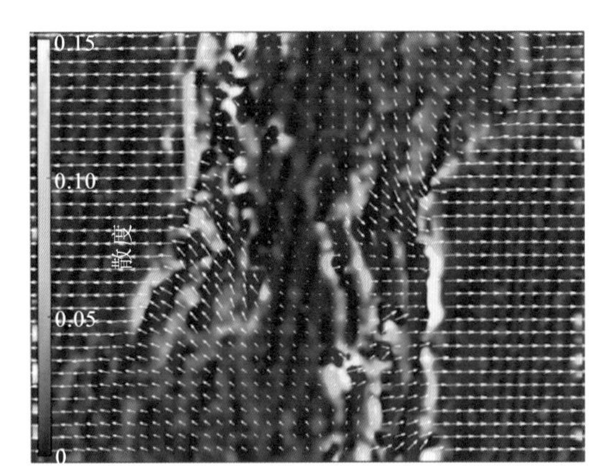

（c）伸展应变（散度）

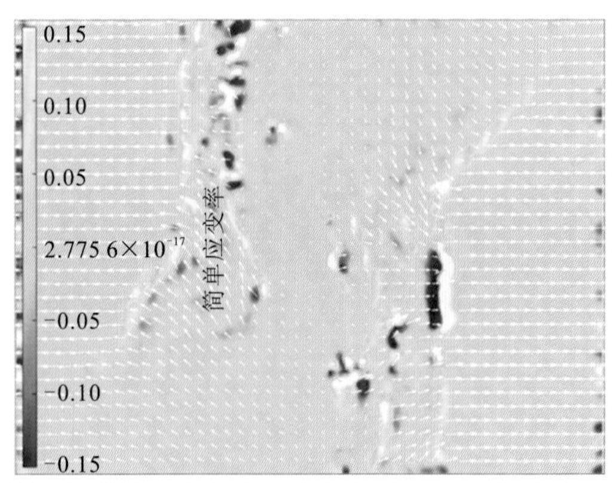

（d）剪切应变（简单应变率）

图 4.56　模型 CB03 持续伸展阶段平面构造样式与粒子图像测速分析结果

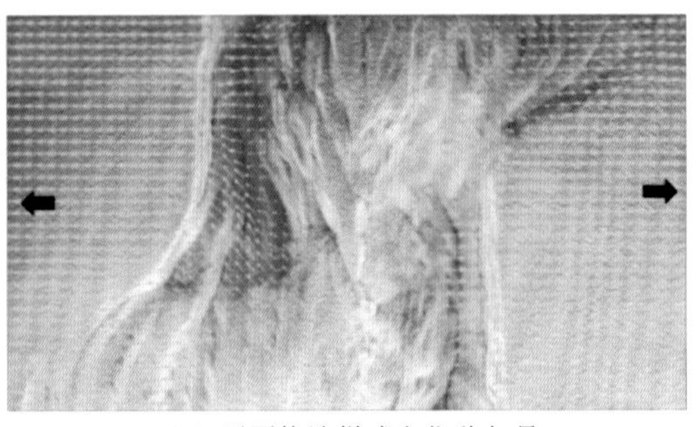

（a）平面构造样式和位移矢量

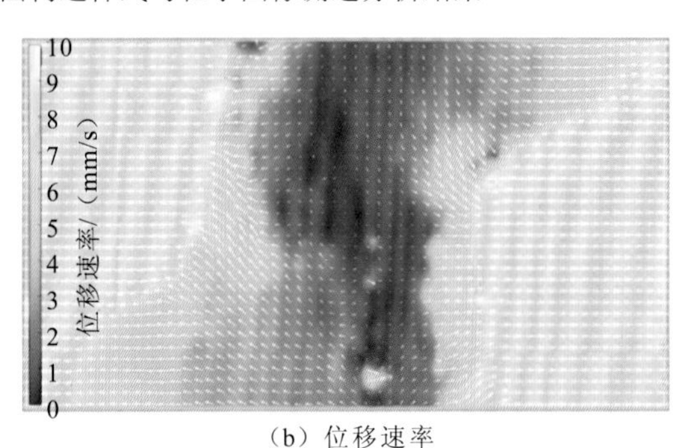

（b）位移速率

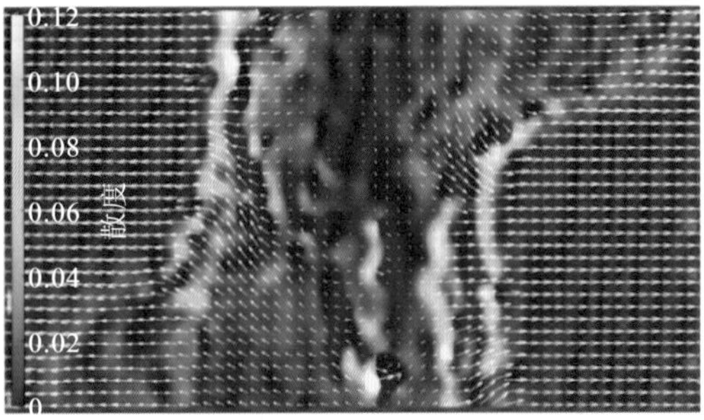

（c）伸展应变（散度）

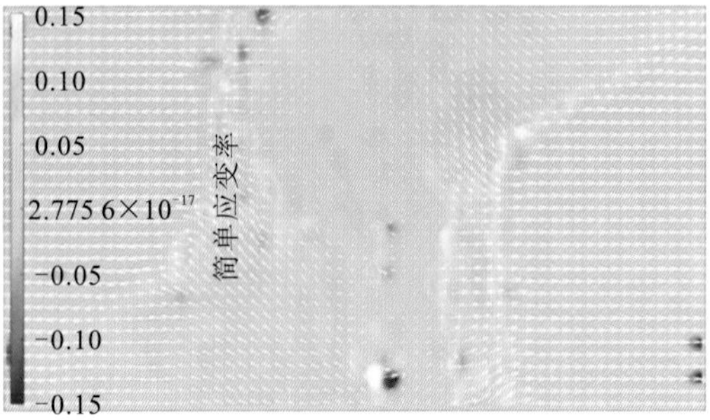

（d）剪切应变（简单应变率）

图 4.57　模型 CB03 最终伸展阶段平面构造样式与粒子图像测速分析结果

在最终实验模型的横向剖面上，构造样式也主要表现为两个主要的断陷和沉降中心，两个沉降中心相对独立（图 4.58，图 4.59）。

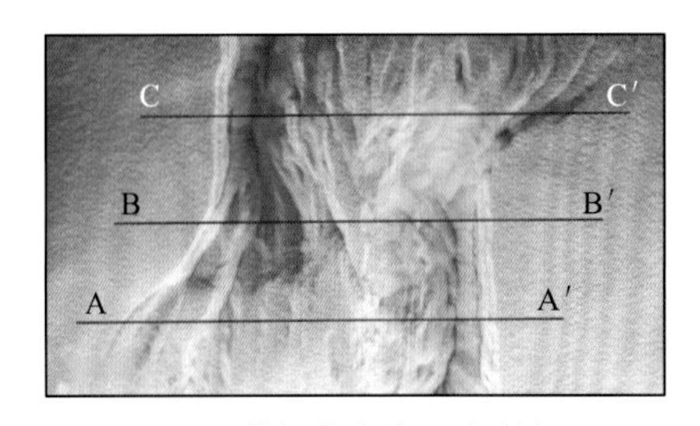

（a）模拟实验结果平面图

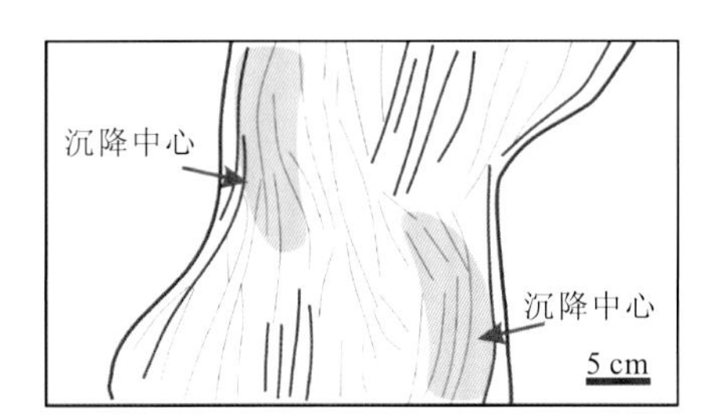

（b）模拟实验结果解译图

图 4.58　楚拜亥凹陷 1/2 间距正向伸展模型 CB03 模拟实验结果

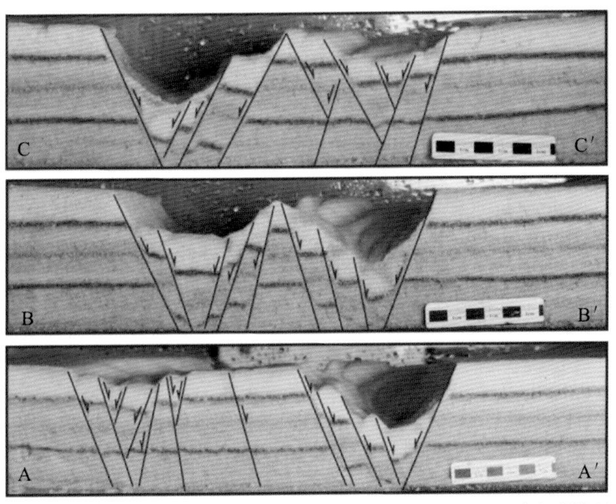

图 4.59　楚拜亥凹陷 1/2 间距叠置正向伸展模型 CB03 不同剖面模拟实验结果

剖面位置见图 4.58（a）

三个不同叠置间距的模型实验结果对比表明，边界断层的初始叠置间距对凹陷演化的构造格架和沉降中心的分布具有重要的控制作用。模型 CB01S1 初始叠置间距为 0 的实验结果，在凹陷构造格架、断裂系统发育及组合样式和沉降中心的分布方面与楚拜亥凹陷的实际地质情况最为吻合。

4）无间距叠置斜向伸展模拟实验结果

模型 CB04S1 模拟楚拜亥凹陷在初始边界无间距叠置时，伸展方向与初始边界呈 60°夹角斜交时的凹陷演化特征。模拟实验结果显示，凹陷的构造格架强烈受初始边界断层方位的控制，凹陷整体上的轴向与初始边界走向一致。相对正向伸展模型 CB01 模拟的结果显示，凹陷的构造格架和沉降中心的分布，在整个凹陷区域不具有明显的分带性（图 4.60）。

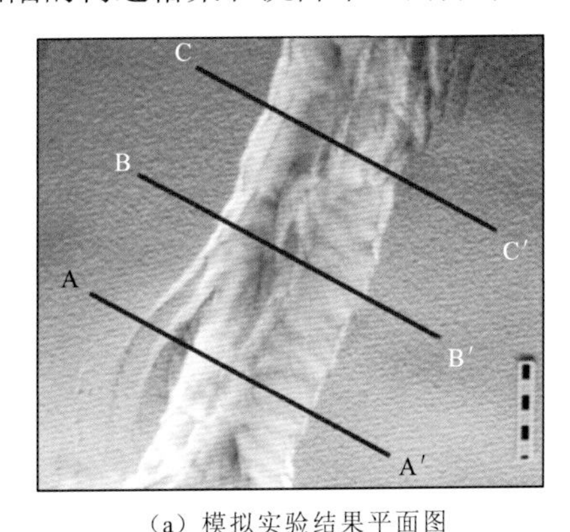

（a）模拟实验结果平面图

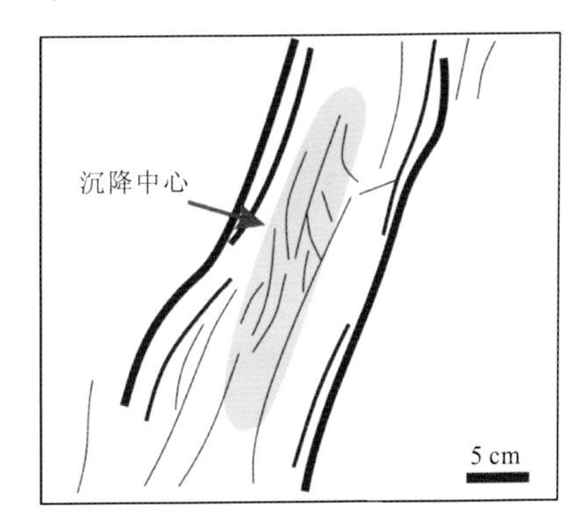

（b）模拟实验结果解译图

图 4.60　楚拜亥凹陷无间距叠置斜向伸展模型 CB04 模拟实验结果

在空间上，差异主要表现为断裂系统的发育和组合样式。从横切剖面上可以看出，在凹陷的南部，断陷和沉降中心靠近东侧边界断层，由东向西，发育一系列倾向东侧的阶梯状反向断层，断距总体上表现为依次变小的趋势。在凹陷的北部，构造样式表现为与南部构造样式的镜像对称，断陷和沉降中心靠近西侧边界断层，由西向东，发育一系列倾向西侧的阶梯状反向断层，断距总体上也表现为依次变小的趋势（图 4.61）。

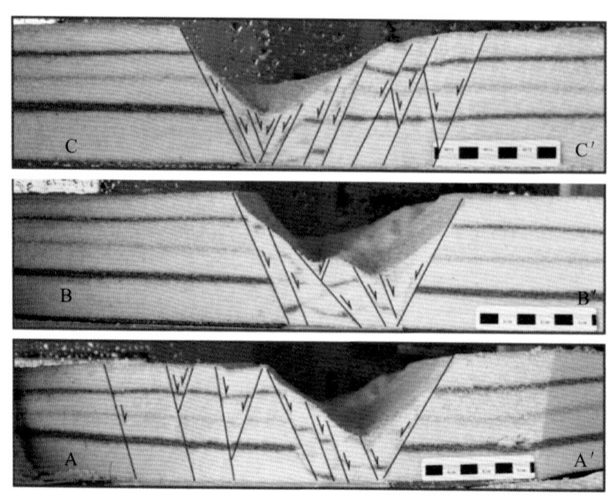

图 4.61 楚拜亥凹陷无间距叠置斜向伸展 CB04 模型不同剖面模拟实验结果

剖面位置见图 4.60（a）

4.2.5 阿伯丁凹陷

1. 实验模型与实验过程

阿伯丁凹陷整体表现为北东向的对称宽缓地堑构造样式，受边界断层控制。凹陷内的断裂系统发育特征和沉降中心的分布表现出一定的构造分带性，这种分带性特征可能与先存基底构造软弱带的初始几何形态有关。

针对阿伯丁凹陷独特的构造分带性特征，设计 5 个砂箱物理模拟实验模型，开展 8 组对比实验。实验模型考虑伸展方向与先存基底构造软弱带的方位关系、先存基底构造软弱带的几何特征、基底伸展属性、初始模型厚度及伸展速率的差异（表 4.4，图 4.23）。

1）伸展方向与先存基底构造软弱带方位关系的对比实验

实验模型 AB01 和模型 AB02 分别模拟伸展方向与单一先存基底构造软弱带正交和斜交时，凹陷的构造演化特征（表 4.4，图 4.23）。

2）先存基底构造软弱带几何特征的对比实验

实验模型 AB03、模型 AB04 和模型 AB05 分别模拟先存基底构造软弱带为直角形先存基底构造软弱带、矩形先存基底构造软弱带和弓形先存基底构造软弱带时，凹陷的构造演化特征（表 4.4，图 4.23）。

3）基底伸展属性、初始模型厚度和伸展速率对构造软弱带凹陷演化影响的对比实验

实验模型 AB04 基于阿伯丁凹陷的实际地质模型，设计初始矩形先存基底构造软弱带，在该模型基础上，通过分别改变伸展速率、初始模型厚度、基底剪切伸展模式，开展 4 组对比实验。其中模型 AB04S1 为初始模型厚度为 6 cm、伸展速率为 0.01 mm/s 的均一纯剪切伸展实验。模型 AB04S2 为伸展速率 0.005 mm/s 下的慢速伸展对比实验。模型 AB04S3 为初始模型厚度为 14 cm 的增厚岩石圈对比实验。模型 AB04S4 为基底简单剪切伸展模式下的对比实验。

所有实验均在模型两侧同时施加伸展位移，其中模型 AB01、模型 AB02 和模型 AB03 的总伸展量为 9 cm，模型 AB04 和模型 AB05 的总伸展量为 6 cm（图 4.23）。

2. 模拟结果分析

1）先存基底构造软弱带模型 AB01 模拟实验结果

模型 AB01S1 模拟结果表明，当伸展方向与单一先存基底构造软弱带正交时，凹陷演化表现为边界断层控制的对称地堑构造样式，凹陷断层由边界向中央扩展。

在正向纯剪切伸展模式下，初始时期发育两条边界断层，限定了凹陷发育的边界，凹陷初始表现为狭长型对称地堑样式。随着伸展的继续，凹陷逐渐加宽，在凹陷内部逐渐发育新的次级断层。伴随凹陷的不断加宽，凹陷内的新生断层不断向凹陷中央扩展。凹陷内部断层的发育具有稳定的先后次序，由凹陷两侧向中央扩展（图 4.62）。

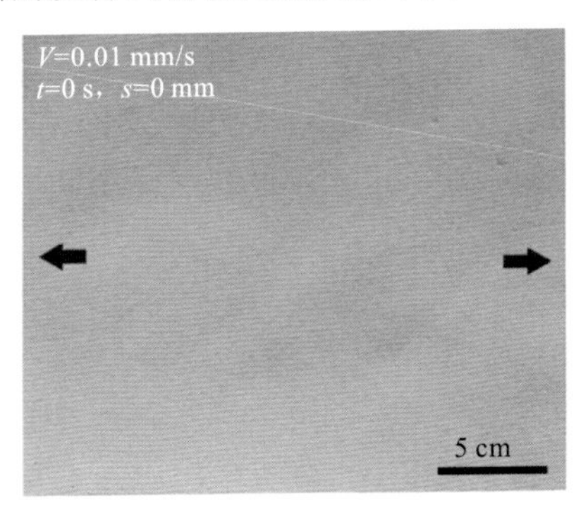

（a）初始阶段（0 s，伸展位移0 mm）

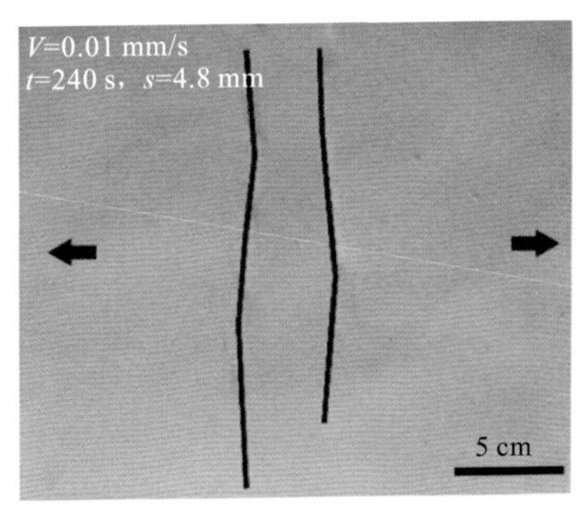

（b）伸展第一阶段（240 s，伸展位移4.8 mm）

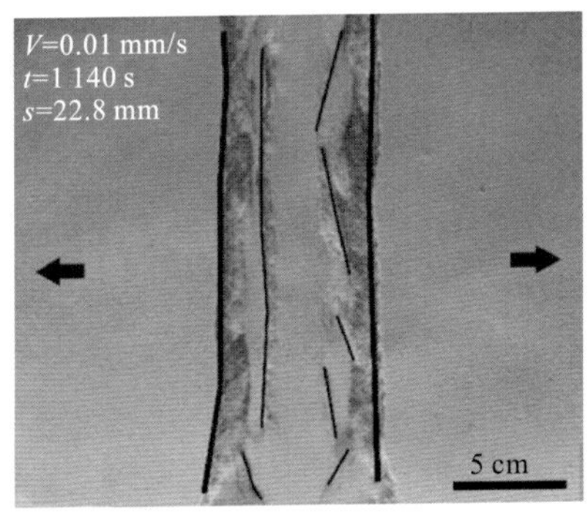

（c）伸展第二阶段（1 140 s，伸展位移22.8 mm）

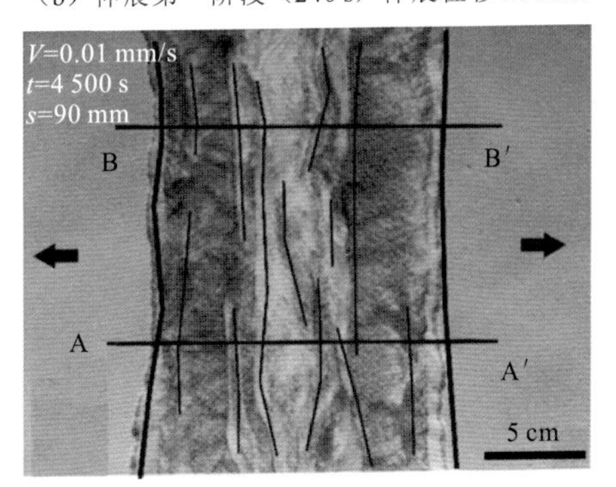

（d）伸展最终阶段（4 500 s，伸展位移90 mm）

图 4.62　单一先存基底构造软弱带正交纯剪切伸展模型 AB01 模拟实验结果

伸展速率 $V = 0.01$ mm/s

最终模拟实验结果切制的剖面图上，凹陷总体表现为两侧相对较深，中央相对较浅的对称地堑构造样式。控制凹陷范围和沉降的边界断层断距最大，位于凹陷中央的断层发育时间晚，断距最小（图 4.63）。

2）先存基底构造软弱带模型 AB02 模拟实验结果

模型 AB02S1 的模拟结果表明，当伸展方向与单一先存基底构造软弱带斜交时，凹陷演化表现为雁列式阶梯状断层发育和构造样式非对称性增强的特征。

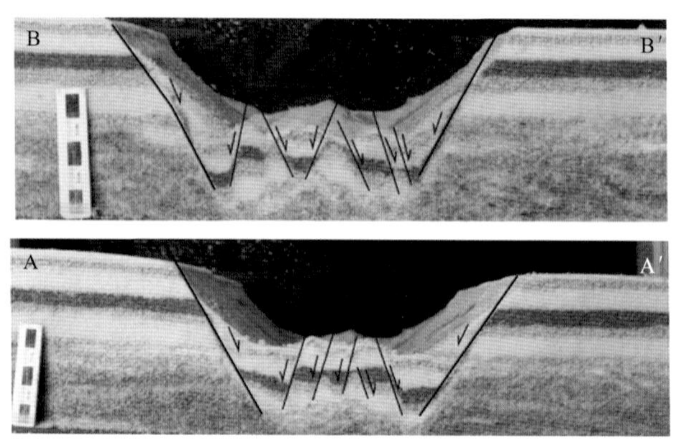

图 4.63　单一先存基底构造软弱带正交纯剪切伸展模型 AB01 横向剖面模拟实验结果

剖面位置见图 4.62（d）

在斜向纯剪切伸展模式下，初始时期同样发育两条边界断层，限定凹陷发育的边界。凹陷初始表现为狭长型地堑样式，凹陷的轴向受初始先存基底构造软弱带方位的控制。随着伸展作用的持续，凹陷逐渐加宽，凹陷内部发育新的次级断层，新生断层不断向凹陷中央扩展。凹陷内部的新生断层在平面上呈雁列式阶梯状排列，指示凹陷受张扭性质的应力场作用（图 4.64）。

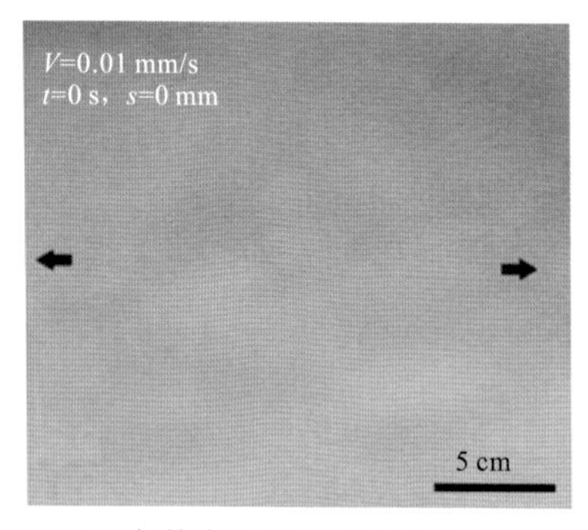

（a）初始阶段（0 s，伸展位移0 mm）

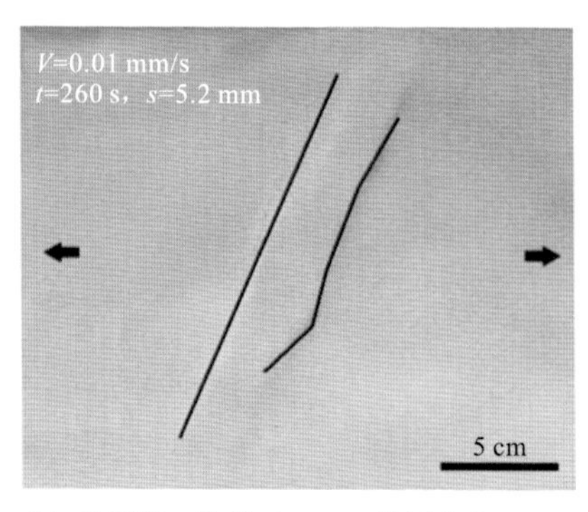

（b）伸展第一阶段（260 s，伸展位移5.2 mm）

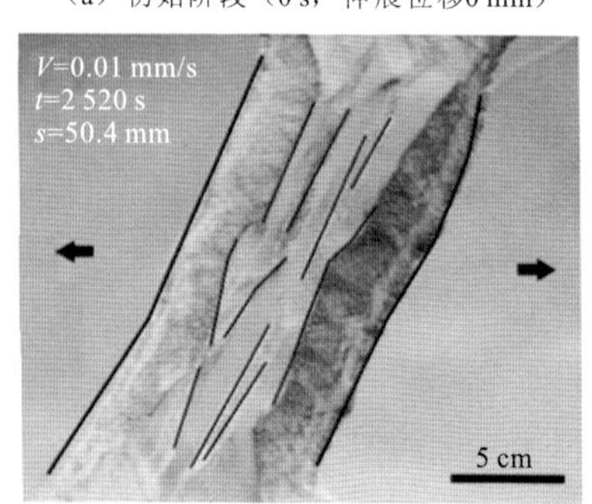

（c）伸展第二阶段（2 520 s，伸展位移50.4 mm）

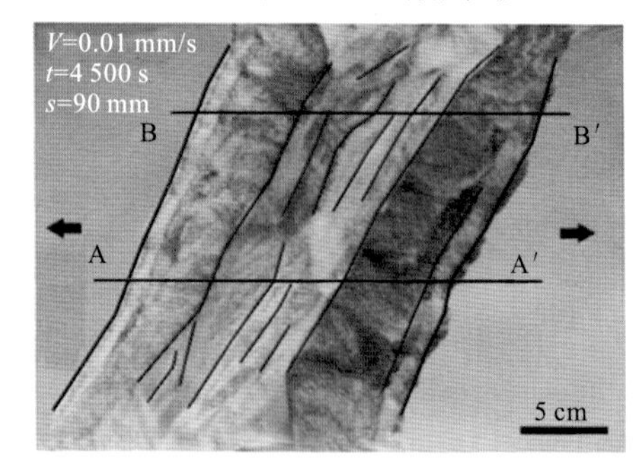

（d）伸展最终阶段（4 500 s，伸展位移90 mm）

图 4.64　单一先存基底构造软弱带斜交纯剪切伸展模型 AB02 模拟实验结果

伸展速率 $V=0.01$ mm/s

最终模拟实验结果切制的剖面图上，凹陷总体表现为对称的地堑构造样式，但在局部区域表现出较强的非对称性。北部 BB′剖面上，在凹陷的东侧，小型断陷形成的次凹沉降量相对西侧断陷更大。南部 AA′剖面上，凹陷东侧边界断层相对更为活动，具有最大的断距，使得凹陷呈现出非对称的半地堑构造样式（图 4.65）。

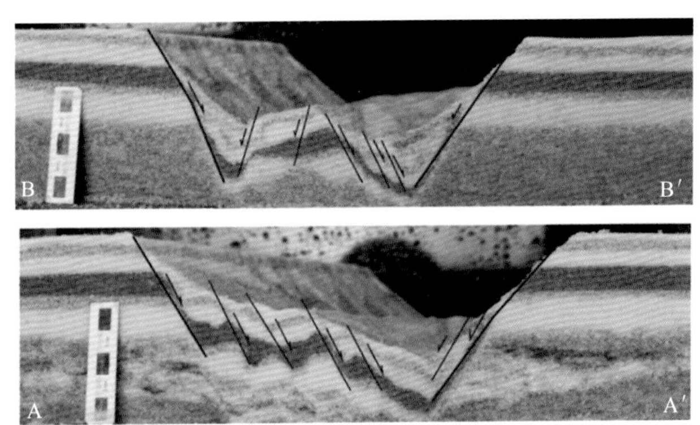

图 4.65　单一先存基底构造软弱带斜交纯剪切伸展模型 AB02 横向剖面模拟实验结果

剖面位置见图 4.64（d）

3）先存基底构造软弱带模型 AB03 模拟实验结果

模型 AB03S1 模拟结果表明，当伸展方向与单一先存基底构造软弱带斜交时，凹陷演化表现为断裂系统的转换、多沉降中心发育和对称地堑构造样式的特征。

与伸展方向平行的先存基底构造软弱带在纯剪切伸展模式下发育成对称的地堑构造。当存在与裂谷方向正交的基底软弱带时，会强烈改变凹陷的几何形态和构造样式。在横向构造软弱带，断层系统及凹陷的发育和组合样式均发生转换。在构造转换带，断层走向与伸展方向和裂谷整体轴向斜交，断层在平面上呈阶梯状雁列式排列（图 4.66）。

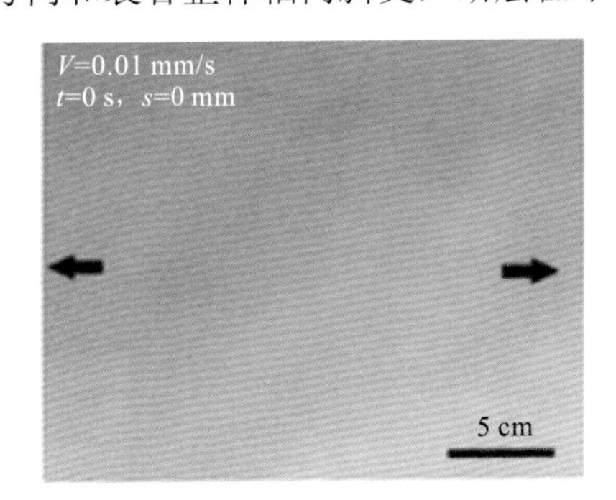

（a）初始阶段（0 s，伸展位移0 mm）

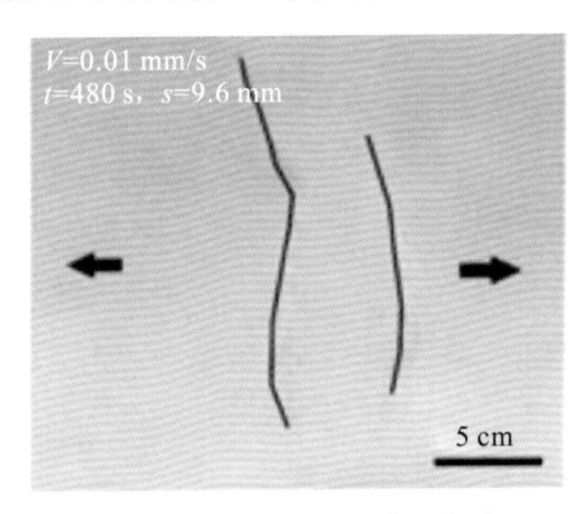

（b）伸展第一阶段（480 s，伸展位移9.6 mm）

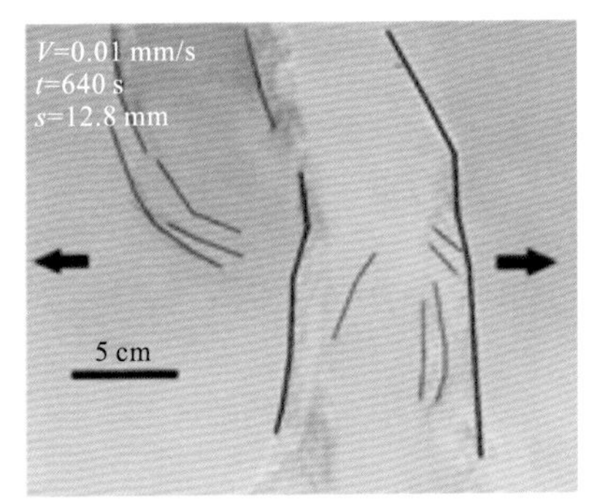

（c）伸展第二阶段（640 s，伸展位移12.8 mm）

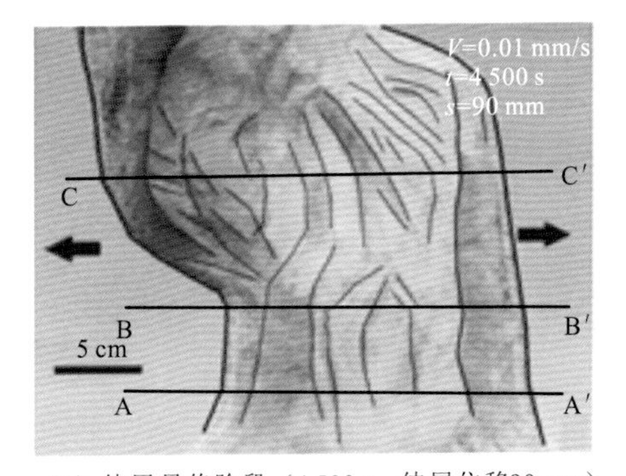

（d）伸展最终阶段（4 500 s，伸展位移90 mm）

图 4.66　直角形先存基底构造软弱带斜交纯剪切伸展模型 AB03 模拟实验结果

伸展速率 $V = 0.01$ mm/s

因为构造转换带的存在，在凹陷的不同部位发育多个沉降中心。在构造软弱带与伸展方向正交的区域，沉降中心分布于凹陷的中央；在构造转换带处，沉降中心偏向于边界断层，位于凹陷的侧面（图 4.67）。

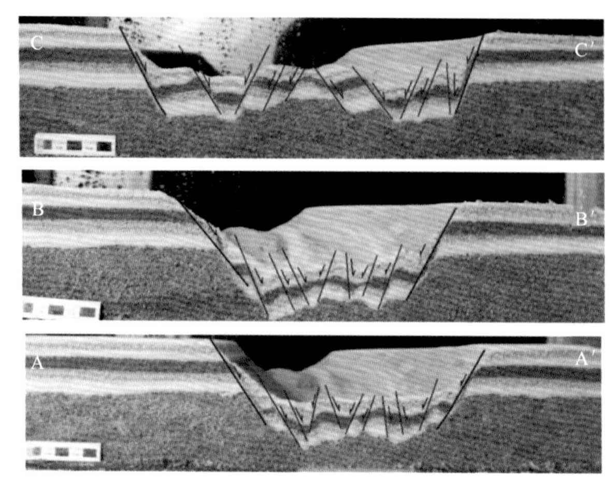

图 4.67　直角形先存基底构造软弱带斜向纯剪切伸展模型 AB03 横向剖面模拟实验结果

剖面位置见图 4.66（d）

在正向伸展和构造转换区域，虽然存在多个沉降中心的发育，但在剖面上，凹陷的整体构造形态及凹陷内的次级凹陷均表现为对称的地堑构造样式（图 4.67）。

4）先存基底构造软弱带模型 AB04 模拟实验结果

（1）模型 AB04S1 模拟结果。模型 AB04S1 的模拟结果显示，裂谷的整体几何形态、构造格架、沉降中心的分布、次凹的发育均受先存基底构造软弱带的控制和影响，凹陷内构造样式也表现出分带差异性（图 4.68，图 4.69）。

从实验过程来看，裂谷的整体几何形态和构造格架强烈地受先存基底构造软弱带的控制。在南部区域，先存基底构造软弱带与伸展方向正交，裂谷和凹陷的轴向与先存基底构造软弱带平行一致，裂谷伸展区域相对较宽；沉降中心在平面上呈长轴状，与凹陷轴向一致，在凹陷内表现出相对均一的沉降。在北部先存基底构造软弱带复杂区域，裂谷轴向发生偏转，裂谷伸展区域相对狭窄，凹陷沉降速率表现出强烈的非均一性，两个显著的次凹和快速沉降中心分布在复杂构造转换带的南北两侧，多个沉降中心呈雁列式错开排列（图 4.68）。

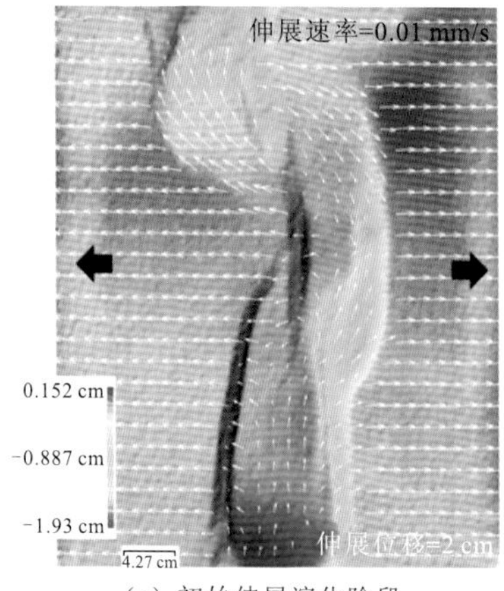

（a）初始伸展演化阶段

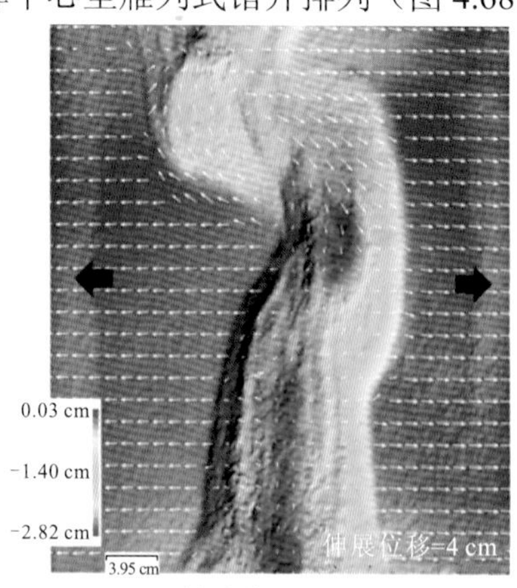

（b）持续伸展演化阶段

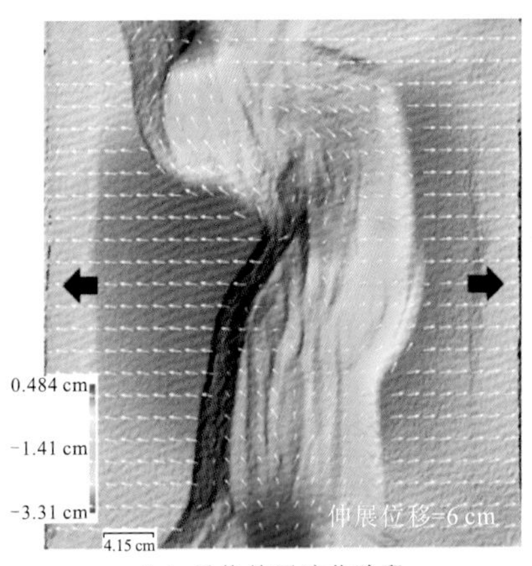

（c）最终伸展演化阶段

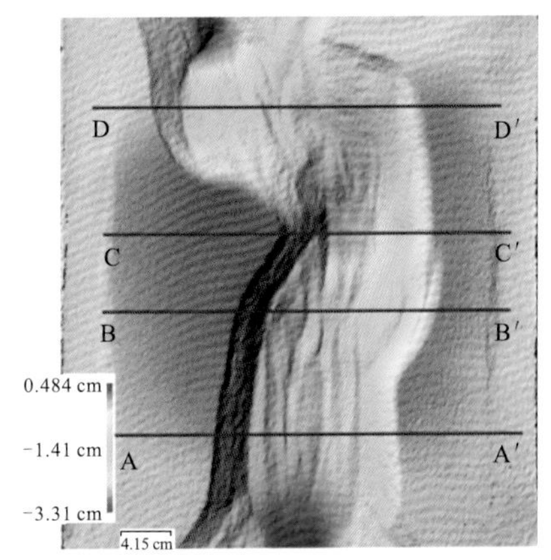

（d）剖面位置

图 4.68　模型 AB04S1 不同伸展演化阶段的模拟结果

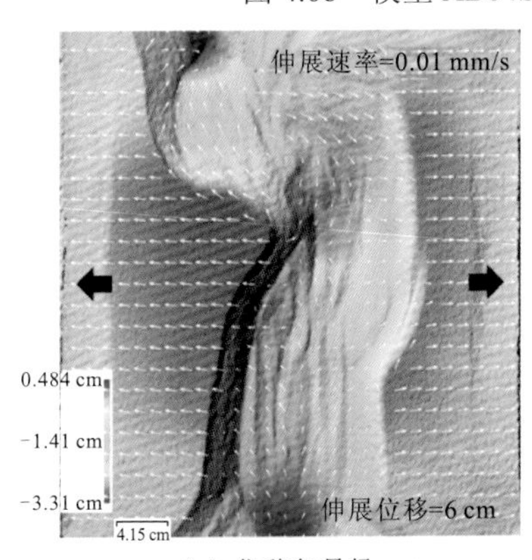

（a）位移矢量场

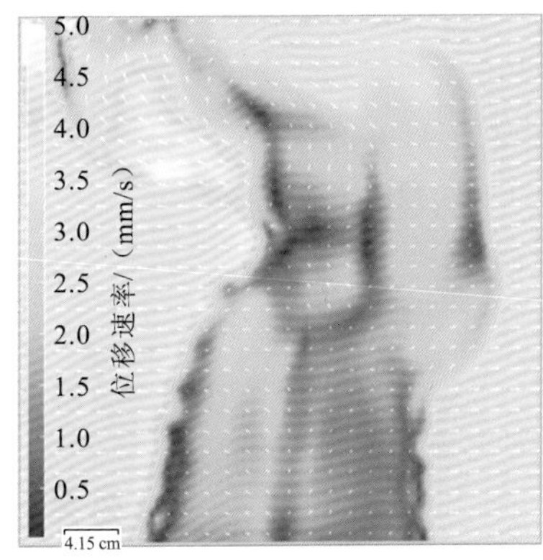

（b）位移速率

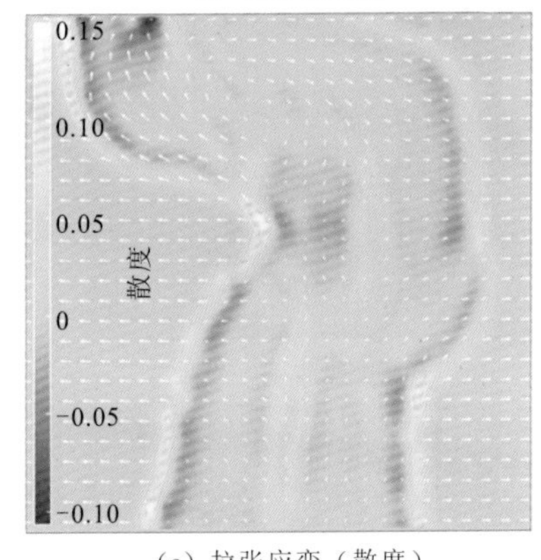

（c）拉张应变（散度）

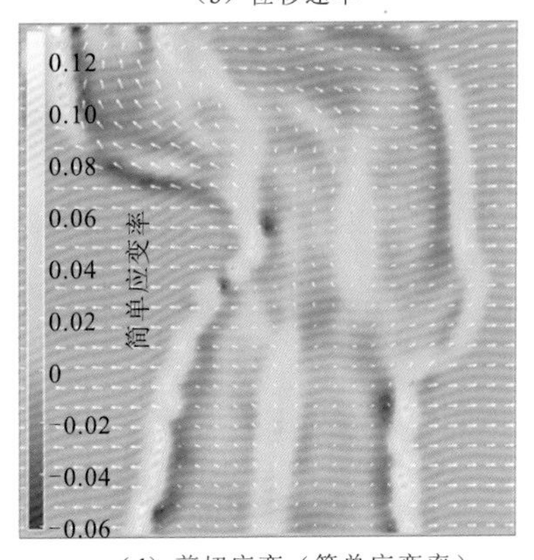

（d）剪切应变（简单应变率）

图 4.69　模型 AB04S1 伸展演化最终阶段位移场粒子图像测速分析结果

平面上断层的演化、剖面上的断层组合和凹陷的构造样式也存在明显的差异性。在南部区域，凹陷内次级断层的走向近平行，与凹陷边界断层走向一致。在北部区域，凹陷内次级断层呈雁列式排列。

在剖面上，南部区域发育典型的对称地堑构造。晚期发育的断陷位于凹陷的中央，凹陷的沉降受两侧对称阶梯状正断层控制，由凹陷中央至两侧，断层断距逐渐变大。在中部构造转换带，沉降中心狭窄，集中在凹陷中央，剖面上表现为对称楔状的形态。在构造转换带的北部，凹陷的伸展变形区域相对南部较宽，凹陷底部较为平坦开阔（图 4.70）。

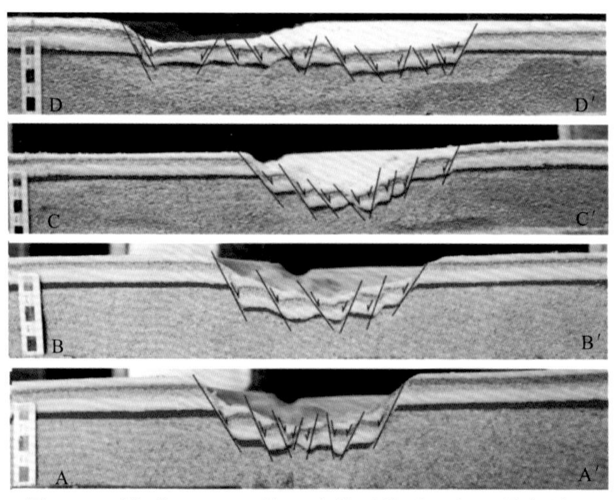

图 4.70　模型 AB04S1 伸展演化最终阶段剖面模拟结果

剖面位置见图 4.68（d）

（2）模型 AB04S2 模拟结果。模型 AB04S2 与模型 AB04S1 一样，但伸展速率降为模型 AB04S1 的 1/2。模拟结果与模型 AB04S1 的模拟结果相同，表现出相似的凹陷构造演化特征（图 4.71，图 4.72）。两次对比实验结果表明，伸展速率对先存基底构造软弱带的伸展演化没有显著的影响。

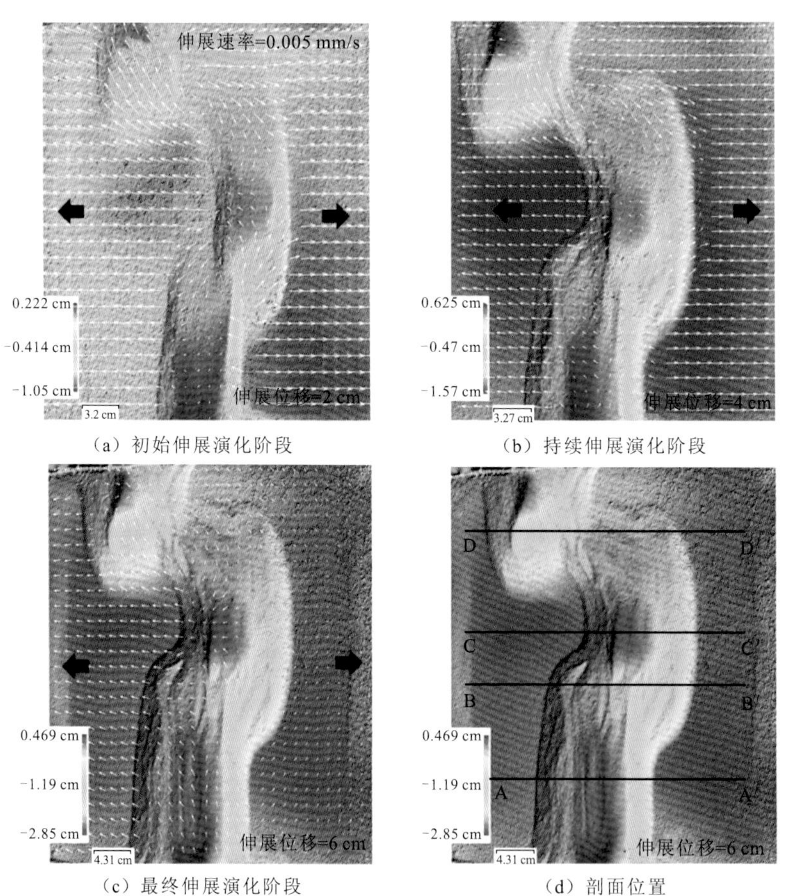

（a）初始伸展演化阶段　（b）持续伸展演化阶段

（c）最终伸展演化阶段　（d）剖面位置

图 4.71　模型 AB04S2 不同伸展演化阶段的模拟结果

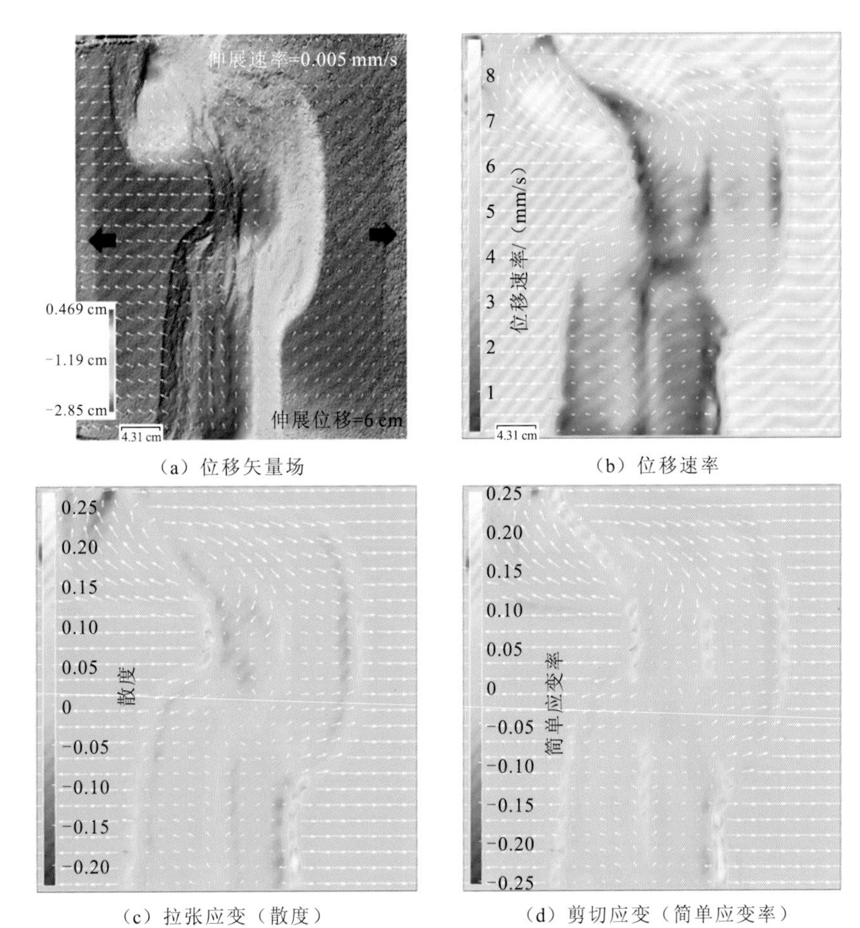

（a）位移矢量场　　（b）位移速率

（c）拉张应变（散度）　　（d）剪切应变（简单应变率）

图 4.72　模型 AB04S2 伸展演化最终阶段位移场粒子图像测速分析结果

（3）模型 AB04S3 模拟结果：模型 AB04S3 在模型 AB04S1 的基础上，初始模型厚度增加至 14 cm。基底增厚模型的模拟实验结果显示，裂谷的整体几何形态和构造格架强烈地受先存基底构造软弱带的控制。但因为基底的增厚，相同的伸展位移，裂谷发育宽度更大，沉降速率更快，凹陷内的沉降中心分布区域更广，凹陷内构造更为发育（图 4.73，图 4.74）。

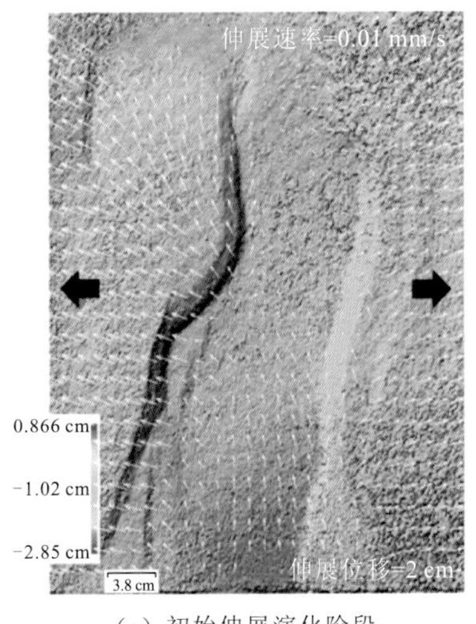

（a）初始伸展演化阶段

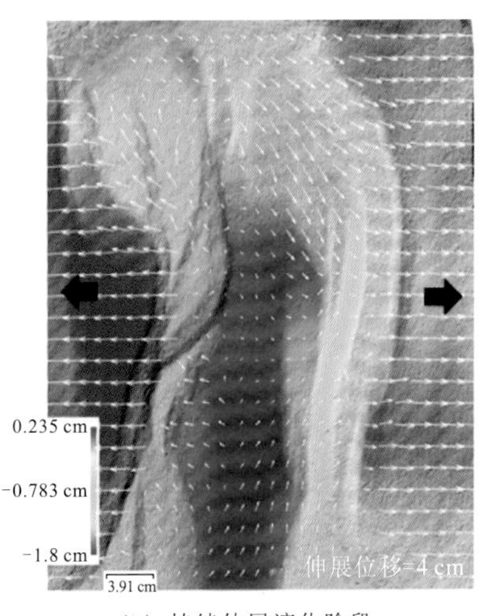

（b）持续伸展演化阶段

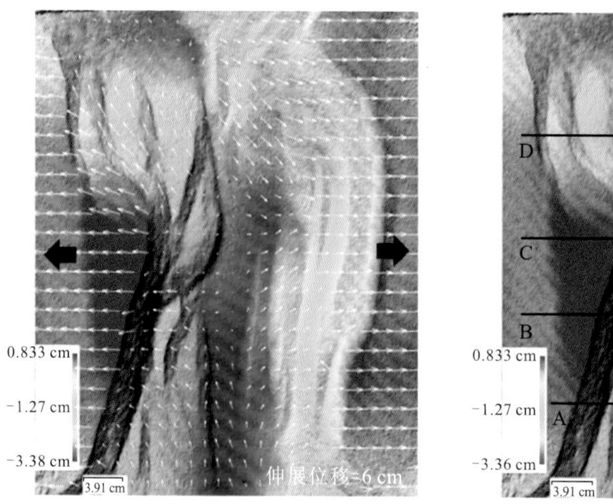

（c）最终伸展演化阶段

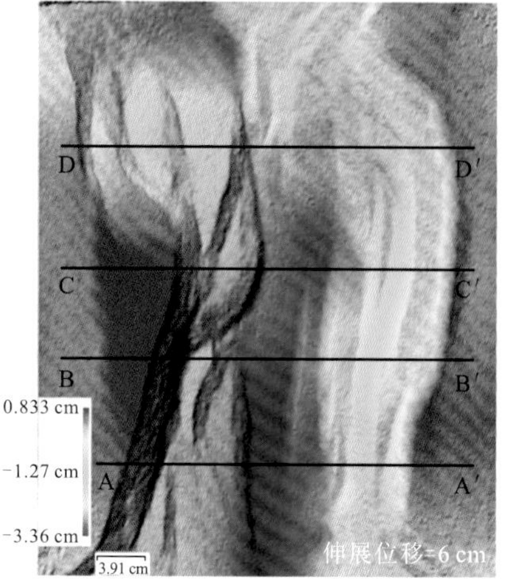

（d）剖面位置

图 4.73　模型 AB04S3 不同伸展演化阶段的模拟结果

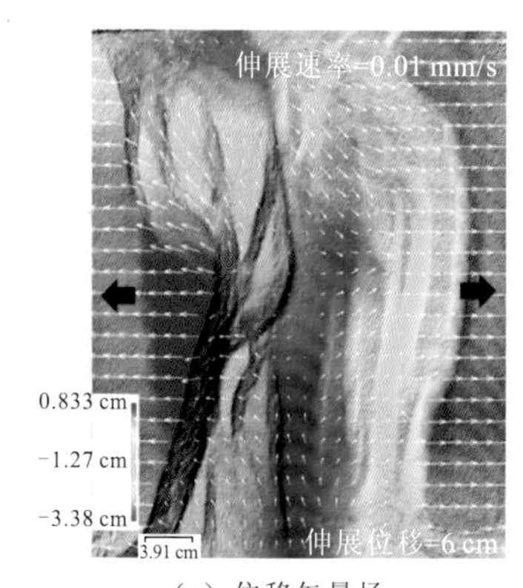

（a）位移矢量场

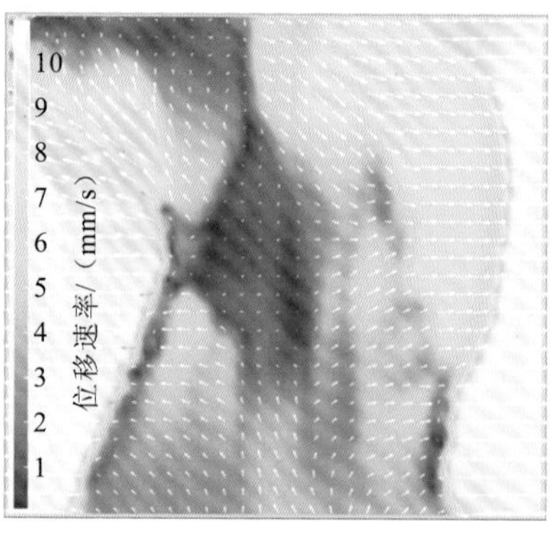

（b）位移速率

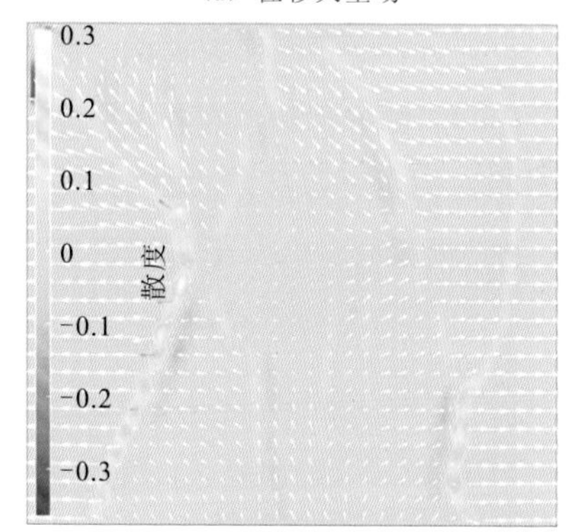

（c）拉张应变（散度）

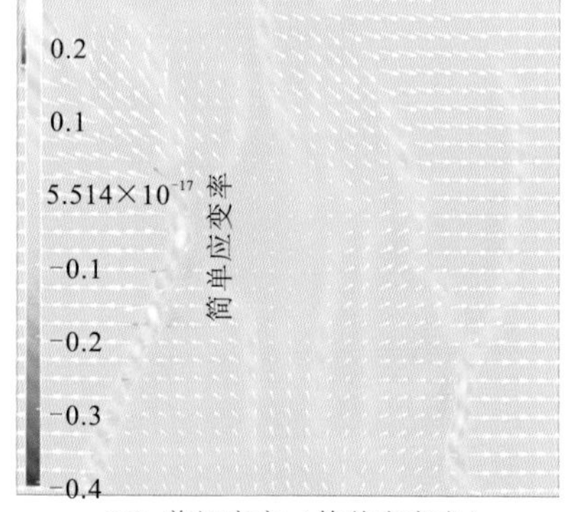

（d）剪切应变（简单应变率）

图 4.74　模型 AB04S3 伸展演化最终阶段位移场粒子图像测速分析结果

（4）模型 AB04S4 模拟结果：模型 AB04S4 相对模型 AB04S1，模型为简单剪切伸展模式。模拟结果显示，裂谷的整体几何形态和构造格架依然受先存基底构造软弱带的强烈控制。但简单剪切伸展模式对凹陷内的次级断层的发育和沉降中心的分布有着重要的影响。在基底纯剪切伸展模式下，凹陷内次级断层更为发育，凹陷的沉降中心逐渐由均一沉降向凹陷的中央迁移。而在基底简单剪切伸展模式下，凹陷的沉降主要受边界断层活动的控制，边界断层具有更大的断距，凹陷内断层的断距相对较小，使得沉降中心更靠近凹陷两侧的边界断层（图 4.75，图 4.76）。

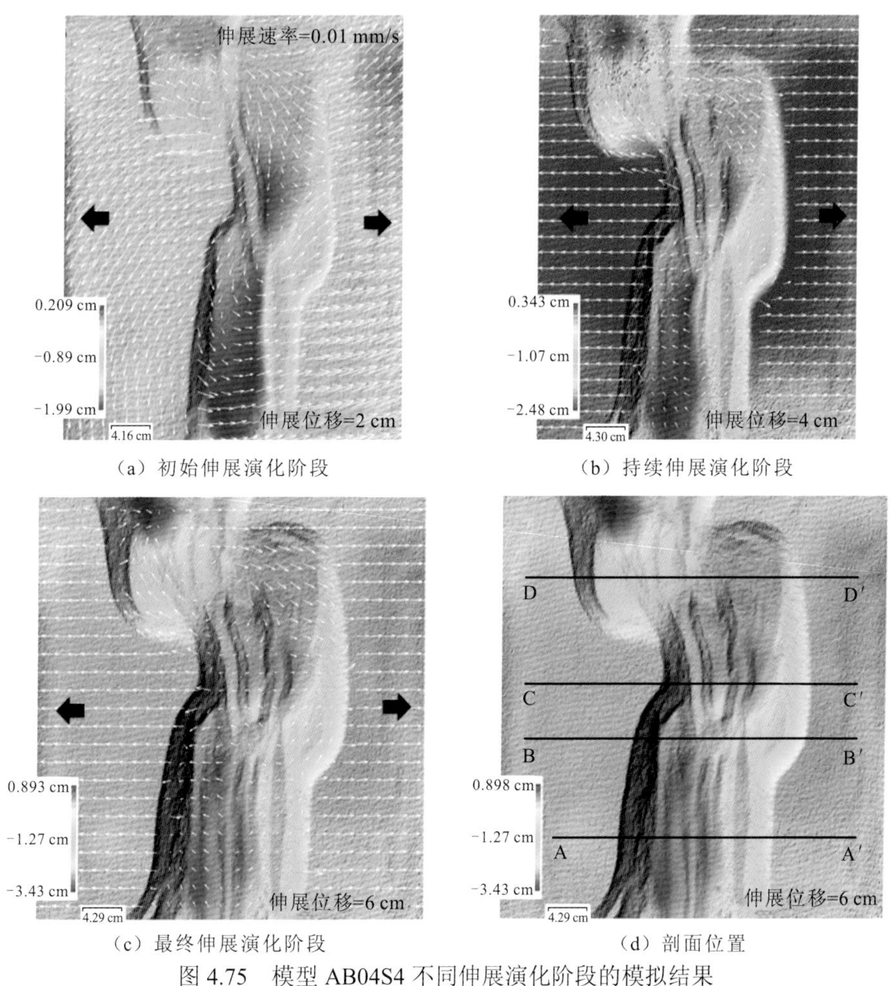

（a）初始伸展演化阶段　（b）持续伸展演化阶段

（c）最终伸展演化阶段　（d）剖面位置

图 4.75　模型 AB04S4 不同伸展演化阶段的模拟结果

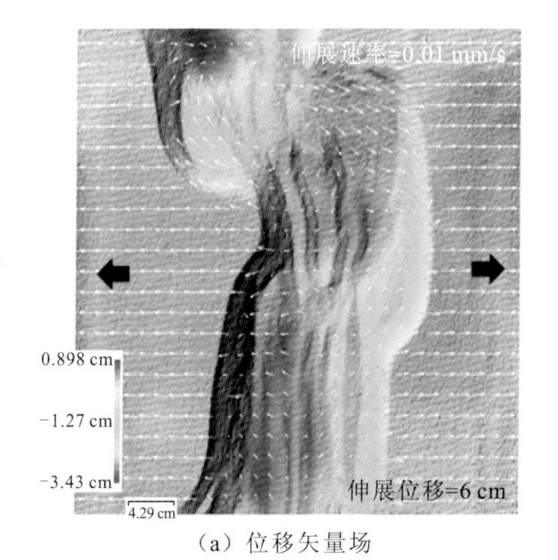

（a）位移矢量场

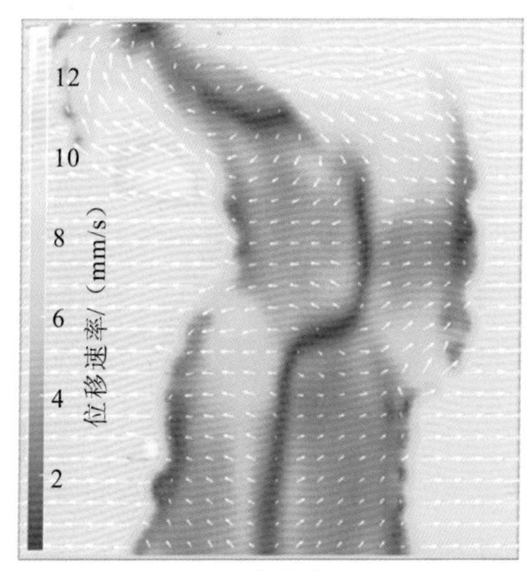

（b）位移速率

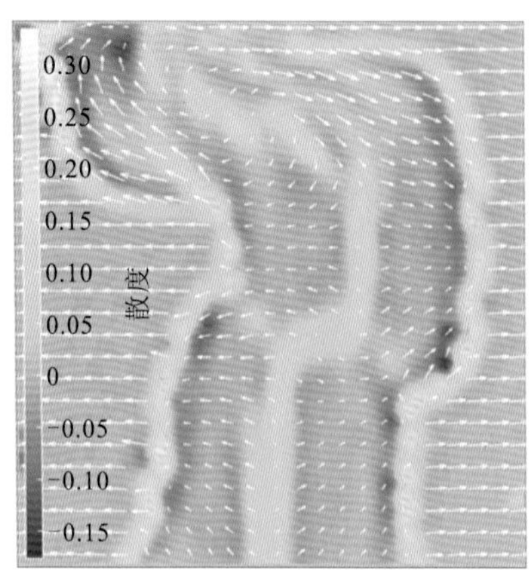

（c）拉张应变（散度）

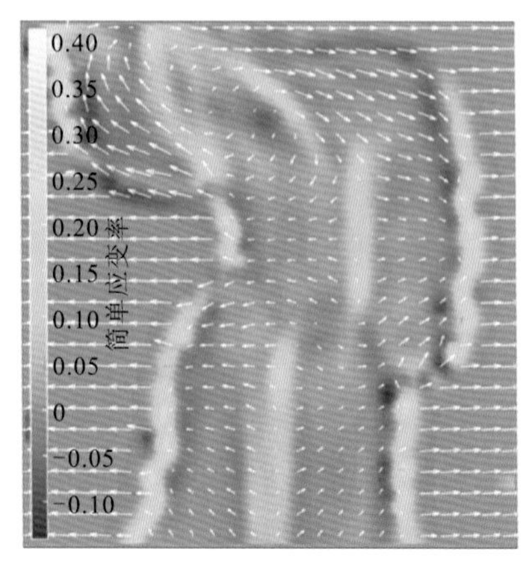

（d）剪切应变（简单应变率）

图 4.76　模型 AB04S4 伸展演化最终阶段位移场粒子图像测速分析结果

分析实验模型 AB04 的 4 次模拟结果，统计裂谷宽度和凹陷内最大沉降量随水平伸展位移的变化。模型 AB04S1、模型 AB04S2 和模型 AB04S4 的裂谷宽度随水平伸展位移的变化规律一致，最终水平伸展位移为 6 cm 时，裂谷宽度约为 15 cm；而模型 AB04S3，在水平伸展位移为 2 cm 时，裂谷宽度迅速达到其他 3 次实验的裂谷宽度，即 15 cm，随后，裂谷宽度增加随伸展位移的增加速率减缓，在水平伸展位移达到同样的 6 cm 时，裂谷宽度最终达到约 25 cm（图 4.77）。对比结果表明，伸展速率和剪切伸展模式的改变似乎对裂谷宽度没有明显的影响，但基底厚度对裂谷宽度具有显著的影响。

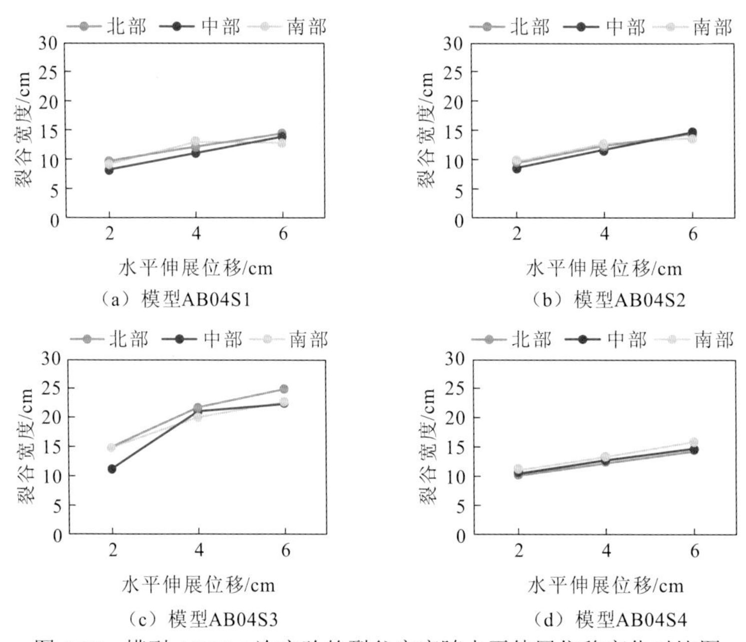

（a）模型AB04S1　（b）模型AB04S2

（c）模型AB04S3　（d）模型AB04S4

图 4.77　模型 AB04 4 次实验的裂谷宽度随水平伸展位移变化对比图

4 次实验的凹陷最大沉降量的对比结果显示，在同样的水平伸展位移下，凹陷的最大沉降量似乎没有十分显著的差别。在增厚基底和基底简单剪切伸展模式下，凹陷表现出相对较大的沉降量（图 4.78）。

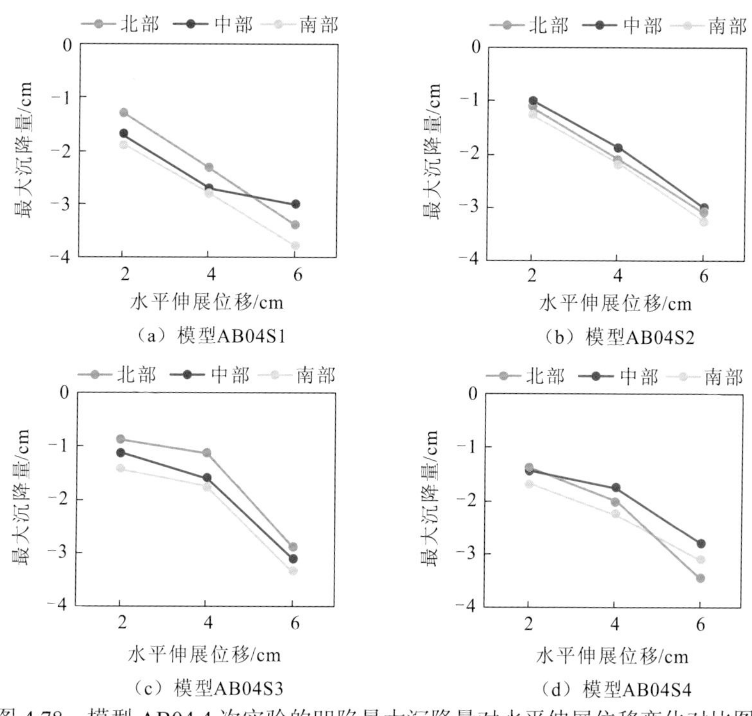

图 4.78　模型 AB04 4 次实验的凹陷最大沉降量对水平伸展位移变化对比图

5）先存基底构造软弱带模型 AB05 模拟实验结果

实验模型 AB05 在模型 AB04 的南部增加一个斜向先存基底构造软弱带。实验结果同样揭示先存基底构造软弱带对裂谷的整体几何形态和构造格架、凹陷内沉降中心的分布具有强烈的控制作用。中部及北部构造带，裂谷演化和凹陷内构造样式与模型 AB04S1 一样。差别表现在南部新增加的斜向先存基底构造软弱带，凹陷边界和轴向随着斜向先存基底构造软弱带的方位而发生偏转（图 4.79，图 4.80）。

模型 AB05S1 裂谷宽度随水平伸展位移的变化与模型 AB04S1 的模拟结果相似。在南部新增斜向先存基底构造软弱带，凹陷表现出相对更大的沉降量（图 4.81）。

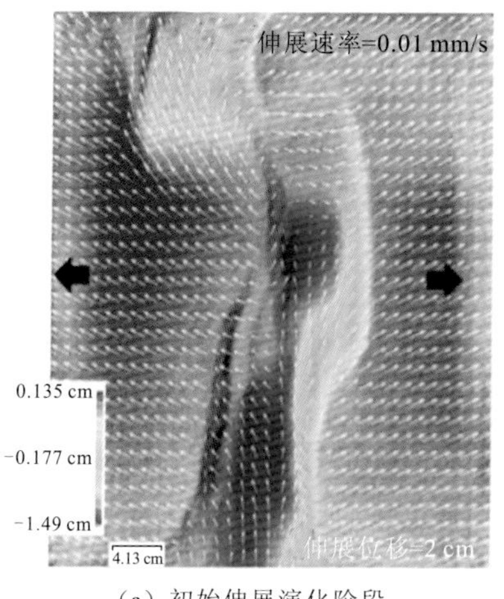

(a) 初始伸展演化阶段

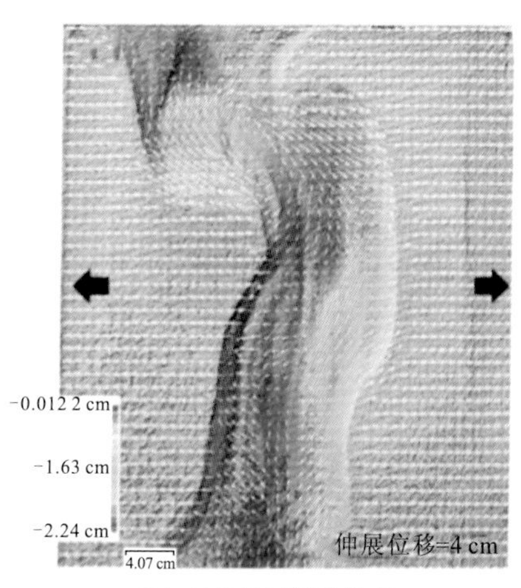

(b) 持续伸展演化阶段

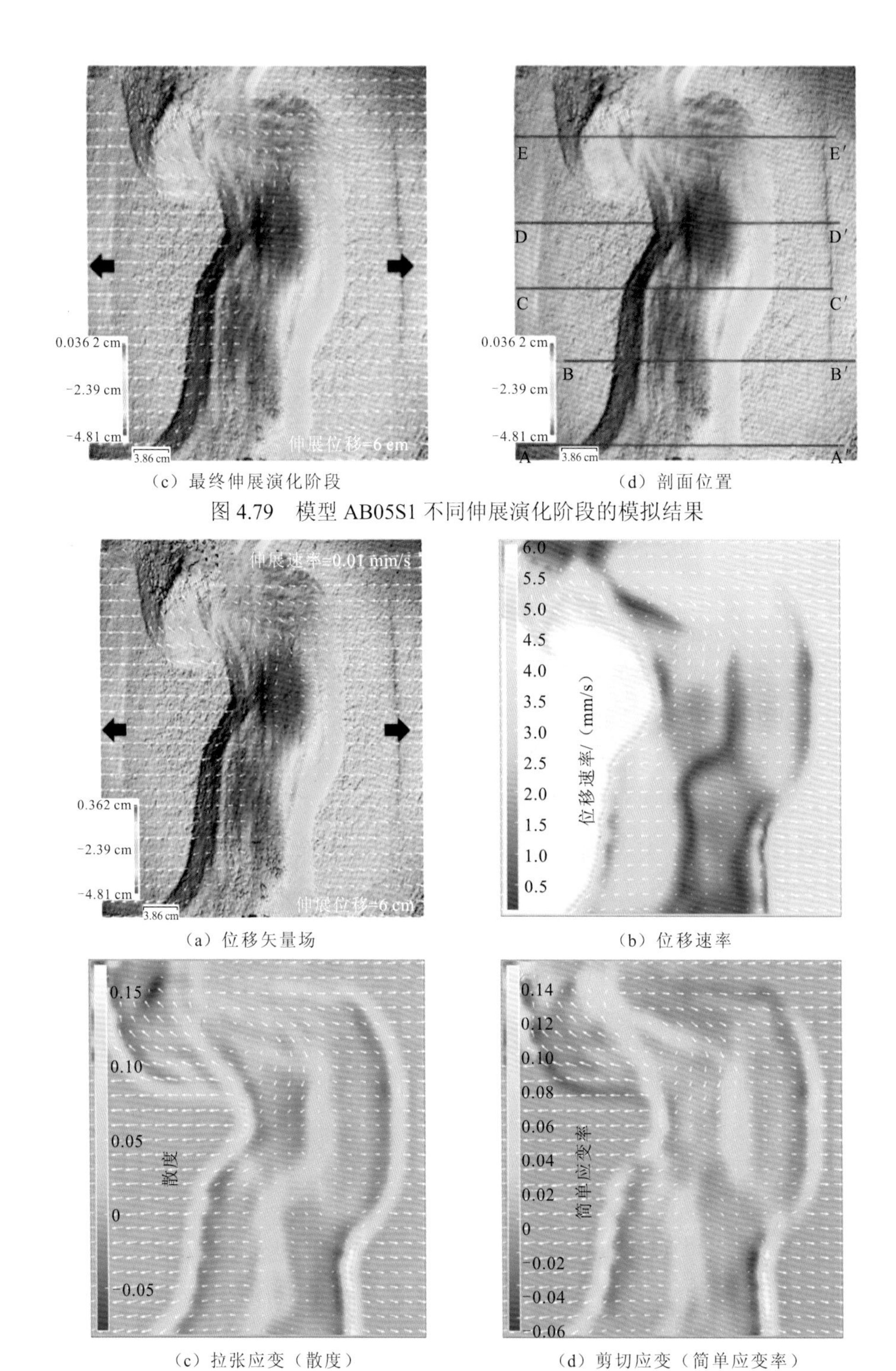

（c）最终伸展演化阶段　　（d）剖面位置

图 4.79　模型 AB05S1 不同伸展演化阶段的模拟结果

（a）位移矢量场　　（b）位移速率

（c）拉张应变（散度）　　（d）剪切应变（简单应变率）

图 4.80　模型 AB05S1 伸展演化最终阶段位移场粒子图像测速分析结果

在模型 AB05S1 最终伸展演化结果的基础上切制 5 条东西向剖面（图 4.82）。剖面 BB′和剖面 DD′位于南部和中部两个次凹部位，构造样式表现为对称的地堑，次凹的沉降受两侧边界断层活动的控制；剖面 AA′和剖面 CC′位于构造转换带部位，构造样式表现为非对称的花状构造样式；剖面 EE′位于构造转换带北部，断层更发育，构造样式更复杂（图 4.82）。

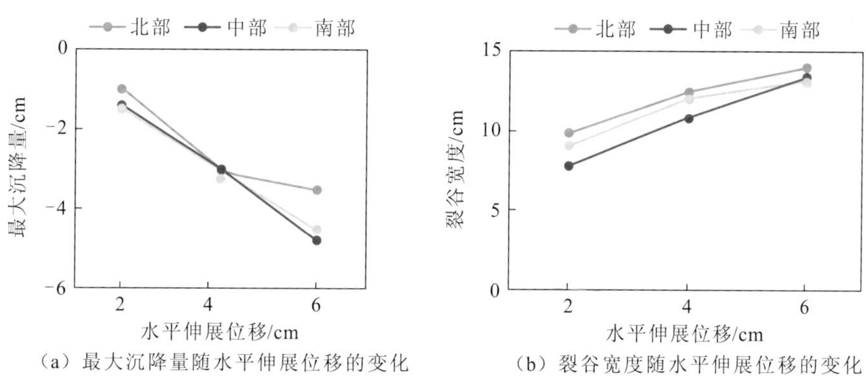

图 4.81　模型 AB05 实验的裂谷宽度和最大沉降量随水平伸展位移的变化

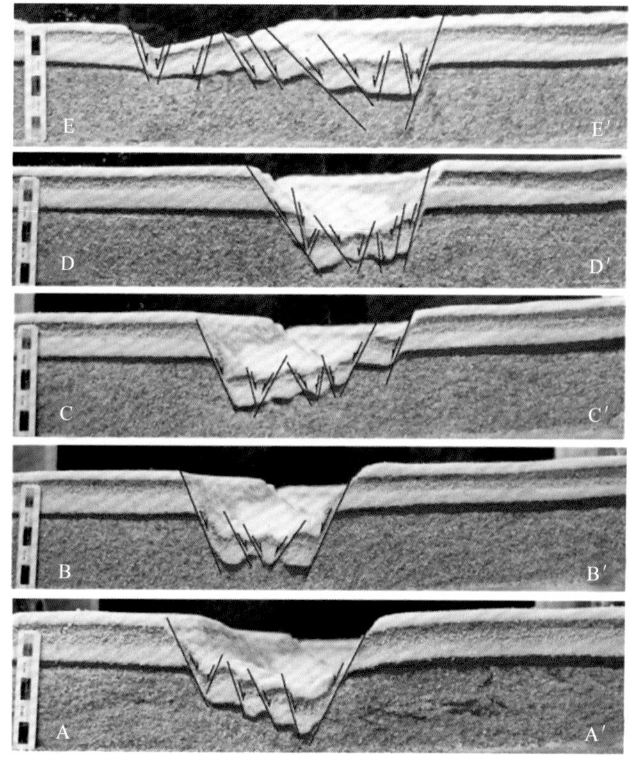

图 4.82　模型 AB05S1 模拟最终伸展演化阶段结果剖面图（剖面位置见图 4.79）

4.3　重点凹陷构造数值模拟

对南洛基查尔、凯里奥和阿伯丁三个典型凹陷开展构造数值模拟实验，定量对比它们的构造变形及应力场分布特征，重点探讨基底剪切伸展模式和断层强度对构造变形和应力场的影响。

4.3.1 南洛基查尔凹陷

1. 数值模型与边界条件

基于南洛基查尔凹陷的代表性构造解释剖面［图 4.83（a）］，设计 4 个具有不同边界条件的数值模型（表 4.5）。数值模型依据构造解释剖面的地层划分，设置不同的岩石力学参数［图 4.83（b）］。断裂构造采用非线性接触滑动模型，设置不同的摩擦强度。数值模型采用二维平面应变单元进行网格划分［图 4.83（c）］。在模型东侧和基底施加伸展位移边界条件。

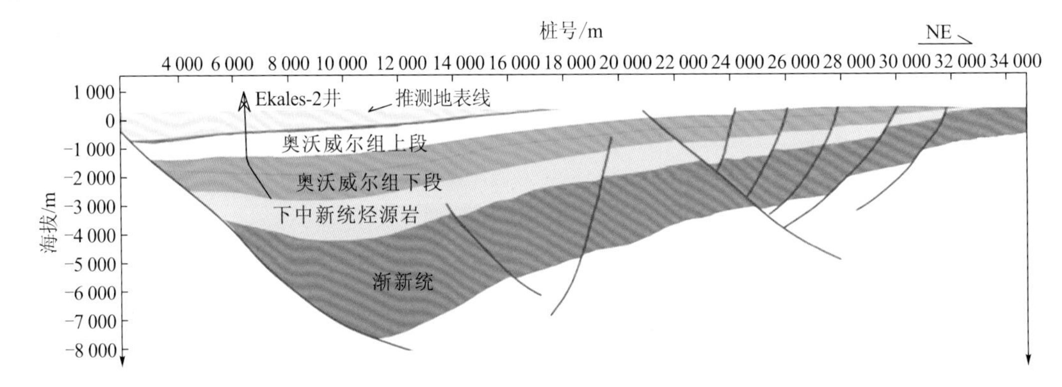

（a）南洛基查尔凹陷构造解释剖面

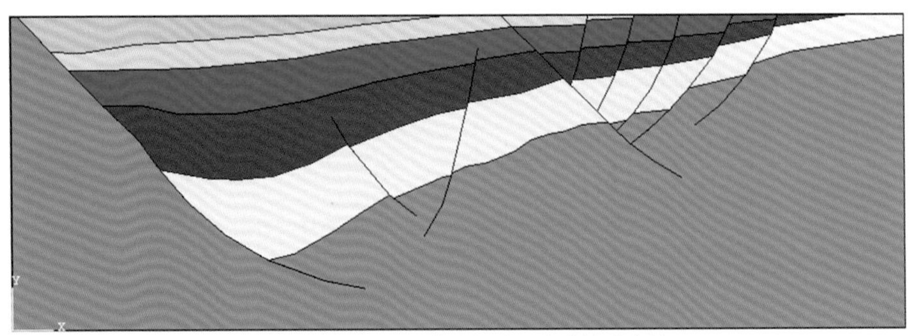

（b）数值模型断裂构造与地层力学性质分层

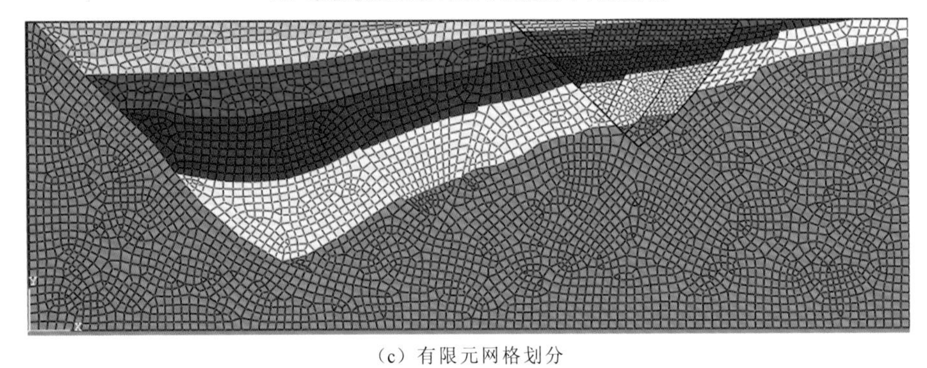

（c）有限元网格划分

图 4.83 南洛基查尔凹陷数值模型及有限元网格划分

表 4.5 南洛基查尔凹陷数值模型表

模型编号	基底剪切伸展模式	断层强度
SL-NM01	纯剪切伸展	高断层强度，$F_{\mu}=0.3$
SL-NM02	纯剪切伸展	低断层强度，$F_{\mu}=0.1$
SL-NM03	简单剪切伸展	高断层强度，$F_{\mu}=0.3$
SL-NM04	简单剪切伸展	低断层强度，$F_{\mu}=0.1$

2. 数值模拟结果分析

1）高断层强度与基底纯剪切伸展模型数值模拟结果

在基底纯剪切伸展作用下，最大主应力和应力分量在断层之间的各断块区域的分布存在显著的差异，在主干断层的端部，存在明显的应力异常（图 4.84）。主应力在断层发育区域存在方位偏转。在水平伸展作用下，南洛基查尔凹陷的垂向沉降受控于东西两侧主干断层控制。南洛基查尔凹陷东部斜坡带与西部陡坡带具有同样的沉降量（垂向位移），约为 200 m。西部陡坡带的垂向沉降主要受控于边界断层的位移，东部斜坡带的垂向沉降相对更为均一，反映东部斜坡带晚期整体的伸展沉降（图 4.85）。

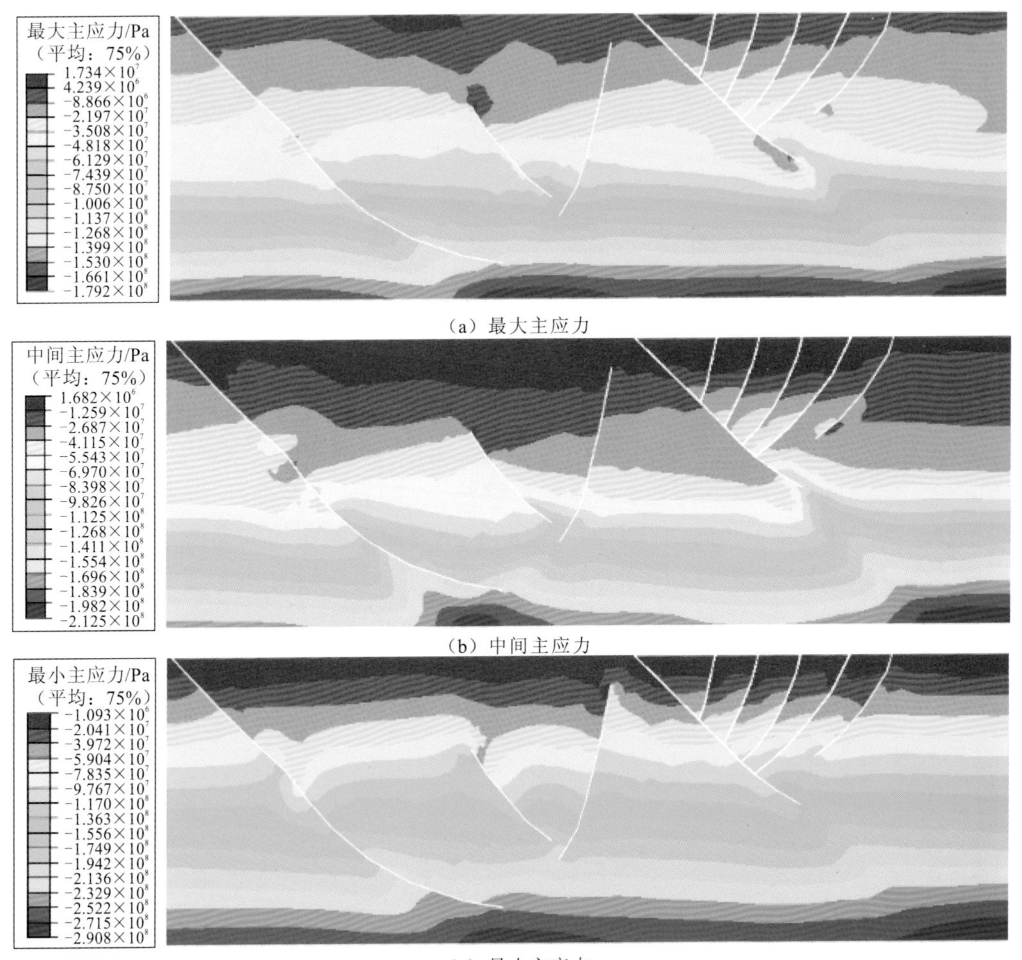

（a）最大主应力

（b）中间主应力

（c）最小主应力

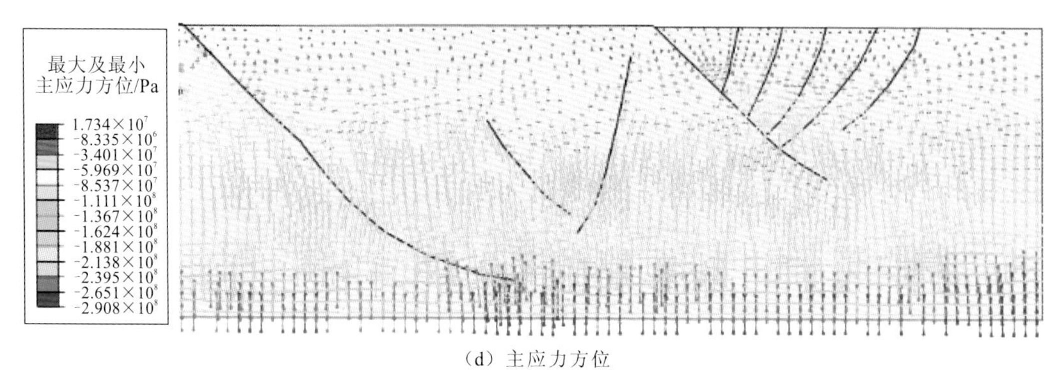

（d）主应力方位

图 4.84 数值模型 SL-NM01 主应力大小和方位分布

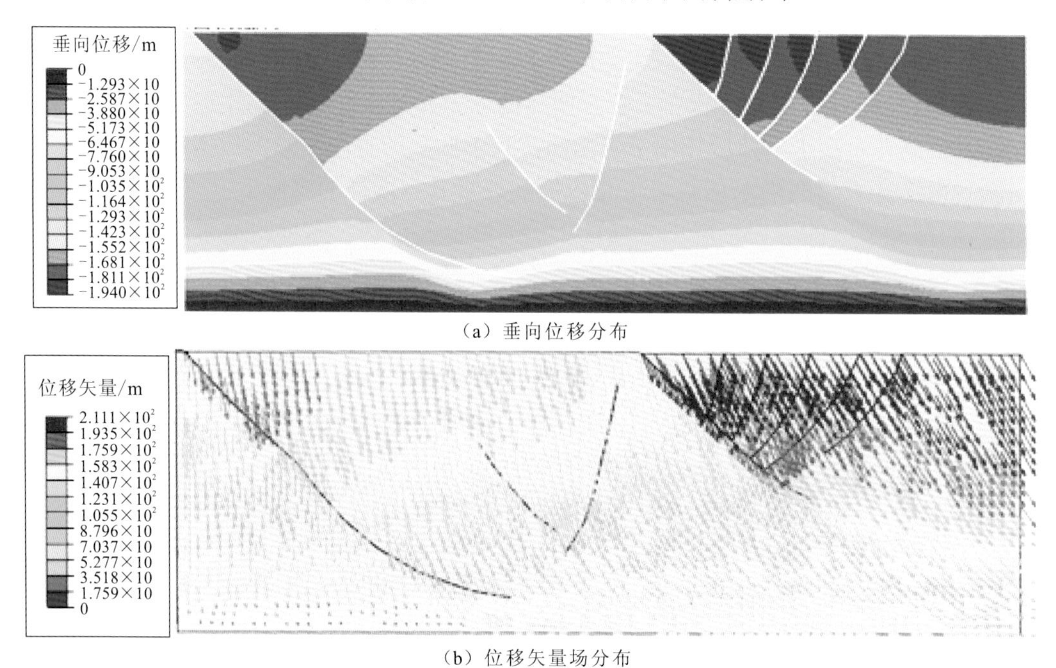

（a）垂向位移分布

（b）位移矢量场分布

图 4.85 数值模型 SL-NM01 位移场分布

西部陡坡带边界断层和东部斜坡带同向主干断层表现为显著的断层位移，最大断层位移分布于两条同向主干断层，最大断层位移达到 70 m。反向断层表现为相对较小的断层位移［图 4.86（a）］。向西倾斜的反向断层相对向东倾斜的同向断层，具有较高的开启度［图 4.86（b）］。断层面上的最大压应力和剪应力主要分布于缓倾角的断层深部［图 4.86（c）、（d）］。

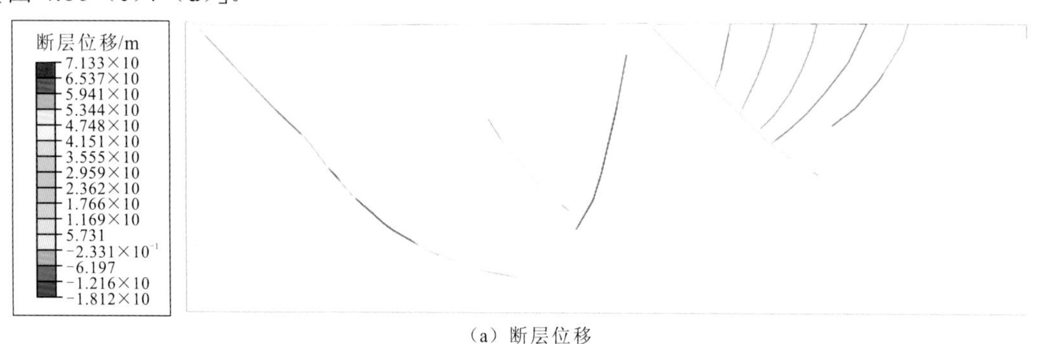

（a）断层位移

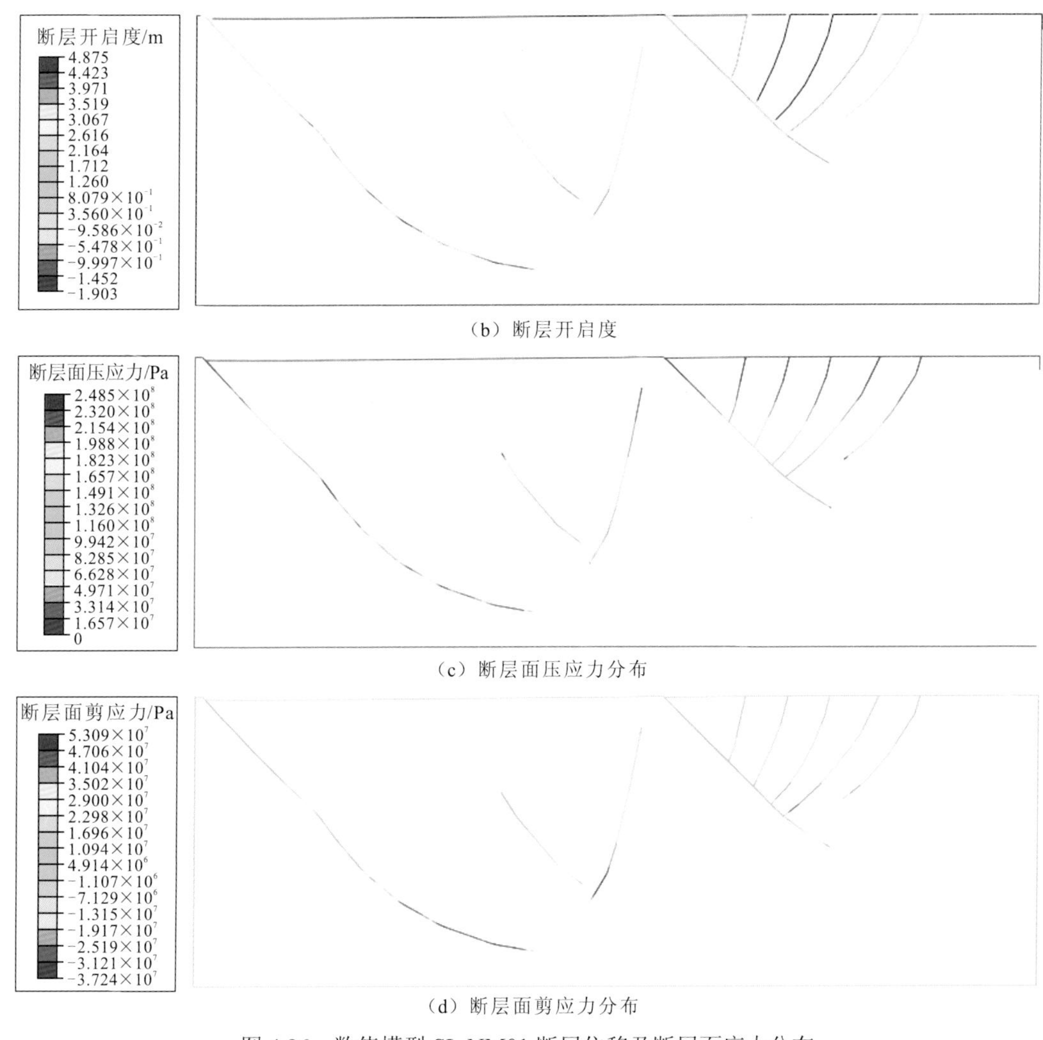

（b）断层开启度

（c）断层面压应力分布

（d）断层面剪应力分布

图 4.86 数值模型 SL-NM01 断层位移及断层面应力分布

2）低断层强度与基底纯剪切伸展模型数值模拟结果

当断层具有较低的强度时，凹陷内的应力分布具有更强的非均一性。应力分布在水平方向和垂向上均表现出更强的非均一性。应力非均一性受控于断层更大的活动量。因断层更显著的深部活动，低应力异常区分布深度更大（图 4.87）。

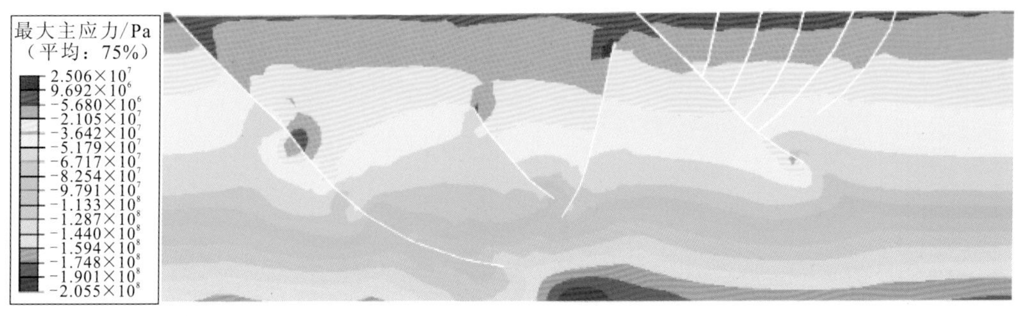

（a）最大主应力

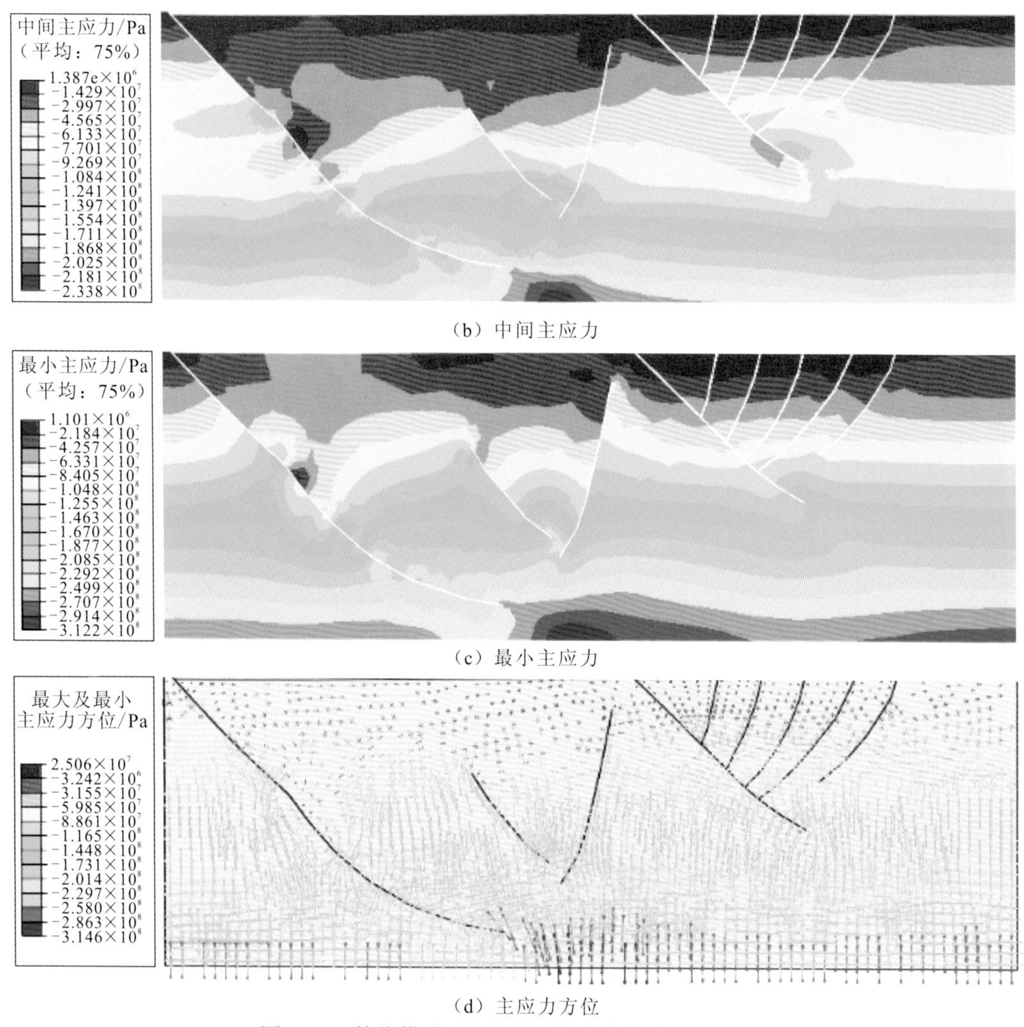

（b）中间主应力

（c）最小主应力

（d）主应力方位

图 4.87　数值模型 SL-NM02 主应力大小和方位分布

断层强度降低时，断层的活动性也表现出更为显著的差异性。西侧边界断层具有更强的活动性，最大垂向位移超过 200 m，比东部斜坡带断层位移量高一个数量级。凹陷的沉降主要受控于西侧边界断层，最大沉降量分布于西侧陡坡带，最大沉降量达 250 m（图 4.88）。断层面上的压应力和剪应力也表现出更为显著的差异性。西侧主干边界断层深部具有显著的高压应力和高剪应力（图 4.89）。

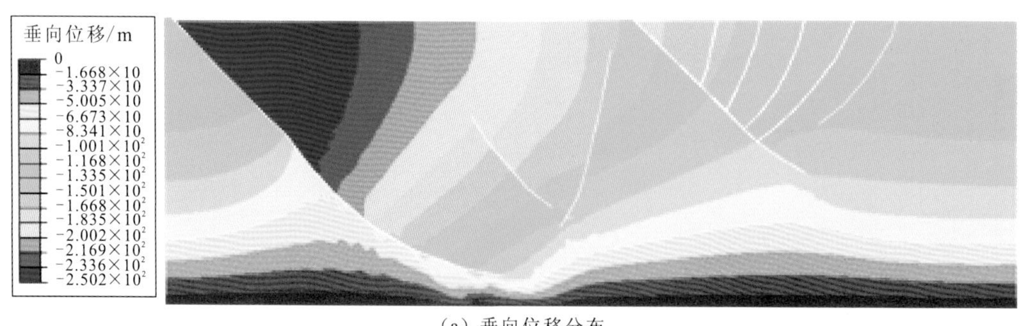

（a）垂向位移分布

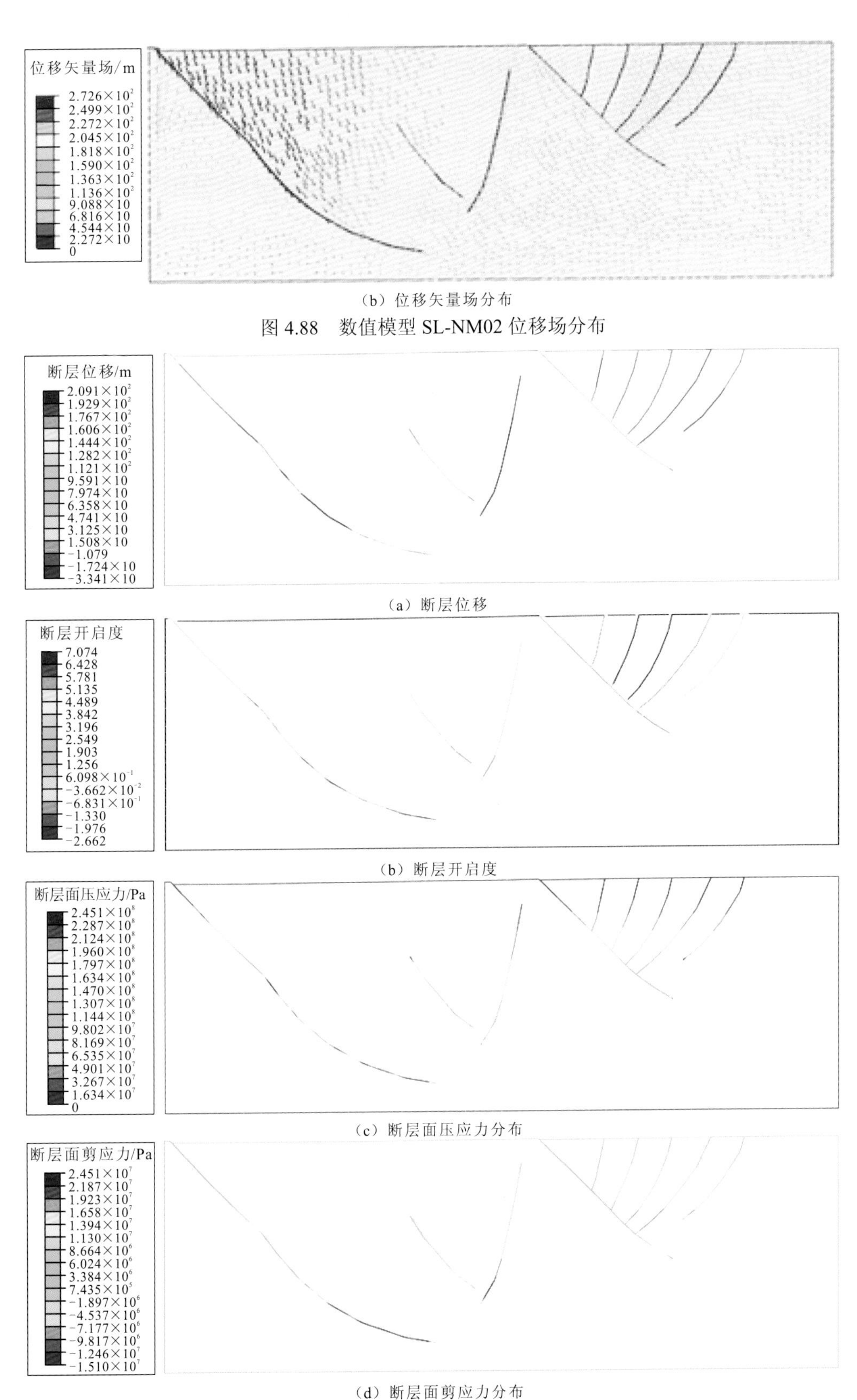

（b）位移矢量场分布

图 4.88　数值模型 SL-NM02 位移场分布

（a）断层位移

（b）断层开启度

（c）断层面压应力分布

（d）断层面剪应力分布

图 4.89　数值模型 SL-NM02 断层位移及断层面应力分布

3）高断层强度与基底简单剪切伸展模型数值模拟结果

在基底简单剪切伸展作用下，应力分布特征与基底纯剪切伸展模式时的应力分布特征相似。区别在于，简单剪切伸展时，主应力和应力分量、地层压力的低值区在凹陷内部的分布相比斜坡带更为显著（图 4.90）。在简单剪切伸展模式下，凹陷的沉降主要分布在西部陡坡带，最大沉降量超过 200 m，大于纯剪切伸展模式下的最大沉降量。东部斜坡带虽然也存在显著的沉降，但相对沉降量较小（图 4.91）。

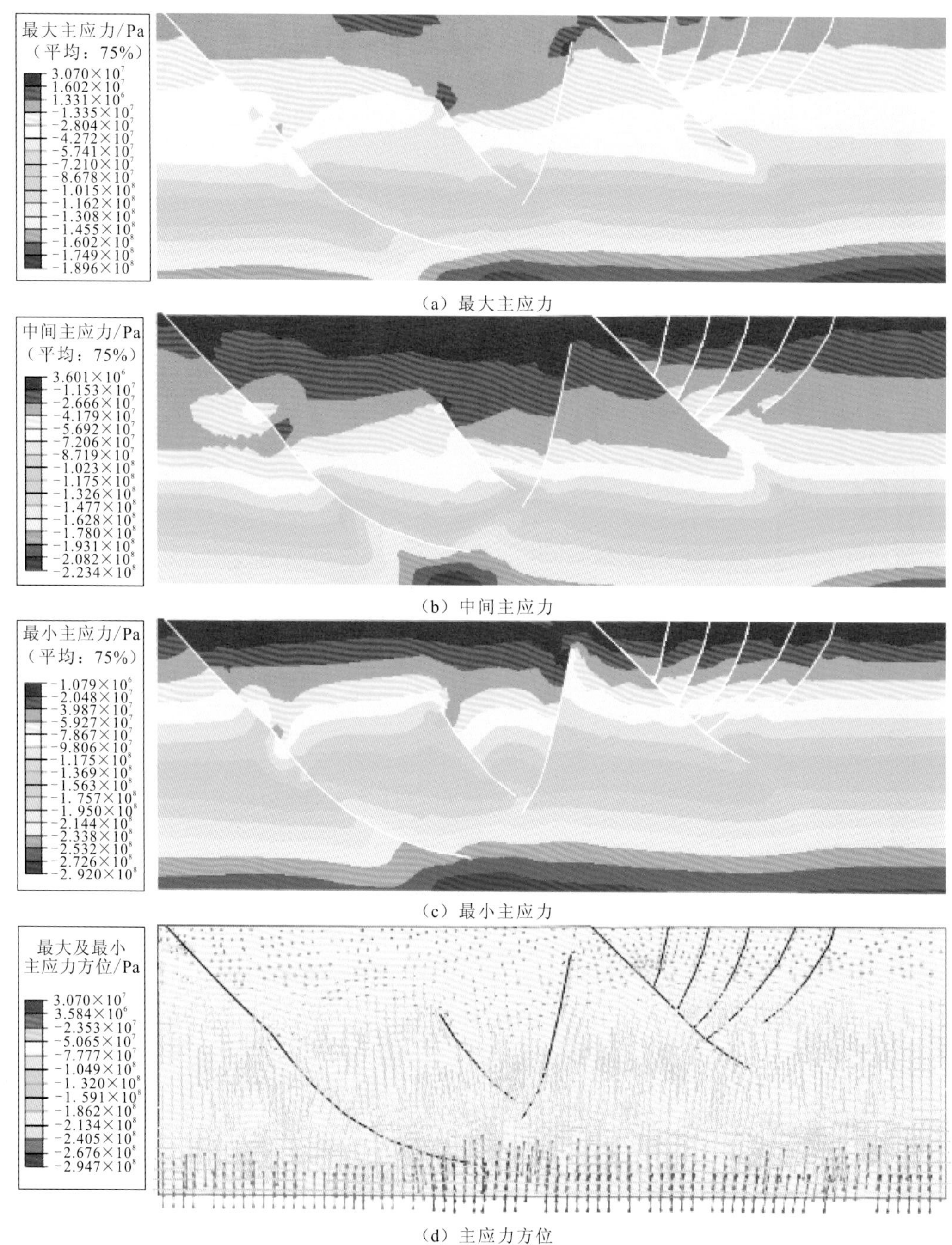

（a）最大主应力

（b）中间主应力

（c）最小主应力

（d）主应力方位

图 4.90　数值模型 SL-NM03 主应力大小和方位分布

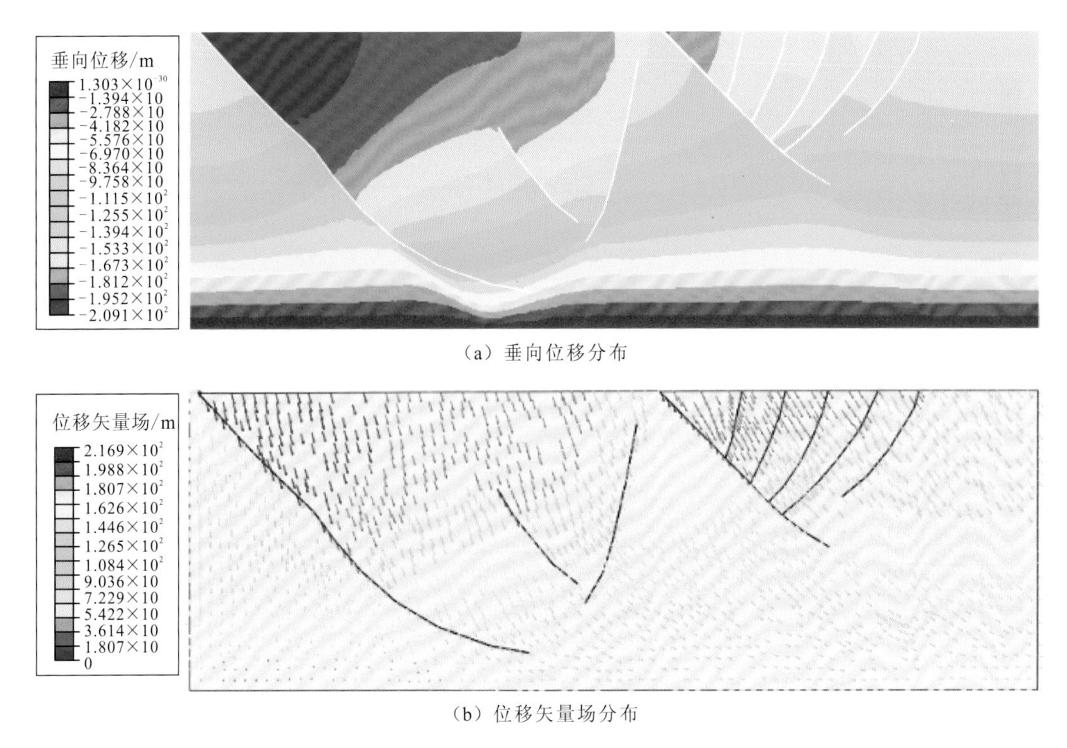

(a) 垂向位移分布

(b) 位移矢量场分布

图 4.91　数值模型 SL-NM03 位移场分布

西侧边界断层也表现出相对高的断层位移、断层面压应力和剪应力。边界断层的最大位移达 100 m，在同等断层强度下，断层位移显著大于纯剪切伸展模式下的断层位移（图 4.92）。

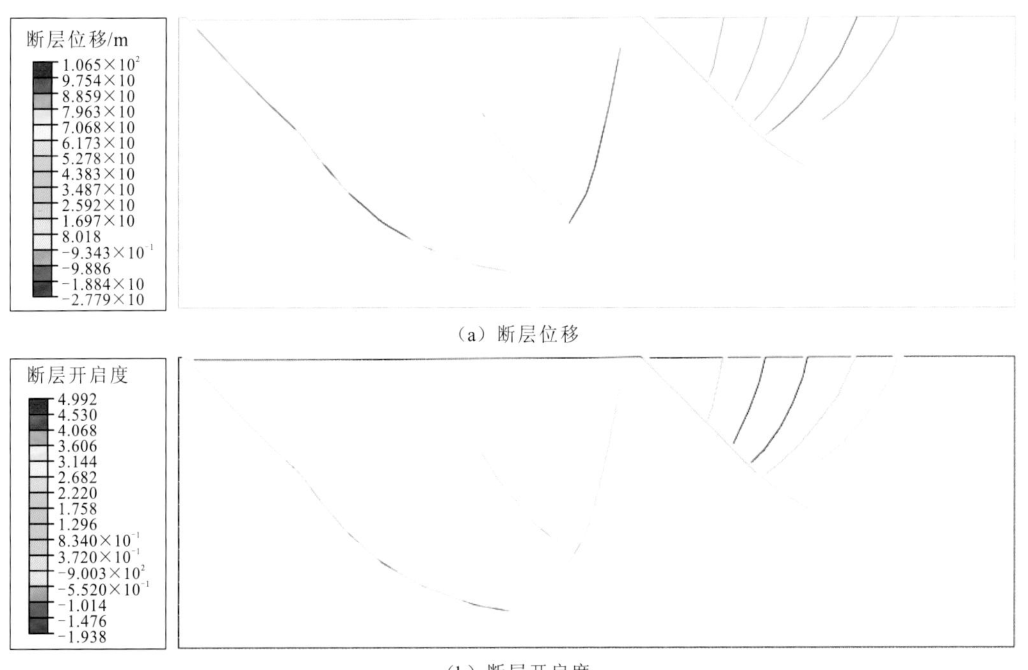

(a) 断层位移

(b) 断层开启度

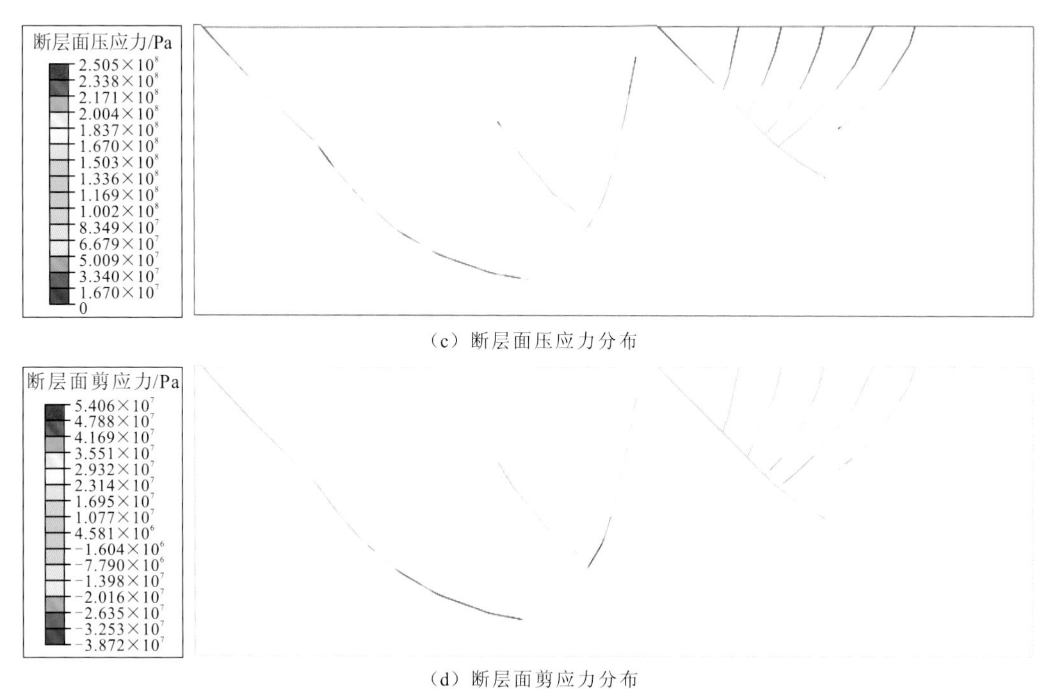

（c）断层面压应力分布

（d）断层面剪应力分布

图 4.92　数值模型 SL-NM03 断层位移及断层面应力分布

4）低断层强度与基底简单剪切伸展模型数值模拟结果

在简单剪切伸展模式下，降低断层强度，应力分布也表现出更为显著的非均一性特征。应力分布的非均一性在垂向上表现得最为显著，低应力异常区分布深度更大（图 4.93）。边界断层也具有更大的断层位移（图 4.94）。

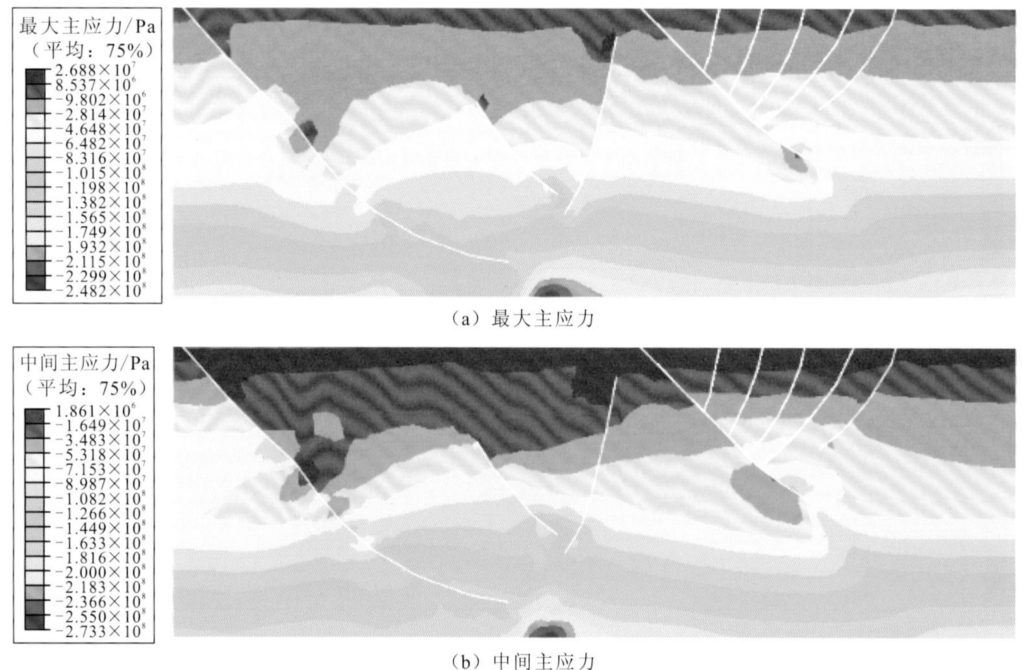

（a）最大主应力

（b）中间主应力

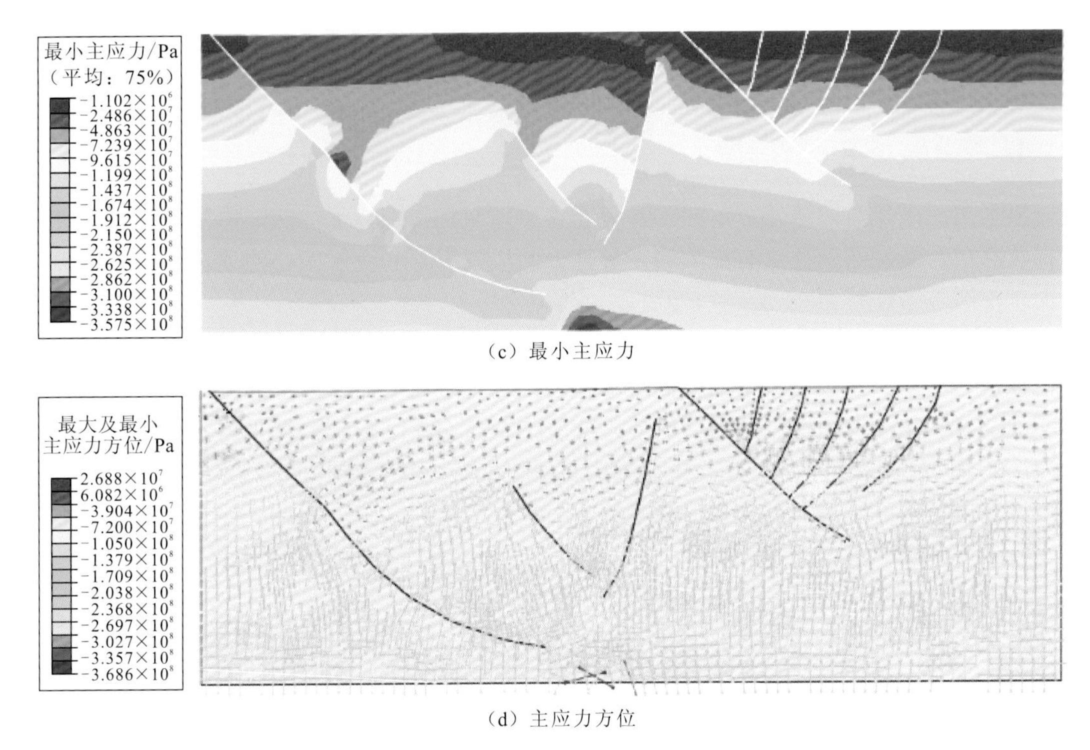

（c）最小主应力

（d）主应力方位

图 4.93 数值模型 SL-NM04 主应力大小和方位分布

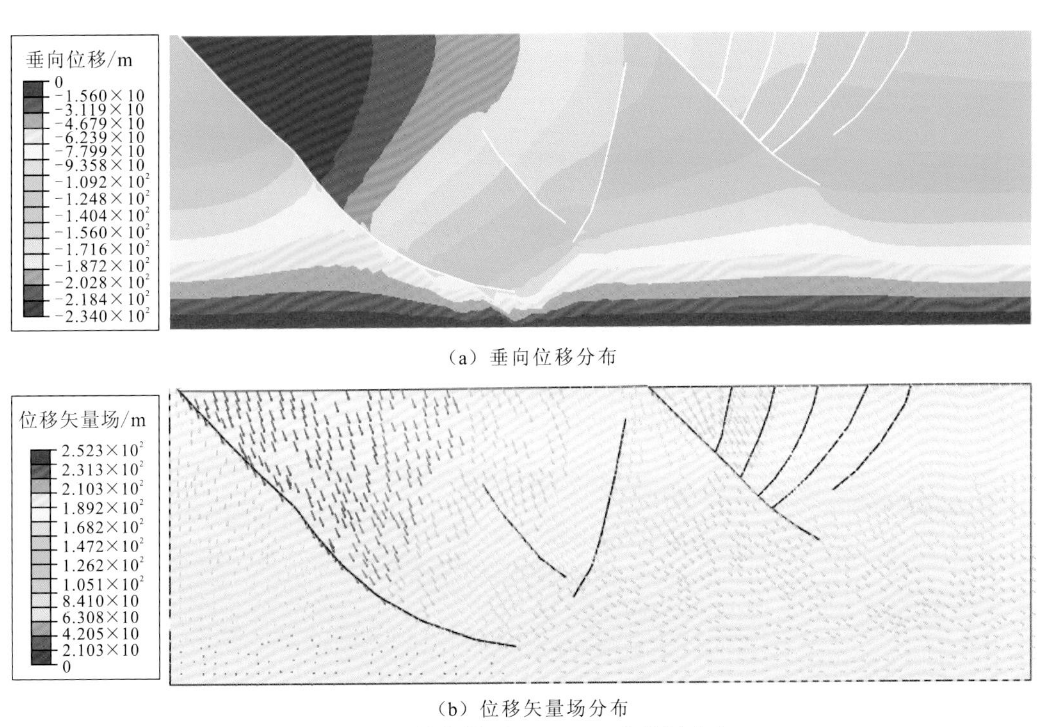

（a）垂向位移分布

（b）位移矢量场分布

图 4.94 数值模型 SL-NM04 位移场分布

4.3.2 凯里奥凹陷

1. 数值模型与边界条件

凯里奥凹陷相对南洛基查尔凹陷具有迁移半地堑的构造特征，凹陷内发育更为密集的阶梯状断层，断层活动性具有更大的差异性。断层的发育和沉积中心的演化由西侧边界逐渐向东部缓坡带迁移。

基于凯里奥凹陷的代表性构造解释剖面［图 4.95（a）］，设计 4 个具有不同边界条件的数值模型（表 4.6）。数值模型依据构造解释剖面的地层划分，设置不同岩石力学参数，主要考虑基底和 4 个沉积地层的力学性质差异［图 4.95（b）］。断裂构造采用非线性接触滑动模型，设置不同的摩擦强度。数值模型采用二维平面应变单元进行网格划分［图 4.95（c）］。在模型东侧和基底施加伸展位移边界条件。

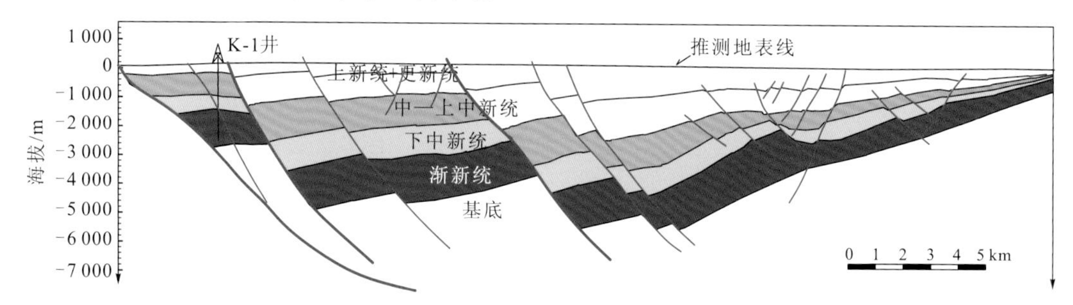

（a）凯里奥凹陷构造解释剖面

（b）数值模型断裂构造与地层力学性质分层

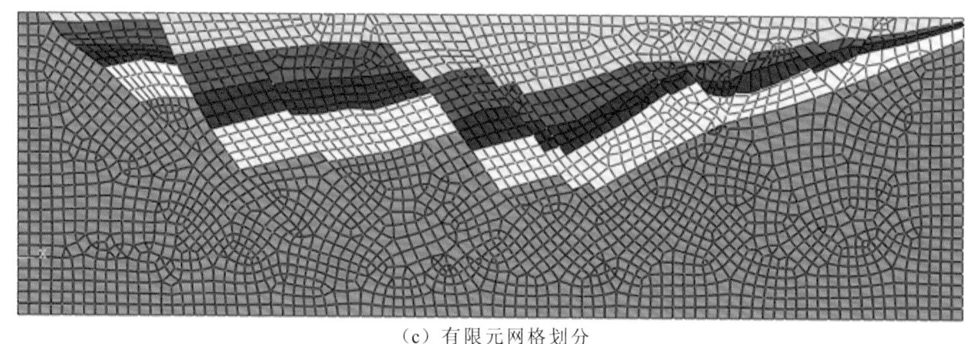

（c）有限元网格划分

图 4.95　凯里奥凹陷数值模型及有限元网格划分

表 4.6　凯里奥凹陷数值模型表

模型编号	基底剪切伸展模式	断层强度
KR-NM01	纯剪切伸展	高断层强度，$F_{\mu}=0.3$
KR-NM02	纯剪切伸展	低断层强度，$F_{\mu}=0.1$
KR-NM03	简单剪切伸展	高断层强度，$F_{\mu}=0.3$
KR-NM04	简单剪切伸展	低断层强度，$F_{\mu}=0.1$

2. 数值模拟结果分析

1）高断层强度与基底纯剪切伸展模型数值模拟结果

在基底纯剪切伸展作用下，因凯里奥凹陷内断裂系统发育，最大主应力和应力分量在断层之间的各断块区域的分布差异相对南洛基查尔凹陷较小（图 4.96）。凹陷的沉降受控于凹陷内的各断层的活动，在整个凹陷区域均存在显著的沉降，沉降量在整体上较为均一，最大沉降量超过 200 m（图 4.97）。

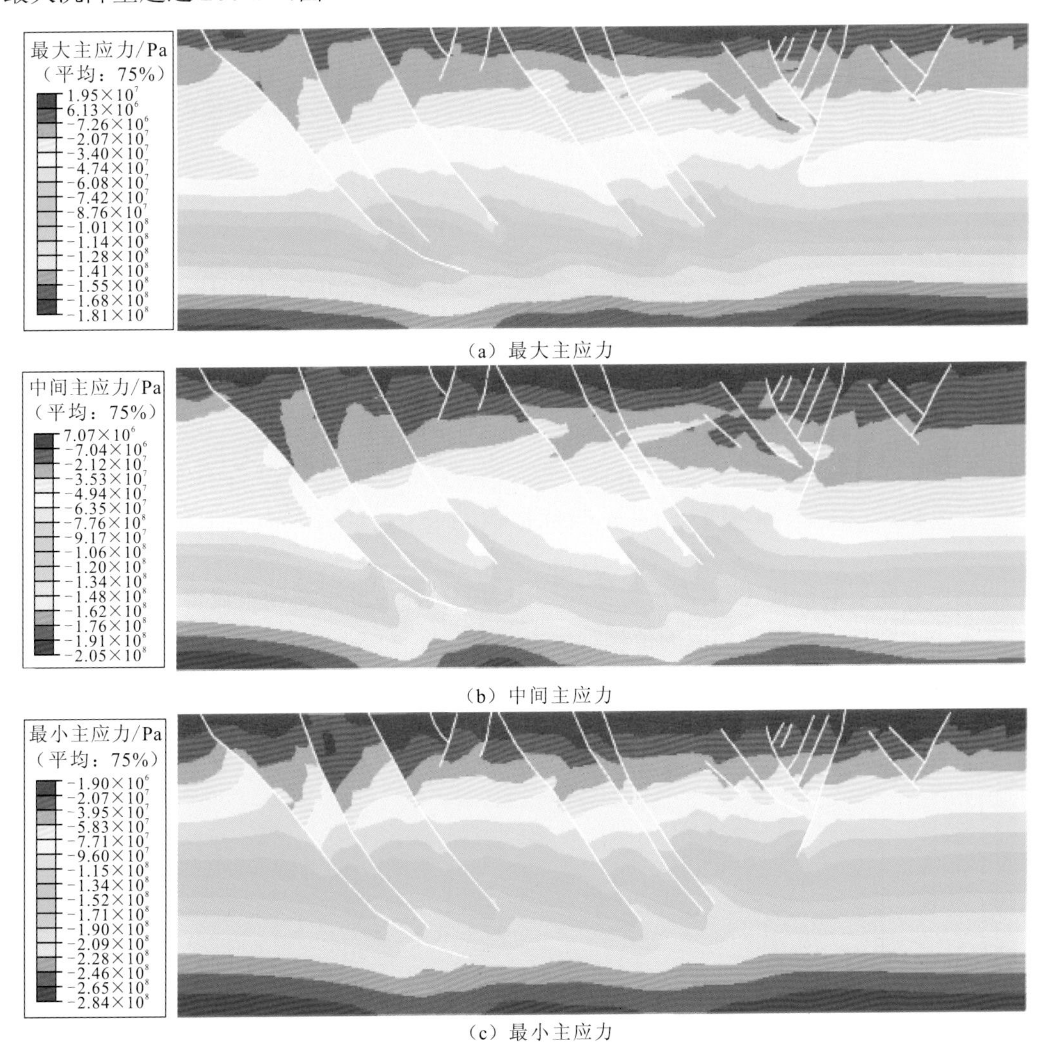

（a）最大主应力

（b）中间主应力

（c）最小主应力

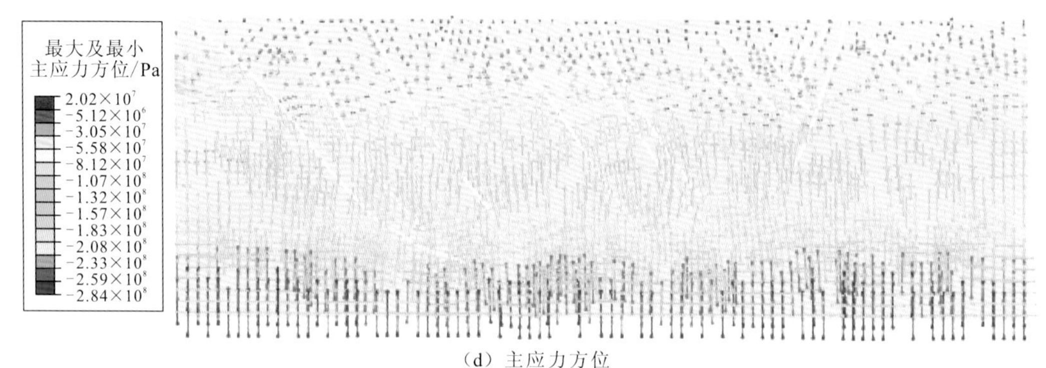

（d）主应力方位

图 4.96　数值模型 KR-NM01 主应力大小和方位分布

（a）垂向位移分布

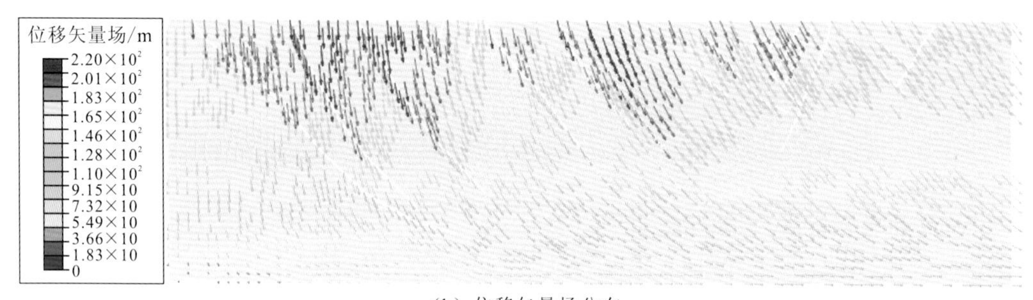

（b）位移矢量场分布

图 4.97　数值模型 KR-NM01 位移场分布

凹陷内各断层的位移、断层面压应力和剪应力的分布在断层之间未表现出显著的差异。凹陷内各主干断层均表现出相似的位移和应力分布（图 4.98）。

（a）断层位移

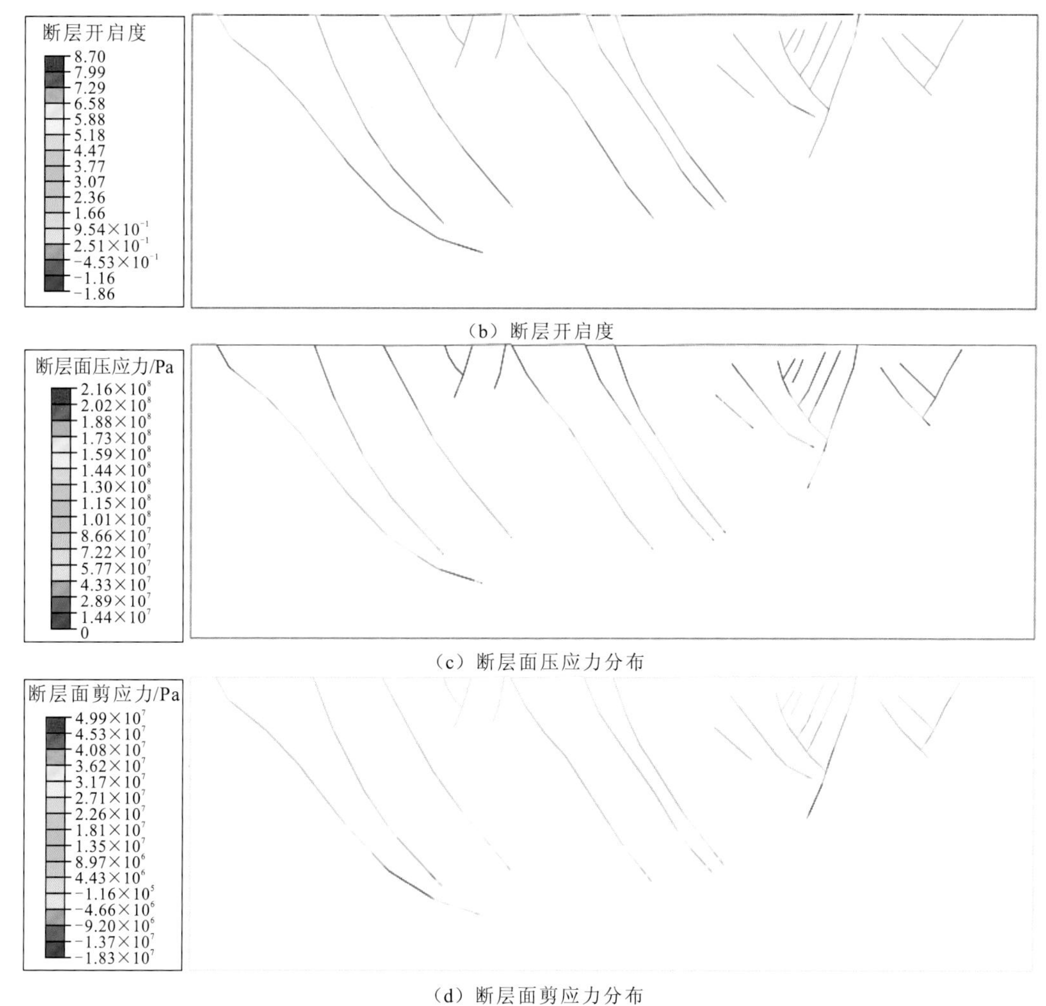

（b）断层开启度

（c）断层面压应力分布

（d）断层面剪应力分布

图 4.98　数值模型 KR-NM01 断层位移及断层面应力分布

2）低断层强度与基底纯剪切伸展模型数值模拟结果

当断层强度降低时，凹陷内的应力分布则表现出显著的差异性和非均一性。主应力大小和应力分量在主干断层的两侧表现出显著的水平和垂向差异性（图 4.99）。凹陷的沉降在空间上也表现为显著的差异性，最大沉降量集中在凹陷西侧，超过 260 m，受控于西侧边界断层。在凹陷东部斜坡带，虽然也发育大量的晚期断层，但仅具有较小的沉降量（图 4.100）。

（a）最大主应力

（b）中间主应力

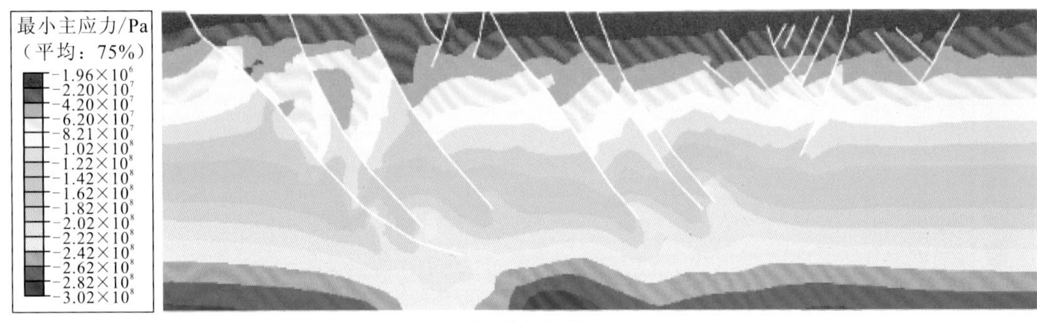

（c）最小主应力

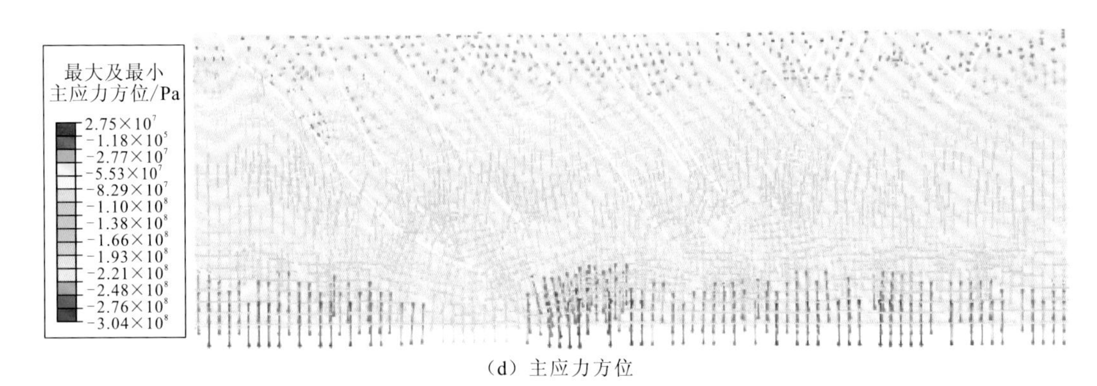

（d）主应力方位

图 4.99 数值模型 KR-NM02 主应力大小和方位分布

（a）垂向位移分布

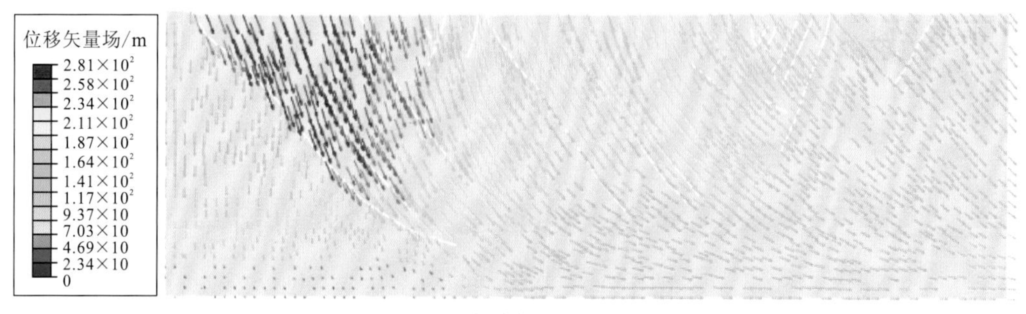

（b）位移矢量场分布

图 4.100　数值模型 KR-NM02 位移场分布

断层位移量也表现出显著的差异性，西侧边界断层位移最大，达 180 m。而其他断层的位移量要低一个数量级。断层面压应力和剪应力的分布差异性相对较弱（图 4.101）。

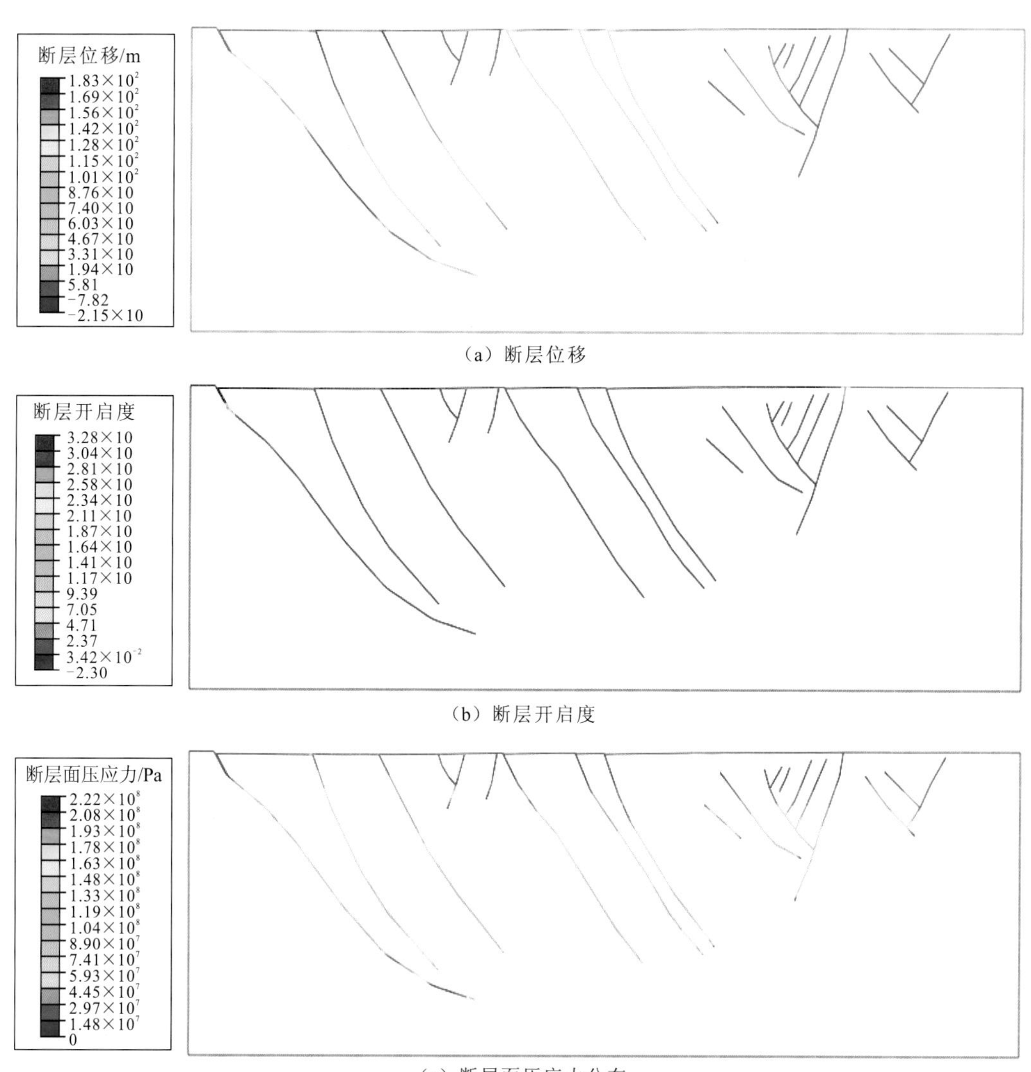

（a）断层位移

（b）断层开启度

（c）断层面压应力分布

（d）断层面剪应力分布

图 4.101　数值模型 KR-NM02 断层位移及断层面应力分布

3）高断层强度与基底简单剪切伸展模型数值模拟结果

在基底简单剪切伸展模式下，应力分布特征与纯剪切伸展模式下的应力分布特征较为相似（图 4.102），差异表现为凹陷沉降量的分布。在基底简单剪切伸展模式下，凹陷的沉降表现出西大东小的差异变化规律（图 4.103）。断层位移也表现出西大东小的差异，但断层面压应力和剪应力未表现出显著的差异（图 4.104）。

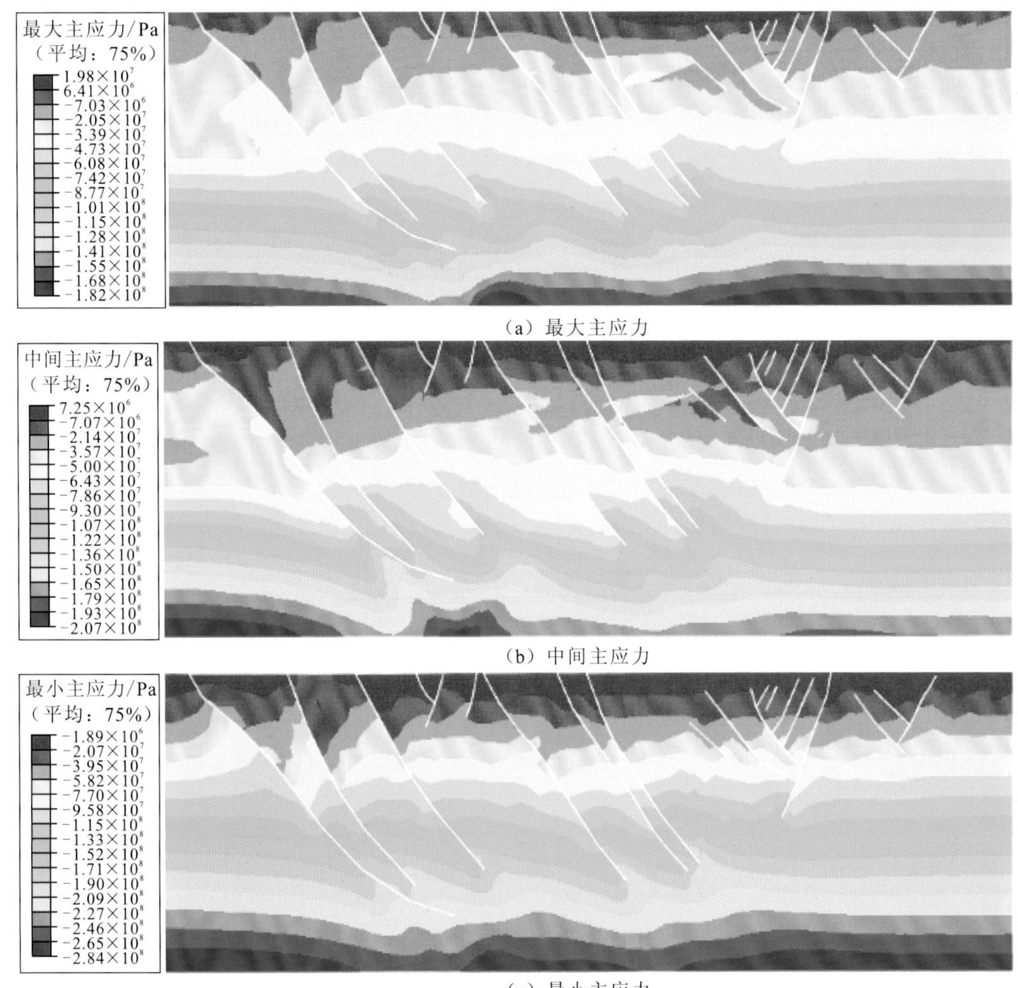

（a）最大主应力

（b）中间主应力

（c）最小主应力

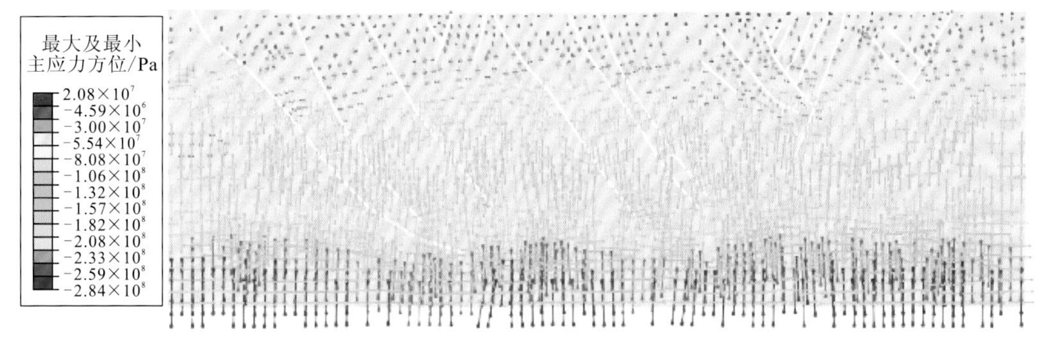

（d）主应力方位

图 4.102　数值模型 KR-NM03 主应力大小和方位分布

（a）垂向位移分布

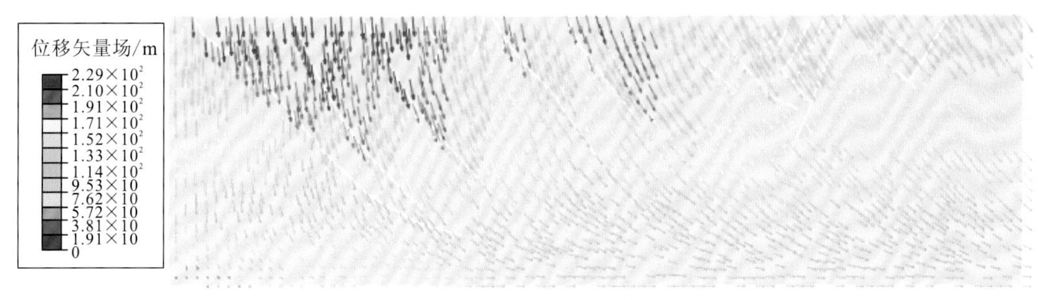

（b）位移矢量场分布

图 4.103　数值模型 KR-NM03 位移场分布

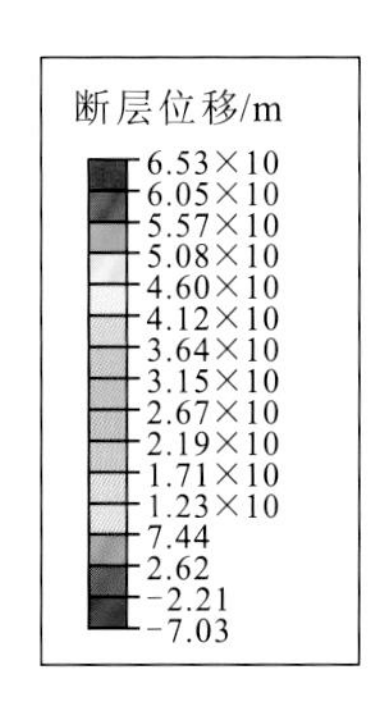

（a）断层位移

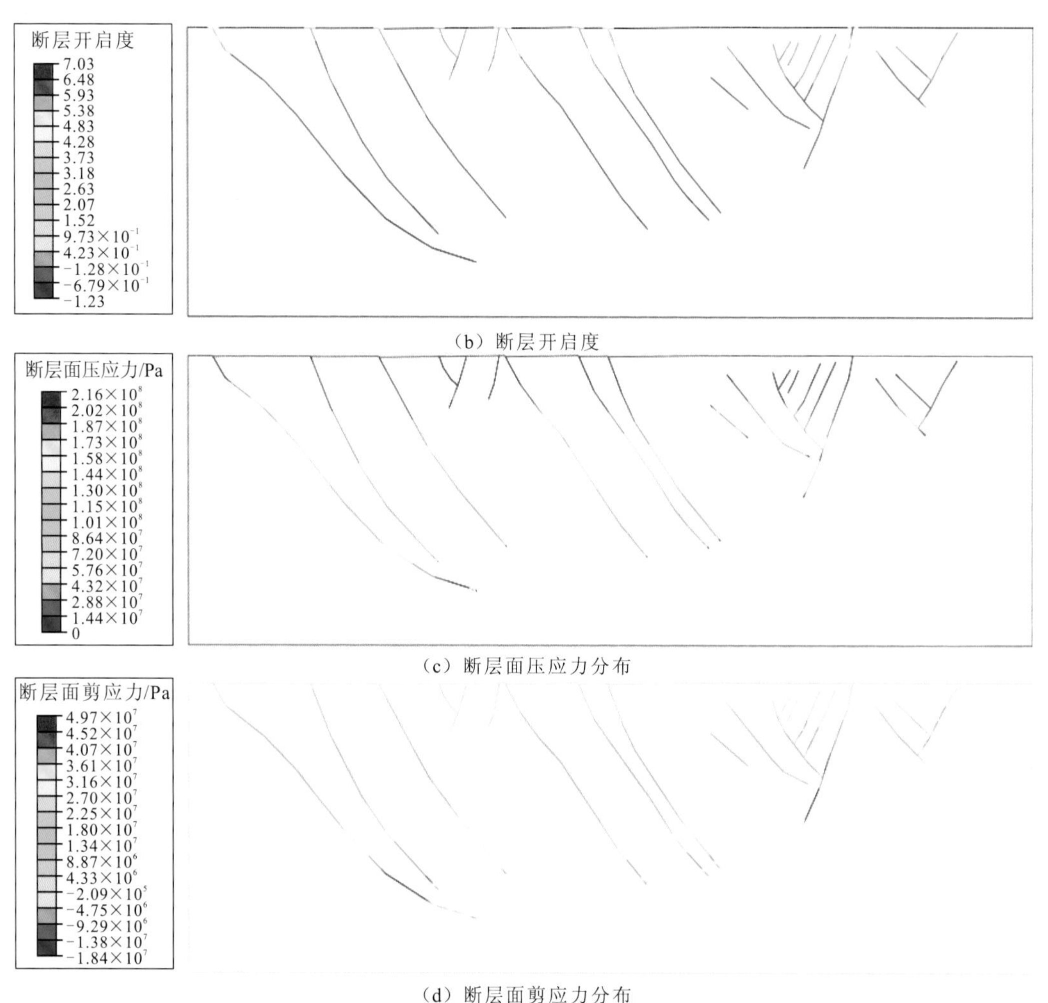

（b）断层开启度

（c）断层面压应力分布

（d）断层面剪应力分布

图 4.104　数值模型 KR-NM03 断层位移及断层面应力分布

4）低断层强度与基底简单剪切伸展模型数值模拟结果

在基底简单剪切伸展模式下，断层强度降低时，应力分布在西侧边界区域表现出较为明显的差异性。因断层活动的加强，应力分布也表现出明显的垂向差异（图 4.105）。凹陷的沉降分布特征和 KR-NM03 模型结果较为相似，但其具有更高的沉降量，最大沉降量近 250 m（图 4.106）。另外，凹陷断层位移量也与 KR-NM03 模型结果较为相似，表现为断层位移量西大东小的特点（图 4.107）。

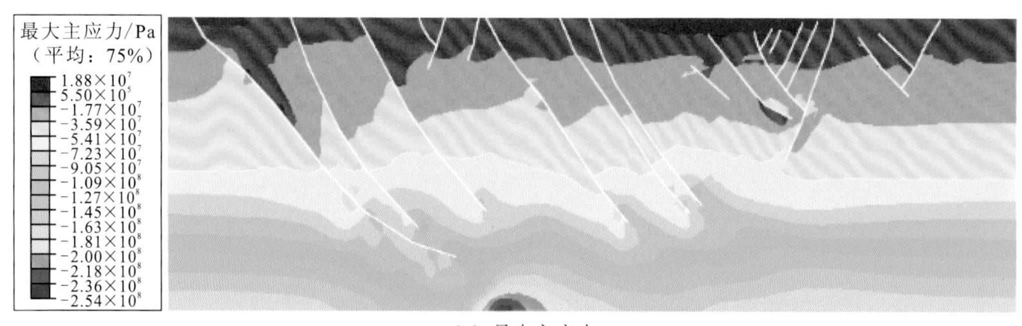

（a）最大主应力

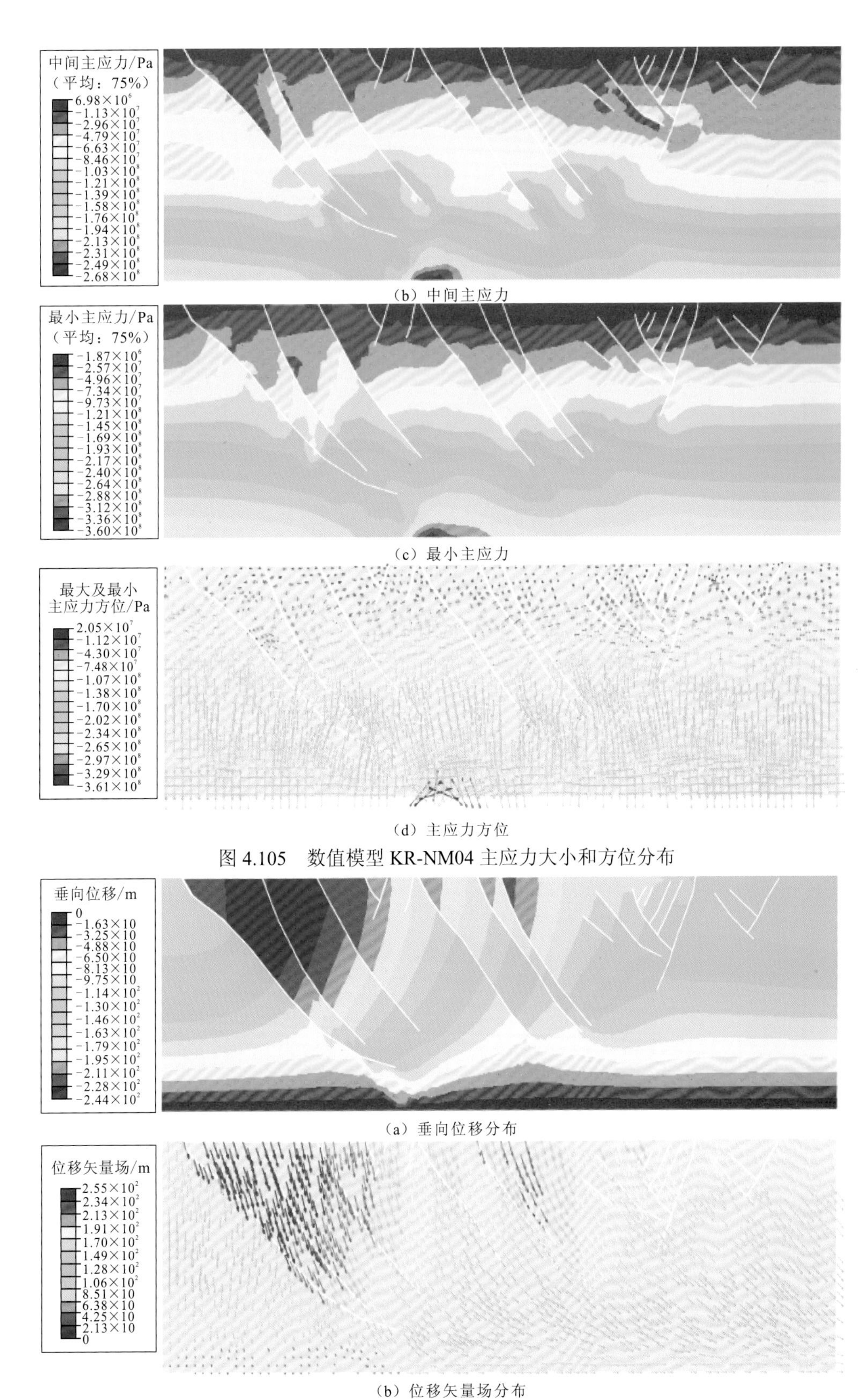

（b）中间主应力

（c）最小主应力

（d）主应力方位

图 4.105　数值模型 KR-NM04 主应力大小和方位分布

（a）垂向位移分布

（b）位移矢量场分布

图 4.106　数值模型 KR-NM04 位移场分布

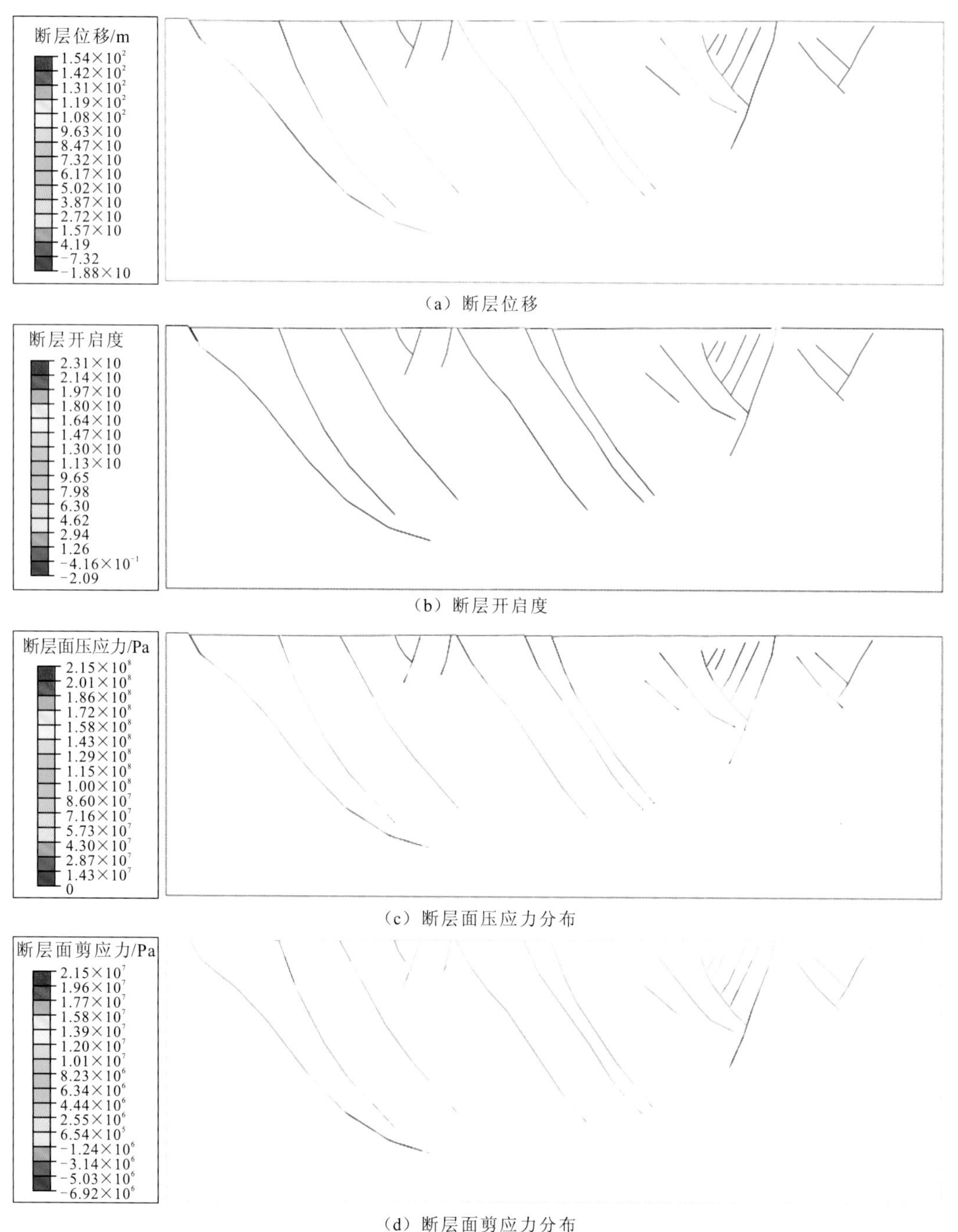

（a）断层位移

（b）断层开启度

（c）断层面压应力分布

（d）断层面剪应力分布

图 4.107　数值模型 KR-NM04 断层位移及断层面应力分布

4.3.3　阿伯丁凹陷

1. 数值模型与边界条件

阿伯丁凹陷为东非裂谷西支纯剪切伸展模式下的代表型凹陷。基于阿伯丁凹陷的代表性构造解释剖面［图 4.108（a)］，设计两个具有不同断层强度的数值模型（表 4.7）。数值模型依据构造解释剖面的地层划分，设置不同的岩石力学参数［图 4.108（b）］。断裂构造采用非线性接触滑动模型，设置不同的摩擦强度。数值模型采用二维平面应变单元进行网格划分［图 4.108（c）］。在模型东侧和基底施加伸展位移边界条件。

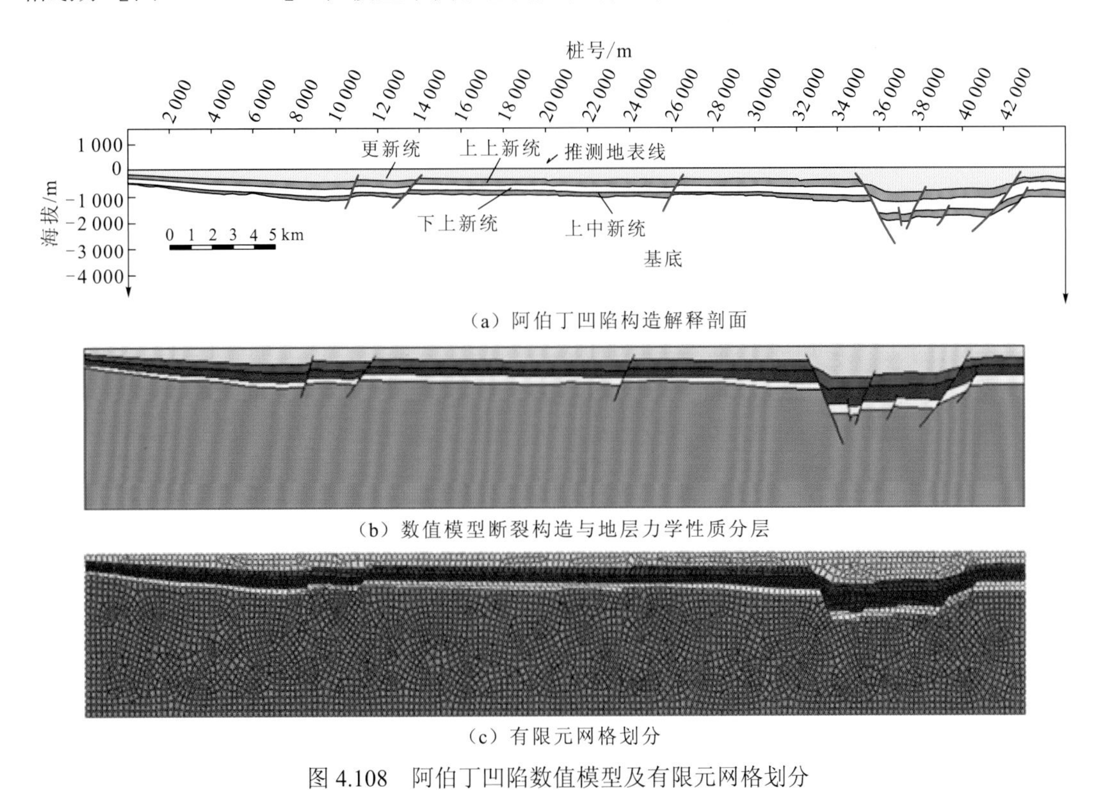

（a）阿伯丁凹陷构造解释剖面

（b）数值模型断裂构造与地层力学性质分层

（c）有限元网格划分

图 4.108　阿伯丁凹陷数值模型及有限元网格划分

表 4.7　阿伯丁凹陷数值模型表

模型编号	基底剪切伸展模式	断层强度
AB-NM01	纯剪切伸展	高断层强度，$F_{\mu}=0.3$
AB-NM02	纯剪切伸展	低断层强度，$F_{\mu}=0.1$

2. 数值模拟结果分析

1）高断层强度模型数值模拟结果

主应力和应力分量在空间上表现出显著的差异性，应力差异主要分布在断层附近和东部地堑区域。凹陷内断层的活动对应力的局部异常具有重要的控制作用。应力在局部的差异性大小与断层的规模密切相关。规模较大的断层，其对应力场的扰动作用更为显著（图 4.109）。凹陷的沉降主要分布于东侧地堑，受控于地堑东西两侧断层的活动，垂向位移达 50 m（图 4.110）。

凹陷内各断层的位移量和断层面应力分布也存在较为显著的差异性。东部地堑的边界断层具有较大的位移，达 31 m，也具有较大的断层面压应力和剪应力（图 4.111）。

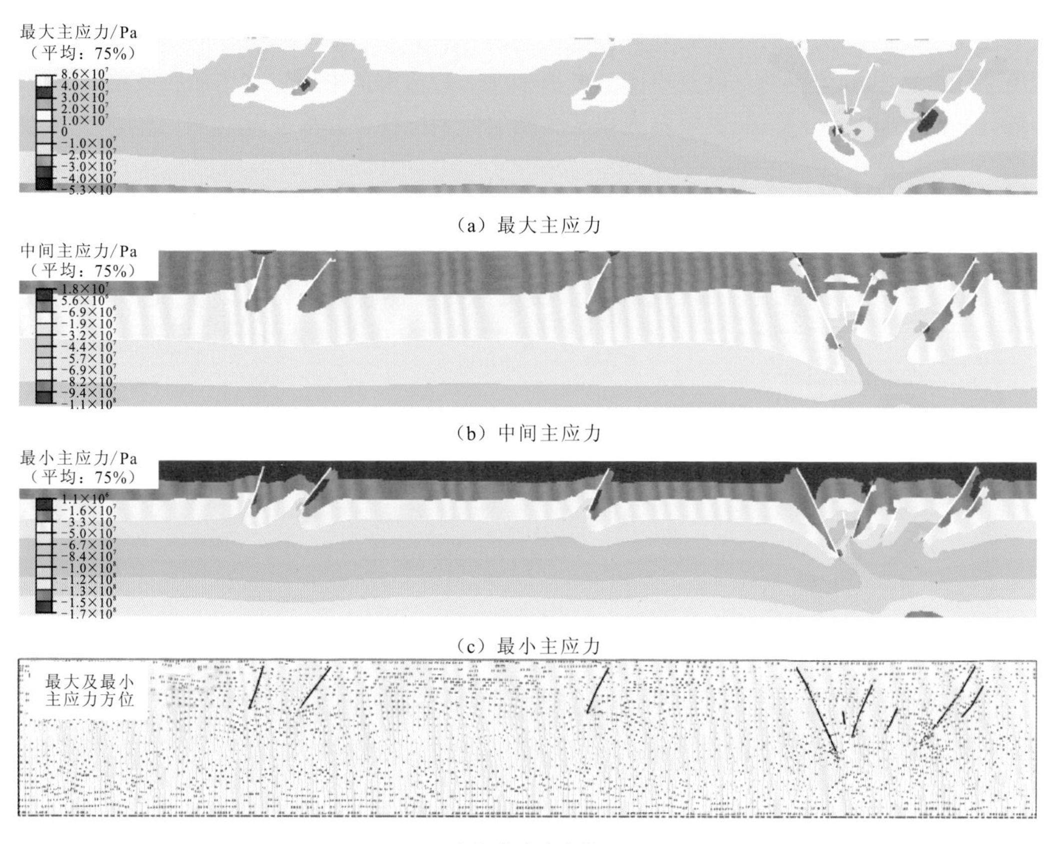

（a）最大主应力

（b）中间主应力

（c）最小主应力

（d）主应力方位

图 4.109　数值模型 AB-NM01 主应力大小和方位分布

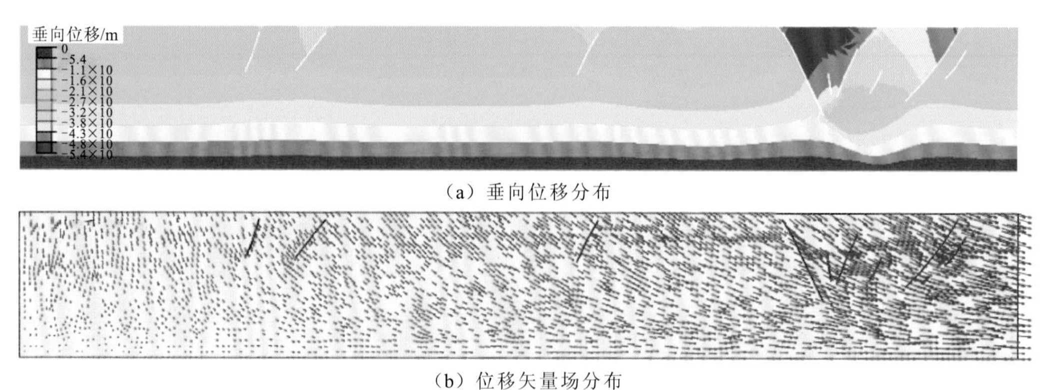

（a）垂向位移分布

（b）位移矢量场分布

图 4.110　数值模型 AB-NM01 位移场分布

（a）断层位移

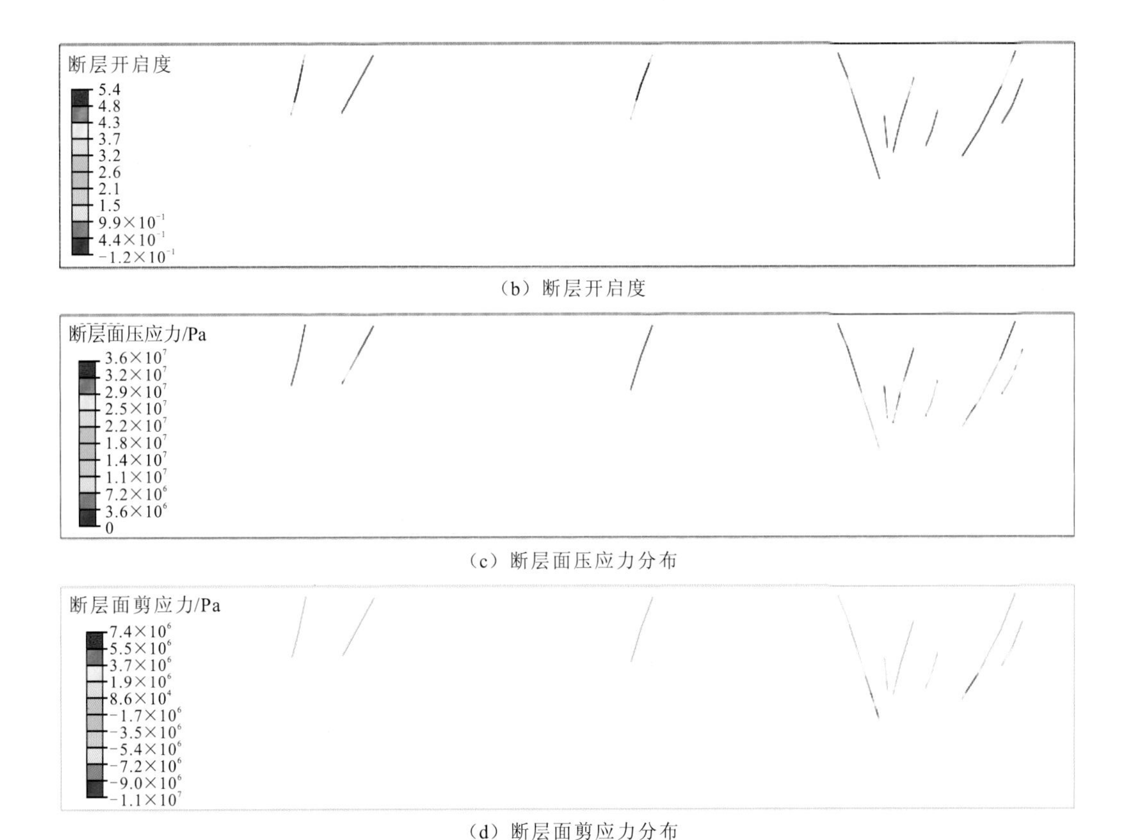

（b）断层开启度

（c）断层面压应力分布

（d）断层面剪应力分布

图 4.111　数值模型 AB-NM01 断层位移及断层面应力分布

2）低断层强度模型数值模拟结果

当断层强度降低时，应力的分布特征与高断层强度模型下的模拟结果相似（图 4.112）。凹陷的沉降量分布及最大沉降量也较为相似（图 4.113）。断层面的位移量和应力分布与高断层强度模型下的模拟结果也较为相似。凹陷沉降和断层活动主要集中在东部凹陷内的新生地堑（图 4.114）。

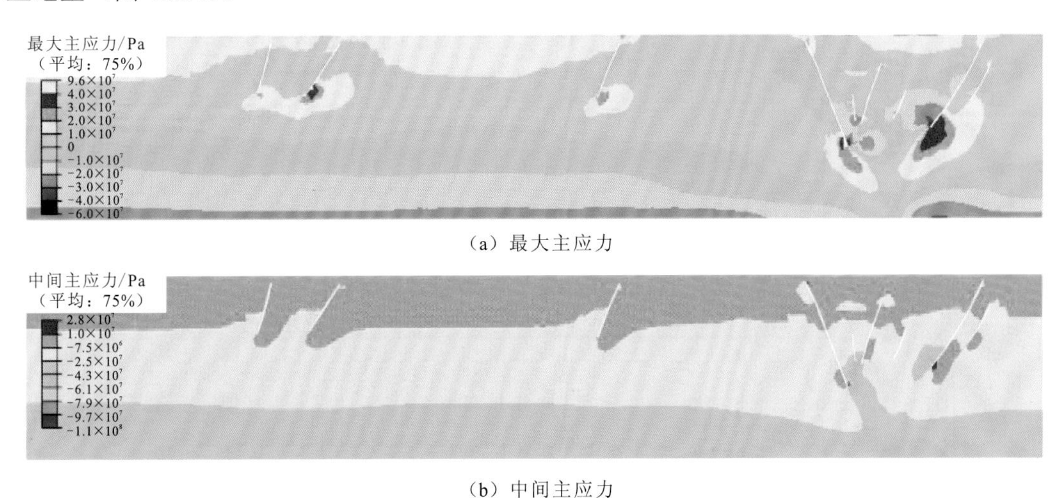

（a）最大主应力

（b）中间主应力

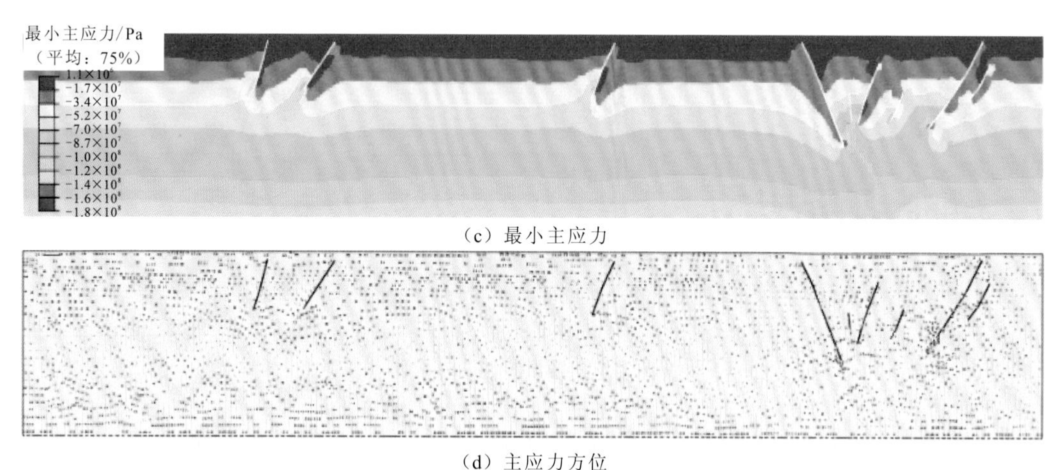

（c）最小主应力

（d）主应力方位

图 4.112　数值模型 AB-NM02 主应力大小和方位分布

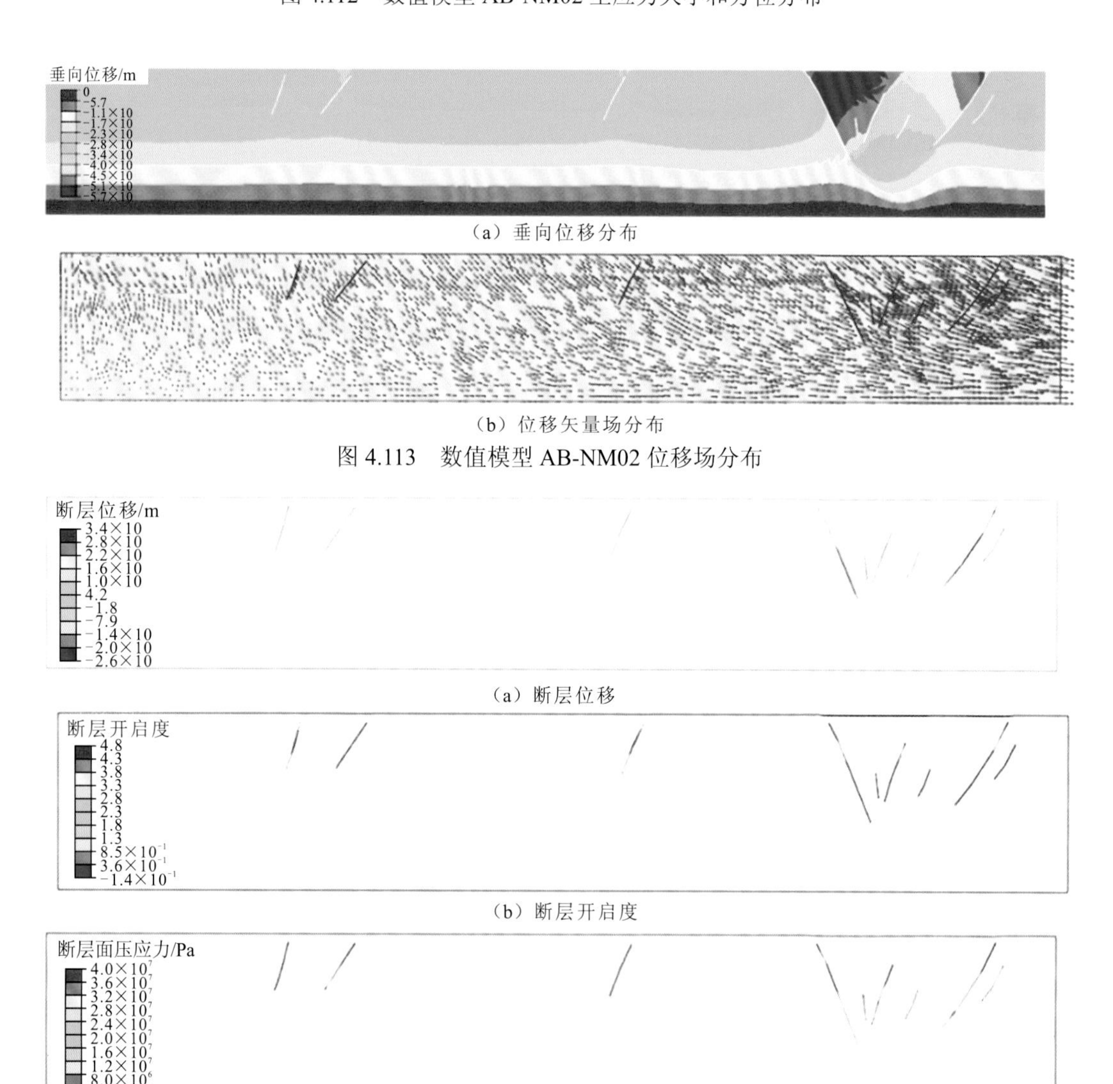

（a）垂向位移分布

（b）位移矢量场分布

图 4.113　数值模型 AB-NM02 位移场分布

（a）断层位移

（b）断层开启度

（c）断层面压应力分布

（d）断层面剪应力分布

图 4.114　数值模型 AB-NM02 断层位移及断层面应力分布

4.4　模拟实验结果指示意义

4.4.1　中生代先存构造对图尔卡纳拗陷影响

1. 先存断层活化作用

多伸展阶段的模型实验结果表明，早期伸展阶段形成的断层可能控制晚期伸展阶段的断层发育和构造特征（Henza et al.，2011；Bonini et al.，1997；Keep and McClay，1997）。图尔卡纳拗陷大尺度构造物理模拟实验结果与 Henza 等（2011）的实验结果较为相似，即早期伸展阶段形成的断层数量及断层的规模（长度、垂向断距）是控制断层活化的关键因素：早期伸展位移越大，早期形成的断层密度及规模越大，在晚期伸展阶段，越容易发生断层活化。

对于早期断层相对发育的模型（模型 C、模型 D），在第二阶段伸展形成的新的断层的走向更加趋近于第一阶段伸展形成的先存断层走向（图 4.16），证明它们可能发生显著活化。而且，在第二阶段，这种断层活化在局部表现更为明显（图 4.17），这与之前学者对自然实例的观察结果是一致的（Morley and Nixon，2016；Morley et al.，2004）。

模拟实验结果揭示先存的大型断层的活化也影响了断层的生长方式。在第二阶段伸展不发生明显断层活化时（模型 A-C），第二阶段伸展断层的生长方式为横向传播和分段连接，并在 *D-L* 剖面上形成典型的钟形或阶梯状［反映了所谓的“传播断层模型”（Rotevatn et al.，2019）（图 4.7，图 4.8）］。相反，早期伸展阶段断层在第二阶段伸展发生明显活化时（模型 D），这些断层在第二阶段伸展早期便形成一定的长度，且在演化过程中长度变化不大，仅垂向断距明显增加。在这种情况下，*D-L* 剖面［图 4.7（d）］存在显著差异（即从 T_1 到 T_2 断层横向传播不明显），它们与断层发育的“恒定长度模型”相对应，这是断层活化的典型特征（Bramham et al.，2021；Rotevatn et al.，2019），这些特征在图 4.8 中也均有体现。

理论上讲，在岩体中一旦存在活动断层，破坏准则将被滑动摩擦准则取代（Misra and Mukherjee，2015；Morley et al.，2004；Byerlee，1978），先存断层展布方向与区域应力方向的关系是断层活化的关键因素（Fossen，2016；Morley et al.，2004）。当先存断层相对于区域伸展方向的夹角（α）大于 30° 时，先存断层会在斜向伸展中发生复活/活化。这在构造物理模拟（Henza et al.，2011）、构造数值模拟（Deng et al.，2018）和自然裂谷实例的分析（Henstra et al.，2015；Morley et al.，2004）中均已得到证明。而 Maestrelli 等（2020）基于类似模型，推测先存断层发生活化的角度（α）应等于或大于 45°。在本次构造物理模拟实验模型中，第一阶段伸展形成的断层走向与第二阶段伸展伸展方向之间的夹角约为45°（图 4.3），这意味着断层活化现象会发生在第二阶段伸展中。但是本章实验结果表明断层活化只发生在第一阶段经历过一定规模伸展及变形的模型中，据此推断，早期伸展阶段的伸展位移会影响受先存构造控制地层岩体的体积，这可能是先存断层在晚期伸展阶段发生活化的控制因素。当第一阶段伸展位移增加时，生成的断层及断层数量、长度、垂向断距会明显增加（图 4.5，图 4.9，图 4.12，图 4.14）。这在构造物理模型实验中已证明，在实验的砂体中，这些离散的先存构造（先存断层）为明显的弱化区域，在该区域中，被扰动砂体的摩擦系数可以比未扰动的砂体摩擦系数减少 10%～40%（Zwaan et al.，2021；Bellahsen and Daniel，2005；Sassi et al.，1993）。砂体在发生脆性变形后，其摩擦特性（黏聚力、内摩擦角和强度）将大大降低，而阻力的降低取决于物理处理方法、初始压实等几个不同的参数（Lohrmann et al.，2003）。因此，即使难以量化说明，但若第一阶段伸展形成的断层的数量和规模越大，则受影响的砂体体积越大，在模型规模上相当于脆性地壳的强度降低越大。随着断层和裂缝数量的增加，断层活化的机会更高，受先存构造影响的岩石体积也更大。

2.北海裂谷断层活化对比分析

最近的研究表明，在多阶段裂谷过程中，裂谷早期形成的断层明显影响了后期裂谷事件形成的构造特征（Phillips et al.，2019；Henstra et al.，2015，2019；Deng et al.，2018；Bell et al.，2015）。实际上，图尔卡纳拗陷大尺度构造物理模拟模型 D 的断层活化模式（早期断层较发育，且晚期阶段断层活化明显）与北海北部特雷纳盆地（Henstra et al.，2015）及北部奥尔达地台（Whipp et al.，2014）的部分自然实例相似。但针对北海整体而言，尤其北海裂谷的中部地区，裂谷在多阶段演化中，早期（中侏罗世）形成的断层对后期（晚侏罗世）新生的断层影响有限（图 4.115）（Erratt et al.，1999）：经历了伸展方向发生变化的多阶段裂谷演化中，早期形成的断层并未在之后裂谷阶段发生明显活化，而是被晚期新生断层所切割，这与图尔卡纳拗陷大尺度构造物理模拟模型 B 中观察到的构造极为相似（图 4.115）。模型 B 中第一阶段伸展位移有限，而北海裂谷中侏罗世伸展位移也较小（伸展指数β<1.4）（Claringbould et al.，2017；Tomasso et al.，2008），综合图尔卡纳拗陷大尺度构造物理模拟实验结果与北海中部裂谷实例推测，在多伸展阶段裂谷演化过程中，若初始阶段伸展位移有限，则先存断层对新生断层的影响也有限，先存断层可在局部发生活化，而整体上活化作用不明显（Claringbould et al.，2017）。

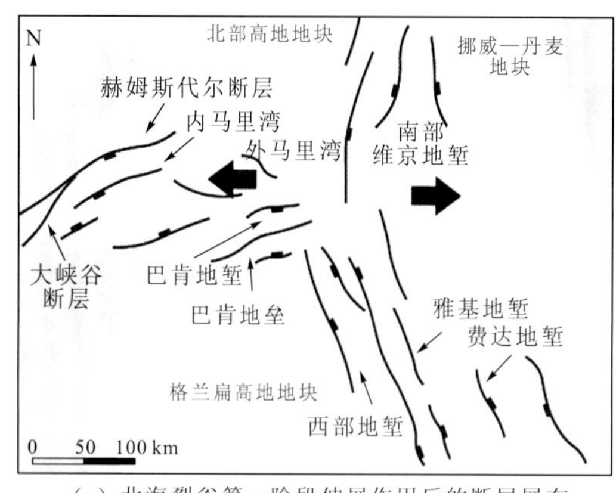

（a）北海裂谷第一阶段伸展作用后的断层展布

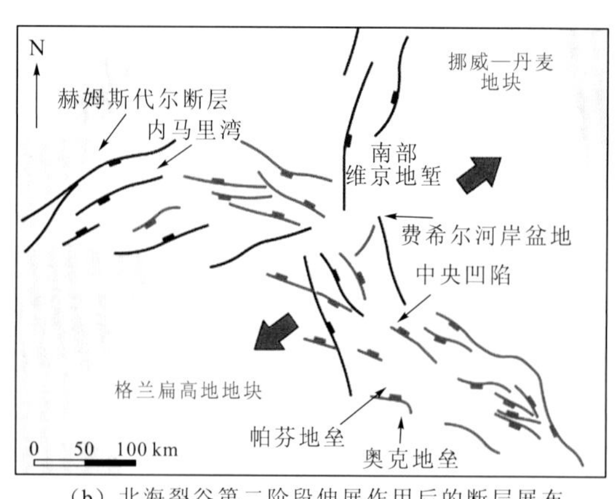

（b）北海裂谷第二阶段伸展作用后的断层展布

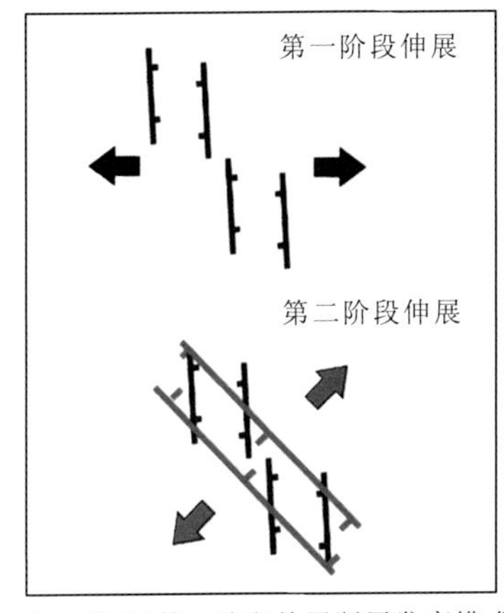

（c）模型B第一阶段伸展断层发育模式

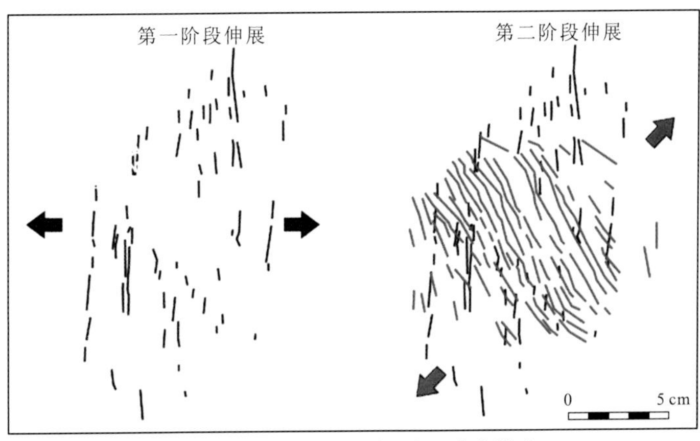

（d）模型B第二阶段伸展断层发育模式

图 4.115　图尔卡纳坳陷构造物理模型 B 模拟结果与北海裂谷构造对比图

红色为晚期伸展阶段新生断层

图尔卡纳坳陷在中生代裂谷作用下，形成北西—南东向展布的岩石圈薄弱带（Brune et al.，2017；Chorowicz，2005）。坳陷东西两侧北西向展布的南苏丹裂谷和安扎裂谷均沉积了较厚的白垩系—古近系（6～8 km）（Morley，1999），中生代北东—南西向的区域伸展作用形成了这些北西—南东向展布的裂谷。约 45Ma 以来，努比亚板块和索马里板块的横向运动在该区域形成东西向的区域伸展作用，最终导致新生代南北向裂谷和断层重塑了图尔卡纳坳陷的构造形态（Zwaan and Schreurs，2020；Chorowicz，2005）。图尔卡纳坳陷的新生代裂谷构造特征与部分学者认为的先存构造可能对新生代裂谷构造形态产生明显控制作用的假设相反（Knappe et al.，2020），图尔卡纳坳陷北西—南东向先存断层或基底先存构造的活化并不明显，新生正断层和地堑几乎垂直于近东西向的伸展方向（图 4.116），这与第一阶段伸展位移有限的模型 B 和模型 C 模拟实验结果较为相似，据此推测图尔卡纳坳陷于中生代伸展作用有限。虽然图尔卡纳坳陷也沉积了较厚的白垩系，但这可能是由于中生代

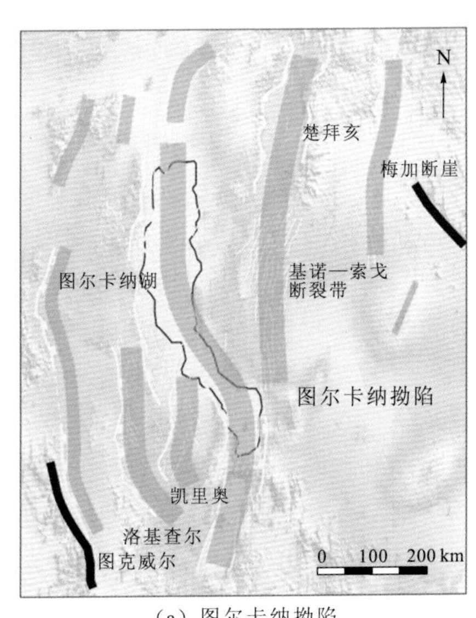

（a）图尔卡纳坳陷

（b）模型B（模拟实验结果）

图 4.116　图尔卡纳坳陷裂谷及断裂特征与模型 B 模拟实验结果对比图

裂谷作用下，变形主要发生在裂谷边缘，即边界断层较发育且控制较厚白垩系沉积，而裂谷内部断层并不发育，这种情况通常发生在裂谷活动的早期（Corti，2009，2012）。

图尔卡纳拗陷局部的断层平面形态与模型 C 或模型 D 中细节也较为相似，表明在图尔卡纳拗陷局部应存在断层活化。如南洛基查尔凹陷边界断层南部，北西—南东向的新生代断层与中生代先存断层活化有关（Corti et al.，2019；Vetel and Le Gall，2006）。总的来说，通过与构造物理模拟实验结果对比，图尔卡纳拗陷整体上先存断层活化现象不明显，活化仅在局部范围内发生。

4.4.2 中生代先存构造对阿伯丁凹陷影响

先存基底构造软弱带对裂谷的整体几何形态、构造格架、沉降中心的分布、次凹的发育均起到重要的影响和控制作用，并使凹陷内的构造样式表现出显著的分带差异性特征，以东非裂谷西支阿伯丁凹陷为典型代表。

（1）先存基底构造软弱带的几何特征从简单的直线形到复杂的直角形、矩形和弓形，从裂谷开始形成到演化晚期，裂谷的整体几何形态和构造格架一直受先存基底构造软弱带的强烈控制。当裂谷和凹陷的轴向与先存基底构造软弱带平行一致时，裂谷伸展区域相对较宽；当裂谷轴向发生偏转时，裂谷伸展区域相对狭窄。

（2）先存基底构造软弱带会造成凹陷构造转换带的发育，在凹陷不同部位发育多个沉降中心。凹陷内沉降中心的分布和次凹的发育同样受先存基底构造软弱带的控制，凹陷内多个沉降中心呈雁列式排列，沉降速率表现出强烈的非均一性。

（3）凹陷内断裂系统的演化、断层组合和凹陷构造样式也表现为显著的差异性。在线性先存基底构造软弱带，凹陷内次级断层的走向近平行，与凹陷边界断层走向一致，发育典型的对称地堑构造样式。在复杂先存构造软弱区和斜向构造软弱区，凹陷内次级断层呈雁列式排列，沉降中心狭窄，集中在凹陷中央，剖面上表现为对称楔状的凹陷形态。

4.4.3 剪切伸展模式转换对裂谷迁移演化影响

伸展构造是岩石圈拉伸作用下形成的构造组合系统（马杏垣 等，1988，1983；马杏垣，1982）。Lister 等（1986）提出了大陆伸展的纯剪切伸展模式和简单剪切伸展模式（图 4.117）。马杏垣（1982）参考 Eaton（1980）对北美西部盆地地壳剖面的解释，提出了伸展大陆壳结构模型。基于不同构造物理模拟和数值模拟模型的对比实验也证实了东非裂谷东支和西支凹陷发育演化的剪切伸展模式与动力学机制存在显著差异，这些差异控制和影响了东非裂谷东支和西支凹陷演化的不同特征。

东支主动型裂谷中各凹陷的形成和演化受深部地幔柱垂向作用背景下的简单剪切伸展动力学模式控制，以非对称半地堑为主要构造样式，沉积中心受控于主边界断层，晚期向凹陷斜坡方向迁移。西支被动型裂谷凹陷的形成和演化受坦桑尼亚克拉通水平运动背景下的纯剪切伸展动力学模式控制，以对称地堑为主要构造样式，沉积中心受控于凹陷边界断层的活动，相对稳定（图 4.118，表 4.8）。

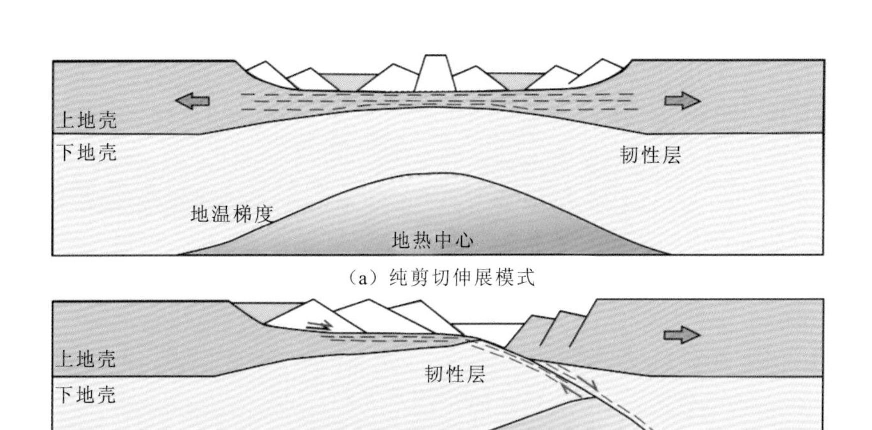

（a）纯剪切伸展模式

（b）简单剪切伸展模式

图 4.117　陆内裂谷剪切伸展模式

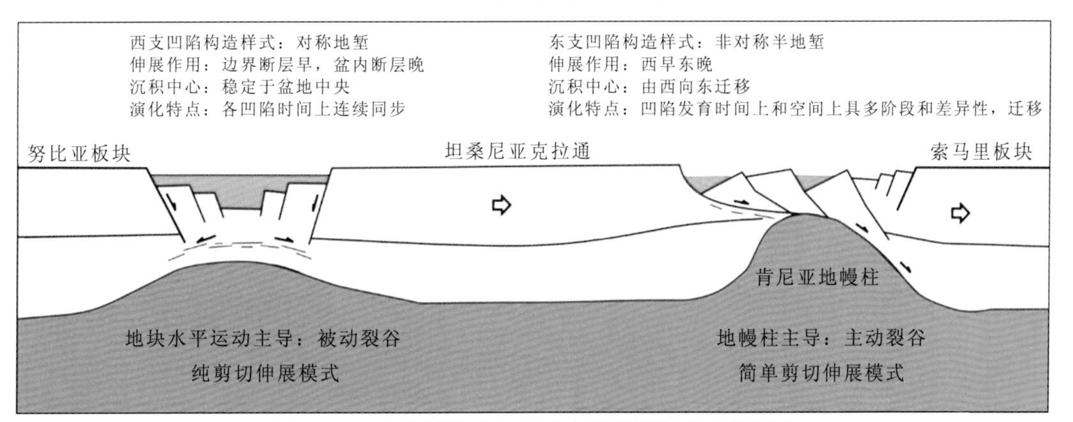

图 4.118　东非裂谷东支和西支凹陷演化动力学模式

表 4.8　东非裂谷凹陷演化过程模拟揭示的动力学模式差异

<table>
<tr><td colspan="2">东非裂谷分支</td><td>东支</td><td>西支</td></tr>
<tr><td colspan="2">裂谷类型</td><td>主动型</td><td>被动型</td></tr>
<tr><td rowspan="3">动力学模式</td><td>动力学背景</td><td>深部地幔柱垂向作用</td><td>坦桑尼亚克拉通水平运动</td></tr>
<tr><td>岩石圈减薄机制</td><td>热作用主导</td><td>刚性地块运动主导</td></tr>
<tr><td>伸展机制</td><td>非对称简单剪切伸展</td><td>对称纯剪切伸展</td></tr>
<tr><td rowspan="6">凹陷构造演化特征</td><td>凹陷构造样式</td><td>非对称半地堑为主</td><td>对称地堑为主</td></tr>
<tr><td>凹陷演化时序</td><td>存在多期性和早晚差异</td><td>近同期演化</td></tr>
<tr><td>凹陷空间分布</td><td>具有空间迁移特征</td><td>受控于先存基底构造软弱带分布</td></tr>
<tr><td>凹陷沉降中心</td><td>受控于主边界断层，受剪切伸展模式转换而发生迁移</td><td>受控于盆内断层的发育，相对稳定</td></tr>
<tr><td>差异性主控因素</td><td>地幔柱活动强弱差异、多期性及其空间迁移</td><td>先存基底构造软弱带与伸展方向关系</td></tr>
<tr><td>典型凹陷</td><td>南洛基查尔、凯里奥、楚拜亥</td><td>阿伯丁</td></tr>
</table>

1. 剪切伸展模式控制凹陷构造样式和沉降中心分布

基底的剪切伸展模式对凹陷的构造样式和沉降中心的分布具有重要的控制作用，以东非裂谷东支南洛基查尔凹陷和西支阿伯丁凹陷为典型代表。

（1）简单剪切伸展模式下，凹陷的演化受单侧主边界断层的强烈控制，地壳的伸展减薄主要通过主边界断层的强烈持续活动实现，伴随伸展作用的加强，在凹陷内发育反向断层。在纯剪切伸展模式下，凹陷的范围由两侧边界断层控制，地壳通过边界断层和新生断层的共同活动产生整体均一的减薄沉降，新生次级断层不断向凹陷内部扩展。

（2）简单剪切伸展模式下，凹陷总体表现为强烈的非对称半地堑构造样式，沉降中心稳定分布于单侧主边界断层附近，其沉降速率受主边界断层活动速率的控制。纯剪切伸展模式下，凹陷总体表现为对称地堑构造样式，伴随伸展作用的加强，在凹陷内部形成新的中央地堑，沉降中心稳定分布于凹陷的中央部位，其沉降速率受凹陷整体的沉降和凹陷内部新生断层的活动控制。

对于具有先存基底构造软弱带的模型，裂谷的整体几何形态和构造格架依然受先存基底构造软弱带的强烈控制，但简单剪切伸展模式对凹陷内的次级断层的发育和沉降中心的分布有着重要的影响。在基底纯剪切伸展模式下，凹陷内次级断层更为发育，凹陷的沉降中心逐渐由均一沉降向凹陷的中央迁移。而在基底简单剪切伸展模式下，凹陷的沉降主要受边界断层活动的控制，边界断层具有更大的断距，凹陷内断层的断距相对较小，使得沉降中心更靠近凹陷两侧的边界断层（图 4.119）。

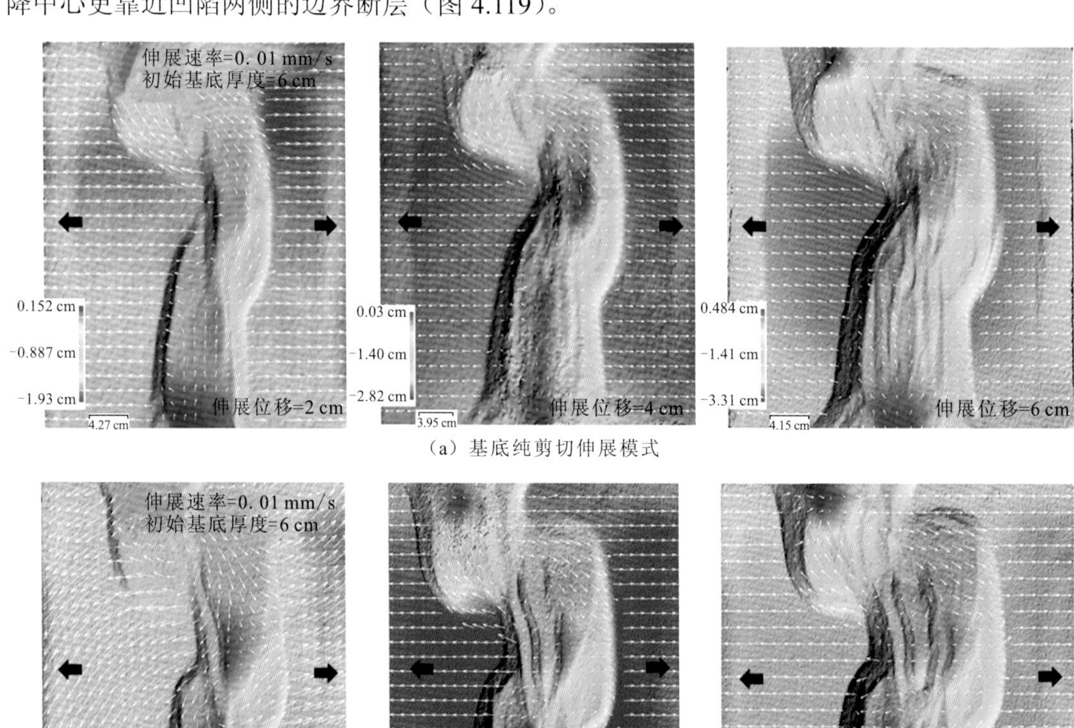

（a）基底纯剪切伸展模式

（b）基底简单剪切伸展模式

图 4.119　剪切伸展模式差异下先存基底构造软弱带对凹陷演化影响的模拟结果对比

2. 剪切伸展模式转换控制凹陷构造改造和沉积中心迁移

凹陷晚期剪切伸展模式转换对早期凹陷构造的改造、后期凹陷演化构造样式、新生断层发育和沉积中心的迁移具有重要的影响和控制作用，也对晚期油气改造和运移成藏起到关键作用，以东非裂谷东支南洛基查尔凹陷和凯里奥凹陷为典型代表。

（1）晚期新生断裂系统的发育和断陷迁移到早期半地堑凹陷的斜坡带。斜坡带上由早期以反向断层发育为主转换为同向断层和反向断层同时发育，构成对称的晚期地堑构造样式。

（2）凹陷的沉降不再只受单侧主边界断层的控制，由早期的单侧边界断层的正断伸展作用转换为凹陷斜坡带的整体伸展。沉积中心发生明显的迁移，由早期西侧边界迁移至凹陷斜坡带，最大沉降速率位于斜坡带（图 4.39）。

3. 伸展方向转换形成凹陷斜坡带雁列式断层和小型断陷

凹陷演化后期，伸展方向转换也对新生断层的发育和沉积中心的分布具有重要的影响和控制作用，对晚期油气运移成藏和改造起到关键作用，以东非裂谷东支南洛基查尔凹陷为典型代表。

晚期斜向伸展会产生斜向张扭应力场作用，构造变形主要特征表现为东部斜坡带的雁列式弧形断陷带。平面上，一系列晚期伸展断层呈弧形阶梯状展布，断层总体走向与凹陷主边界断层呈小角度相交，左阶雁列式展布，沿走向逐渐发生偏转，呈弧形弯曲。新生的雁列式断层在斜坡带构成小型断陷，这些小型断陷在平面上也表现为雁列式左阶排列。

第5章 东非裂谷盆地形成演化模式及动力学

5.1 裂谷发育主控因素

5.1.1 先存构造作用

1. 新生代东非裂谷整体沿基底先存构造发育

前人研究成果（Aanyu and Koehn，2011；Chorowicz，2005）表明，新生代的东非裂谷整体受南北向展布的前寒武纪基底先存构造控制（基底变质岩中线理和面理构造），并沿古构造带发育[图5.1（Tommasi and Vauchez，2015）]。其中，图尔卡纳拗陷内，图尔卡纳湖西南侧可见部分断层与基底变质岩中线理和面理构造走向一致，沿基底先存构造发生活化（Morley，1999）。

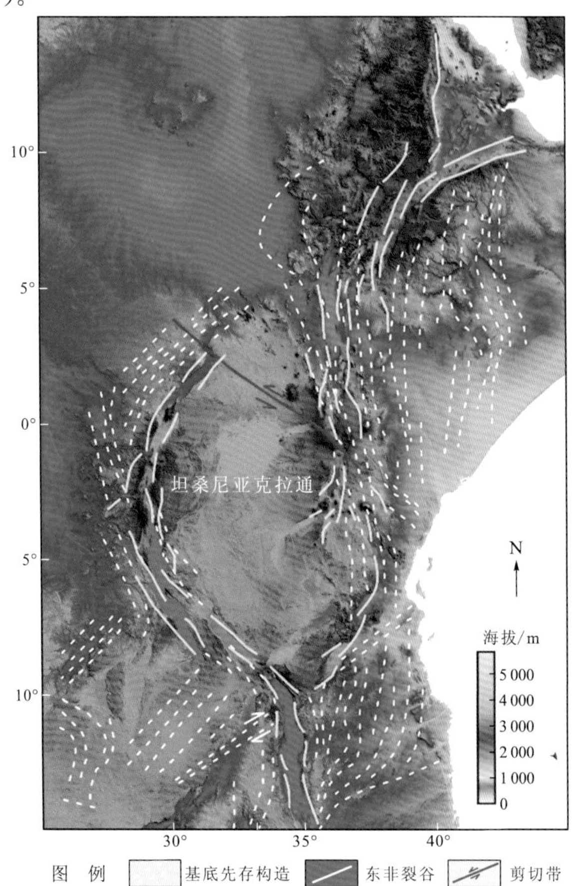

图5.1 东非裂谷基底先存构造与现今裂谷分布图

另外，在东非裂谷整体南北向发育的过程中，裂谷均沿克拉通边缘发育，其中西支围绕坦桑尼亚克拉通西部边缘、夹持于坦桑尼亚克拉通和刚果克拉通之间发育，东支则沿坦桑尼亚克拉通东部边缘，发育在新元古代末泛非洲事件形成的莫桑比克造山带内（图 1.2，图 1.3），由此可见东非裂谷不同部位存在岩石圈尺度的构造差异性。前人通过大尺度构造物理模型实验，推测夹持于克拉通之间的构造软弱带上，在区域伸展作用下易形成窄且陡的裂谷（如东非裂谷西支）（Corti et al.，2007）；而当坚硬的克拉通紧邻构造软弱带（造山带）时，在区域伸展作用下，易在构造软弱带上形成较宽的裂谷带（如贝加尔裂谷、东非裂谷东支等），且裂谷边界断层沿克拉通与构造带边缘发育（Corti et al.，2011）。

2. 白垩纪—早新生代裂谷活动影响

东非裂谷东支中部现今的地壳厚度均低于 40 km，其中图尔卡纳湖北部厚度约为 20 km，明显小于南北两个高原地区（50 km）（Simon et al.，2017；Sippel et al.，2017），地貌特征及相对薄的地壳整体呈北西条带状展布（图 2.17），这可能与早期（白垩纪—早新生代）与中非裂谷系统（安扎裂谷和苏丹裂谷）相关的北东—南西向区域伸展作用有关（Boone et al.，2019），即早期裂谷活动使研究区地壳伸展减薄，并引起地幔上涌，进一步形成地壳尺度的构造软弱带。

新生代的东非裂谷整体上沿基底近南北向古构造带发育，其中东支北部埃塞俄比亚窄裂谷段和南部肯尼亚窄裂谷段即为典型的基底构造控制的裂谷段（Corti，2008），但由于图尔卡纳拗陷北西向展布的下地壳及上地幔先存软弱带的存在，整个地区出现地幔岩石圈尺度的强度非均质性（Corti et al.，2019），进一步影响了地壳岩石圈的应力集中、影响地壳岩石圈脆性断层的发育过程，最终导致新生代东非裂谷东支南北窄裂谷段不能直接连接，而图尔卡纳拗陷在斜向伸展作用下，形成新生代异常的宽裂谷带（Brune et al.，2017），裂谷整体变形范围限定在北西向展布的软弱带内（图 4.1，图 2.17）。

另外，东非裂谷东支白垩纪—早新生代的裂谷活动还影响了部分新生代断层的构造形态，构造物理模拟结果表明，研究区新生代裂谷活动中，局部应存在断层活化（图 4.13），南洛基查尔凹陷边界断层南部（图 4.13），北西—南东向的新生代断层与中生代先存断层活化有关（Boone et al.，2019；Vetel and Le Gall，2006）。推测由于白垩纪—早新生代裂谷活动伸展量有限且中生代断层相对较不发育，图尔卡纳拗陷整体上先存断层活化现象不明显，局部发生的断层活化作用使新生代断层复杂化。

整体上，东非裂谷东支图尔卡纳拗陷新生代裂谷构造形态受前寒武纪基底先存构造（变质岩线理和面理构造）、白垩纪—早新生代裂谷活动形成的岩石圈异质性及早期裂谷活动形成的先存断层联合影响。

5.1.2 地幔柱活动影响

1. 东非裂谷东支火山活动特点

新生代以来，东非裂谷东支图尔卡纳拗陷火山活动较频繁，火山常伴随裂谷活动，火成岩大面积分布。结合地质图及搜集的火成岩定年数据（Boone et al.，2018a；Morley，1999；

Boschetto et al., 1992)，图尔卡纳拗陷新生代的火山活动可分为 4 个阶段：①古新世—早中新世，火山活动集中在现今图尔卡纳湖周缘，活动范围相对集中，此时南洛基查尔凹陷不受火山活动影响；②早—中中新世，火山活动期次多、范围广，图尔卡纳拗陷内各凹陷均经历了中新世火山活动；③中晚中新世，火山活动范围变小，火山影响范围由早期面状转变为北东向带状展布；④上新世至今，大规模火山活动逐渐远离新生代各凹陷沉积中心，整体向东迁移。综上所述，图尔卡纳拗陷火山活动整体演化特点为：早中新世火山活动最强烈，自中中新世以来，火山活动表现为自北西向南东方向的迁移（图 5.2）。

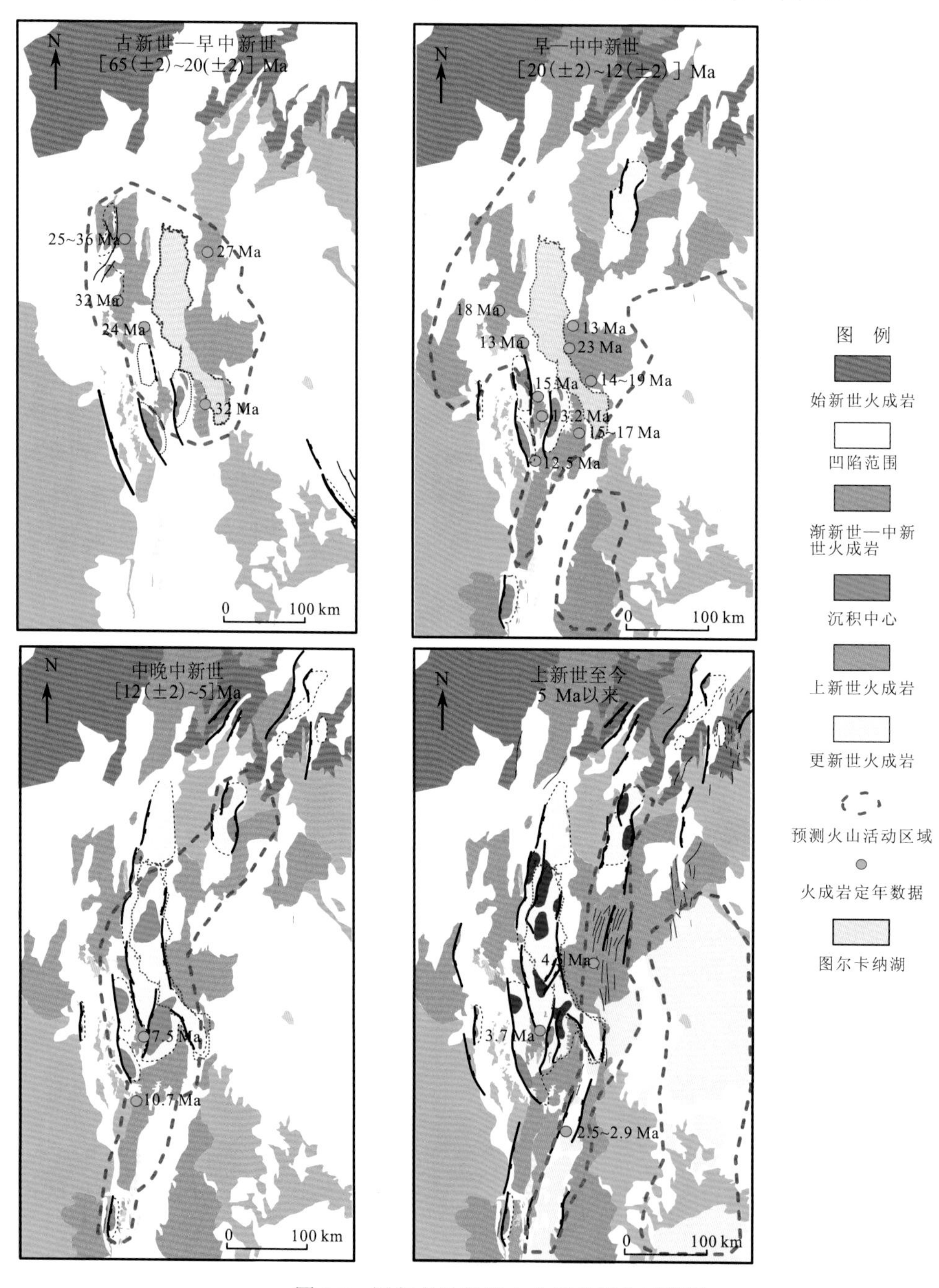

图 5.2 图尔卡纳拗陷火山活动演化过程图

2. 地幔柱活动对裂谷演化动力学影响

东非裂谷东支图尔卡纳拗陷新生代裂谷始于中部的南洛基查尔凹陷，之后向南北逐渐扩展，自上新世以来，裂谷活动向东迁移（图 3.8）。通过裂谷与火山活动演化的对比，发现图尔卡纳拗陷早期裂谷活动与火山活动关系不大，中新世—上新世为火山大范围活动和裂谷整体发育阶段，上新世之后，裂谷和火山活动均明显向东迁移。

岩石圈的流变、热和均衡作用响应共同控制了沉积盆地的几何形态和地壳结构。Civiero 等（2014）利用 P 波和 S 波速度成像反演，推测东非裂谷东支在地幔演化的不同阶段，上地幔发育多个小型地幔柱。复杂的地幔柱活动，影响深部热结构，受深部热结构的控制，岩石圈初始地温梯度、屈服强度、热流值和有效黏性等发生变化，进一步影响裂谷的动力模式（任建业和解习农，1996），形成不同的剪切伸展模式，并控制裂谷构造演化，从而导致复杂的火山和裂谷活动（图 5.3）。结合构造物理模型实验及图尔卡纳拗陷火山活动特点，剪切伸展模式的变化可能控制并影响凹陷的形成演化（图 4.29，图 4.30）。

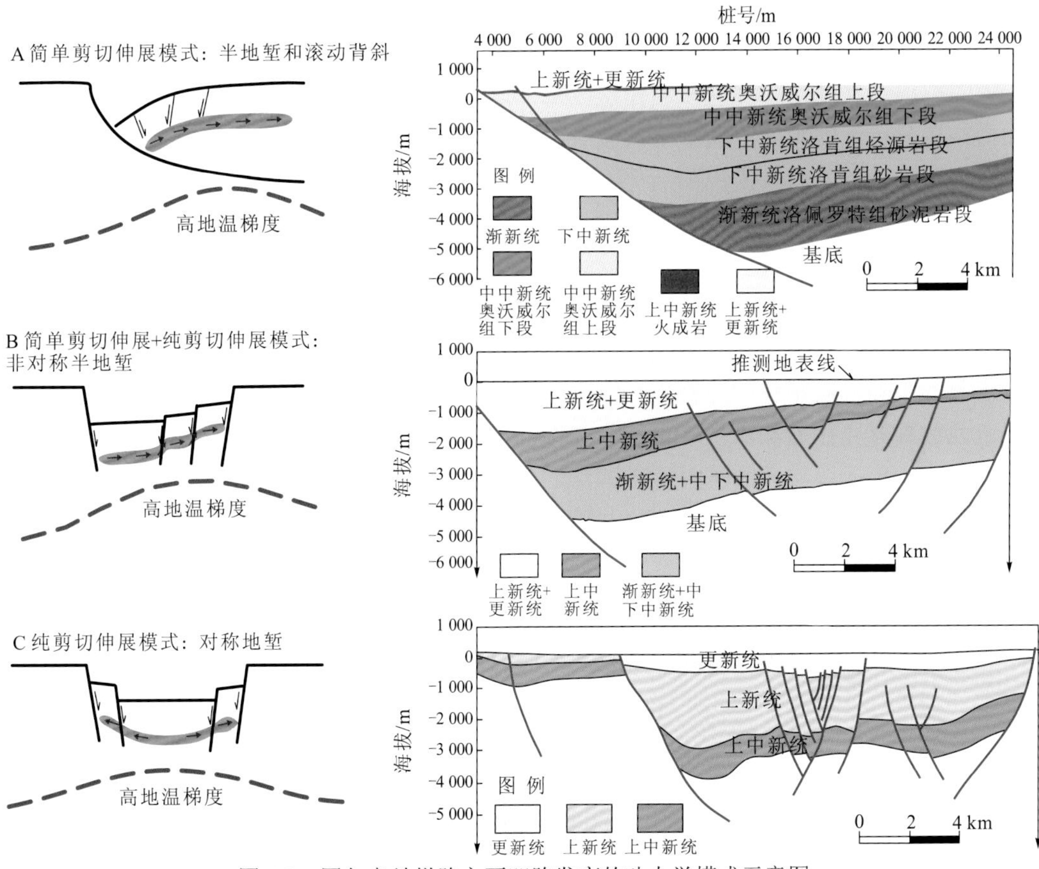

图 5.3　图尔卡纳拗陷主要凹陷发育的动力学模式示意图

由于图尔卡纳拗陷新生代裂谷整体于中中新世后大面积发育，裂谷整体呈主动型裂谷特征，各凹陷的形成和演化受深部地幔柱垂向作用背景下的早期简单剪切伸展、晚期（中新世之后）纯剪切伸展动力学模式联合控制，以非对称半地堑为主要构造样式，沉积中心受控于主边界断层，晚期向凹陷斜坡方向迁移。

5.2 裂谷演化机制及动力学模式

5.2.1 与典型裂谷类比

作为岩石圈主要的构造单元之一，大陆裂谷是了解深部地质作用的重要窗口和联系大陆构造与板块构造的纽带。传统的大陆裂谷定义为：裂谷是在拉张作用下形成的活动带，它是发生在穹状隆起背景上的深部成因的综合构造-岩浆体系，它的生成受异常地幔的控制，是地幔热重力对流、能量扩散和物质再分配在地表上的反映。（杨巍然 等，1995）作为地球动力学过程的结果，大陆裂谷不断塑造着地球的表面，现今存在着一些处于大陆裂谷演化不同阶段的典型裂谷，如贝加尔裂谷、汾渭裂谷系等。东非裂谷，尤其是裂谷的东支与这些典型裂谷在构造形态和形成演化机制上均存在着一些异同。本小节选择一些典型裂谷进行类比分析。

1. 先存构造影响差异

大陆裂谷通常经历了多期伸展作用，每一阶段伸展过程均受继承自早期造山运动的岩石圈内构造异质性的影响。区域上，裂谷活动前形成的断层及基底先存构造等可能在晚期裂谷（构造运动）阶段发生局部活化，进而影响裂谷演化过程中同裂谷沉积中心的迁移，以及新生断层的分布和几何特征（Phillips et al.，2016，2019；Morley et al.，2004）。

在现今一些典型的大陆裂谷中，均可见到先存构造的影响。其中，新生代汾渭裂谷系的发育，整体上继承了燕山期或前燕山期的断裂系统，多数裂谷段边界断层均为中生代挤压逆冲断层在新生代发生复活和构造反转形成（邢集善 等，1991；马杏垣和宿俭，1985）。贝加尔裂谷带的走向整体构造格局也继承了基底的褶皱构造和断裂构造，裂谷主体受控于太古宙西伯利亚克拉通和古生代褶皱带之间的缝合线，边界断层沿缝合线发育，发生强烈局部化变形，形成以显著的垂直运动和深凹陷为特征的狭窄裂谷（Corti et al.，2011；Petit et al.，2008）。这两者均为新生代持续发育的裂谷。莱茵裂谷中的上莱茵地堑形成于古新世以来，中新世之后裂谷沉积中心发生了迁移，研究表明这种迁移是在基底地壳尺度不同方向的先存构造控制下，区域应力方向发生改变而形成的（Michon and Sokoutis，2005）。

上述几个裂谷均可见明显的先存构造活化或先存构造的影响作用。而北海裂谷先存构造对裂谷的构造形态影响更复杂，其中裂谷整体走向沿基底先存大型剪切带发育或被剪切带切割（Morley and Nixon，2016；Phillips et al.，2016），但先存构造活化现象不明显。作为多伸展阶段裂谷，北海裂谷主要经历二叠纪—三叠纪和晚侏罗纪—白垩纪两个主要裂谷阶段（Phillips et al.，2019；Claringbould et al.，2017），且裂谷于侏罗纪—白垩纪阶段的晚侏罗世发生应力方向的变化，由之前的近东西向伸展变为北东—南西向的区域伸展（Henstra et al.，2019；Erratt et al.，1999），但是这种变化并未引起明显的上地壳尺度先存断层的活化（Claringbould et al.，2020；Claringbould et al.，2017），如北部维京地堑西侧东设得兰盆地（The East Shetland Basin）及北海中部（Central North Sea）均未见明显的早期断层在晚期裂谷阶段活化（Claringbould et al.，2017；Erratt et al.，1999）。仅在局部，如北海北部里班盆地（Ribban Basin）在第二阶段伸展发生断层复活，新断层与复活断层连接形成平面“Z”

字形展布形态（Henstra et al.，2019）。

东非裂谷整体沿古构造带发育，西支尤为明显（Chorowicz，2005），东支图尔卡纳拗陷虽然整体上也受前寒武纪基底先存构造的影响，但中生代裂谷作用也明显影响了新生代的裂谷发育，从先存构造影响程度来看，东支与临汾地堑系和贝加尔裂谷均有差异（新生代裂谷不完全沿先存构造发生活化），与北海裂谷则有一定的相似性。

2. 裂谷的成因与机制、演化趋势差异

近期研究表明，板块的构造应力无法破裂正常的大陆岩石圈（Buck and Karner，2004），构造软弱带的继承性发育结合动态弱化机制为裂谷形成的主要控制因素，地幔柱撞击活跃的裂谷带还会通过加热和热蚀降低岩石圈强度，这个过程可能会引发最终的大陆分裂（Buiter and Torsvik，2014）。

不同类型大陆裂谷间的明显差异与成因联系反映了岩石圈构造演化的过程与阶段，其顺序大致为：大陆内部裂谷（东非型）→被动大陆边缘裂谷（南非型）→活动大陆边缘后方裂谷（东亚型）→大陆碰撞带邻区裂谷（莱茵型或南亚型）→后造山带伸展裂谷（西美型）（杨巍然 等，1995）。

从成因类型上来讲，贝加尔裂谷和莱茵裂谷均为大陆碰撞型裂谷，地幔作用相对较弱。汾渭裂谷系新生代裂谷活动中，地幔作用影响也较弱。前人调查推测异常地幔物质（低速高导层）在贝加尔裂谷及莱茵裂谷的厚度均小于东非裂谷，且大地热流值也略低，这些裂谷主要受地壳尺度的先存构造控制，在区域伸展应力变化时发生演化和迁移（Petit et al.，2008；Michon and Sokoutis，2005）。

而北海裂谷虽然整体上也受基底剪切带控制（Phillips et al.，2016，2019），但裂谷地幔活动相对较强，且地幔活动的迁移明显影响了裂谷演化过程，随着中生代末裂谷活动整体迁移至北大西洋北段，北海裂谷最终被遗弃。

而东非裂谷属于大陆内部裂谷，受区域伸展应力和地幔柱活动共同作用。东非裂谷东支火山广泛分布，被认为是富地幔裂谷或主动裂谷，地幔作用导致地壳岩石圈减薄，加速裂谷活动（Brune，2016）。其中，东非裂谷东支北段的埃塞俄比亚裂谷整体沿基底先存构造发育，呈窄裂谷形态，且被认为在板块运动区域斜向伸展和地幔柱活动共同作用下，部分地区已向威尔逊旋回（年轻的大洋）的下一个阶段发展（Corti et al.，2019；Corti，2008）。

按裂谷发育演化趋势，很多裂谷并未形成大陆岩石圈的最终破裂，如中生代的西非裂谷系统和中非裂谷系统（Brune，2016），中生代的北海裂谷也是典型的夭亡裂谷（Wilson et al.，2019）。从先存构造影响来看，图尔卡纳拗陷与北海裂谷有一定相似性，但从目前地幔柱活动及岩石圈特征来看，北部的埃塞俄比亚裂谷也对图尔卡纳拗陷的演化有一定的指示意义，那么研究区未来是否会继续发育形成新生大洋，进入威尔逊旋回的下一个阶段呢？还是会成为像北海裂谷一样的夭亡裂谷呢？这些问题还需要进一步深入的研究。总的来讲，与这些裂谷相比，东非裂谷东支表现出更复杂的先存构造和多变的地幔柱活动的影响。

5.2.2 裂谷演化模式

作为典型的陆内裂谷，与其他一些典型的裂谷相比，东非裂谷具有自己特殊的演化机制和动力学模式。裂谷整体演化模式表现为以下几点。

1. 白垩纪—早新生代裂谷阶段

新生代裂谷活动之前，东非裂谷已经历了多期构造运动改造，其中白垩纪—早新生代裂谷活动对现今东支图尔卡纳拗陷影响较大。虽然白垩纪—早新生代裂谷的主体位于研究区东西两侧的苏丹裂谷和安扎裂谷（Morley，1999），但在北东—南西向的伸展作用下，图尔卡纳拗陷所在地区地壳岩石圈已被伸展减薄，并形成北西向展布的地壳岩石圈薄弱带，相应地，地幔岩石圈在该地区也发生局部隆升（Brune et al.，2017）。该裂谷阶段形成了新生代裂谷前的岩石圈异质性，这种岩石圈的异质性与前寒武纪变质岩基底先存构造（线理和面理）的存在，有利于诱发并影响新生代裂谷的形成演化（图 5.4）。

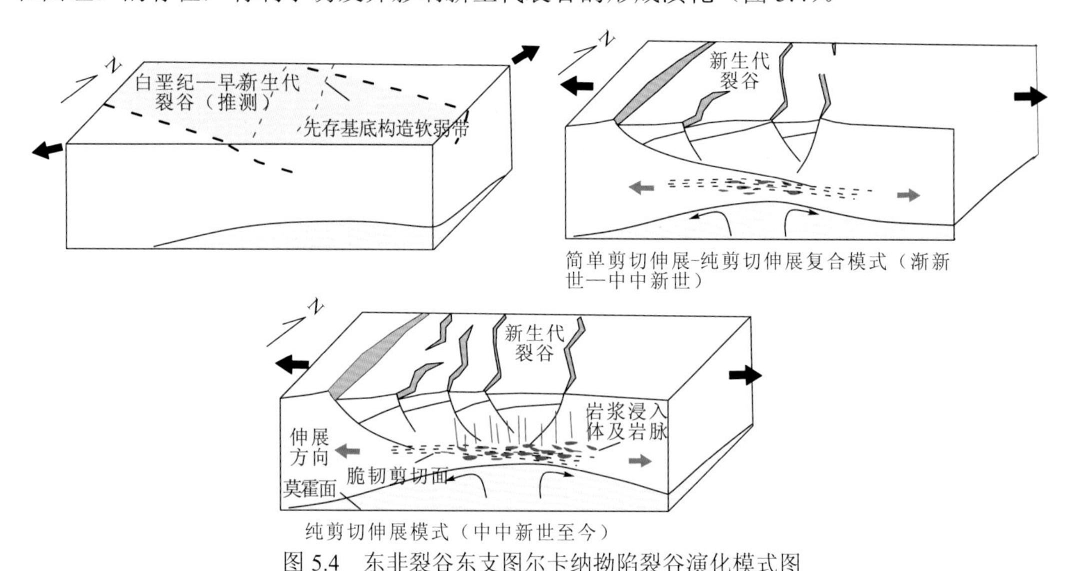

图 5.4　东非裂谷东支图尔卡纳拗陷裂谷演化模式图

2. 渐新世—中中新世裂谷局限发育阶段

约 45 Ma（始新世）之后，因索马里板块和努比亚板块的水平运动，东非地区产生近东西向的区域伸展应力（Morley，2020；Boone et al.，2019；Simon et al.，2017；Civiero et al.，2014；Tiercelin et al.，2012），开始进入新生代东非裂谷阶段。与新生代裂谷活动相关的断层活动也始于约 45 Ma，东非裂谷东支南洛基查尔凹陷西南部边界断层最早开始运动，推测该断层为白垩纪裂谷活动形成的先存断层在新生代裂谷活动时期活化。根据钻井、地质露头及地震地质解释结果，东非裂谷东支中南部于渐新世开始进入新生代第一个裂谷阶段。渐新世—早中新世，火山活动范围相对较小，地幔柱及火山作用影响有限，此时中南部的南洛基查尔凹陷和凯里奥凹陷在简单剪切伸展模式下，形成“多米诺”式半地堑，裂谷活动相对局限在少数几个凹陷内（图 5.4）。

3. 中中新世至今裂谷整体发育阶段

中中新世以来，随着地幔柱活动在研究区逐步加强，火山活动范围也随之不断扩大。

受地幔整体上涌作用影响，东非裂谷东支几乎所有凹陷均进入裂谷活动阶段，且随着地幔柱活动的加强，裂谷动力学模式由简单剪切伸展整体向纯剪切（或简单剪切+纯剪切）伸展模式转变，之前半地堑继续发育，而新生裂谷则多呈不对称地堑样式。受白垩纪—早新生代裂谷活动形成的北西向展布的地壳尺度软弱带影响，新生裂谷形成整体较宽的裂谷带。上新世之后，随着地幔柱活动向东迁移，火山活动也随之发生迁移，此时裂谷仍处于整体发育阶段，但裂谷沉积中心已迁移至东部（图 5.4）。

综上所述，东非裂谷东支演化受先存构造和地幔柱活动联合制约，即基底先存构造、前新生代裂谷形成的地壳岩石圈软弱带和先存断层影响新生代裂谷和断层的构造形态和展布特征，地幔柱活动影响裂谷剪切伸展模式，地幔柱迁移导致裂谷演化迁移。

5.2.3 裂谷发育动力学模式

前人把东非裂谷，尤其是裂谷东支作为典型的主动裂谷，认为地幔柱作用主导裂谷的形成和发育（Chorowicz，2005），部分研究结果也表明东支地幔结构更明显，地幔柱作用强（Meshesha and Shinjo，2008）。但近期研究表明，先存构造对裂谷发育影响也较大。东非裂谷西支沿坦桑尼亚克拉通西缘的前寒武纪先存构造带发育，而东非裂谷东支图尔卡纳裂谷段整体沿南北向前寒武纪基底的缝合带和造山带发育，且受中生代裂谷活动影响（Brune et al.，2017）。中生代裂谷活动，即北东—南西向的区域伸展作用于岩石圈，形成新生代裂谷发育前的北西向展布的宽缓的岩石圈软弱带，局部可能形成北西向展布的断裂体系。在新生代裂谷初期，东非裂谷在南北向先存基底构造带及北西向软弱带的影响下，部分北西向展布的先存断层可能首先复活，并平行展布形成较宽裂谷，如早期的南洛基查尔凹陷及凯里奥凹陷，此时地幔柱作用相对较弱，裂谷模式可能遵循深部地幔柱纯剪切、浅层地壳简单剪切的双层混合式伸展变形模式（Morley，1995）。中新世之后，东支图尔卡纳拗陷地幔柱活动逐渐增强，地幔柱活动的迁移明显影响了火山活动的迁移（图 5.5），并可能导致裂谷动力学模式发生变化（Morley，2020），此时裂谷更多呈现出主动裂谷特征。晚中新世之后，东支地幔柱发生明显迁移，火山活动及岩浆侵入也随之整体向东迁移，导致该阶段形成的各凹陷沉积中心发育不同步，且具分散性和迁移性，裂谷模式整体向纯剪

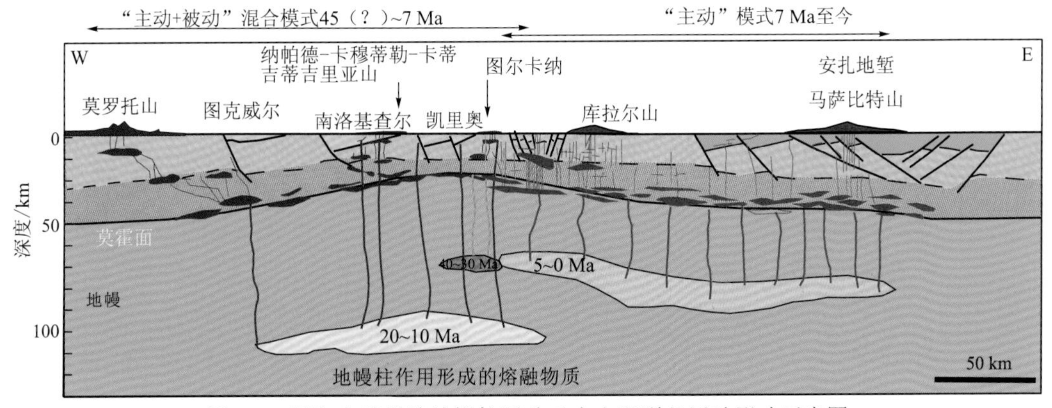

图 5.5　图尔卡纳拗陷地幔柱活动对火山及裂谷活动影响示意图

据 Morley（2020）修改

切伸展模式转变。因此，东非裂谷裂谷段整体演化是在板块运动提供的区域伸展应力背景下，受先存构造和地幔柱联合控制的。东非裂谷北西向展布、下地壳尺度的“透入型”先存构造软弱带控制了图尔卡纳拗陷整体“宽裂谷”的结构形态，而“间隔型”先存断层则影响了断层的局部形态。另外，地幔柱活动迁移不仅影响火山及裂谷活动的迁移，还可能改变裂谷的发育模式。

整体来讲，裂谷的演化除受岩石圈尺度先存构造软弱带的控制外，盆地内部分凹陷的形成和演化可能还与剪切伸展模式和深部地幔柱活动有关。各重点凹陷之间的构造演化差异性主要表现为演化时间上的差异和前后多期活动的差异，其差异性受地幔柱活动在空间上的强弱差异性、活动期次和空间迁移控制。

第6章 东非裂谷盆地沉积充填特征

6.1 层序地层发育及对比

6.1.1 层序界面厘定

层序界面识别是层序地层划分和等时地层格架构建的基础。经典层序地层学理论以不整合及与之可以对比的整合作为层序界面。因此，层序界面上下的地震反射结构与终止现象、测井响应特征及岩性组合等都会存在较明显的变化。

1. 地震反射结构特征

地震反射结构特征具体包括：①削截或冲刷充填造成的不整合关系；②地层沉积上超造成的不整合关系；③顶超和底超；④强振幅反射同相轴所显示的上下地层的截然差异（图 6.1）。削截和顶超是层序界面识别的首要标志。削截意味着地层沉积期后，经受了强烈的构造隆升或海平面下降而出露地表，遭受侵蚀作用；顶超代表无沉积作用面，表现为以低角度逐步向层序顶面收敛。两者都反映上下两套层序之间存在沉积间断。东非裂谷

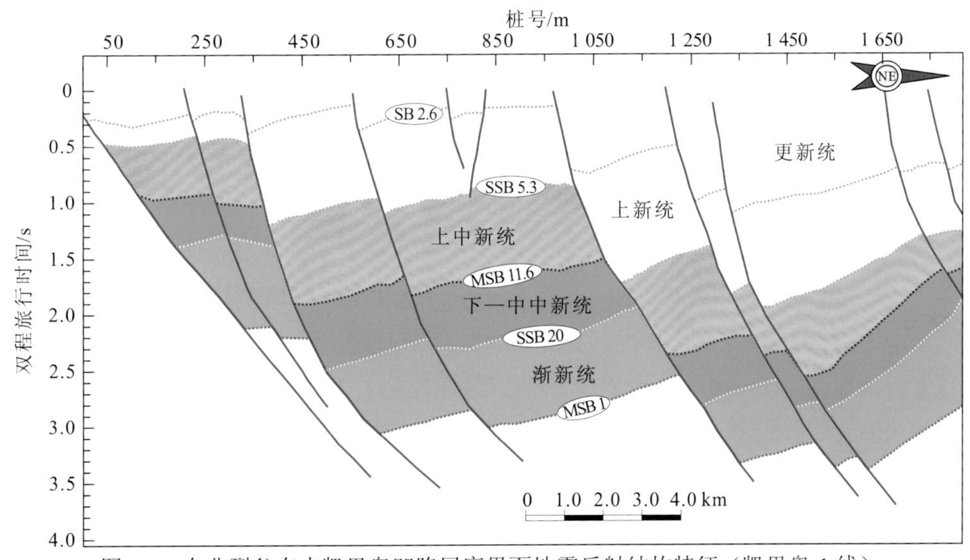

图 6.1 东非裂谷东支凯里奥凹陷层序界面地震反射结构特征（凯里奥-1 线）

东支各凹陷均不同程度发育火成岩，因其岩石物理性质与碎屑沉积岩存在很大差别，在地震反射剖面上会形成明显的阻抗界面，可能代表了裂谷发育演化的构造事件，因而其界面也可作为构造层序的边界，反映了界面上、下属于不同的构造阶段。

2. 岩心录井和岩屑录井、测井曲线形态及突变特征

一方面钻井岩心的精细描述能够有效识别出不同级别的层序界面，另一方面测井曲线分析能够解释不同层序界面上下的差异。如图 6.2 所示，东非裂谷盆地东、西两支各凹陷钻井的岩-电响应特征均揭示了层序界面上、下的变化。东非裂谷东支楚拜亥凹陷 Ga-1 井一级层序边界（又称“巨层序边界”，mega-sequence boundary，MSB）MSB 11.6 界面、凯里奥凹陷 K-1 井二级层序边界（又称“超层序边界”，super-sequence boundary，SSB）SSB 20 界面及欧姆凹陷 T-1 井 SSB 5.3 界面等均为火成岩与碎屑沉积岩的接触面，界面上下岩性差异限制，其测井响应也会产生截然变化，这代表了裂谷构造演化的突变，进而导致旧层序发育的终结和新层序发育的初始，因而是层序边界识别的重要标志。图尔卡纳凹陷 Sp-1 井的 SSB 5.3 界面也是位于一期火山事件的底部，反映了层序发育初期，凹陷主动裂陷，以火山喷发为特点，在凹陷内堆积了一层火成岩，短期内水体快速加深，随后构造趋于平缓，陆源碎屑物质大量输入凹陷内部，直至可容纳空间填满。因此，火成岩的底部在某些时候可以作为一个层序的底界面。东非裂谷东支南洛基查尔凹陷和西支阿伯丁凹陷的一些钻井，尽管没有特殊岩性层发育，但裂谷构造演化、沉积物供给速率、气候等发生变化依然会在测井曲线上形成明显变化，从而根据其变化识别层序界面。

3. 沉积体系域演化

沉积体系域演化主要表现为准层序叠置和组合样式差异（图 6.3）。裂陷初期构造活动强烈，地形高差显著，沉积物搬运动力强，因而层序底部往往发育具有一定规模且厚度较大的碎屑沉积体，即低位扇体，垂向上呈进积或加积旋回；其后，因构造活动趋缓，沉积物搬运动力减弱，凹陷内水体稳定，水深较大，碎屑物质供给较少，以细粒沉积为特点，垂向上呈退积序列；再之后，伴随着沉积物充填，凹陷坡度变缓，碎屑沉积体向盆地推进较远，垂向上形成向上变粗的反粒序旋回。因此，依据地层岩性垂向序列的这种旋回变化，可以较好地识别不同级别的层序界面，尤其是低级别或高频旋回的界面。

综合利用地震、钻井等资料，并充分借鉴前人研究成果，对东非裂谷盆地的主要层序界面进行识别和性质厘定，为建立区域层序地层对比和沉积充填演化分析奠定基础。结合东非裂谷盆地新生代构造演化分析，并充分考虑区域地层对比的可行性，研究区新生代地层序列可识别出 2 个一级层序边界、2 个二级层序边界和 3 个三级层序边界（sequence boundary，SB）。层序界面的命名采用级次-地质年龄的原则，这样不仅有助于明晰界面的级别，同时也有助于快速知晓界面上下地层的年代属性。如 SSB 5.3 界面，即表示该界面属于二级层序边界，同时地质年龄为 5.3 Ma，其上、下地层分别属于上新统与上中新统。表 6.1 列举了上述界面总体的地震反射识别特征。

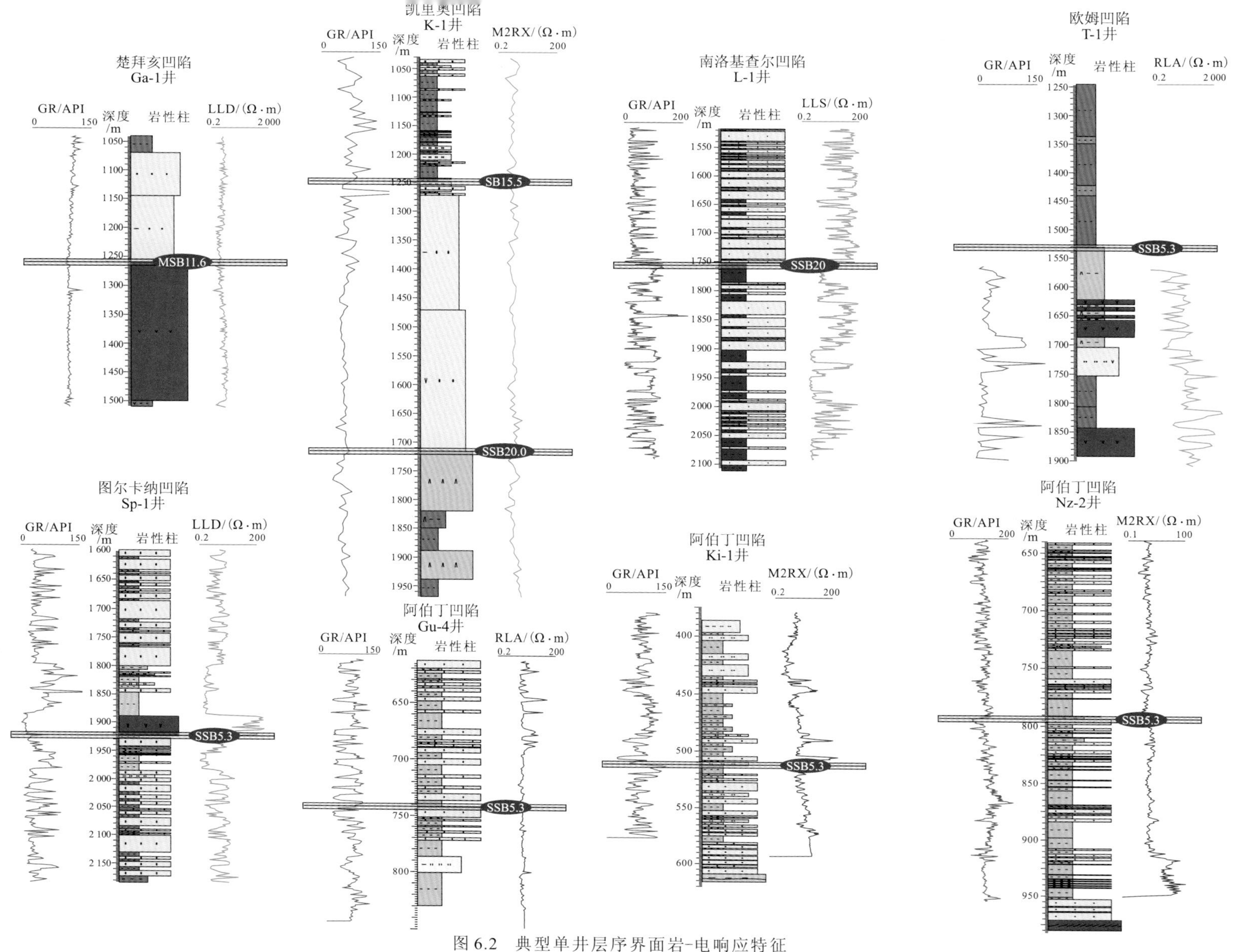

图 6.2 典型单井层序界面岩-电响应特征

GR为自然伽马；LLS为浅侧向电阻率；LLD为深侧向电阻率；M2RX为高分辨率阵列感应电阻率；RLA为高分辨率侧向电阻率

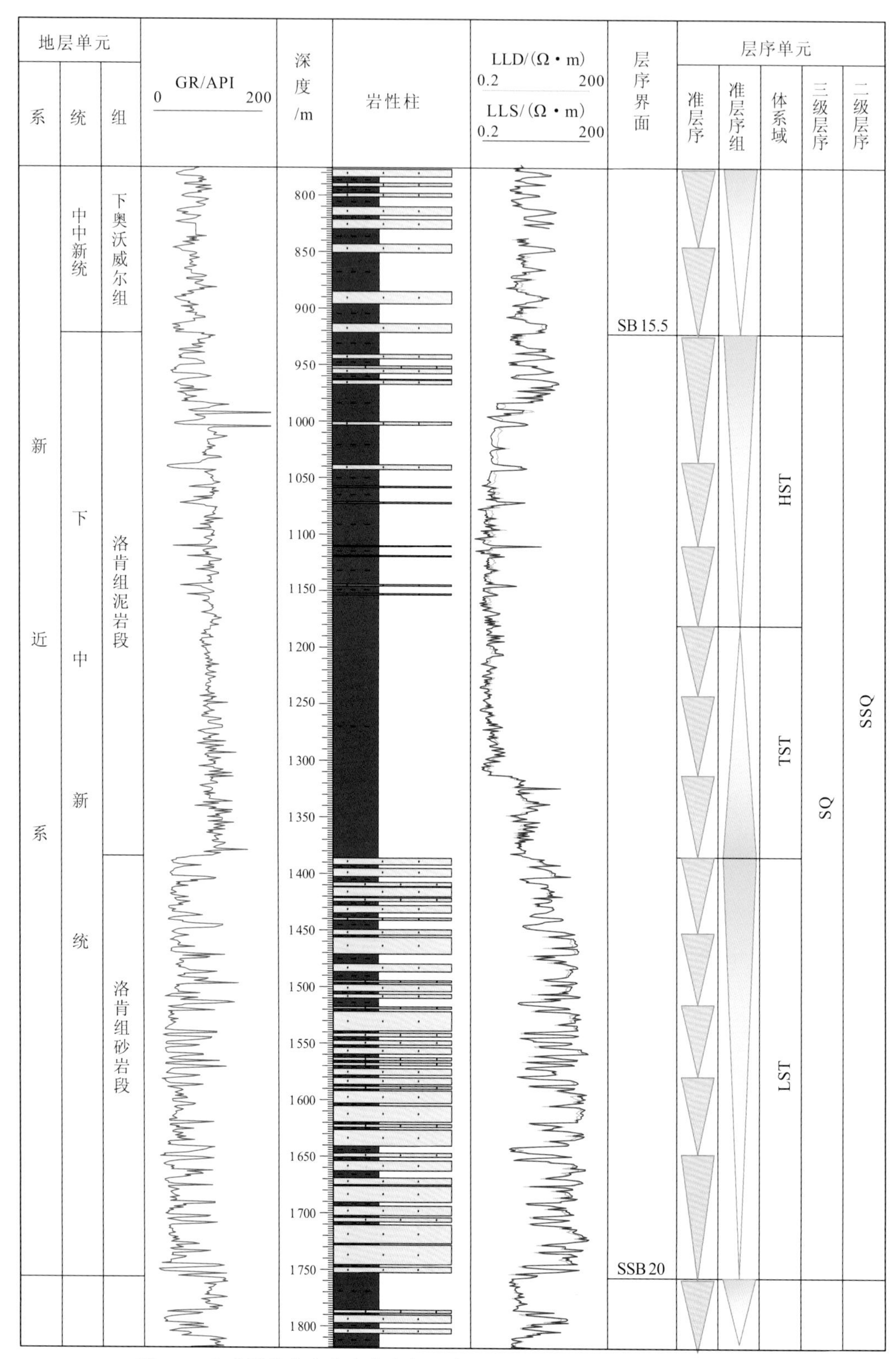

图 6.3　东非裂谷东支南洛基查尔凹陷 L-1 井层序及沉积体系域演化特征

HST 为高水位体系域（high system tract）；TST 为海进体系域（transgressive system tract）；LST 为低水位体系域（low system tract）

表 6.1　东非裂谷盆地层序边界地震反射识别特征及其地质属性

界面编号	地震反射识别特征	地层接触关系	地质属性	界面等级
SB 2.6	中-高振幅、中-高连续、低-中频率反射同向轴	微角度不整合	第四系底界面	三级
SSB 5.3	中-高振幅、中-高连续、低-中频率反射同向轴，见削截反射	角度不整合	上新统底界面	二级
MSB 11.6	总体为中-高振幅、中-高连续反射同向轴	角度不整合	上中新统底界面	一级
SB 15.5	中-强振幅、中等连续反射同向轴	整合、微角度不整合	中中新统底界面	三级
SSB 20	中-强振幅、中等连续反射同向轴	角度不整合	新近系底界面	二级
SB 33.9	中-强振幅、中等连续反射同向轴	整合、微角度不整合	渐新统底界面	三级
MSB 1	中-强振幅、中等连续反射同向轴，部分剖面品质较差，特征不明显	角度不整合	古近系底界面	一级

MSB 1 界面为东非裂谷盆地新生代裂陷初始界面，该界面之下为东非白垩纪裂谷的充填岩系或更为古老的变质岩、火成岩结晶基底，界面之上为东非新生代裂谷盆地充填，界面上、下地层总体呈角度不整合接触关系，属于一级层序边界。需要说明的是，由于东非裂谷东、西两支，乃至东支的不同凹陷发育时间存在差别，该界面在不同凹陷内的年龄并不相同，但依据其是分隔基底与新生界充填的地质属性，仍将其确定为 MSB 1，即发育较晚的凹陷，其 MSB 1 界面的年龄可能与其他发育较早凹陷内部界面的年龄相当。

MSB 11.6 界面为上中新统底界面，该界面之下为东非裂谷演化第 I 阶段发育的古近系，界面之上为东非裂谷演化第 II 阶段发育的新近系，是新生代东非裂谷盆地两大构造演化阶段的分界面，界面上、下地层总体呈角度不整合接触关系，属于一级层序边界，其年龄总体与中中新世末的年龄相当，为 11.6 Ma。

SSB 20 界面为东非裂谷盆地演化第 I 阶段内早、晚两个构造期次之间的界面，属于二级层序边界，其年龄总体与渐新世末的年龄相当，为 20 Ma。界面之上为新近系，主要发育在东非裂谷东支各个凹陷，岩性组合总体为陆源碎屑岩夹火成岩，西支仅零星发育，总体仍处于暴露剥蚀阶段；界面之下为古近系渐新统，以与强烈裂陷伴生的火山喷发沉积为特征。

SSB 5.3 界面为东非裂谷盆地演化第 II 阶段内早、晚两个构造期次之间的界面，属于二级层序边界，其年龄总体与中新世末的年龄相当，为 5.3 Ma。界面之下为第 II 阶段早期充填的上中新统，东非裂谷东、西两支各个凹陷均比较发育，以陆源碎屑岩为主，火成岩也具有一定规模；界面之上为第 II 阶段晚期充填的上新统—更新统，陆源碎屑岩充填占据绝对优势，东支部分凹陷的局部层段发育规模较小的火成岩。

SB 33.9 界面为东非裂谷盆地演化第 I 阶段早期内部的一个界面，多数凹陷该时期并未发育，少数充填的也是火成岩，因此该界面总体与 MSB 1 重合，属于三级层序边界，其年龄总体与始新世末的年龄相当，为 33.9 Ma。SB 15.5 界面为东非裂谷盆地演化第 I 阶段晚期内部的一个界面，属于三级层序边界，其年龄总体与早中新世末的年龄相当，为 15.5 Ma。该界面在裂谷西支因其尚未发育总体与 MSB 1 界面重合，在东非裂谷东支各个凹陷内普遍发育，但因资料品质原因，不太好识别，仅在南洛基查尔凹陷进行了识别，为洛肯组和奥沃威尔组之间的分界面。SB 2.6 界面为东非裂谷盆地演化第 II 阶段晚期内部的一个界面，属于三级层序边界，其年龄总体与上新世末的年龄相当，为 2.6 Ma。该界面在东非裂谷西支的阿伯丁凹陷内比较明显，其下为尼亚卡宾戈（Nyakabingo）地层，其上为卡托罗戈（Katorogo）地层；在东非裂谷东支各凹陷内通过标定和对比，也可识别。

6.1.2 层序地层对比

以层序界面特征及其地质属性分析为基础，结合东非裂谷盆地结构与构造演化分析，将东非裂谷盆地新生界充填序列总体划分为 2 个一级层序，4 个二级层序和 7 个三级层序（图 6.4）。需要说明的是，虽然东非裂谷东、西两支，甚至东支内部各个凹陷发育的时间具有较大差异，并非每个凹陷都发育上述所有的层序，可能只发育其中部分的层序，但总体依据层序界面地质属性及其年龄，可以做到区域内层序地层单元划分与对比。

1. 东非裂谷东、西两支层序地层对比

东非裂谷发育演化在东、西两支的构造活动强度和响应形式存在很大差别，加之裂谷两支所处大地构造位置的差异，必然导致其形成演化和沉积充填存在差异，厘清东非裂谷东、西两支各个凹陷发育演化的时间脉络，查清其构造演化、地层序列和沉积充填的特点和差异性，对深刻理解东非裂谷演化及其主要构造事件的区域响应和搭建东非裂谷地质演化序列具有重要的理论意义。

以关键界面识别为基础，并结合盆地周边露头资料的定年分析，可以比较准确地确定东非裂谷东、西两支的等时年代地层格架。东非裂谷东、西两支区域层序地层存在以下几点差异。

（1）层序充填的非同步性。东非裂谷东支总体发育较早，其南部的几个凹陷在渐新世即已开始发育；而裂谷西支的发育时间明显较晚，晚中新世才开始发育（图 6.4）。因而，东非裂谷东、西两支的层序地层划分及其特征存在很大的非同步性。东非裂谷东支总体经历了东非裂谷演化的第 I 和第 II 两个阶段，因而可划分为 2 个一级层序（MSQI、MSQII），而东非裂谷西支仅经历了裂谷演化的第 II 阶段，仅可划分为 1 个一级层序(MSQI)。

（2）地层厚度的差异性。东非裂谷东支发育较早，南部几个凹陷往往以第 I 阶段地层厚度较大为特征，向北逐渐过渡为第 II 阶段地层厚度变大；而东非裂谷西支仅发育第 II 阶段地层，其地层厚度最发育的层段在上新统，其下伏上中新统地层相对较薄。东非裂谷东、西两支地层厚度分布的空间差异，反映了裂谷发育演化的空间迁移性特征。

（3）充填岩性的差异性。东非裂谷东支构造活动强烈，属于典型的主动裂谷，其岩浆作用比较活跃，因而盆地内充填了规模较大的火成岩地层，且在多个层段都有分布；而东非裂谷西支构造活动相对弱，呈被动裂谷特征，其岩浆作用并不明显，因而盆地内几乎不发育火成岩地层，陆源碎屑沉积物占据绝对优势（图 6.4）。火成岩发育与否及其范围的大小，势必对东非裂谷东、西两支成烃、成藏条件产生较大影响，从而导致东、西两支的油气勘探潜力也存在较大差别。

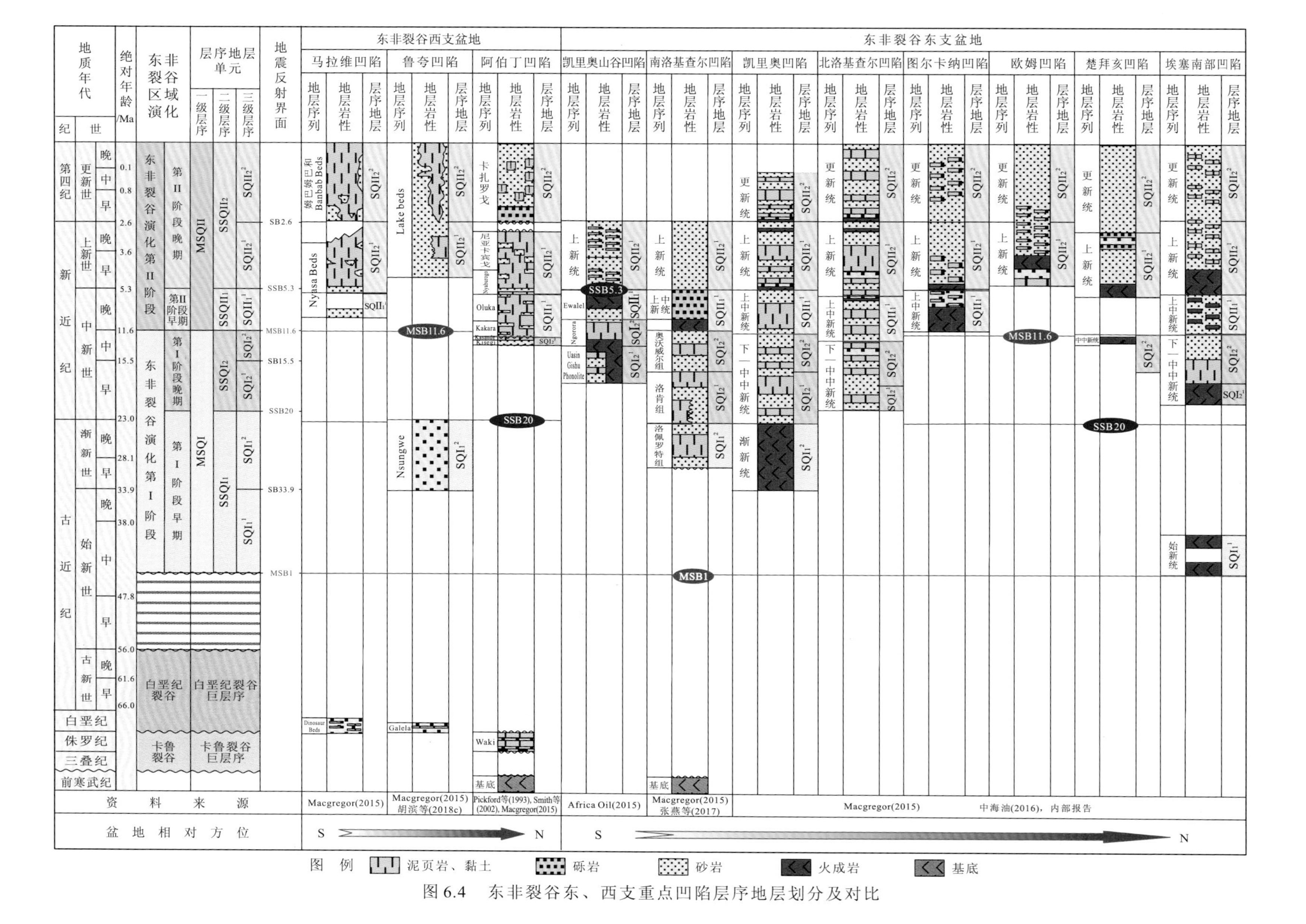

图6.4 东非裂谷东、西支重点凹陷层序地层划分及对比

2. 东非裂谷东支各凹陷间层序地层对比

东非裂谷东支各个凹陷地层发育总体呈南早北晚的特点，特别是南洛基查尔、北洛基查尔和凯里奥等凹陷在渐新世裂谷盆地演化第 I 阶段早期即已发育，其他凹陷随后陆续形成。凹陷充填物方面，在裂谷盆地演化第 I 阶段，火成岩非常发育，常与陆源碎屑岩互层产出，说明该时期深部岩浆活动参与裂陷作用的程度较高；但在裂谷盆地演化第 II 阶段，火成岩明显减少，陆源碎屑岩发育程度显著增强，表明该时期裂陷作用可能趋缓，或区域地质背景由以垂向升降为主转为以水平拉张为主。各个凹陷间地层及其与层序地层单元的对应关系如图 6.4 所示。

东非裂谷东支在渐新世裂谷盆地演化第 I 阶段早期仅发育了南部的几个凹陷（图 6.5），北部的凹陷尚未发育，南洛基查尔和凯里奥两个凹陷地层最大厚度在 2000 m 以上，因资料所限，凯里奥凹陷并未揭示出该时期凹陷全貌，凯里奥山谷凹陷深部基底反射特征不明显，推测可能发育渐新统。南洛基查尔凹陷渐新统残存地层厚度受边界断层控制明显，总体呈西厚东薄的特点，侧向变化平缓，呈平缓的半地堑特征。凯里奥凹陷渐新统残存地层厚度总体呈西北厚、东南薄的特点，沉积中心位于凹陷北部，地层厚度总体为 2000 m 左右，向南快速减薄至 1000 m 左右。

东非裂谷东支在早—中中新世裂谷盆地演化第 I 阶段晚期，仍主要发育南部的几个凹陷，北部的凹陷不发育（图 6.5）。凯里奥山谷凹陷最大残存地层厚度为 1500 m 左右，总体呈南、北两个沉积中心、厚度自西向东逐渐减薄的特点。南洛基查尔凹陷该时期发育了洛肯组和奥沃威尔组，其残存地层分布范围较渐新统分布范围有所扩大，残存地层厚度总体呈自西向东减薄的趋势，最大残存地层厚度为 1500 m 左右，分布在 Ngania-1 井区附近。北洛基查尔凹陷洛蒂多克组残存地层厚度总体呈中间大，向南、北两侧减薄的趋势，最大残存地层厚度为 2000 m 左右，表现为东厚西薄的特点。凯里奥凹陷下—中中新统残存地层厚度总体呈西厚东薄的特点，沉积中心位于凹陷中部 K-1 井南侧，地层厚度总体为 2000 m 左右，向东南快速减薄至 1000 m 左右，之后厚度侧向变化趋势变缓，逐渐减薄至 200 m 左右。早—中始新世地层残存地层厚度分布特征表明，该时期东非裂谷盆地东支裂陷范围进一步向北延伸、扩大，裂陷程度增强。

东非裂谷东支在晚中新世裂谷盆地演化第 II 阶段早期，裂陷范围显著扩大，从南部的凯里奥山谷凹陷到北部的楚拜亥凹陷都已经发育（图 6.5），岩性组合上火成岩再次增多，表明该时期东非裂谷盆地裂陷作用再次增强，深部岩浆活动明显，裂陷盆地演化进入了一个新的阶段。残存地层厚度侧向分布上，各个凹陷之间差异明显。凯里奥山谷、南洛基查尔、凯里奥、北洛基查尔等凹陷残存地层厚度分布受西部边界断层控制明显，沉积中心总体紧邻边界断层，侧向上呈显著的西厚东薄的楔形特点；比较而言，南洛基查尔凹陷残存地层厚度最大，可达 2400 m 左右，凯里奥凹陷和北洛基查尔凹陷次之，凯里奥山谷凹陷残存地层最大厚度最薄，总体小于 1000 m。楚拜亥凹陷残存地层厚度的侧向变化在南段和北段差异明显，反映了边界断层转换带的控制。图尔卡纳凹陷残存地层厚度分布侧向变化较小，反映了东、西两侧边界断层双断控沉的特点，凹陷长轴方向上，北段地层厚度相对大于南段地层厚度，最大残存地层厚度可达 3000 m 以上，至凹陷南端残存地层厚度仅为 500 m 左右。

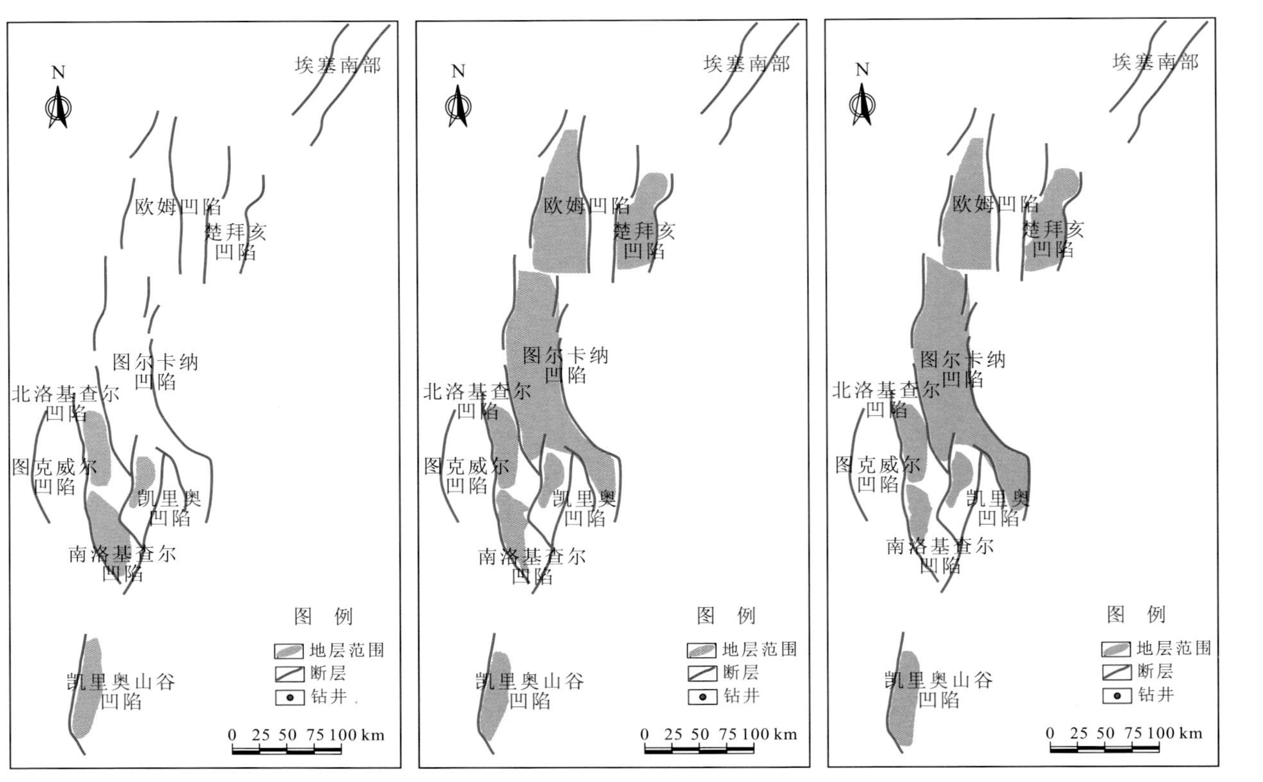

（a）东非裂谷演化I阶段早期（E_3）

（b）东非裂谷演化I阶段晚期（N_1^1—N_1^2）

（c）东非裂谷演化II阶段早期（N_1^3）

（d）东非裂谷演化II阶段晚期（N_2—Q_p）

图 6.5　东非裂谷东支演化及重点凹陷地层发育特征

东非裂谷东支在上新世—更新世裂谷盆地演化第 II 阶段晚期，裂陷范围与早期相当（图 6.5），但岩性组合上火成岩明显减少，陆源碎屑岩占据优势，表明该时期东非裂谷盆地裂陷作用趋缓，深部岩浆活动减弱的特点。残存地层厚度侧向分布上，各个凹陷之间差异仍然比较明显。凯里奥山谷、南洛基查尔、凯里奥、北洛基查尔等凹陷残存地层厚度分布受西部边界断层控制明显，沉积中心总体紧邻边界断层，侧向上呈西厚东薄的特点；楚拜亥凹陷残存地层厚度的侧向变化南、北部差异明显，南部呈东厚西薄的特点，北部呈西厚东薄的特点；图尔卡纳凹陷残存地层厚度侧向变化较小，反映了东、西两侧断层双断控沉的特点，凹陷长轴方向上，北段地层厚度相对大于南段地层厚度；图尔卡纳北部（欧姆地区）及山谷凹陷（Rift Valley）残存地层厚度分布总体呈西厚东薄的特点，但变薄趋势比较平缓，基本继承了早期东、西双断的不对称半地堑特征。

综合上述东非裂谷盆地东支各个凹陷的不同时期层序地层发育及残存地层厚度的分布特征，可以概括东非裂谷盆地东支的地层充填和空间展布总体具有 4 个特征（图 6.5）：①东非裂谷盆地东支各凹陷发育南早北晚，裂谷盆地演化第 I 阶段主要发育了南部的凯里奥山谷、南洛基查尔、凯里奥和北洛基查尔等凹陷，至裂谷盆地演化第 II 阶段，其他凹陷才开始陆续发育；②地层厚度侧向变化呈现三种规律，南部的 4 个凹陷总体受西部边界断层控制，呈西厚东薄的半地堑结构，图尔卡纳凹陷总体呈不对称的地堑结构，中南部沉积中心侧向迁移明显且在凹陷南、北延伸方向上侧向变化比较明显。楚拜亥凹陷地层厚度侧向变化南、北差异显著，北部以西侧边界断层控沉为主，南部则以东部边界断层控沉明显，反映了构造转换带的作用；③地层岩性组合上，裂谷盆地演化第 I 和第 II 两个阶段的早期火山作用较强，火成岩较发育，而在裂谷盆地演化第 I 和第 II 两个阶段的晚期，火山作用减弱，火成岩明显减少，陆源碎屑岩占据优势；④部分凹陷后期反转抬升明显，甚至出现严重的地层缺失，反映了裂谷盆地演化从孕育到快速沉降，再到平稳沉降，最后到萎缩消亡的演化特征。

6.1.3 层序地层样式

近年来，随着研究工作的深入，刻画层序内部特征的层序地层样式也越来越多。从被动大陆边缘盆地到陆相盆地的层序地层研究中，许多学者认识到坡折带是一个层序地层样式划分中非常重要的依据。陆相断陷盆地的层序发育明显受构造活动控制，断裂坡折是控制层序地层样式的关键性因素。层序地层样式实质上指的是不同级别层序地层单元在时-空体系内的组成与配置关系。本小节通过“点”到“线”，进而到“面”的层序地层单元识别与划分及其空间叠置关系分析，总结研究区 2 类 6 种层序地层样式（图 6.6）。

（1）第一类为断控坡折型层序地层样式，进一步可划分为单断型和多断型两个亚类：前者包括半地堑式单断坡折型层序地层样式和地堑式单断坡折型层序地层样式两种；后者包括半地堑式陡坡断阶型层序地层样式和地堑阶梯式多断坡折型层序地层样式两种。东非裂谷东支凯里奥山谷凹陷、南洛基查尔凹陷、图尔卡纳凹陷北部（欧姆地区）和埃塞南部凹陷主要发育半地堑式单断坡折型层序地层样式；东非裂谷东支的楚拜亥凹陷和北洛基查尔凹陷，以及东非裂谷西支阿伯丁凹陷西南段以发育地堑式单断坡折型层序地层样式为代表；东非裂谷东支的图尔卡纳凹陷（中南部）和凯里奥凹陷主要发育半地堑式陡坡断阶型层序地层样式；东非裂谷东支的图克威尔凹陷和西支阿伯丁凹陷中段主要发育地堑阶梯式多断坡折型层序地层样式。

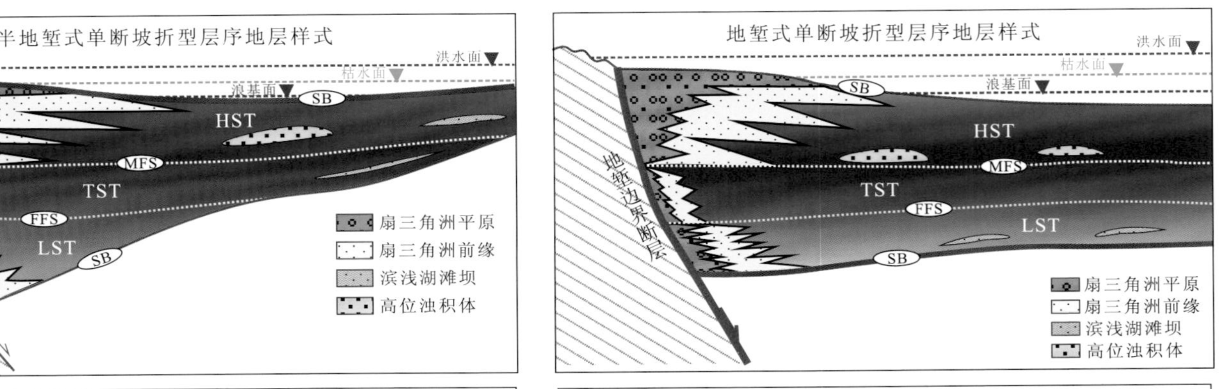

半地堑式陡坡断阶型层序地层样式

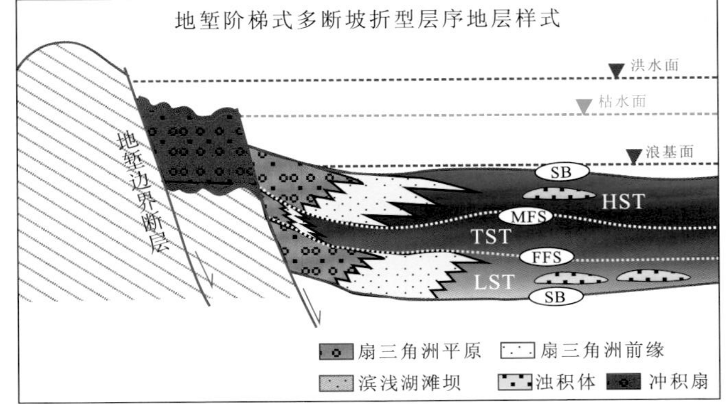

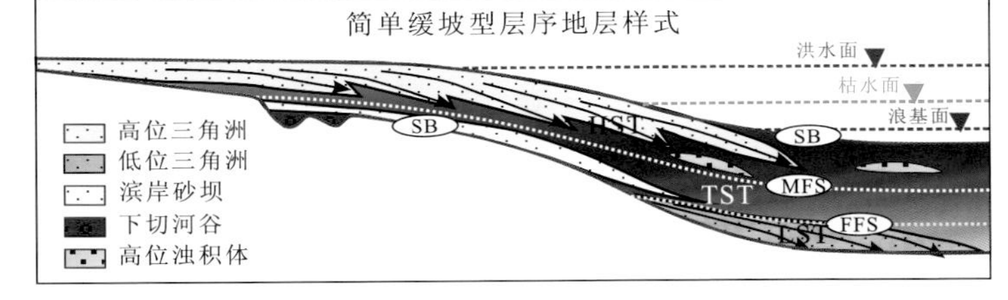

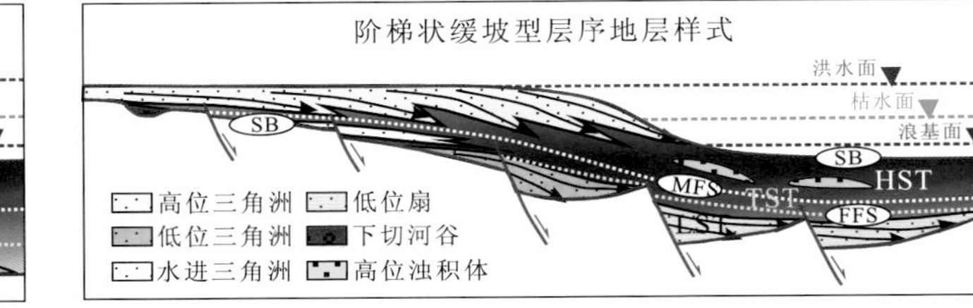

图 6.6　东非裂谷盆地层序地层样式

MFS为最大海泛面（maximum flooding surface）；FFS为初始海泛面（first flooding surface）

（2）第二类为缓坡型层序地层样式，进一步可划分为简单缓坡型层序地层样式和阶梯状缓坡型层序地层样式两种。东非裂谷东支凯里奥山谷凹陷和南洛基查尔凹陷缓坡带以简单缓坡型层序地层样式为特色；东非裂谷东支图尔卡纳凹陷北部（欧姆地区）缓坡带和东非裂谷西支阿伯丁凹陷东北段主要发育阶梯状缓坡型层序地层样式。

6.2 沉积体系及有利储集相带分布

6.2.1 沉积体系类型及空间展布

综合利用研究区钻测井资料和地震资料并结合区域构造特征分析，在东非裂谷盆地共识别出河流沉积体系、辫状河三角洲沉积体系、扇三角洲沉积体系、冲积扇沉积体系、湖底扇沉积体系和湖泊沉积体系 6 种类型（图 6.7），并结合东非裂谷盆地构造演化分析，编制不同时期沉积体系平面展布图。

1. 东非裂谷东支重点凹陷沉积体系平面分布特征

渐新世时期，南洛基查尔凹陷接受沉积，在西侧、西南侧主控断层下盘发育冲积扇沉积体系和扇三角洲沉积体系，凹陷东侧缓坡发育辫状河三角洲沉积体系。碎屑物源分别来自南洛基查尔凹陷西南侧和东北侧隆起及凯里奥凹陷西侧的隆起（图 6.8）。

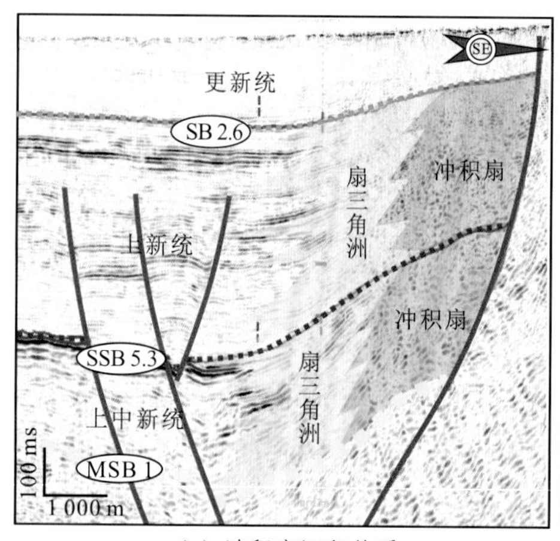

（a）冲积扇沉积体系

（b）扇三角洲沉积体系

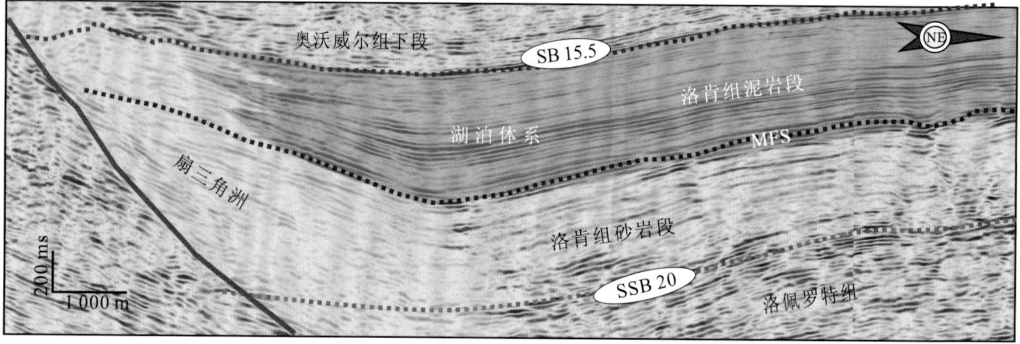

（c）湖泊沉积体系

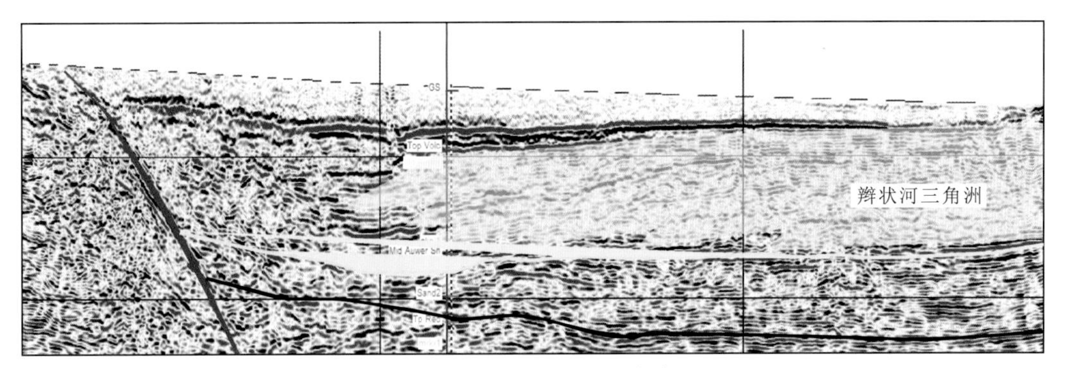

（d）辫状河三角洲沉积体系

图 6.7　东非裂谷盆地典型沉积体系地震剖面特征

早—中中新世，东非裂谷东支盆地南段的凹陷成型且沉积发育。南洛基查尔凹陷和凯里奥凹陷沉积持续发育，处于盆地的快速裂陷期，南洛基查尔凹陷与凯里奥凹陷西侧控凹断层下盘冲积扇、扇三角洲发育，物源来自近源的西侧隆起；在凹陷的西侧及西北侧，开始发育河流相、冲积平原相及河流三角洲相，其中凯里奥凹陷东北侧物源较远，推测为图尔卡纳凹陷的南部区域；该阶段凹陷水深较大，凹陷范围向东部及南北方向扩张，局部发育有半深湖-深湖亚相。该阶段北洛基查尔凹陷形成并开始接受沉积，凹陷西侧以断控扇三角洲为特色，凹陷东侧主要为缓坡型辫状河三角洲沉积（图 6.8）。

晚中新世，南洛基查尔凹陷首先进入裂谷后期，在东侧缓坡带发育大规模三角洲沉积，陡坡带发育冲积扇相、扇三角洲相。北洛基查尔凹陷西侧主控断层继承性发育，下盘发育了多个规模较小的冲积扇和扇三角洲，物源为西侧隆起。图尔卡纳凹陷中南部碎屑沉积体系呈自南向北排列的带状分布，在东、西两侧控凹断层下盘形成了一系列规模不等的扇三

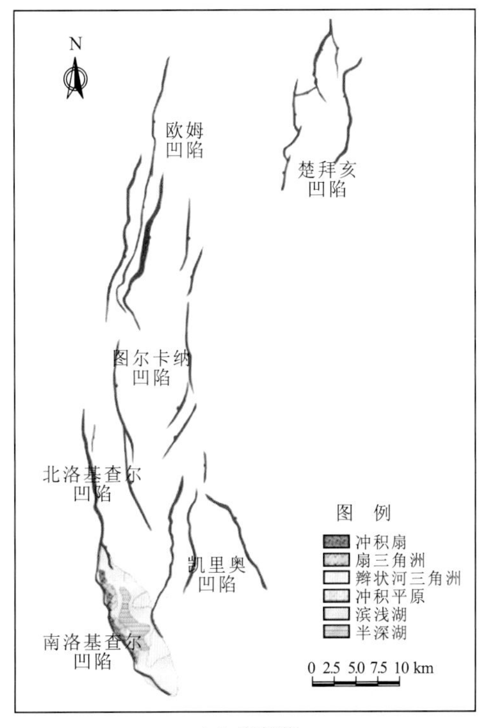

（a）渐新统

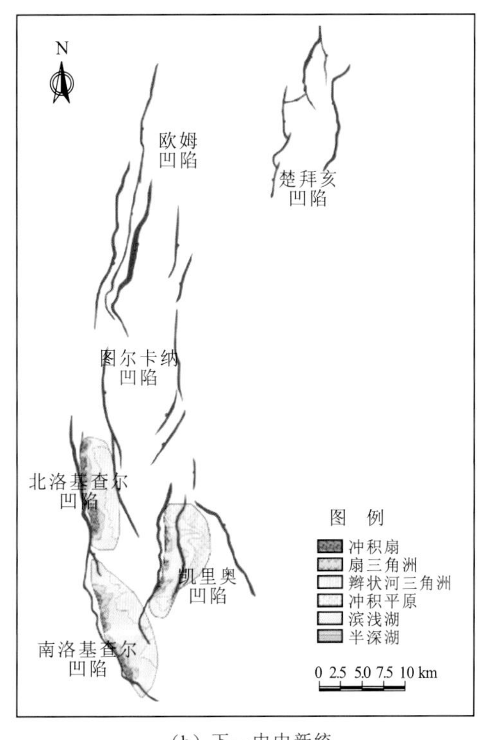

（b）下—中中新统

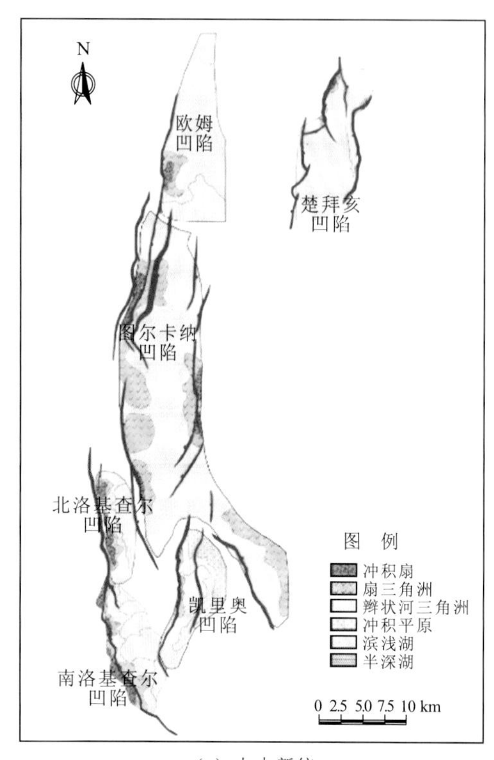

（c）上中新统

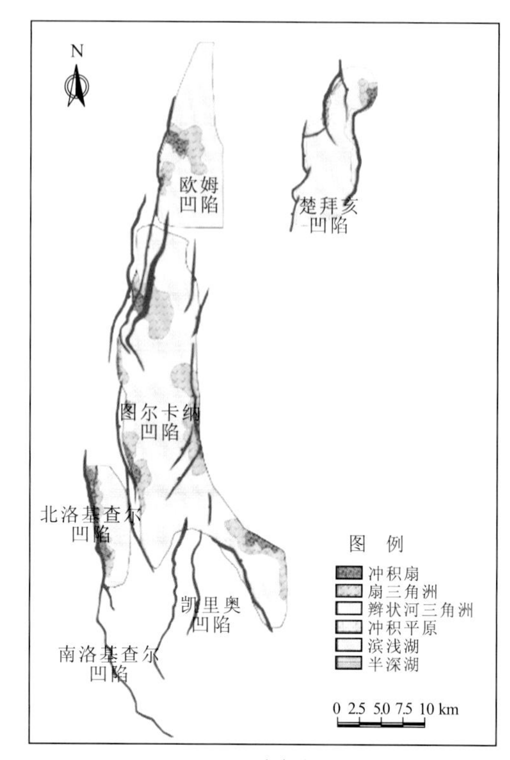

（d）上新统

图 6.8　东非裂谷东支沉积体系平面分布图

角洲沉积体。图尔卡纳凹陷北部（欧姆地区）的西南侧发育扇三角洲相与冲积扇相，南部发育大规模河流三角洲沉积相。楚拜亥凹陷在西侧主控断层西北部附近发育小规模冲积扇相与扇三角洲相，东侧断层附近则发育辫状河三角洲沉积体系（图 6.8）。

上新世，东非裂谷东支火山活动衰减，盆地整体形态确立，呈带状展布。南洛基查尔凹陷与凯里奥凹陷遭受挤压抬升，逐渐停止沉积，早期沉积地层也遭受不同程度的剥蚀。图尔卡纳凹陷中部西侧扇三角洲相发育减弱，覆盖范围逐渐减小。北洛基查尔凹陷东侧的河流三角洲相不发育，可能是碎屑沉积物源不足所致。图尔卡纳凹陷东侧扇三角洲范围减小，同时图尔卡纳凹陷北部（欧姆地区）南侧不再发育辫状河沉积，其余凹陷沉积相与前期阶段呈继承性发育（图 6.8）。

2. 东非裂谷西支阿伯丁凹陷沉积体系平面分布特征

东非裂谷西支阿伯丁凹陷在晚中新世开始孕育形成。该时期湖盆由南向北开裂，湖水开始涌入裂陷，边界断层控制了沉积体系的分布，沉积中心总体位于凹陷南部。北部湖区以滨浅湖为主，南部发育半深湖沉积。凹陷北部维多利亚尼罗河水系经缓坡注入湖盆，形成缓坡河流冲积平原-辫状河三角洲沉积体系；东侧总体以季节性水系供给而形成的扇三角洲沉积体系为主；凹陷东部断阶总体控制了扇三角洲沉积体系向湖盆的进积范围（图 6.9）。

早上新世，裂陷南部逐渐抬起隆升，沉积中心向北迁移，半深湖亚相范围有所扩大。北部维多利亚尼罗河水系经凹陷缓斜坡将碎屑物质输送入湖，形成缓坡三角洲沉积体系；中段仍以发育受控于二级断阶的扇三角洲沉积为主；南部金菲舍地区发育陡坡型扇三角洲沉积；塞姆利基水系在凹陷南段输送碎屑物质形成向北东向进积的扇三角洲沉积体系

（图 6.9）。早上新世晚期，阿伯丁凹陷发生了一次规模较大的湖泛事件，凹陷水深明显增大，碎屑沉积体规模显著缩小。

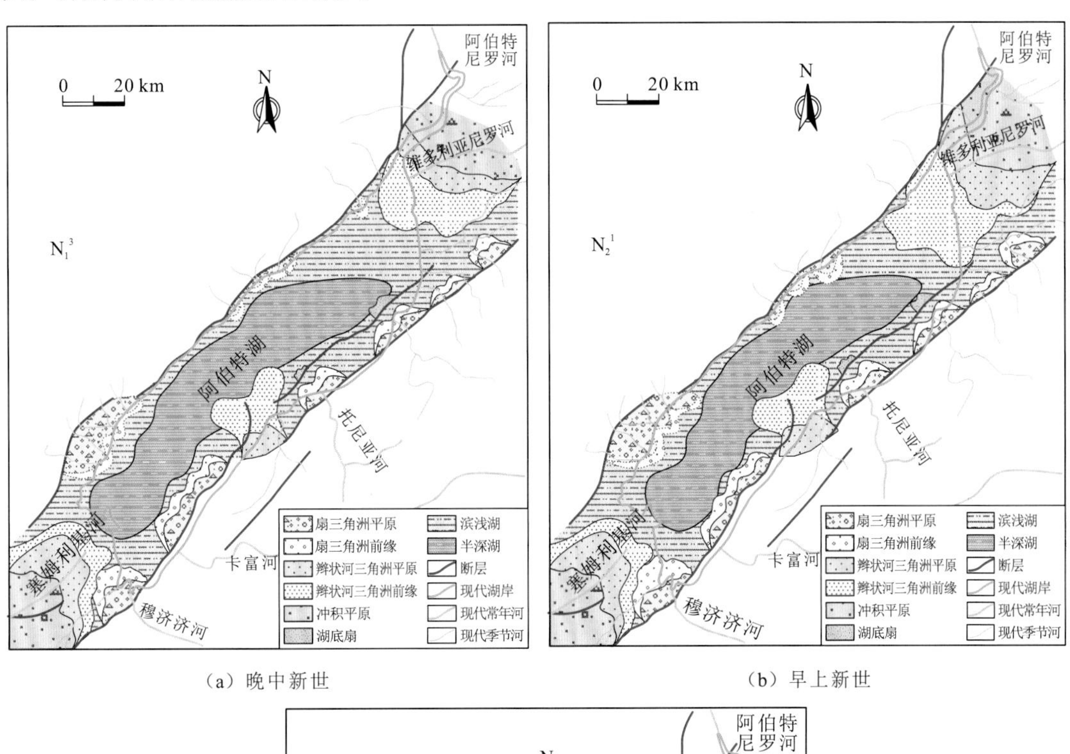

（a）晚中新世　　　（b）早上新世

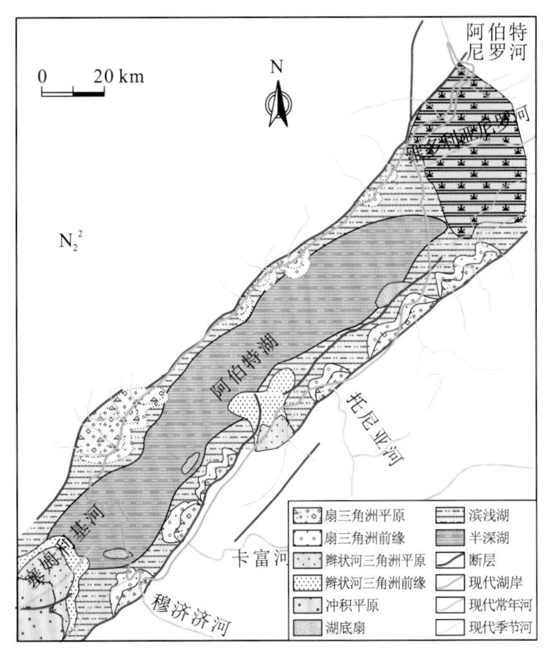

（c）晚上新世

图 6.9　东非裂谷西支阿伯丁凹陷沉积体系平面分布图

晚上新世，碎屑沉积体系分布总体继承早上新世的格局，但砂体规模明显缩小，水体深度显著增大，半深湖亚相分布范围明显扩大，北部原三角洲沉积区演变为沼泽湿地；东部二级断阶仍强烈控制扇三角洲沉积体系的发育，南部扇三角洲沉积体系的规模也明显萎缩(图 6.9)。

6.2.2 储集相带类型及其分布规律

仅从沉积作用角度考虑，东非裂谷东、西两支各个凹陷储集体类型主要为扇三角洲、辫状河三角洲和河流砂体，同一沉积体系内部不同相带因其碎屑沉积物的成分和结构存在一定差别，而且其与不同相带的湖相泥岩接触也存在一定差别，因此，可初步根据碎屑沉积体系和湖泊的相带大致划分有利烃源岩和储集相带。总体上，辫状河（扇）三角洲前缘的水下分流河道、河口沙坝等砂体是最有利的储层，其次为辫状河（扇）三角洲平原和滨浅湖席状滩坝砂体，再次为冲积扇和河流冲积平原砂体。最有利的烃源岩应为半深湖亚相泥岩，其次为滨浅湖或前三角洲泥岩。据此，划分了东非裂谷东、西两支各个凹陷不同地层单元有利烃源岩和储集相带的分布（图 6.10，图 6.11）。

1. 东非裂谷东支重点凹陷储层平面分布特征

渐新统，东非裂谷东支仅发育了南洛基查尔凹陷，该凹陷 I 类储层主要为发育于凹陷东侧的辫状河三角洲砂体和西侧扇三角洲前缘砂体；II 类储层主要分布在凹陷西侧，紧邻断层下盘的冲积扇砂体。湖盆中央发育半深湖亚相优质烃源岩，周边为滨浅湖亚相潜在烃源岩（图 6.10）。下—中中新统，东非裂谷东支发育了南洛基查尔、北洛基查尔和凯里奥三个凹陷。南洛基查尔凹陷、北洛基查尔凹陷的 I 类储层总体分布在凹陷东侧，凯里奥凹陷的 I 类储层也位于凹陷东侧，其外围为河流冲积平原构成的 III 类储层；三个凹陷的 II 类储层和 III 类储层均为分布在凹陷西侧紧邻断层的扇三角洲和冲积扇，总体自北向南呈带状展布（图 6.10）。

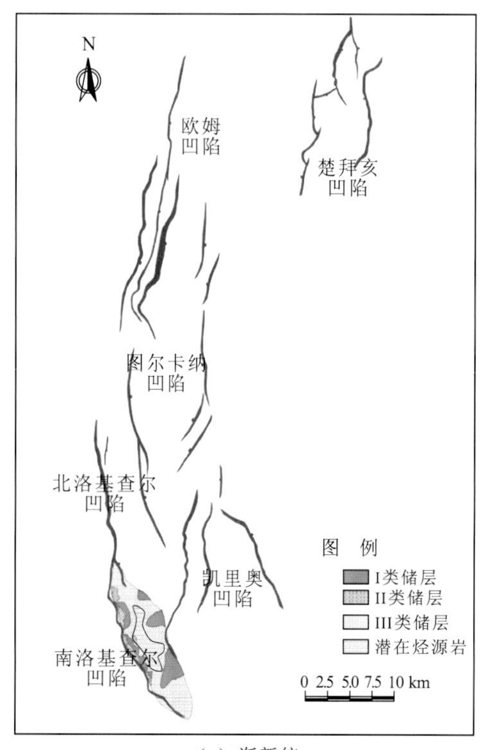

（a）渐新统

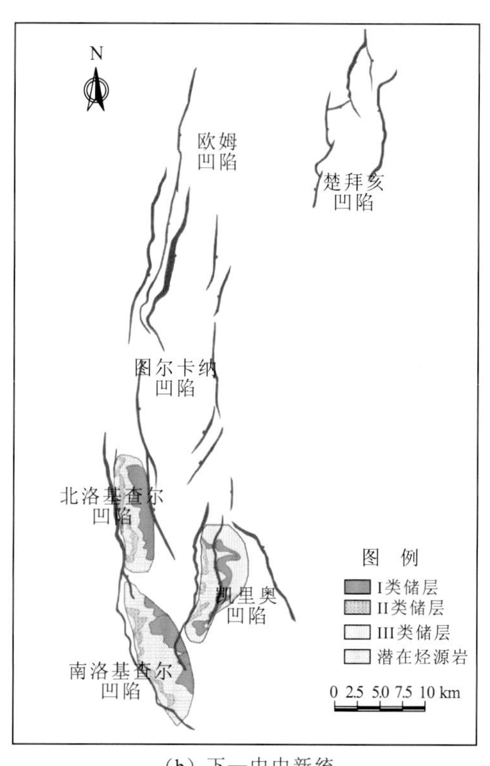

（b）下—中中新统

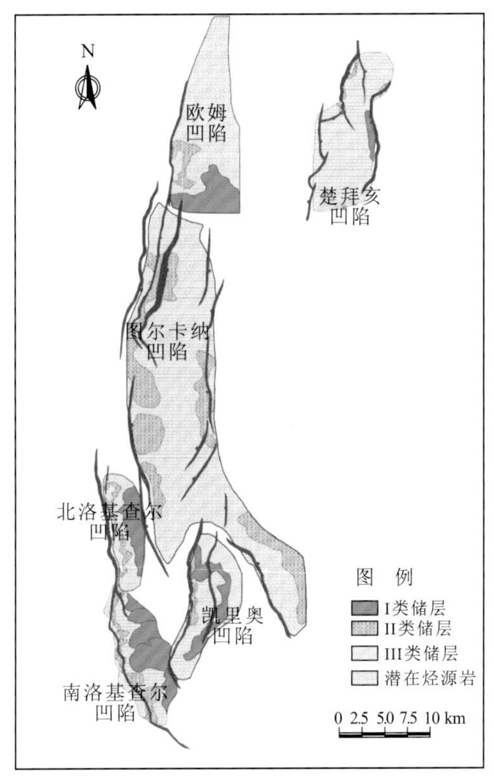

（c）上中新统

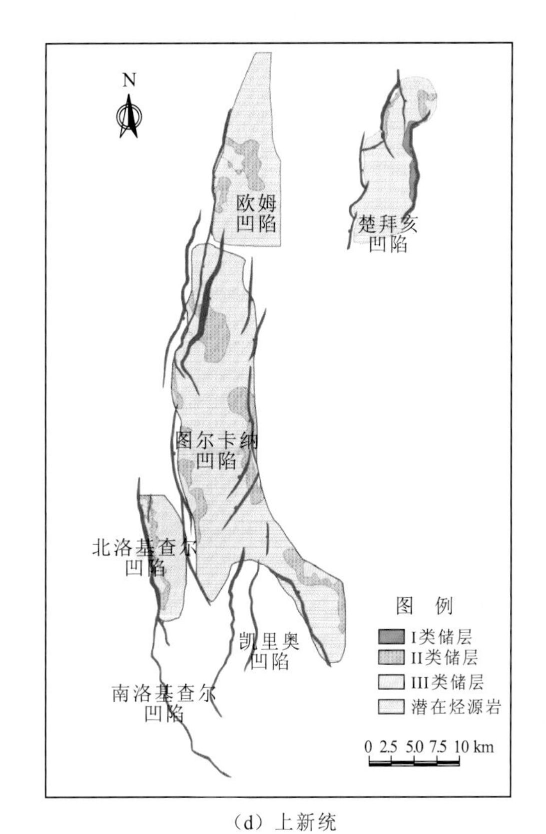

（d）上新统

图 6.10　东非裂谷东支重点凹陷储集相带平面分布图

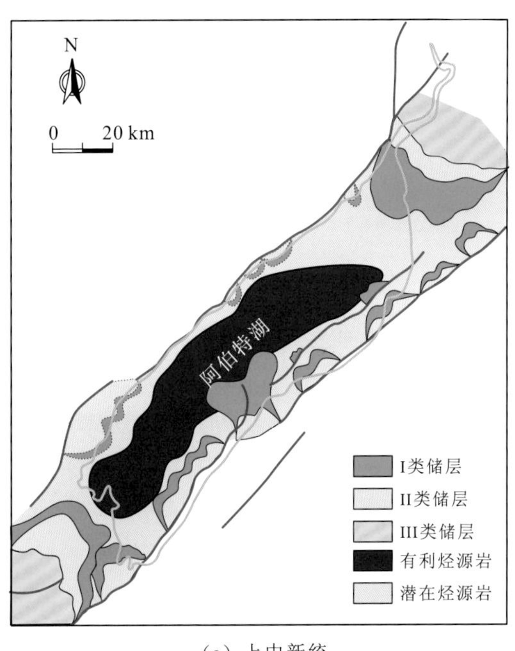

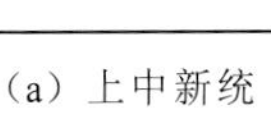

（a）上中新统

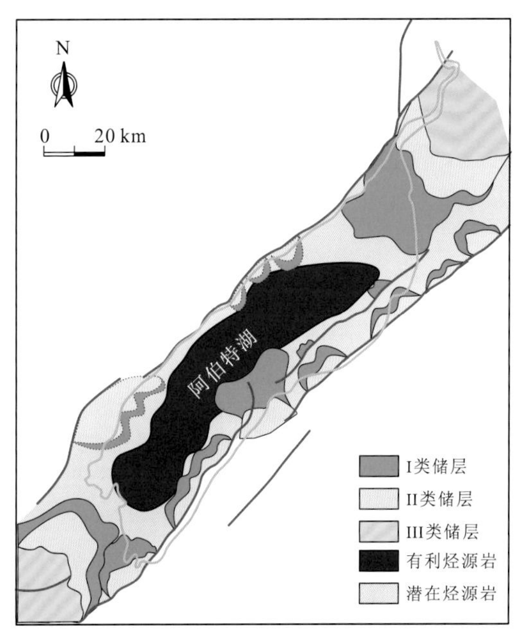

（b）下上新统

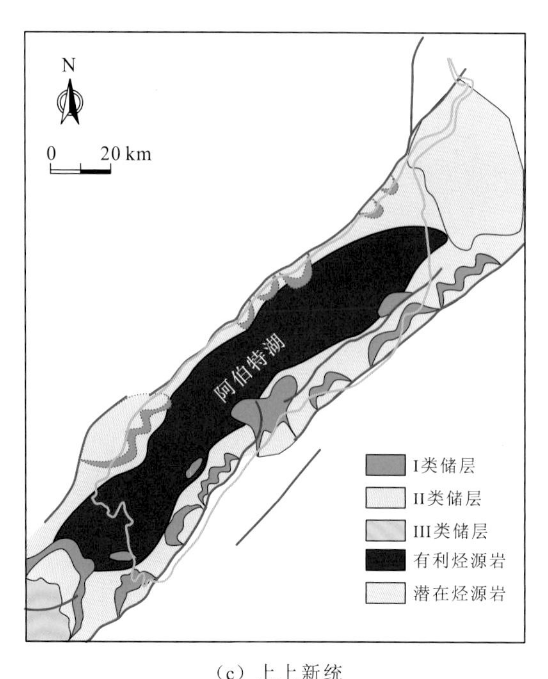

（c）上上新统

图 6.11　东非裂谷西支阿伯丁凹陷储集相带平面分布图

上中新统，东非裂谷东支的绝大部分凹陷均已形成，裂谷发育进入鼎盛时期。该套地层中，I 类储层主要分布在盆地南部的南洛基查尔、北洛基查尔和凯里奥三个凹陷，北部的欧姆凹陷和楚拜亥凹陷也有一定规模的 I 类储层发育；II 类储层分布最为广泛，各个凹陷均有发育，总体呈南北向带状沿控凹断层带延伸；III 类储层总体分布在断层陡崖下盘，规模相对较小（图 6.10）。

上新统的储层分布总体与上中新统相似，只是储集砂体规模有所萎缩，南洛基查尔和凯里奥两个凹陷因挤压抬升遭受剥蚀，裂陷发育终结，早期形成的储层遭受一定程度的破坏（图 6.10）。

2. 东非裂谷西支阿伯丁凹陷储层平面分布特征

阿伯丁凹陷储层总体沿凹陷东部断层自北向南呈带状展布，凹陷东北部缓坡带存在稳定的物源供给水系，因而储层规模明显较大。上中新统、下上新统和上上新统三个层段纵向比较而言，下上新统的储层最为发育，上中新统储层规模次之，上上新统储层规模最小，尤其是因较大范围的湖泛，凹陷东北部缓坡带不发育三角洲砂体，而是以相对静水条件的沼泽环境为主，可能作为潜在的烃源岩（图 6.11）。横向上凹陷北部辫状河三角洲砂体发育，储层规模较大，砂体在相对较缓的斜坡上充分分选，因此碎屑储层的成熟度较高，粒间孔隙较发育，是优质的储层；凹陷南部扇三角洲砂体规模也较大，侧向延伸较远，也是储层较发育的地区；凹陷中段的砂体规模相对较小，呈带状沿断层分布，相对孤立的砂体延伸于湖盆泥岩中，有利于形成较好的储盖组合。该凹陷的三个层段，自下而上，半深湖亚相范围逐渐扩大，烃源岩范围渐次增大。

6.3 沉积充填差异及其主控因素

6.3.1 沉积充填差异分析

东非裂谷东、西两支之间，甚至东支主要凹陷之间沉积充填的时序、物质、结构等都具有较大差异。结合区域层序地层对比和沉积体系分析，可从以下几个方面讨论其差异或规律性。

1. 凹陷发育的时间次序差异

东非裂谷东、西两支发育时间存在较大差别，总体上东支发育较早，裂陷作用强烈，伴随着明显的火山活动，西支发育相对较晚，深部热作用影响相对较弱。东非裂谷东支初始发育时间在渐新世，在南部发育了南洛基查尔和凯里奥两个凹陷，接受沉积物充填；凯里奥山谷凹陷可能也已经发育，但因下部地震反射较弱，无法准确推断。早—中中新世，东非裂谷东支凹陷的数量进一步增加，但仍只在南部发育，包括南洛基查尔、北洛基查尔、凯里奥和凯里奥山谷 4 个凹陷，北部尚无凹陷孕育；东非裂谷西支阿伯丁凹陷也未发育。至晚中新世，东非裂谷盆地演化进入第 II 阶段，东非裂谷东、西两支均大范围裂陷，东支由南向北形成一系列凹陷，广泛接受沉积物充填，东非裂谷西支阿伯丁凹陷开始发育，接受沉积。上新世，东非裂谷东、西两支大部分凹陷仍持续沉降，接受充填，但东非裂谷东支南部的南洛基查尔和凯里奥两个凹陷开始抬升反转，部分遭受剥蚀，提前结束了裂陷发育演化史，东非裂谷东支北部的埃塞南部凹陷也发生了明显的因东西向挤压而地层褶皱变形的现象，总体表明东非裂谷东支可能已进入萎缩阶段，但东非裂谷西支仍在持续发育，阿伯丁凹陷的谷肩与谷底落差仍在数百米以上。更新世以来，东非裂谷东支大部分凹陷都已经萎缩、淤满，甚至抬升遭受剥蚀，但东非裂谷东支图尔卡纳凹陷和西支阿伯丁凹陷仍在沉降，并接受沉积。现今地表图尔卡纳湖和阿伯特湖的存在，就是其仍在沉降、沉积的表现。

2. 凹陷充填的地层厚度分布差异

盆地构造沉降和湖平面变化共同决定了沉积充填的可容纳空间，因而构造演化和凹陷发育时序的差异性在一定程度上控制了地层总厚度及各阶段地层厚度的差异。根据东非裂谷东、西两支各个凹陷在不同构造演化阶段的地层厚度在整个充填序列中所占的比例，可将凹陷划分为早期活动裂谷（先发育，早萎缩）、持续活动裂谷（裂谷演化第 I 阶段即已发育，现今仍在活动）和晚期活动裂谷（裂谷演化第 II 阶段才开始发育，现今强烈活动）三种类型（图 6.12）。

（1）早期活动裂谷。主要包括东非裂谷东支的南洛基查尔和凯里奥山谷两个凹陷（图 6.12）。这类裂谷的特点是：①裂陷作用发育时间早，渐新世即已发育，裂谷演化第 I 阶段地层厚度在整个地层序列中所占比例很大，超过 60%；②裂谷发育后期掀斜、抬升剥蚀明显，部分甚至整体缺失上新统及其以上地层，裂谷明显萎缩；③早—中中新世为裂谷发育最强盛的阶段，其沉降速率最大，地层厚度所占比重最高，明显高于其他三个阶段的地层厚度所占比例。

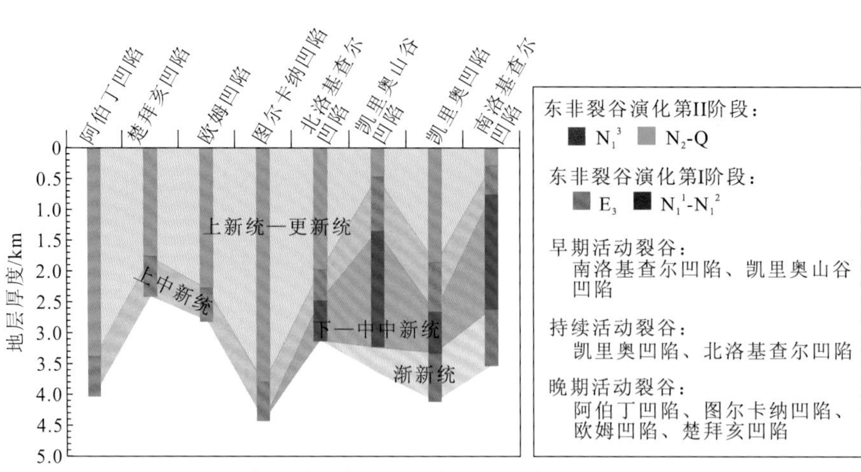

图 6.12　东非裂谷东、西两支主要凹陷地层厚度对比图

（2）持续活动裂谷。主要包括东非裂谷东支的北洛基查尔和凯里奥两个凹陷（图 6.12）。这类裂谷的特点是：①裂陷作用发育时间早，裂谷演化第 I 阶段即已发育，且裂陷作用持续时间长，现今仍在活动；②垂向演化上，裂谷发育强盛期是在第 II 阶段，尤其是在第 II 阶段晚期，沉降速率明显增大，地层厚度在整个地层序列中所占比重接近，甚至超过 50%；③裂谷发育第 I 至第 II 阶段，存在明显的迁移或转换的特点。凯里奥凹陷在裂谷演化第 I 阶段其沉积中心总体位于西侧边界断层附近，剖面上呈简单半地堑形态，至裂谷演化第 II 阶段，其沉积中心东迁至凹陷中部的南北向断层附近，西侧边界断层附近不再是沉积中心，剖面上呈陡坡断阶型复杂半地堑结构。北洛基查尔凹陷在裂谷演化第 I 阶段总体呈不对称地堑结构，东侧断层活动强，地层厚度侧向变化较小，剖面上呈板状，在裂谷演化第 II 阶段转换为西断东超的半地堑结构，地层厚度侧向变化大，剖面上呈楔形，两个阶段的沉积中心存在显著的转换特征。

（3）晚期活动裂谷。主要包括东非裂谷西支的阿伯丁凹陷，以及东非裂谷东支的图尔卡纳、欧姆和楚拜亥等凹陷（图 6.12）。这类裂谷的特点是：①裂陷作用发育时间晚，晚中新世才开始发育，且裂陷作用持续至今；②地层厚度垂向分布上，裂谷演化第 II 阶段晚期（上新世以来）地层厚度在整个地层序列中所占比例非常高，最高可达 80%左右，反映了该时期为这类裂谷发育的强盛期；③剖面形态多呈东西双断的不对称地堑结构，控边断层产状相对较陡，如阿伯丁凹陷东、西两侧陡断带。沿凹陷长轴方向上，剖面形态或结构变化明显，出现构造转换（控边断层相对强、弱转换）和迁移（沉积中心由控边断层附近向凹陷内部迁移）等现象。

3. 凹陷充填的物质组成差异

东非裂谷东、西两支凹陷充填的物质组成上也存在较大差别。东非裂谷东支各个凹陷均不同程度地发育火成岩，而东非裂谷西支阿伯丁凹陷完全为碎屑沉积物充填。充填物质组成表明，东非裂谷东、西两支的构造活动强度和深部热过程参与程度都具有较大差别。东非裂谷东支各个凹陷火成岩的垂向发育也具有显著的规律性，总体上在裂谷盆地演化两个阶段的早期火山作用较强，火成岩的规模较大，而在两个阶段的晚期，火山作用明显减弱，碎屑沉积物充填占据优势。即东非裂谷东支火山活动呈现渐新世较强→早—中中新世减弱→晚中新世增强→上新世以来减弱的两个强-弱旋回变化。

南洛基查尔凹陷在晚中新世火山活动剧烈，盆地东部大幅隆升，局部地区沉积中断，薄层玄武岩在凹陷内广泛分布。图尔卡纳凹陷在中中新世末（约 10 Ma）火山活动较剧烈，持续时间长，地表被火成岩大面积覆盖，岩性以玄武岩、流纹岩及凝灰岩等火成岩为主，南北部均有发现；晚中新世末期（约 5.1 Ma），再次发生火山事件，伴随剧烈的火山作用在盆地北部形成沉降中心。凯里奥凹陷渐新世火成岩比较发育，晚中新世又发生一次剧烈的火山事件，裂谷再次快速拉张，Ep-1 井在上新统还钻遇近 10 m 厚的凝灰质泥岩（图 6.13）。

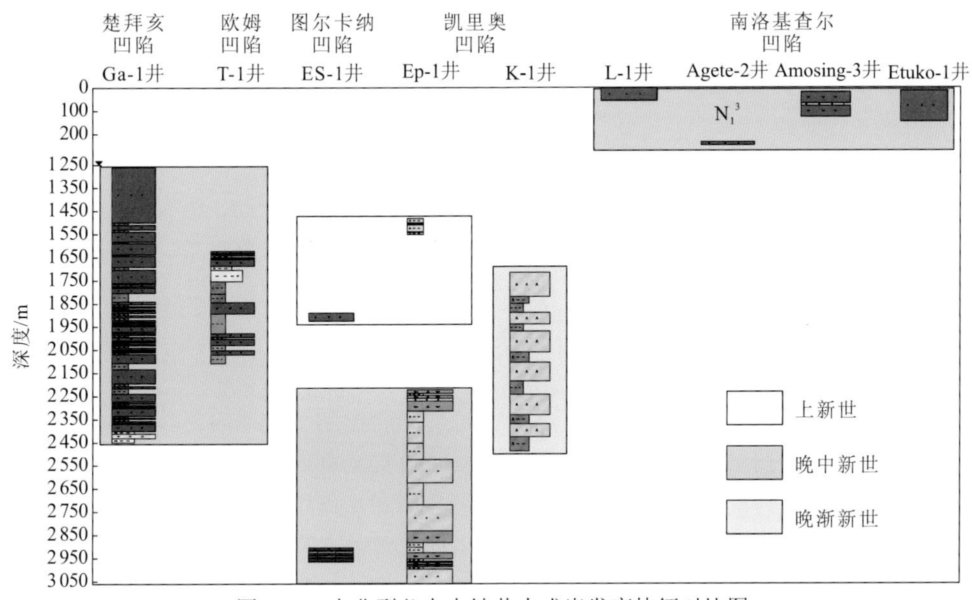

图 6.13　东非裂谷东支钻井火成岩发育特征对比图

4. 凹陷充填的源-汇系统格局差异

凹陷周边物源区分布和河流水系发育情况对凹陷充填具有重要的控制作用。东非裂谷东、西两支的源-汇系统格局存在较大差别，东非裂谷西支各个凹陷总体呈弧形排列，有利于长轴向物源的输入，形成规模较大的辫状河三角洲砂体；而东非裂谷东支各个凹陷总体呈北北东—南南西向的线形分布，不利于长轴向物源的输入，往往以短轴向物源输入形成的扇三角洲沉积体系和辫状河三角洲沉积体系为主，少量发育沿盆缘断层转换带输入的辫状河三角洲沉积体系。

东非裂谷西支阿伯丁凹陷周边现代河流水系发育，既有多条常年性远源河流的输入，也有季节性短源河流的沉积物供给，因此沉积物分布格局和类型多种多样。既有陡断带下盘发育的冲积扇-扇三角洲沉积体系，也有断阶带下盘发育的湖底扇沉积体系，还有规模很大沿凹陷南、北两侧沿长轴向输入而形成的辫状河三角洲沉积体系。即便是扇三角洲沉积体系，由于其物源体系和输送方式的差别，也存在远源细粒扇三角洲和近源粗粒扇三角洲的差别，前者的发育主要是远源河流携带的碎屑物质经过长距离搬运，预先分选，并最终在凹陷边缘陡断带沿断层下泄而形成产物；后者则主要是山前季节性洪水事件直接将近源碎屑物质沿凹陷边缘陡断带下泄，并在其下盘就近快速堆积。

东非裂谷东支各个凹陷总体呈线形排列，且在裂谷演化第II阶段，一些凹陷可能彼此连通，形成大的凹陷复合体。这种地形背景下，不利于碎屑物质沿凹陷长轴向输入，多沿短轴向的断控陡坡带和缓坡带输入，从而形成陡坡带以冲积扇-扇三角洲为主，缓坡带以辫状河三角洲为主的双向沉积物供给和分布格局，如东非裂谷东支东、西两带的南洛基查尔、凯里奥山谷、北洛基查尔和楚拜亥等凹陷碎屑沉积体分布皆为这种格局。东支中带的几个凹陷，除凯里奥凹陷发育较早，图尔卡纳凹陷发育较晚，沉积物分布格局除沿凹陷短轴向输入而形成的冲积扇-扇三角洲沉积体系外，也发育一定数量沿盆缘断层转换带输入、沿长轴向展布的辫状河三角洲沉积体系。

6.3.2 沉积充填主控因素

东非裂谷东、西两支，乃至东支内部各个凹陷之间沉积充填存在差异是多种因素综合作用的结果，其中既有构造因素，也有源-汇系统格局、深部热活动，还有凹陷基底或周缘隆起的作用等。这些因素彼此影响，综合作用，共同控制了东非裂谷东、西两支各个凹陷的沉积充填，乃至生储盖组合的特征及其差异。

1. 构造作用对沉积充填和生储盖组合差异的控制

（1）构造沉降控制了盆地充填的可容纳空间，进而控制了盆地内充填物质的体积，并最终控制了盆地沉积盖层的大小。东非裂谷东、西两支发育的构造机制不同，东支为主动裂陷，深部热作用参与程度强，西支为被动裂陷，深部热作用参与程度弱，两种作用控制的盆地基底沉降速率具有较大差别，形成的裂陷规模可能也不相同，主动裂陷形成的裂谷盆地相对较窄，如东支最宽凹陷图尔卡纳凹陷的宽度最大不超过 45 km，而被动裂陷形成的裂谷盆地往往较宽，阿伯丁凹陷宽度总体在 45 km 左右。这种构造沉降差异势必导致东非裂谷东、西两支凹陷规模和沉积充填的差异。

（2）构造运动特征决定了盆地的性质与类型，进而决定了盆地内部的主要结构特征和隆坳格局，并最终控制了盆地内部沉积物卸载汇集区的分布格局。盆缘断层活动强弱、断层转换带发育情况等都对沉积体系空间分布产生明显影响。东非裂谷西支阿伯丁凹陷、东非裂谷东支图尔卡纳凹陷在长轴延伸方向上，凹陷结构均存在明显的变化（图 6.14，图 6.15），这种构造转换带对碎屑沉积体的空间分布会产生明显的作用。

阿伯丁凹陷可划分为北部相向平行构造转换带、中部同向接近构造转换带、南部相向平行构造转换带、西部陡断带、东部同向平行断阶带、东部陡断带、南部深洼区和北部深洼区 8 个次级构造单元（图 6.14）。不同构造单元的结构特征存在较大差别，在其控制下发育的沉积体系类型也存在较大差异，构造转换带往往发育辫状河三角洲沉积体系，陡断带以发育冲积扇-扇三角洲为特色，而断阶带则可能发育冲积扇-扇三角洲-湖底扇组合，深洼区在物源供给充分的条件下会发育湖底扇，但更多的是悬浮细粒泥质沉积，即烃源岩发育的有利部位。现今阿伯特湖地貌图可以清晰地反映出构造组合样式的差异对沉积体系类型及分布的控制作用（图 6.14）。

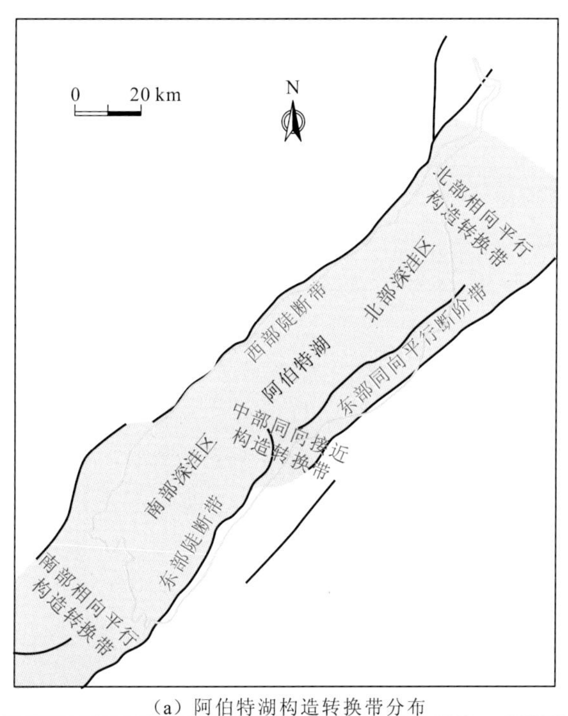

（a）阿伯特湖构造转换带分布

（b）现今阿伯特湖地貌

图 6.14　东非裂谷西支阿伯丁凹陷构造转换带分布及现今阿伯特湖地貌图

东非裂谷东支各个凹陷也可划分出多个构造单元，不同构造单元的结构特征和构造样式存在较大差别，其对碎屑沉积物在盆地内的分配具有明显的控制作用（图 6.15）。断控陡坡带（包括单断陡坡和多阶陡坡两种类型）以发育沿断层呈带状分布的冲积扇-扇三角洲组合为特征，缓坡区（可细分为简单缓坡和阶梯式缓坡两种类型）以发育辫状河三角洲为主，构造转换带则易于形成辫状河三角洲沉积体系。

（3）构造活动控制了沉积过程，进而控制了盆地内部沉积体系的空间配置关系。盆缘陡坡带往往以发育短源快速堆积的冲积扇砂体和扇三角洲砂体为主，但如果存在持续稳定的远源沉积物供给水系，则水体的向源侵蚀作用会显著削弱盆缘坡降对沉积物分配的影响，从而在盆缘陡坡带形成一定规模的细粒扇三角洲沉积体系。构造作用相对较弱的部位，地形坡度相对较缓，有利于碎屑物质在搬运过程中经历充分地分选、磨圆，从而形成成熟度相对较高的辫状河三角洲砂体。

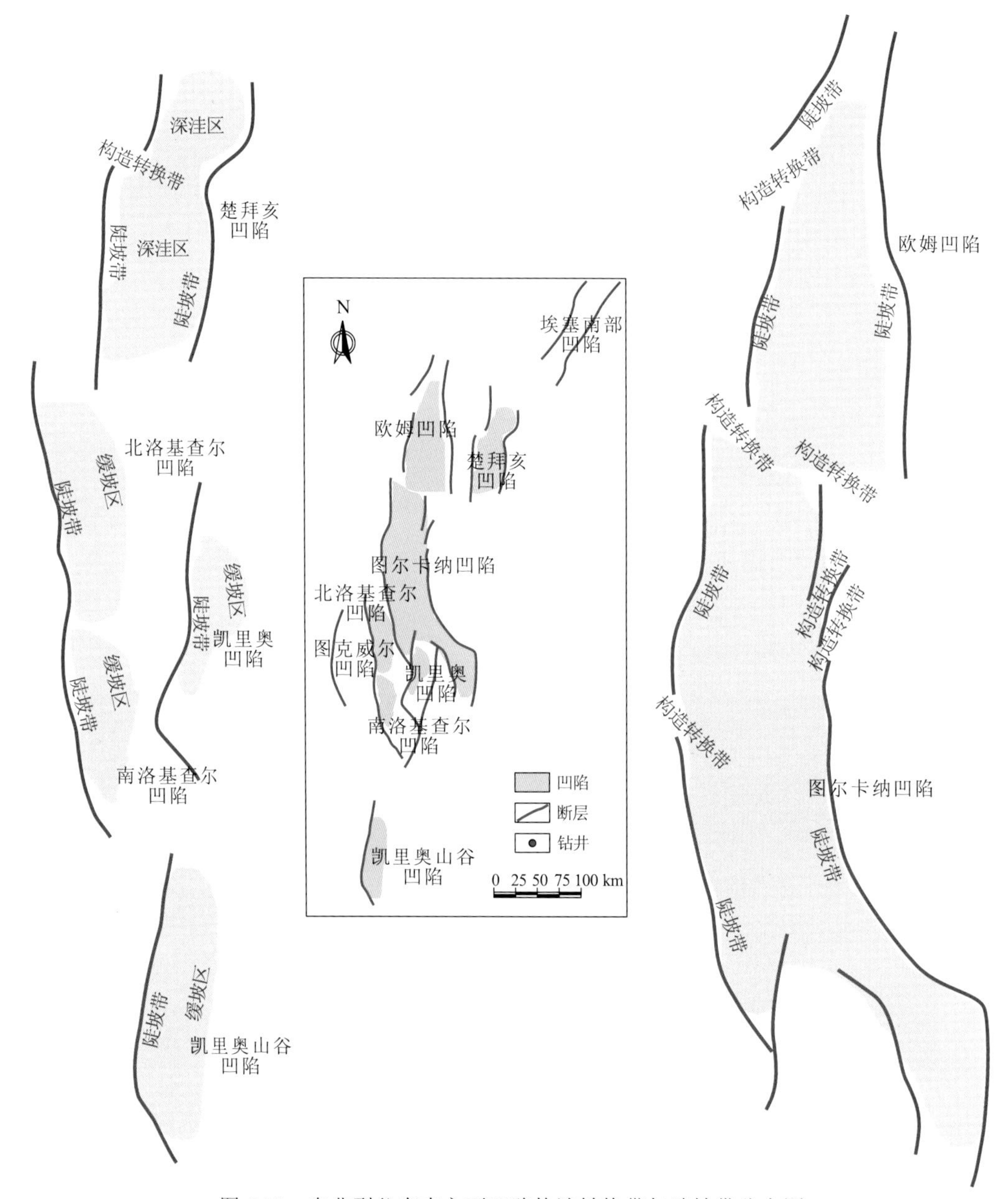

图 6.15　东非裂谷东支主要凹陷构造转换带与陡坡带分布图

2. 源−汇系统格局对沉积充填和生储盖组合差异的控制

物源区的岩石类型、规模和稳定程度对沉积物卸载汇集区的沉积体岩石类型和规模具有根本性的控制作用。沉积物搬运通道系统的分布、规模和流水稳定性等都在很大程度上决定了盆地内沉积体的规模和空间分布。

以东非裂谷西支阿伯丁凹陷为例，根据现今周边水系分布特征（图 6.16），依照将今论古原则，可以大致判断同沉积期该凹陷周边水系的分布特征。阿伯特湖周边发育多条较稳定的常年性河流，具体为东北部供源的阿伯特尼罗河和维多利亚尼罗河，中部供源的托尼亚河，南部供源的卡富河和穆济济河，以及西南部沿轴向供源的塞姆利基河等。这些常年流水、规模较大的河流成为了阿伯特湖稳定的水源和沉积物供给通道，因而易于在其入湖口位置形成规模较大、碎屑物质成熟度较高的沉积体，包括构造转换带部位发育的辫状河三角洲沉积体系和陡断带部位发育的相对细粒的扇三角洲沉积体系等。除此之外，阿伯特湖周边也发育多条规模较小、流域范围有限的季节性河流。这些季节性河流往往在洪水期发育、枯水期消亡，但由于近源、流短、坡降大，很容易将较粗的碎屑物质携带入湖，并在陡断带部位形成扇三角洲沉积体系。

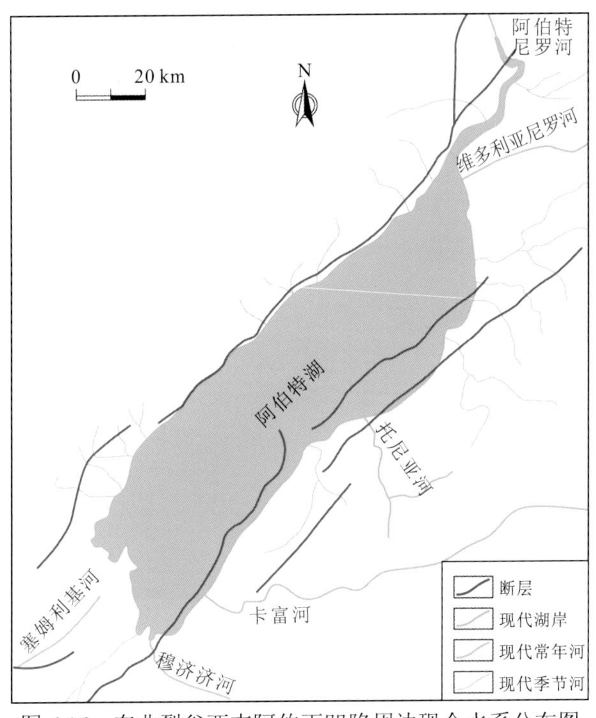

图 6.16　东非裂谷西支阿伯丁凹陷周边现今水系分布图

3. 火山作用对沉积充填和生储盖组合差异的影响

东非裂谷东支主要凹陷均不同程度地发育火山，表明裂谷发育过程中深部岩浆活动比较剧烈，或向上侵位，或喷出地表。一方面，火山作用通过火山构造（火山机构）调整或改变凹陷的构造格局，从而调整和改变碎屑沉积物的卸载部位，造成原始沉积物的易位和后期碎屑沉积物在空间上重新分配；另一方面，火山作用产物直接充填在凹陷内，成为独具特色的堆积体。这些堆积体与陆源碎屑沉积体交互共生，在一定程度上影响和改变后者的性能，如对储层物理性质、烃源岩质量等都会产生明显影响。

6.3.3　典型凹陷沉积充填模式

综合各个凹陷沉积充填特征及其控制因素分析，可以概括研究区典型凹陷的沉积充填模式及其控制下的储层发育模式。下面分别以东非裂谷西支阿伯丁凹陷和东非裂谷东支南洛基查尔凹陷为例介绍其沉积充填模式。

1. 东非裂谷西支阿伯丁凹陷沉积充填模式

阿伯丁凹陷发育时间较晚，在晚中新世东非新生代裂谷演化第II阶段才开始形成。该凹陷的沉积充填及储层发育明显受凹陷构造格局、入湖水系分布等因素的控制。基于以上分析，提出阿伯丁凹陷不同构造部位具有不同沉积充填和储层发育特征的5种各具特色的沉积组合类型（图6.17）。

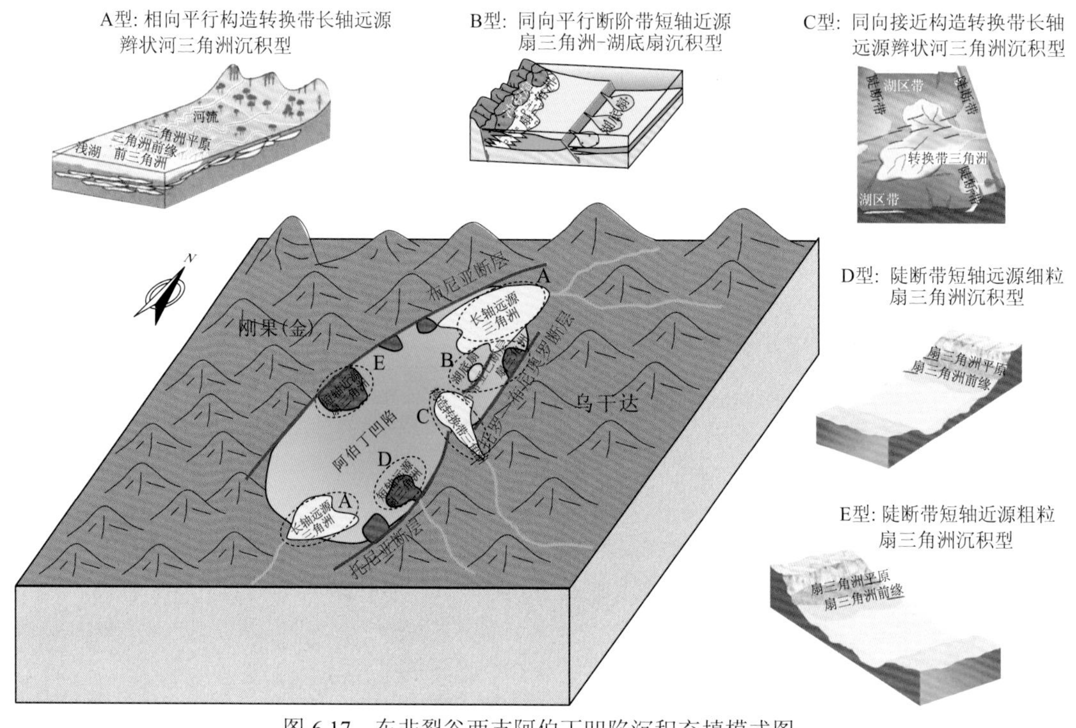

图6.17　东非裂谷西支阿伯丁凹陷沉积充填模式图

（1）A型为相向平行构造转换带长轴远源辫状河三角洲沉积型。该类型以相向平行构造转换带为发育部位，如阿伯丁凹陷南、北两侧均属于相向平行构造转换带；类型构造转换带范围总体较宽，长源河流（尼罗河和塞姆利基河）发育，可以保证碎屑物源的稳定供给，同时通过长距离搬运和分选，可以较好地改善沉积物特性，提高其成分成熟度和结构成熟度。此外，远源河流的稳定输入，还可以保证三角洲沉积体系的规模和稳定发育。该类沉积主要发育在凹陷南北两侧的相向平行构造转换带发育区。

（2）B型为同向平行断阶带短轴近源扇三角洲-湖底扇沉积型。这种类型主要发育在凹陷东侧断阶带区域。两条同向平行断层形成的断阶带控制了碎屑沉积体的发育部位和沉积类型。在湖盆萎缩期（低水位期），湖岸线退至断阶带的一级台阶之下，结果一方面造成早期高水位条件下发育在一级台阶上的扇三角洲沉积物发生再次搬运，另一方面导致盆缘水体携带碎屑物质直接向一级台阶之下搬运，结果在二级台阶上形成湖底扇沉积体系，后期随着水面上升，湖泊水体岸线再次回到一级边界断层附近，导致碎屑物质在其下盘直接堆积，很难再到达二级台阶部位。因此，形成短轴近源扇三角洲-湖底扇沉积组合。

（3）C型为同向接近构造转换带长轴远源辫状河三角洲沉积型。这种类型的主要特点是同向接近构造转换带形成相对较缓沿凹陷长轴方向延伸的斜坡，从而有利于远源河流携带碎屑物质在斜坡区充分分选，形成辫状河三角洲沉积体系。

（4）D 型为陡断带短轴远源细粒扇三角洲沉积型。这种类型沉积模式的主要特点是陡断带存在远源河流（卡富河）提供物源，结果导致碎屑物质首先在河流搬运过程中预分选，粗碎屑和比重大的不稳定组分在搬运过程中沉积在河流流域范围内，而相对稳定和粒度相对细的矿物则被输送到盆缘断坡附近，并在后续地质作用下，再次向凹陷内搬运，结果在陡断带的湖底形成相对细粒的扇三角洲沉积体系。

（5）E 型为陡断带短轴近源粗粒扇三角洲沉积型。这种类型是最常见的扇三角洲类型。季节性河流在洪水期携带近源碎屑物质沿陡崖快速向湖盆输入，并在陡断带底部坡度变缓部位卸载，形成厚度相对较大，但侧向展布相对较小的扇三角洲沉积体系。

2. 东非裂谷东支南洛基查尔凹陷沉积充填模式

南洛基查尔凹陷发育时间较早，渐新世即已开始接受沉积，上新世以来开始遭受破坏和萎缩，属于早期活动裂谷。南洛基查尔凹陷属于典型的箕状半地堑，具有西断东超的构造、沉积特征，凹陷西侧为陡坡带，东侧为缓坡带（图 6.18）（张燕 等，2017）。沿西侧边界伸展断层发育次级断层，形成被断层复杂化的滚动背斜构造或断鼻构造；东侧缓坡带发育一些与主控断层近平行、倾向相向或同向的小断层，形成正向或反向断块。

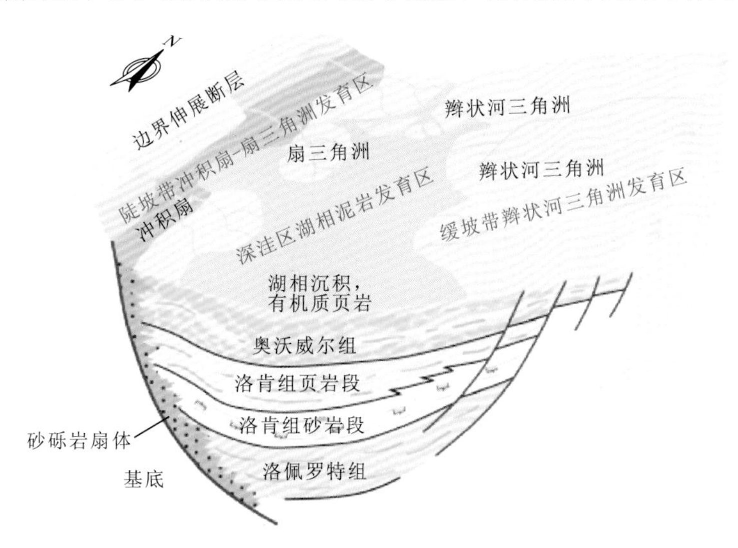

图 6.18　东非裂谷东支南洛基查尔凹陷沉积充填模式图

凹陷构造格局总体控制了沉积充填，在西侧陡坡带发育了冲积扇和扇三角洲沉积体系，东侧缓坡带发育了辫状河三角洲沉积体系。垂向演化上，从渐新统洛佩罗特组，到下中新统洛肯组，再到中中新统奥沃威尔组，构成了裂谷演化的裂陷初始—裂陷强盛—裂陷萎缩的完整构造旋回。因而，从沉积演化上，渐新统和中中新统碎屑沉积体都比较发育，而下中新统沉积期断层活动增强，湖盆范围扩大，湖水较深，半深湖-深湖亚相泥岩广泛发育，形成了该凹陷重要的烃源岩层。基于对南洛基查尔凹陷形成演化、构造格局和沉积充填的分析，总结该凹陷沉积充填模式为典型的半地堑沉积充填模式：陡坡带以发育冲积扇-扇三角洲型储集体为主，缓坡带以发育辫状河三角洲储集体为特征（图 6.18）。

第7章 东非裂谷盆地油气地质条件

油气作为一种埋藏在地下的天然流体矿产，有生成、运移、聚集、保存或逸散过程，该过程必然受自然界许多因素的制约，这些制约因素可称为油气地质条件（何生 等，2010）。本章将在系统梳理、总结东非裂谷盆地烃源岩、储盖组合、圈闭、油气运聚等油气地质条件的基础上，建立油气成藏模式，并对东非裂谷盆地有利凹陷及区带进行预测。

7.1 烃源条件分析

7.1.1 烃源岩品质

1. 东非裂谷东支南洛基查尔凹陷

东非裂谷东支南洛基查尔凹陷发育两套烃源岩，分别为下中新统深湖亚相的洛肯组泥岩段烃源岩和渐新统滨浅湖亚相的洛佩罗特组烃源岩。其中洛肯组泥岩段烃源岩的总有机碳（total organic carbon，TOC）含量介于0.55%～12.30%，平均为3.30%；岩石热解得出的生烃潜量S_1+S_2介于0.87～69.79 mg/g，平均为16.15 mg/g，根据TOC含量与S_1+S_2交会图判断，总体上属于中-很好的烃源岩（图7.1）。洛佩罗特组烃源岩的TOC含量介于0.60%～3.30%，平均为1.81%；S_1+S_2介于0.82～5.70 mg/g，平均为2.60 mg/g，总体上属于中等烃源岩（图7.1）。从L-1井地球化学参数垂向分布图也可以看出，洛肯组泥岩段烃源岩的TOC含量与S_1+S_2要明显高于洛佩罗特组烃源岩[图7.2（胡滨 等，2019a）]。

洛肯组泥岩段烃源岩的氢指数（HI=S_2/TOC×100）介于48～609 mg/g TOC，平均为372 mg/g TOC，最大热解峰温（T_{max}）与HI的交会图显示烃源岩的有机质类型以I-II型为主，部分样品为II_2-III型（图7.3），表明烃源岩的有机质以水生生物来源为主，可能包含部分陆源有机质来源。洛佩罗特组烃源岩的HI相对较低，介于84～115 mg/g TOC，平均为100 mg/g TOC，烃源岩的有机质类型以II-III型为主，仅少量样品为I-II_1型（图7.3），表明烃源岩的有机质来源中陆源高等植物的占比较洛肯组泥岩段烃源岩明显增高。但需要注意的是，由于洛佩罗特组烃源岩的埋深普遍较洛肯组泥岩段烃源岩大，通常情况下，随着有机质成熟度的升高，热解烃（S_2）会逐渐向热释烃（S_1）转化，致使HI降低。此外，洛肯组泥岩段和洛佩罗特组烃源岩的氢指数（HI）-氧指数（OI=S_3/TOC×100，其中S_3代表岩石热解过程中产生的CO_2含量）交会图也同样显示出洛肯组泥岩段烃源岩的有机质类型以I-II型为主，而洛佩罗特组烃源岩的有机质类型以II-III型为主（图7.3）。L-1井地球化学参数垂向分布图也显示，洛肯组泥岩段烃源岩的HI要高于洛佩罗特组烃源岩（图7.2）。

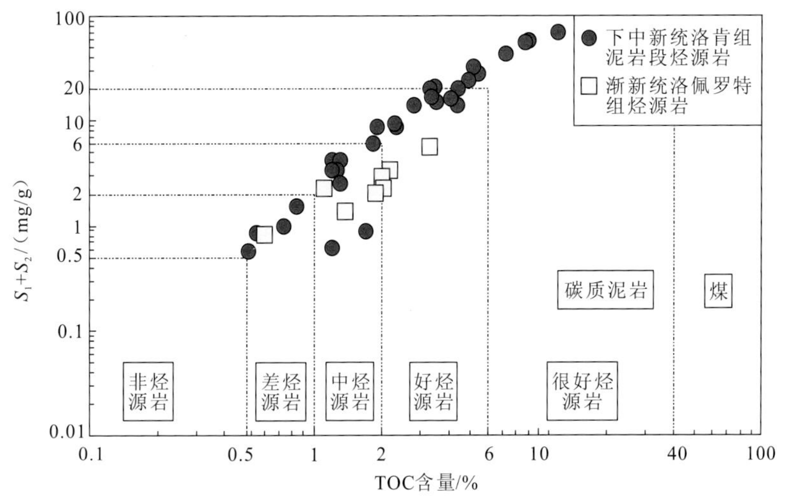

图 7.1　南洛基查尔凹陷烃源岩有机质丰度判别图

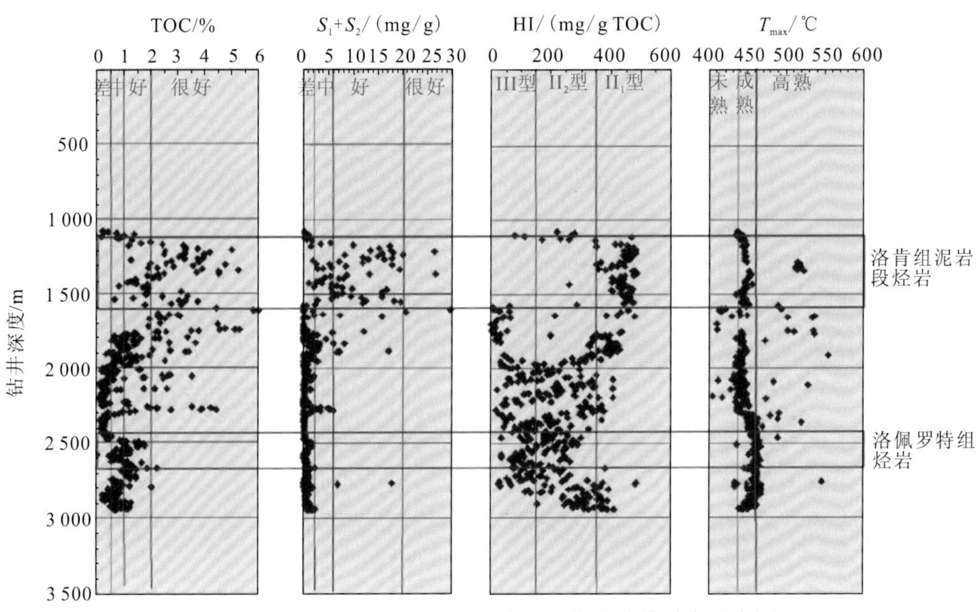

图 7.2　南洛基查尔凹陷 L-1 井地球化学参数垂向分布图

洛肯组泥岩段烃源岩的 T_{max} 介于 437～452℃，平均为 446℃，而洛佩罗特组烃源岩的 T_{max} 介于 450～470℃，平均为 462℃，明显高于洛肯组泥岩段烃源岩（图 7.3）。根据《陆相烃源岩化学评价方法》（SY/T 5735—1995），洛肯组泥岩段烃源岩处于成熟阶段（主要生成成熟中质油），而洛佩罗特组烃源岩处于高成熟阶段（主要生成高成熟轻质油、凝析油及湿气）。L-1 井 T_{max} 垂向分布图显示，洛肯组泥岩段顶部的烃源岩已进入成熟阶段，而洛佩罗特组烃源岩总体处于成熟-高成熟阶段（图 7.2）。

根据南洛基查尔凹陷东部缓坡区 L-1 井的资料，东部缓坡区洛肯组泥岩段烃源岩的厚度约为 400 m，而洛佩罗特组烃源岩的厚度约为 220 m，地震剖面显示（两套烃源岩在地震剖面上具有低频连续强反射的特征），烃源岩埋深向凹陷中心方向逐渐增加，厚度逐渐增大，最大可达 1 500 m 左右，表明凹陷内烃源岩具有分布广泛、厚度较大的特征，能够为

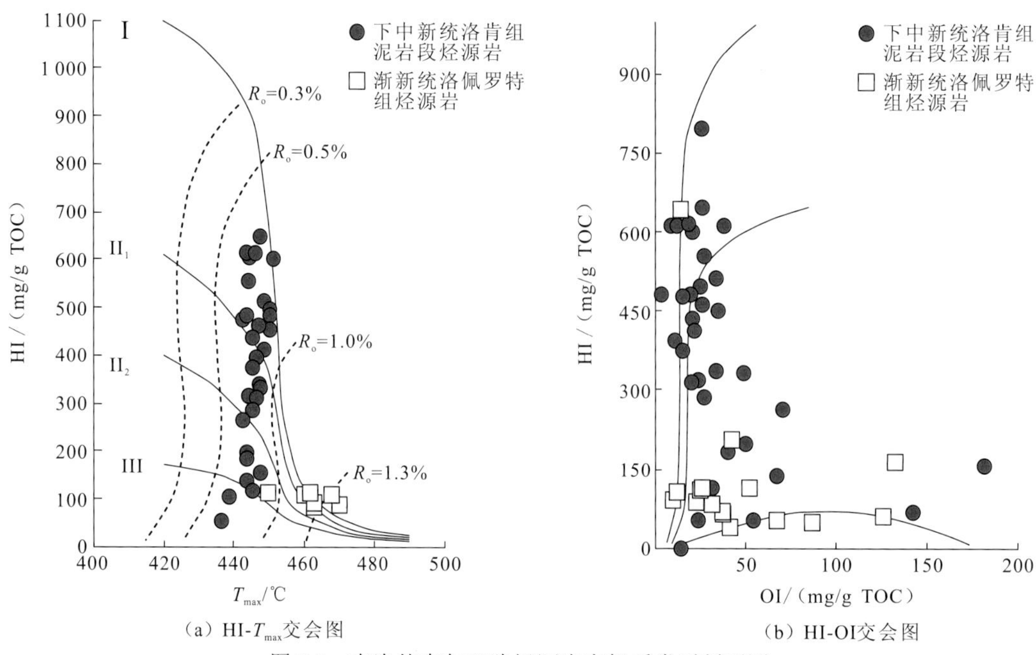

（a）HI-T_{max}交会图　（b）HI-OI交会图

图 7.3　南洛基查尔凹陷烃源岩有机质类型判别图

大量生烃提供优良的物质基础。烃源岩成熟度平面图显示，洛肯组泥岩段烃源岩顶面，成熟烃源岩（镜质体反射率 R_o>0.5%）主要分布在东部缓坡区靠近控盆断层一侧，面积约为 390 km^2，最大 R_o 为 0.7%，L-1 井位于 R_o 为 0.5%的边界附近［图 7.4（a）］，因此从 L-1 井地球化学参数垂向分布图可以看出，洛肯组泥岩段烃源岩的顶面刚刚进入成熟阶段（图 7.2）；洛肯组泥岩段烃源岩底面，成熟烃源岩的范围进一步扩大，面积约为 1 150 km^2，成熟度中心（深度中心）对应的 R_o 为 1.3%［图 7.4（b）］；洛佩罗特组烃源岩底面，成熟烃源岩的面积能达到 1 250 km^2 左右，L-1 井位于过成熟区，大部分洛佩罗特组烃源岩已达到高成熟的热演化阶段［图 7.4（c）］。

总体上，南洛基查尔凹陷内的洛肯组泥岩段烃源岩厚度较大，有机质丰度较高、类型较好，且成熟度主体位于生油窗内，因此为凹陷的主力烃源岩。相比之下，洛佩罗特组烃源岩厚度较小，有机质丰度中等、类型较差，且东部缓坡区至凹陷中心大量烃源岩已进入过成熟阶段，因此为凹陷的次要烃源岩。

2. 东非裂谷东支凯里奥凹陷

凯里奥凹陷的钻井主要集中在边界断层附近（如 Ep-1 井、K-1 井），钻井揭示的烃源岩厚度很薄，且层位不全。上新统底部烃源岩的 TOC 含量介于 0.13%～3.84%，平均为 2.38%；S_1+S_2 介于 0.24～26.79 mg/g，平均为 15.15 mg/g，属于差-好烃源岩（图 7.5）。上新统底部烃源岩的 HI 介于 172～687 mg/g TOC，平均为 595.6 mg/g TOC，有机质类型主要为 I-II 型（图 7.6），显示有机质来源为以水生生物为主的混合来源。上新统底部烃源岩的 T_{max} 介于 445～449 ℃，平均为 448 ℃，处于成熟阶段。中—上中新统烃源岩实测地化资料极少，钻井资料中仅包含一个样品，该样品指示中—上中新统烃源岩为差烃源岩，有机质类型为 III 型。

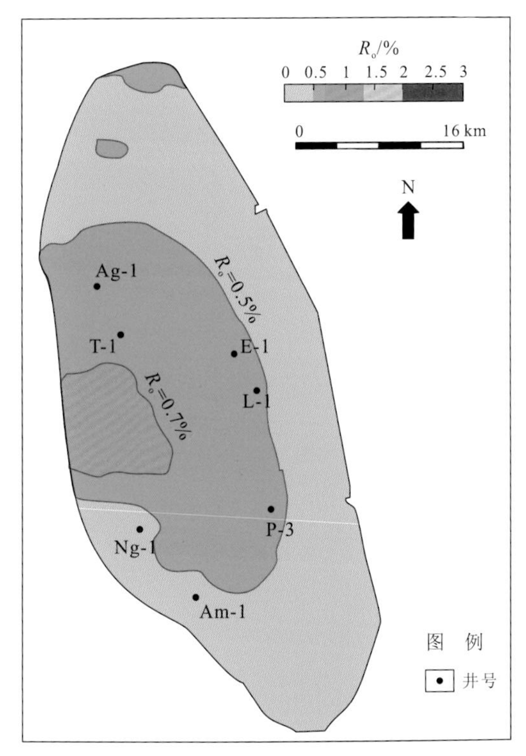

（a）洛肯组泥岩段烃源岩顶面

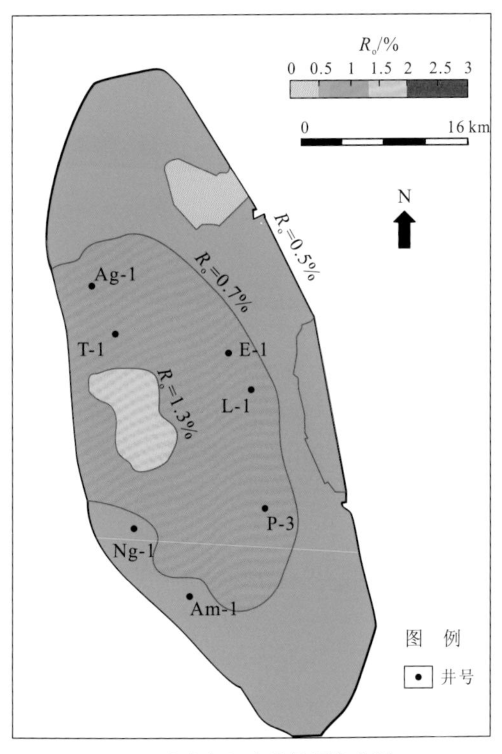

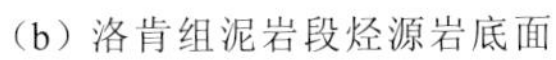

（b）洛肯组泥岩段烃源岩底面

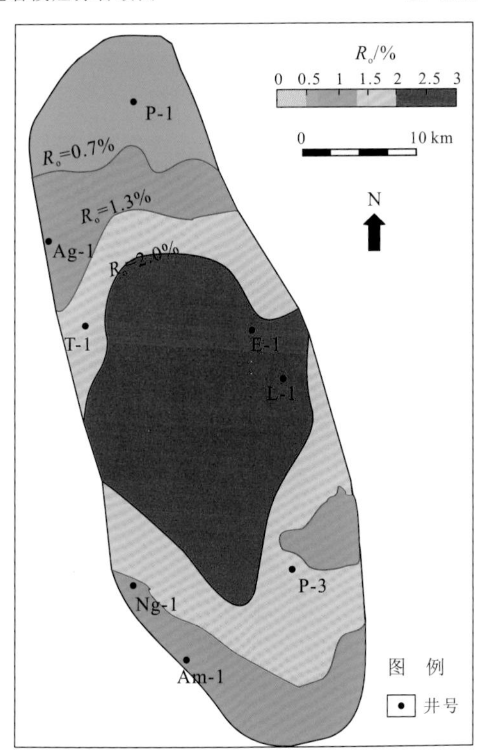

（c）洛佩罗特组烃源岩底面

图 7.4　洛肯组泥岩段烃源岩和洛佩罗特组烃源岩成熟度平面分布图

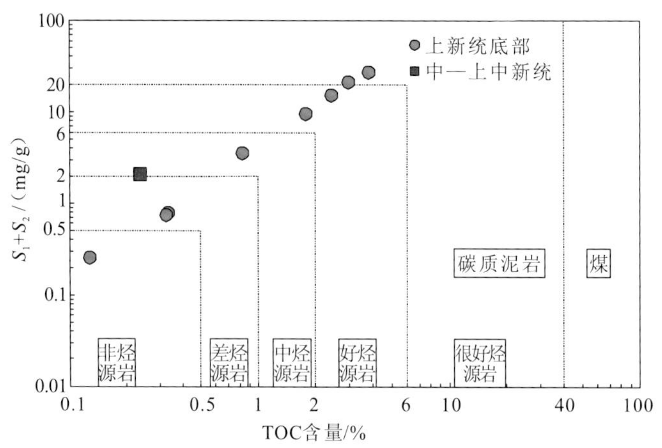

图 7.5　凯里奥凹陷烃源岩有机质丰度判别图

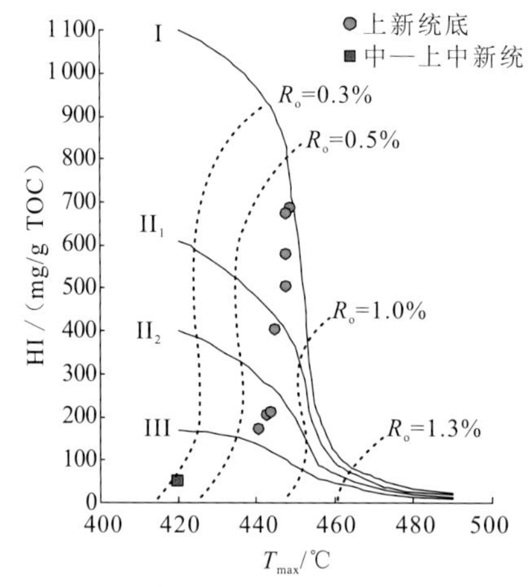

图 7.6　凯里奥凹陷烃源岩有机质类型判别图

已钻遇的烃源岩样品地球化学结果显示，上新统底部烃源岩有机质丰度高、类型好，处于成熟阶段，很可能是凯里奥凹陷的主力烃源岩之一；而中—上中新统烃源岩品质、类型较差，可能是凯里奥凹陷的次要烃源岩。但由于 Ep-1 井位于构造高部位，钻井揭示的烃源岩厚度很薄，且品质很可能较当时沉积时期湖盆中心的烃源岩要差，钻井烃源岩样品评价的烃源岩品质结果很可能无法代表凹陷烃源岩的整体特征。凯里奥凹陷与邻近的南洛基查尔凹陷具有相似的构造活动与沉积充填特征，前人通过对两个凹陷沉积地层对比发现，凯里奥凹陷内很可能也发育下中新统烃源岩（图 7.7）（胡滨 等，2019b），且品质可能类似于南洛基查尔凹陷的同层位洛肯组泥岩段烃源岩。但钻井深度较浅，未揭示该套烃源岩。

凯里奥凹陷已钻遇上新统底部和中—上中新统两套烃源岩，且推测发育下中新统烃源岩。由于凹陷内烃源岩主要沉积于湖泊环境，根据各时期沉积相平面图推测：①上新统底部烃源岩主要分布在凹陷中北部，地层厚度约为 90 m，暗色泥岩厚度仅为 20 m，分布范围面积约为 800 km^2；②中—上中新统烃源岩主要分布在凹陷中南部，地层最大厚度约为 400 m，湖相地层分布范围面积约为 600 km^2；③下中新统烃源岩主要分布在凹陷南部，地层最大厚度约为 400 m，湖泊相地层分布范围面积约为 450 km^2（胡滨 等，2019b）。下中

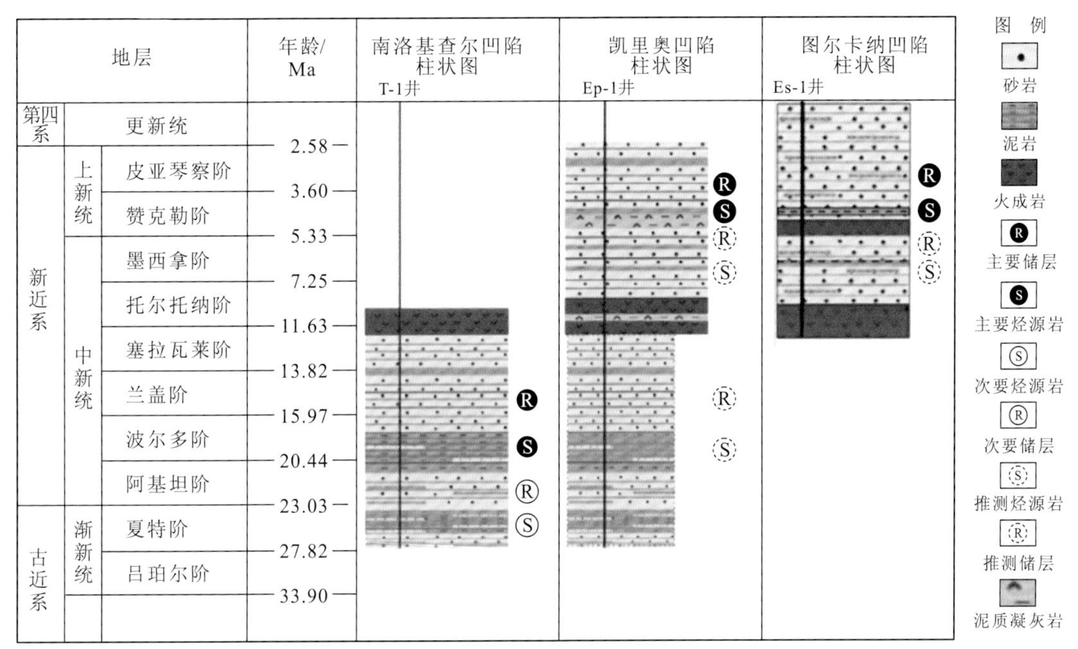

图 7.7　南洛基查尔凹陷、凯里奥凹陷与图尔卡纳凹陷钻井沉积地层对比图

新统顶面，凹陷中部烃源岩主要处于成熟阶段（R_o：0.5%～1.0%），而北部烃源岩已进入高-过成熟阶段（R_o>1.3%）；下中新统中部，高-过成熟烃源岩范围进一步扩大，包括凹陷北部及中部，凹陷南部烃源岩开始进入成熟阶段，成熟烃源岩面积较下中新统顶面大（图 7.8）。

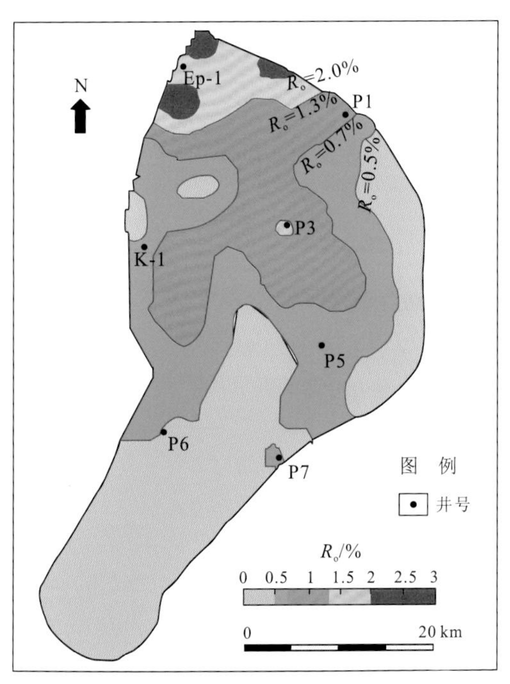

（a）下中新统顶面

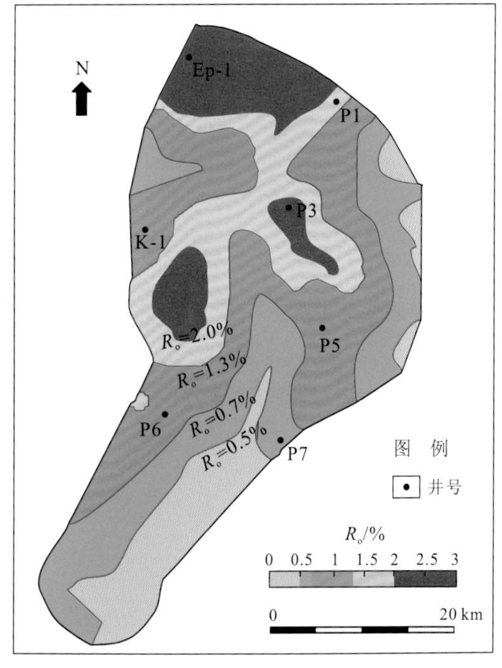

（b）下中新统中部

图 7.8　凯里奥凹陷下中新统顶面和中部现今成熟度平面分布图

3. 东非裂谷东支图尔卡纳凹陷

图尔卡纳凹陷发育一套已证实烃源岩和一套潜在烃源岩，分别是已经证实的上新统底部烃源岩和潜在的上中新统烃源岩，其烃源岩发育层位与凯里奥凹陷相似（图 7.7）。其中上新统底部烃源岩的有机质丰度较高，TOC 含量介于 1.1%～4.9%，平均为 2.2%，S_1+S_2 介于 2～12 mg/g，平均为 5.7 mg/g，属于中-好烃源岩（图 7.9）。有机质类型判别图显示上新统底部烃源岩的有机质类型主要为 II_2 型（图 7.10），表明其有机质为混合来源，但陆源高等植物可能占主导。上中新统烃源岩仅有一个样品的数据，其在有机质丰度判别图上位于中等烃源岩区域，但其有机质类型为 III 型，几乎无生油能力。上新统底部和上中新统烃源岩样品的 T_{max} 介于 428～441 ℃（图 7.10），表明有机质处于低成熟-成熟热演化阶段。

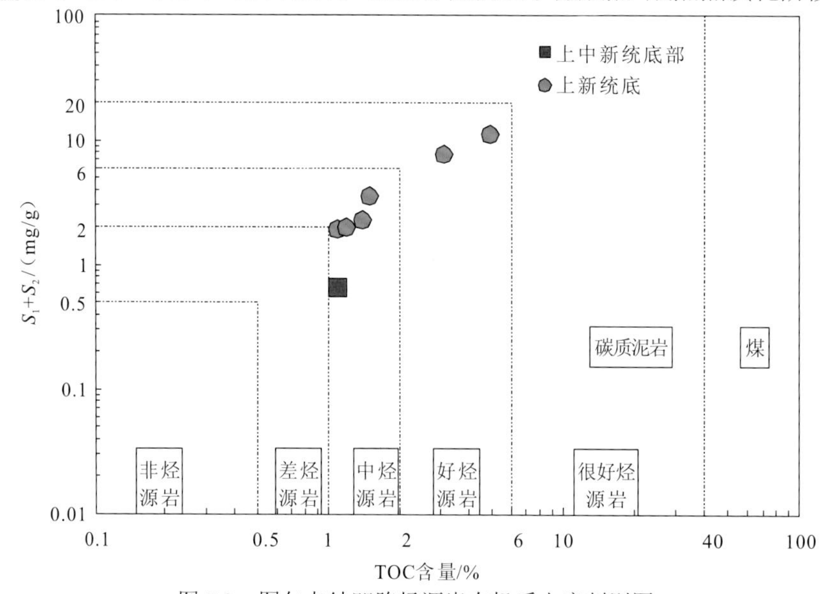

图 7.9 图尔卡纳凹陷烃源岩有机质丰度判别图

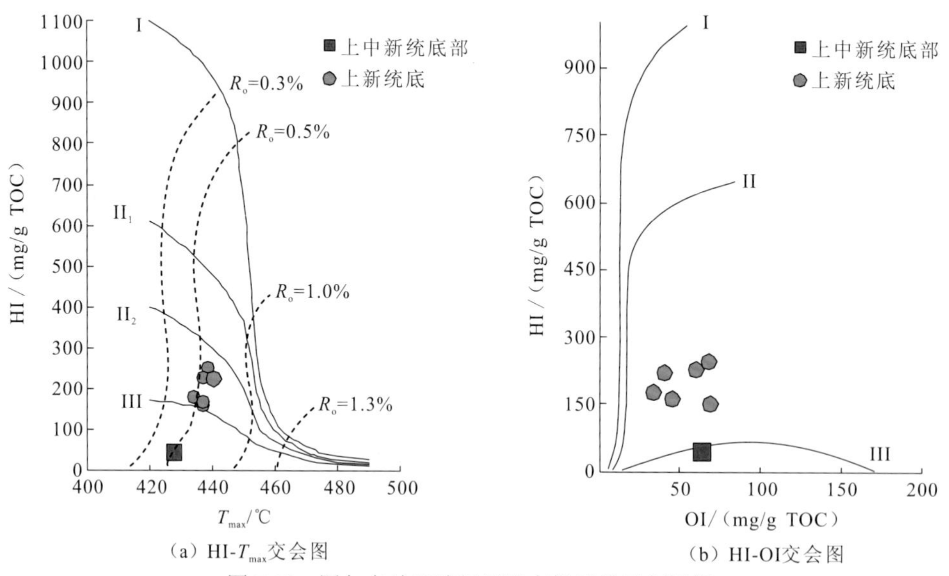

图 7.10 图尔卡纳凹陷烃源岩有机质类型判别图

图尔卡纳凹陷发育两套湖相烃源岩，均沉积于湖泊环境。在上新统顶面，成熟烃源岩分布面积较小，主要位于凹陷的北部，而南部的烃源岩主要处于未成熟阶段（R_o<0.5%），北部烃源岩成熟度最大对应的 R_o 约为 1.0%；在中新统顶面，成熟烃源岩分布面积显著增大，分布在凹陷北部和中部部分地区，其中北部的部分烃源岩已达到高-过成熟阶段，而中部的烃源岩主要位于生油窗内（图 7.11）。

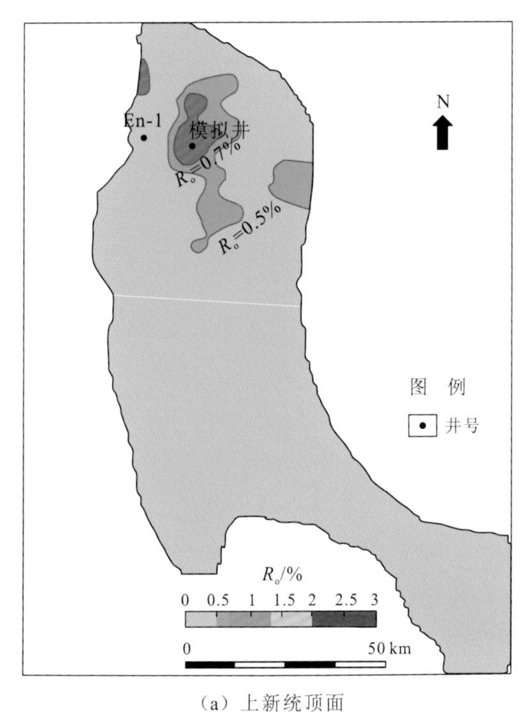

（a）上新统顶面

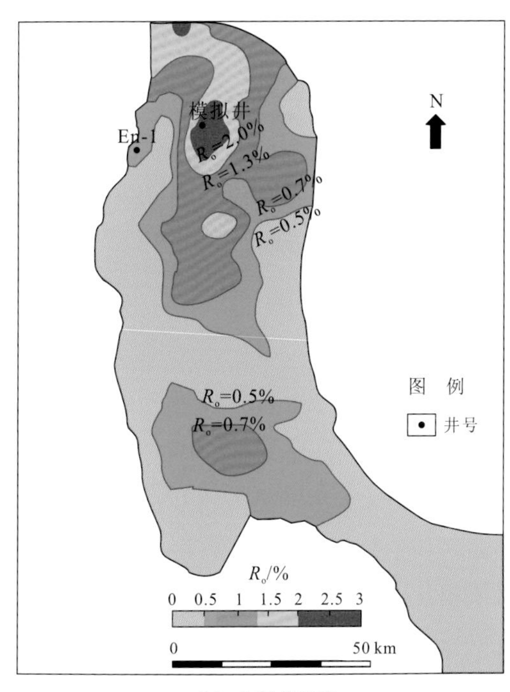

（b）中新统顶面

图 7.11 图尔卡纳凹陷烃源岩成熟度平面分布图

根据区域沉积环境演化，图尔卡纳湖在晚中新世之后一直为东非裂谷东支的沉积中心，而北次凹又是图尔卡纳凹陷的沉积中心。结合上新统底部烃源岩的地震反射特征对比分析，推测在北次凹的上中新统发育一套湖相烃源岩，该套烃源岩 R_o 为 0.4%～0.7%，属于低成熟阶段，具有一定的生烃能力，但生烃能力小于上新统底部的烃源岩。

4. 东非裂谷东支凯里奥山谷凹陷

凯里奥山谷凹陷东部卡玛西亚地区见一砂泥岩露头，其顶底年龄分别为 8.5 Ma 和 13.1 Ma，表明其时代归属应为中—晚中新世。露头上砂泥岩样品的 TOC 含量介于 0.74%～5.38%，平均为 2.7%，HI 介于 131～830 mg/g TOC，平均为 530 mg/g TOC，表明烃源岩有机质丰度较高，有机质类型以 I-II_1 型干酪根为主[图 7.12（胡滨 等，2018a）]。砂泥岩样品的 T_{max} 介于 438～445 ℃，指示有机质处于低成熟-成熟的热演化阶段，与南洛基查尔凹陷下中新统洛肯组泥岩段主力烃源岩成熟度相似。通过露头位置，标定其对应于盆地内的中新统恩戈罗拉组，在地震剖面上具有低频、较强连续、较强振幅反射的特征。参考南洛基查尔凹陷，以 1 500 m 作为烃源岩的生烃门限，预测凯里奥山谷凹陷成熟烃源岩的面积约为 260 km^2。

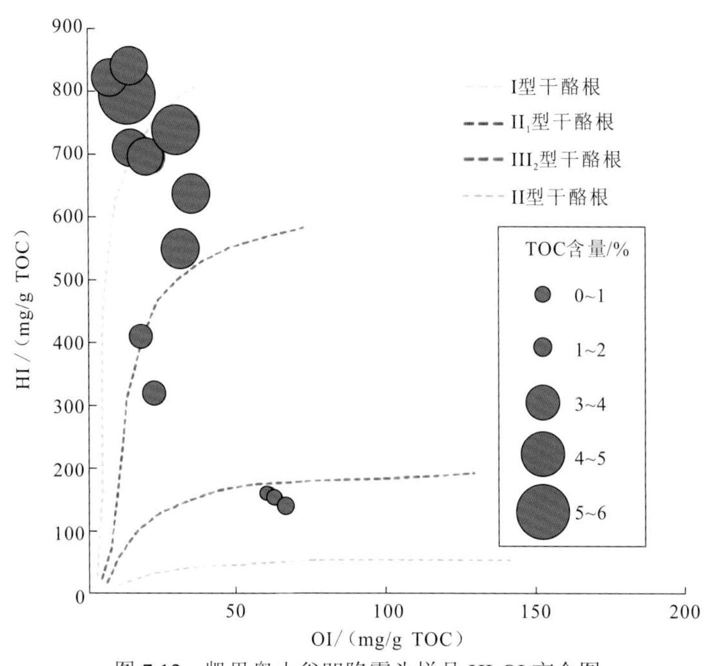

图 7.12　凯里奥山谷凹陷露头样品 HI-OI 交会图

东非裂谷东支凹陷地层发育的典型特征之一即烃源岩通常与火成岩共生。而火成岩与烃源岩共生是我国东部裂谷型含油气盆地普遍发育的现象。火山物质长期与烃源岩及其有机质相互接触和作用，火山热液直接影响烃源岩有机质的富集、演化，并参与成岩作用和生烃过程，局部产生特殊的生烃作用和油气成藏作用（金强 等，2005）。

火山活动对烃源岩有机质富集的影响包括正反两方面（宋占东 等，2007），其中有利于烃源岩有机质富集与演化的因素包括：①火山灰富含磷（P）、铁（Fe）等营养物质，进入湖泊中有利于藻类等初级生产者繁盛，进而提高湖泊初级生产力，有利于有机质富集；②火山热液与烃源岩长时间接触，会使烃源岩中过渡金属的含量升高，促进烃源岩有机质中碳-碳（C—C）、碳-硫（C—S）、碳-氧（C—O）键等的断裂，有利于有机质转化生烃；③火山烘烤的加热作用能使地温梯度升高，有利于干酪根的热演化生烃。另一种观点认为火山活动释放出的热对烃源岩有机质成熟度的影响十分有限，而火山活动带来的大量火山热液对周围烃源岩的影响却是长期而广泛的。

火山活动可能对东非裂谷东支凹陷烃源岩的发育和演化具有一定促进作用，表现为：①烃源岩发育层位通常与火成岩互层或者上覆、下伏火成岩；②烃源岩发育时间普遍较晚，如南洛基查尔凹陷洛肯组泥岩段烃源岩归属为下中新统，但该套烃源岩已经大面积成熟且大量生烃、排烃，而如此“迅速”地生烃、排烃很可能与火山热液的加热作用有关。

5. 东非裂谷西支阿伯丁凹陷

1）烃源岩评价

钻井证实阿伯丁凹陷发育上中新统烃源岩，其 TOC 含量介于 0.13%～10%，平均约为 6%，HI 介于 154～750 mg/g TOC，平均约为 470 mg/g TOC，表明中新统烃源岩为好-很好烃源岩，且有机质类型以 I 型为主，有机质主要为藻类等水生生物来源。基于此，对 Kf 井烃源岩样品进行采集和实测，以对比分析，主要采样层段为 Kf-3A 井的下上新统和上中新统，以及 Kf-1B 井的上中新统。Kf-3A 井取样下上新统深度范围为 2 160～2 480 m，上中新统深度范围为 2 500～2 690 m。Kf-1B 井取样均取自上中新统，深度范围为 2 575～3 121 m。Kf-3A 井下上新统烃源岩样品的 TOC 含量介于 0.17%～1.87%，平均为 0.6%，S_1+S_2 介于 1.77～8.17 mg/g，平均为 3.27 mg/g；Kf-3A 井上中新统烃源岩样品的 TOC 含量介于 0.21%～0.37%，平均为 0.29%，S_1+S_2 介于 0.68～2.06 mg/g，平均为 1.18 mg/g。Kf-1B 井上中新统烃源岩样品的 TOC 含量介于 0.09%～0.80%，平均为 0.37%，S_1+S_2 介于 0.42～1.05 mg/g，平均为 0.62 mg/g。根据有机质丰度判别图，Kf-3A 井下上新统主要发育中-好烃源岩，上中新统主要发育差烃源岩，而 Kf-1B 井上中新统主要发育差烃源岩（图 7.13）。

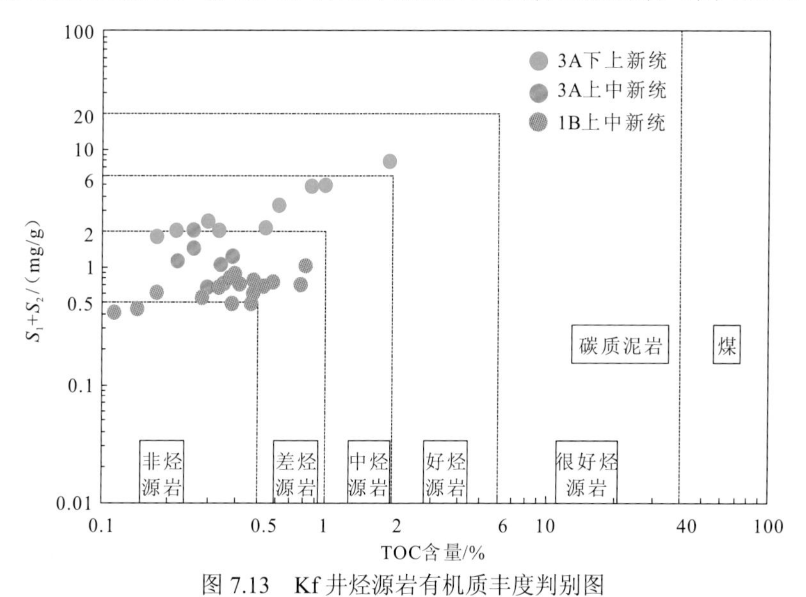

图 7.13　Kf 井烃源岩有机质丰度判别图

Kf-3A 井下上新统烃源岩 HI 介于 350～726 mg/g TOC，平均为 491 mg/g TOC，上中新统烃源岩 HI 介于 213～670 mg/g TOC，平均为 326 mg/g TOC，而 Kf-1B 井上中新统 HI 介于 154～329 mg/g TOC，平均为 242 mg/g TOC（图 7.14）。有机质类型判别图显示 Kf-3A 井下上新统和上中新统烃源岩样品有机质类型主要为 I-II 型，Kf-1B 井上中新统烃源岩样品有机质类型多为 II_2 型。Kf-3A 井、Kf-1B 井下上新统和上中新统烃源岩的 T_{max} 介于 420～440 ℃，平均为 435 ℃，表明有机质处于未熟-低成熟的热演化阶段。

对 Kf 钻井烃源岩样品的综合评价显示，Kf-3A 井下上新统烃源岩品质中等，而 Kf-3A 井和 Kf-1B 井上中新统烃源岩品质差。该结果与前人的研究成果存在较大差异，可能主要与两个方面有关：①Kf 钻井位于阿伯丁凹陷东南部的构造高部位，晚中新世和早上新世该地区可能为三角洲环境，不利于烃源岩的发育。而前人对凹陷烃源岩的研究主要基于 Kf 井西北侧的 Nga-2 井，相比于 Kf 井，Nga-2 井更靠近当时的沉积中心，有利于烃源岩的发育；②本次采集的样品以岩屑为主，岩屑样品可能受钻井液等的污染，烃源岩样品的实测地化参数偏低。因此，综合前人与本次研究成果，推测阿伯丁凹陷发育上中新统和下上新统两套烃源岩，且烃源岩品质较好，能够为油气的形成提供充足的物质基础。

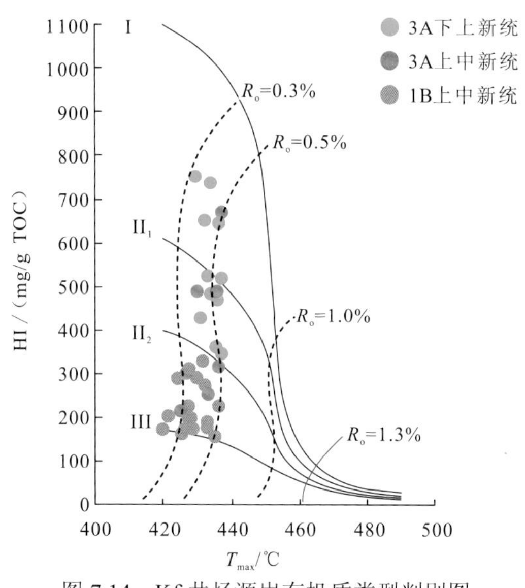

图 7.14　Kf 井烃源岩有机质类型判别图

阿伯丁凹陷发育两套湖相烃源岩，分别位于上中新统和下上新统，根据两个时期凹陷沉积体系的平面分布图，有利于烃源岩发育的半深湖环境主要位于凹陷西北侧，其中晚中新世时期凹陷湖泊面积较小，因此发育的烃源岩面积应该也较小。自早上新世开始，半深湖范围有所扩大，尤其是在早上新世晚期，阿伯丁凹陷发生的一次规模较大的湖泛事件，使凹陷水深明显增大，有利于湖相烃源岩的大范围发育。晚上新世，凹陷沉积体系总体上继承了早上新世的规模，但深度进一步增加，半深湖范围进一步扩大，因此该时期发育的烃源岩面积在三个时期中最大。在下上新统底面，成熟烃源岩主要位于凹陷的中部，沿北东—南西方向呈条带状分布，面积约为 4 800 km^2；相比之下，上中新统底面成熟烃源岩的范围明显增大，主要分布在凹陷中部和南部，面积约为 8 000 km^2（图 7.15）。

2）烃源岩元素组成及地质意义

根据 Kf 井烃源岩样品的测试结果，选取其中 TOC、HI 较高的烃源岩样品进行主量、微量和稀土元素含量的测试，并对下上新统（Kf-3A 井）和上中新统（Kf-1B 井）烃源岩样品测试结果进行对比分析。测试结果表明，与上地壳元素含量对比，下上新统烃源岩具有相对较高的二氧化锰（MnO_2）、氧化钾（K_2O），锌（Zn）、镍（Ni），而上中新统烃源岩包含较高的铅（Pb）、铜（Cu）、Fe、锶（Sr）元素。

锶/铜（Sr/Cu）质量比值对古气候的变化有灵敏的指示作用，通常 Sr/Cu 质量比值小于 10 指示温暖湿润气候，大于 10 指示干燥炎热气候。Kf 井两套烃源岩的 Sr/Cu 质量比值均小于 5[图 7.16（a）]，说明两套烃源岩均形成于温暖湿润的古气候条件下。此外，下上新统烃源岩 Sr/Cu 质量比值较低，可能表明从晚中新世到早上新世，阿伯丁凹陷古气候可能变得更加温暖潮湿。镁/钙（Mg/Ca）质量比值也可作为衡量古气候变化的指标，通常 Mg/Ca 质量比值与古温度呈正相关，即 Mg/Ca 质量比值越高指示古温度越高。上中新统烃源岩 Mg/Ca 质量比值为 0.78～1.45，略低于下上新统烃源岩（0.32～1.69）[图 7.16（b）]，表明晚中新世的古温度可能略低于早上新世，这与通过 Sr/Cu 质量比值得出的古气候结果一致。

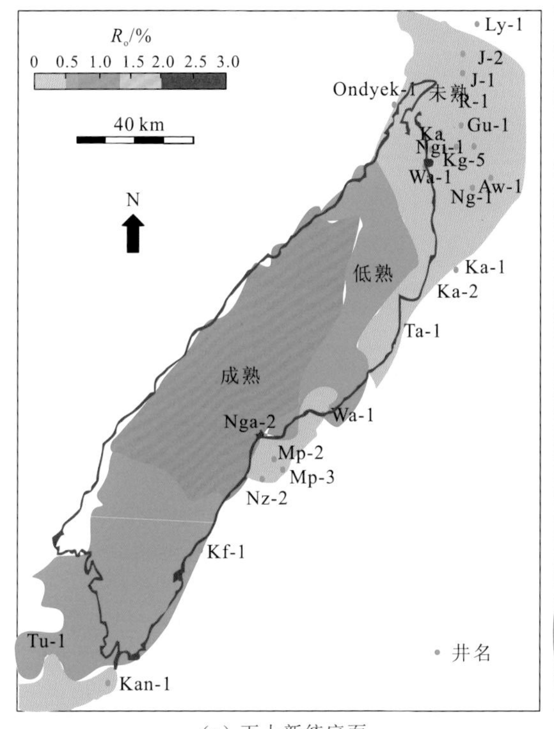

（a）下上新统底面

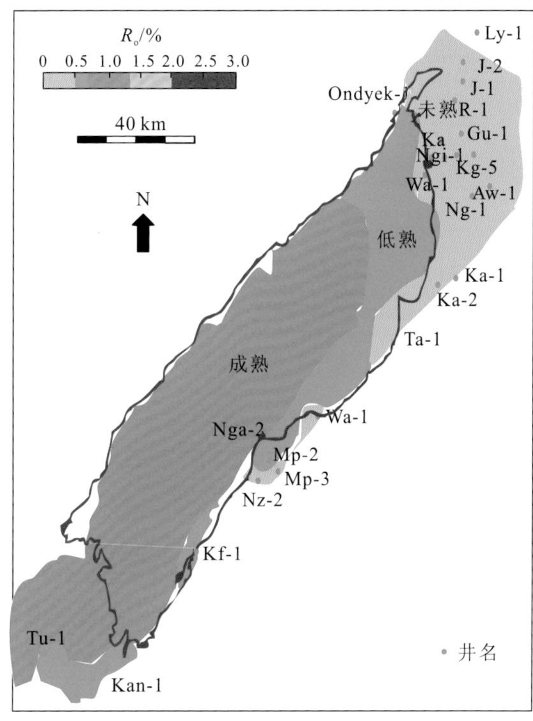

（b）上中新统底面

图 7.15 阿伯丁凹陷烃源岩成熟度平面分布图

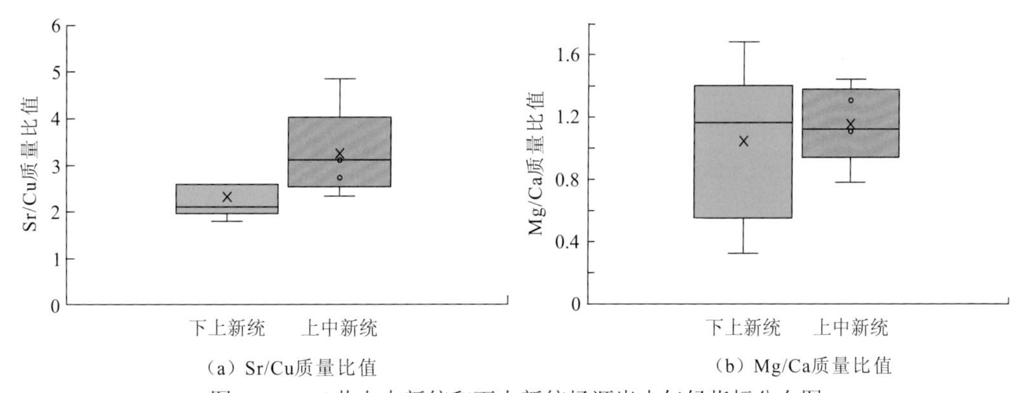

（a）Sr/Cu质量比值　　（b）Mg/Ca质量比值

图 7.16 Kf井上中新统和下上新统烃源岩古气候指标分布图

铀（U）、钒（V）、钼（Mo）、铬（Cr）、钴（Co）等氧化-还原敏感元素在沉积环境中表现为氧化条件下易溶，还原条件下不溶，因此在贫氧的沉积环境中这些元素易于自生富集，故可用其作为古水体氧化还原性的判别指标。而 Ni、Cu、Zn、镉（Cd）金属元素在缺氧条件下常以硫化物形式沉淀，对古水体氧化还原性也具有一定的指示意义。因此，本小节选取 V/(V+Ni)、V/Cr、Cu/Zn 等质量比值作为判断沉积环境氧化还原性的指标。在缺氧条件下 V 呈低价沉淀，因此当 V/(V+Ni)质量比值较高时指示贫氧环境，反之则指示富氧环境，通常认为当 V/(V+Ni)≥0.46 时，指示贫氧或缺氧环境，且该判别指标与岩性关系较小。Kf 井所有烃源岩样品 V/(V+Ni)质量比值均大于 0.6，而 V/Cr 质量比值均小于 4.2，如图 7.17（a）所示，表明 Kf 井上中新统烃源岩主要发育在贫氧古水体中，而下上新统烃源岩主要发育在缺氧古水体中。根据前人研究，U/Th（钍）质量比值越大，表明沉积环境的还原性越强，从图 7.17（b）可以看出，下上新统烃源岩 U/Th 质量比值大于上中新统烃源岩，说明下上新统烃源岩发育时期古水体的还原性更强，这与通过 V/(V+Ni) 质量比值和 V/Cr 质量比值得出的古水体氧化还原性结果一致。

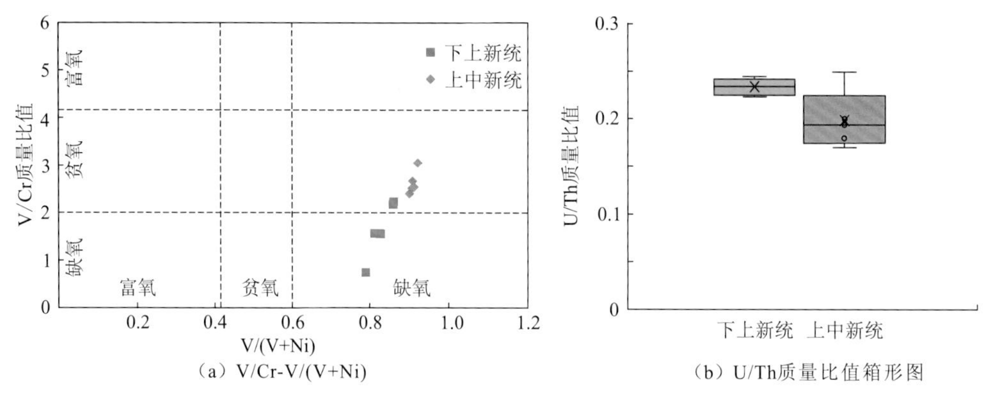

（a）V/Cr-V/(V+Ni)　　（b）U/Th质量比值箱形图

图 7.17　Kf 井上中新统和下上新统烃源岩古水体氧化还原性判别图

本小节通过沃克（Walker）相当硼（B）法计算烃源岩形成时期的古盐度，相当硼法即相当于伊利石中 K_2O 质量分数为 5%时的硼质量分数。研究显示：相当硼质量分数低于 200×10^{-6} 时，为淡水；相当硼质量分数为 200×10^{-6}～300×10^{-6} 时，为半咸水；相当为 300×10^{-6}～400×10^{-6} 时，为正常海水；相当高于 400×10^{-6} 时，为咸水或超咸水。想要通过相当硼含量指示古盐度，首先需要求出校正硼含量，再根据校正硼含量在相当硼散射曲线上查找相当硼的含量。沃克校正硼计算公式为：$B_{质量分数}=8.5\times B_{样品质量分数}/K_2O_{样品质量分数}$，将校正硼质量分数在相当硼散射曲线上投影，如图 7.18（a）所示，可以明显看出两套地层所有实验样品的相当硼含量均小于 200×10^{-6}，因此晚中新世和早上新世时期的古水体均为淡水。在淡水条件下 Sr、钡（Ba）等元素容易流失，不能够轻易保存。而在咸水条件下，Ba 元素先与硫酸根结合沉淀于沉积物中，当盐度进一步增大时，Sr 元素才会发生沉淀，因此 Sr/Ba 质量比值越大，古水体咸度越大。Kf 井烃源岩样品的 Sr/Ba 质量比值如图 7.18（b）

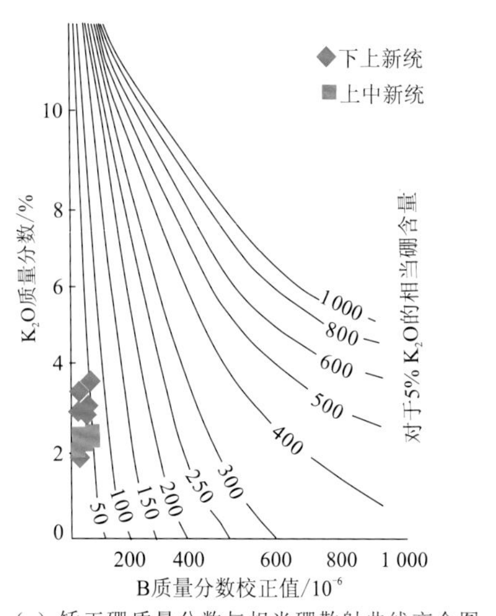

（a）矫正硼质量分数与相当硼散射曲线交会图

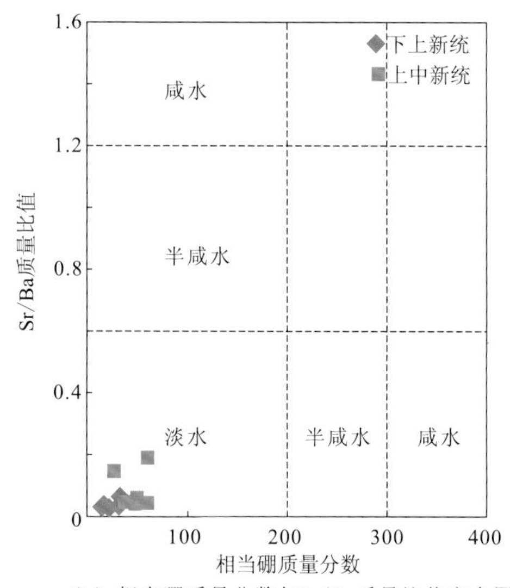

（b）相当硼质量分数与Sr/Ba质量比值交会图

图 7.18　Kf 井上中新统和下上新统烃源岩古盐度判别图

所示，可以看出上中新统和下上新统烃源岩的 Sr/Ba 质量比值均小于 0.6，均指示淡水条件，这与通过相当硼含量恢复的古盐度一致。

La_N/Yb_N 质量比值参数是较为敏感的古沉积速率判别参数，可以判别研究层段中烃源岩以不同速率沉积。需要明确的是过快和过慢的沉积速率都不利于有机物的堆积和烃源岩的发育，只有在适合的沉积速率下，有机质才能得到有效保存。当 La_N/Yb_N 质量比值小于 0.6 时，沉积速率过慢；当 La_N/Yb_N 质量比值为 0.6～1.2 时，沉积速率中等；当 La_N/Yb_N 质量比值大于 1.2 时，沉积速率过快。Kf 井上中新统烃源岩样品 La_N/Yb_N 质量比值为 1.40～1.50，表示沉积速率过快；下上新统烃源岩样品 La_N/Yb_N 质量比值为 1.25～1.32，表示沉积速率中等，沉积物能够有效堆积，有利于烃源岩发育（图 7.19）。在早上新世时期阿伯丁凹陷沉积速率中等，有利于烃源岩发育。

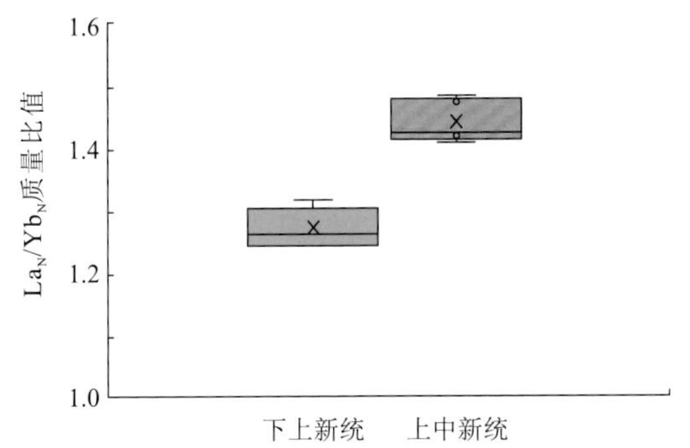

图 7.19　Kf 井上中新统和下上新统烃源岩沉积速率指标分布图

本小节对两套烃源岩形成时期的古生产力也进行评价。在正常的生物过程中，Cu、Ni、Zn 等元素作为湖泊微生物必需的营养元素，能够被微生物吸收并随产生的生物有机质一同沉积在湖泊的底部，并在还原环境中与有机质一起被保存下来。因此 Cu、Ni、Zn 的含量越高说明当时湖泊的微生物越发育，古生产力越高。根据前人研究，Ni 和 Zn 质量分数是更为敏感的古生产力参数，故本小节选择二者作为古生产力评价指标。在下上新统烃源岩中 Zn 的质量分数为 52～180 μg/g，平均为 125.2 μg/g，Ni 的质量分数为 17.3～33.1 μg/g，平均为 27.1 μg/g。在上中新统烃源岩中 Zn 的质量分数为 89～124 μg/g，平均为 110.6 μg/g，Ni 的质量分数为 18.2～22.4 μg/g，平均为 19.7 μg/g（图 7.20）。相比之下，下上新统烃源岩中 Ni 和 Zn 的含量更高，说明下上新统烃源岩发育时期的古生产力更高。

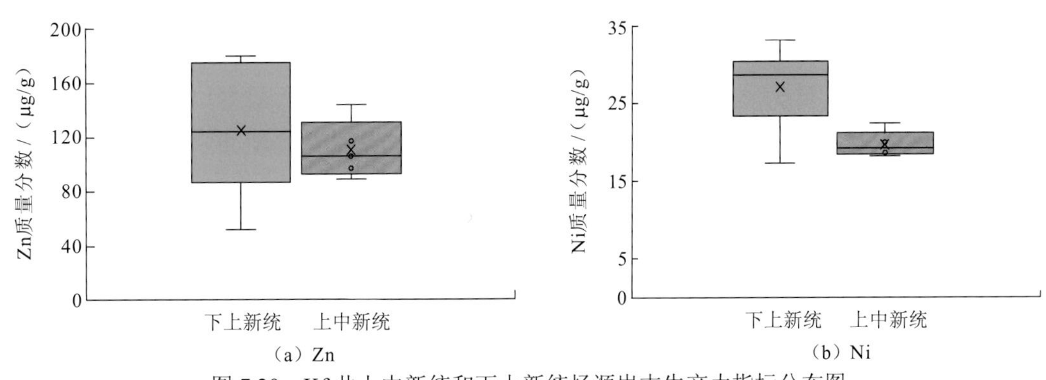

图 7.20　Kf 井上中新统和下上新统烃源岩古生产力指标分布图

7.1.2 烃源岩生排烃特征

1. 东非裂谷东支南洛基查尔凹陷

南洛基查尔凹陷发育两套烃源岩，其中洛肯组泥岩段发育主力烃源岩，洛佩罗特组发育次要烃源岩。本小节将综合基础地质、地球化学、地震和测井等资料，在明确烃源岩品质和分布的基础上，通过 PetroMod 软件开展单井模拟，以揭示南洛基查尔凹陷两套烃源岩的热演化史与生排烃特征，进而明确烃源岩的生烃窗口期与生排烃效率，为成藏模式的建立及有利凹陷与区带的优选提供重要依据。

L-1 井完整地揭示了两套烃源岩，对 L-1 井生排烃模拟结果显示洛肯组泥岩段烃源岩尚未完全进入生烃期，几乎无生排烃现象（图 7.21）。洛佩罗特组烃源岩从渐新世（29 Ma）开始生油，至早中新世（22～15 Ma）开始大量生油，最大生烃率可达 16（mg/g）/Ma；洛佩罗特组烃源岩于早中新世（20～21 Ma）开始排烃，每平方千米最大排烃强度可达 0.15 Mt/Ma，但受本身烃源岩品质所限，洛佩罗特组烃源岩的整体生排烃量并不大。从 L-1 井的模拟结果可以看出，由于该井位于构造高部位，埋藏深度较浅，无法客观、准确地反映出凹陷中心烃源岩的真实生排烃情况。根据南洛基查尔凹陷的平衡剖面及时-深转换公式，在凹陷中部设置一口虚拟井[位置见图 7.22（f）]，以期模拟结果能更接近凹陷中心烃源岩的实际演化特征。

南洛基查尔凹陷虚拟井的生排烃模拟结果显示，主力洛肯组泥岩段烃源岩几乎完全进入生油窗，且目前仍处于大量排烃阶段，而次要洛佩罗特组烃源岩已进入干气阶段，生烃量、排烃量均小于洛肯组泥岩段烃源岩。洛肯组泥岩段烃源岩于早中新世（19 Ma）开始生烃，上新世至今（5～0 Ma）仍处于生烃高峰，最大生烃率达 28.8（mg/g）/Ma；洛肯组泥岩段烃源岩于中中新世（14Ma）开始排烃，上新世至今（5～0 Ma）仍在大量排烃，最大排烃率可达 4.9 Mt/Ma。此外，洛佩罗特组烃源岩现今已进入过成熟阶段，于早中新世达到生烃高峰，最大生烃率达 26（mg/g）/Ma，演化程度变化快，持续生烃时间短，加上受自身烃源岩品质及厚度的限制，单位面积烃源岩的排烃强度远低于洛肯组泥岩段烃源岩，最大排烃率仅为 0.35 Mt/Ma（图 7.22）。

2. 东非裂谷东支凯里奥凹陷

凯里奥凹陷可能发育三套烃源岩，对钻井未良好揭示的中—上中新统和下中新统两套烃源岩的地化指标，本小节将参考南洛基查尔凹陷下中新统烃源岩，以期获得更准确的单井模拟结果。模拟软件为 PetroMod，地层岩性主要根据已有钻井资料及层序地层学方法确定，旨在模拟已证实及潜在的烃源岩的热演化史及生排烃特征，模拟凹陷烃源岩的生烃窗口期及其生排烃效率，为凹陷评价及有利区带优选提供证据。

由于 EP-1 井位于凯里奥凹陷北部的构造高部位，钻井揭示其烃源岩厚度非常薄，对该井的模拟结果不具有代表性，本小节未对其进行模拟。位于凹陷西北部的 K-1 井生排烃模拟结果表明，上新统底部烃源岩由于埋深较浅，尚未完全进入生烃期，几乎无生排烃现象（图 7.23）。钻井中上中新统烃源岩品质差且厚度很薄，因此未对其进行模拟。下中新统烃源岩整体处于生油阶段，于早上新世（5 Ma）开始生烃，晚上新世（3～2 Ma）开始大量

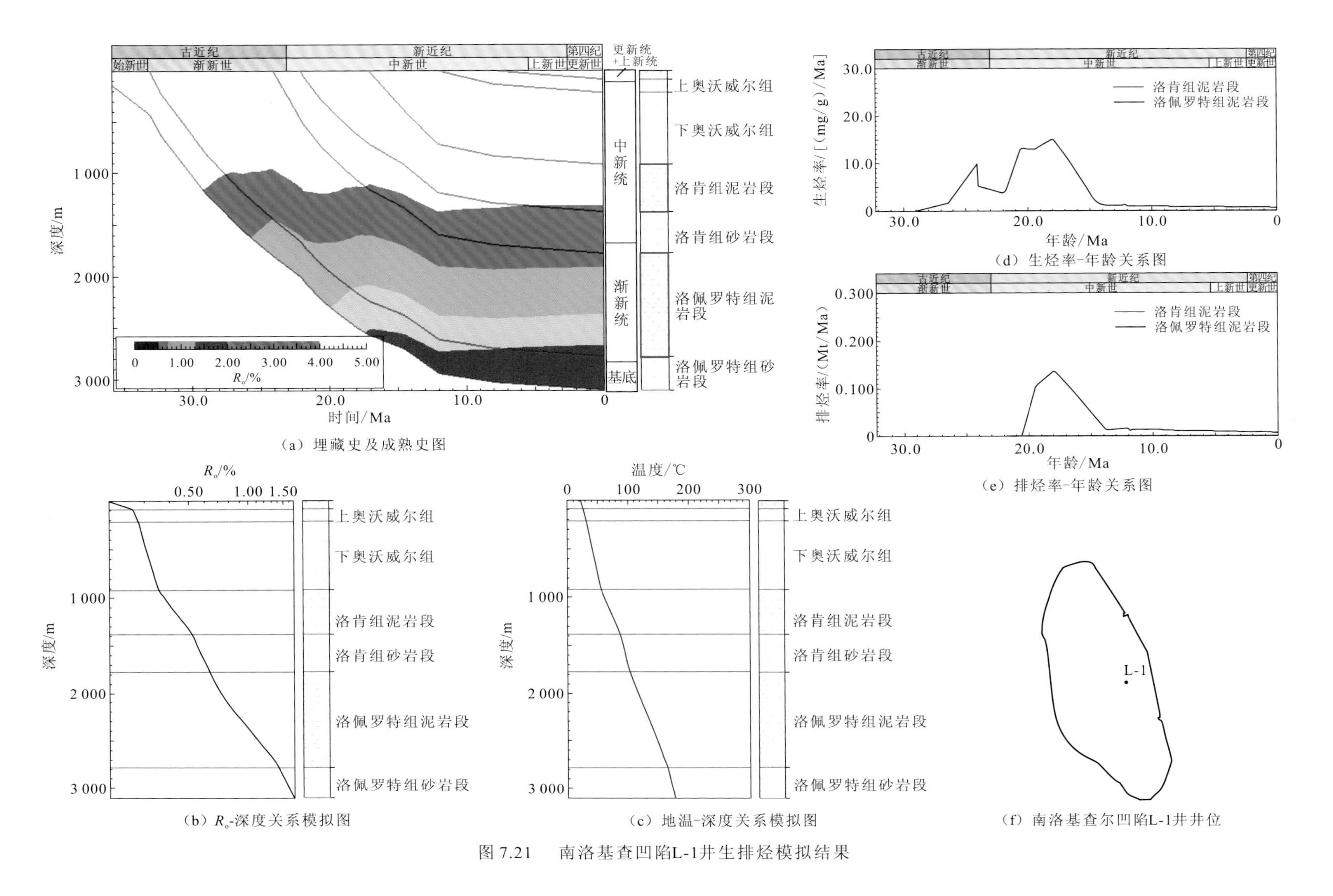

(a) 埋藏史及成熟史图

(b) R_o-深度关系模拟图

(c) 地温-深度关系模拟图

(d) 生烃率-年龄关系图

(e) 排烃率-年龄关系图

(f) 南洛基查尔凹陷L-1井井位

图 7.21　南洛基查凹陷L-1井生排烃模拟结果

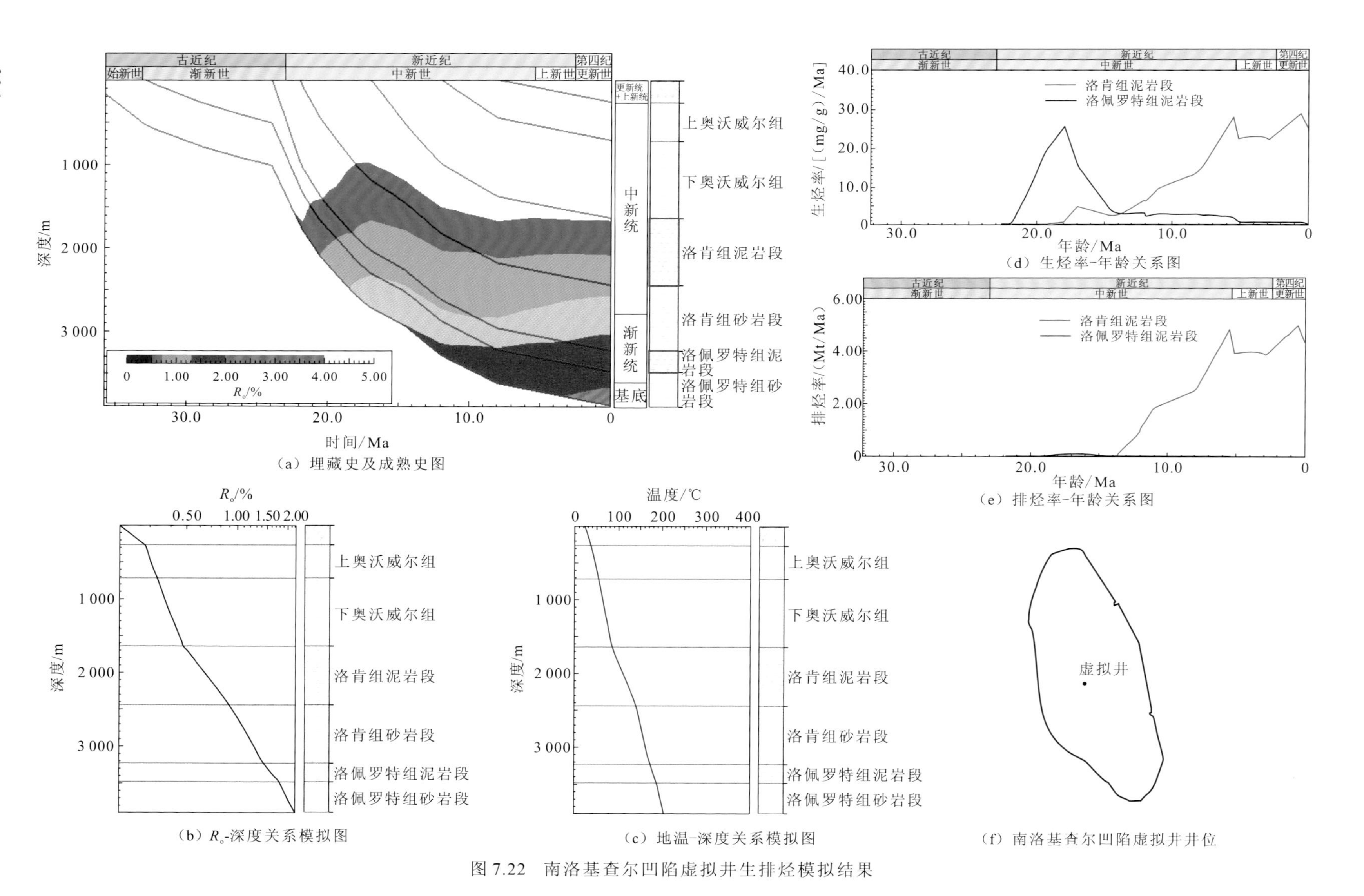

图 7.22　南洛基查尔凹陷虚拟井生排烃模拟结果

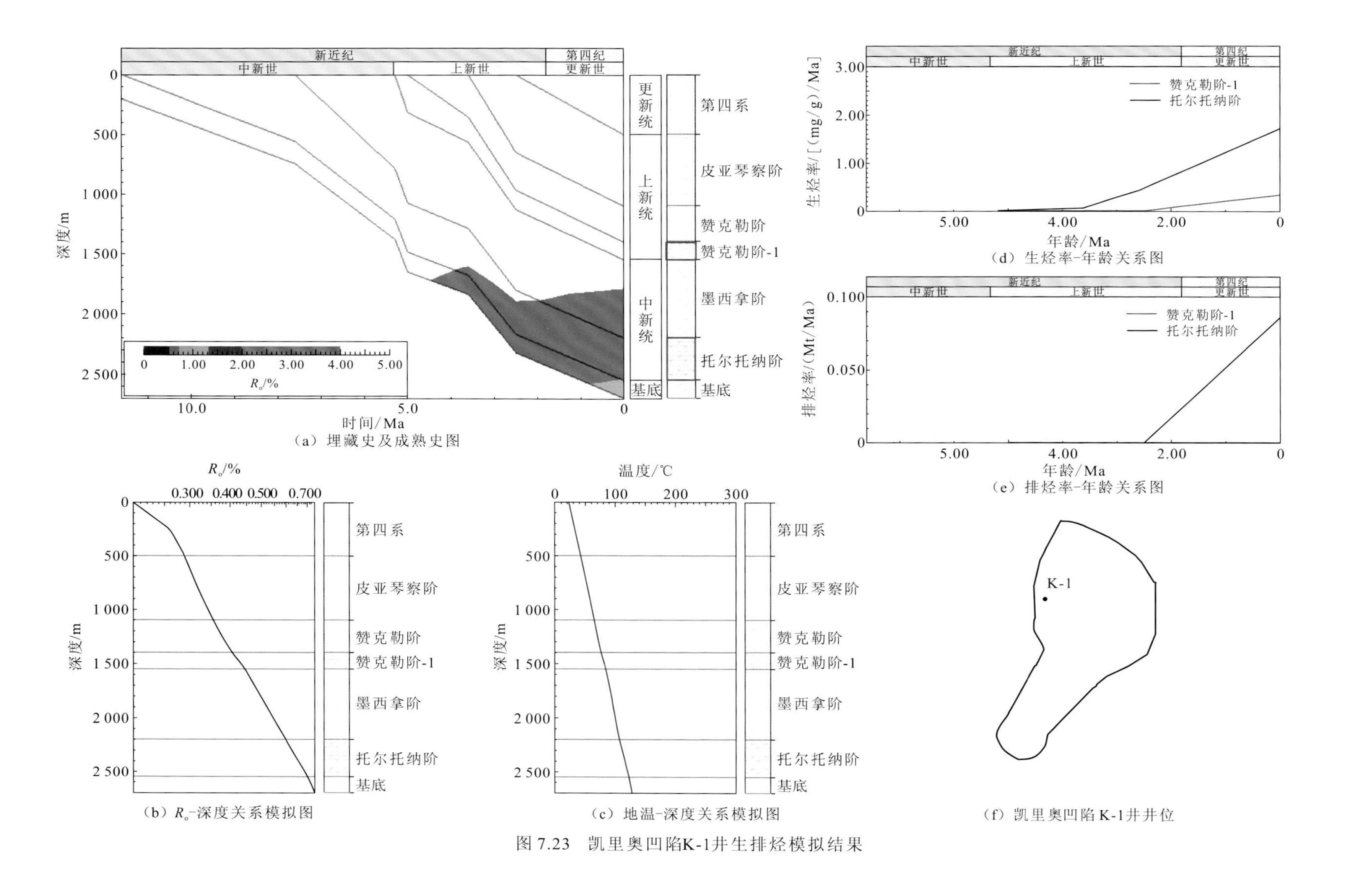

（a）埋藏史及成熟史图

（b）R_o-深度关系模拟图

（c）地温-深度关系模拟图

（d）生烃率-年龄关系图

（e）排烃率-年龄关系图

（f）凯里奥凹陷K-1井井位

图7.23　凯里奥凹陷K-1井生排烃模拟结果

生烃，最大生烃率为 1.8（mg/g）/Ma；下中新统烃源岩于晚上新世（2.5 Ma）开始排烃，每平方千米最大排烃率仅为 0.80 Mt/Ma（图 7.23）。由于 K-1 井靠近西侧控盆断层，位于构造高部位，受烃源岩品质及厚度的影响，中新统和上新统烃源岩的生排烃量都很小。从 K-1 井的模拟结果可以看出，由于该井位于构造高部位，埋藏深度较浅，无法客观、准确地反映出凹陷中心烃源岩的真实生排烃情况。根据凹陷的平衡剖面及时-深转换公式，在凹陷中部设置一口虚拟井[位置见图 7.24（f）]，以期模拟结果能更接近凹陷中心烃源岩的实际演化特征。

位于凯里奥凹陷中心的虚拟井生排烃模拟结果表明，已被证实的上新统底部烃源岩未进入生烃窗，目前处于未成熟阶段，该套烃源岩厚度较薄，埋藏较浅，尽管烃源岩品质较好，但几乎没有生排烃现象（图 7.24）。中—上中新统烃源岩从上新世已进入低成熟-成熟阶段（R_o 为 0.6%～0.8%），该套烃源岩于上新世（3 Ma）开始生烃，至今仍处于生油期，最大生烃率为 14（mg/g）/Ma；中—上中新统烃源岩于晚上新世（2.5 Ma）开始排烃，至今仍在排烃，每平方千米最大排烃率为 0.1 Mt/Ma。下中新统烃源岩现今已进入成熟-高成熟阶段，部分烃源岩已进入生气阶段（R_o＞1.3%），下中新统烃源岩于中中新世（12 Ma）开始生烃，生烃量波动较大，最大生烃率达 21（mg/g）/Ma，持续生烃时间较长；下中新统烃源岩于上新世（5 Ma）开始排烃，至今仍处于大量排烃阶段，最大排烃率为 2.9 Mt/Ma（图 7.24）。

综合 K-1 井与虚拟井的 PetroMod 软件生排烃模拟结果，表明已被证实的上新统底部烃源岩，由于埋深较浅、烃源岩厚度较薄，其生排烃量较小；潜在的中—上中新统及下中新统两套烃源岩有一定的资源潜力，其中下中新统烃源岩由于埋藏较深，热演化程度较高，生排烃时间早，且生排烃效率更高，可能为凯里奥凹陷的主力烃源岩，但这一结论仍有待钻井烃源岩地球化学资料证实。

3. 东非裂谷东支图尔卡纳凹陷

图尔卡纳凹陷存在一套证实的烃源岩（上新统底部）和一套潜在烃源岩（中新统上部）。本小节依据现有的基础地质、地化、地震和测井资料，同样运用 PetroMod 软件开展单井模拟，根据沉积反射特征，其中未钻遇的第二套潜在烃源岩的地化指标参考南洛基查尔凹陷下中新统湖相烃源岩，地层岩性主要根据已有钻井资料及层序地层学方法厘定，旨在模拟已证实及潜在的烃源岩的热演化史及生排烃特征，模拟凹陷烃源岩的生烃窗口期及其生排烃效率。

En-1 井单井生排烃模拟结果表明，在位于边界断层附近的 En-1 井中，上新统底部烃源岩于第四纪进入生烃期，存在生排烃现象。由于该井位于构造高部位，两套烃源岩的演化程度均较低，主要于更新世开始生烃与排烃，生烃量均较小，最大生烃率仅为 0.002（mg/g）/Ma 和 0.004（mg/g）/Ma，每平方千米最大排烃率仅约为 1 Mt/Ma（图 7.25）。从 En-1 井的生排烃模拟结果可以看出，由于该井位于构造高部位，埋藏深度较浅，无法客观、准确地反映出凹陷中心烃源岩的真实生排烃情况。根据凹陷的平衡剖面及时-深转换公式，在凹陷中部设置一口虚拟井[位置见图 7.26（f）]，以期模拟结果能更接近凹陷中心烃源岩的实际演化特征。

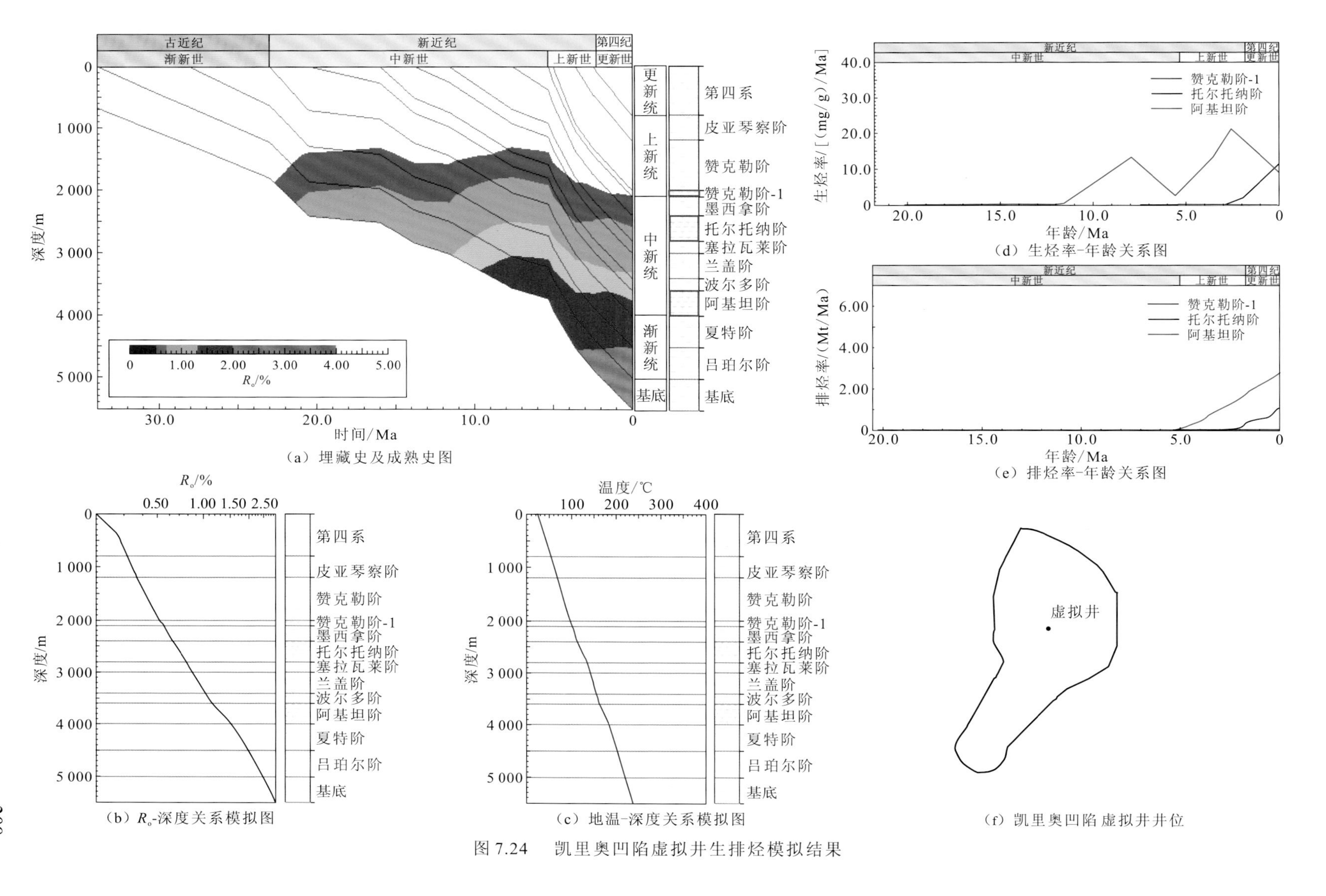

（a）埋藏史及成熟史图

（b）R_o-深度关系模拟图

（c）地温-深度关系模拟图

（d）生烃率-年龄关系图

（e）排烃率-年龄关系图

（f）凯里奥凹陷虚拟井井位

图 7.24　凯里奥凹陷虚拟井生排烃模拟结果

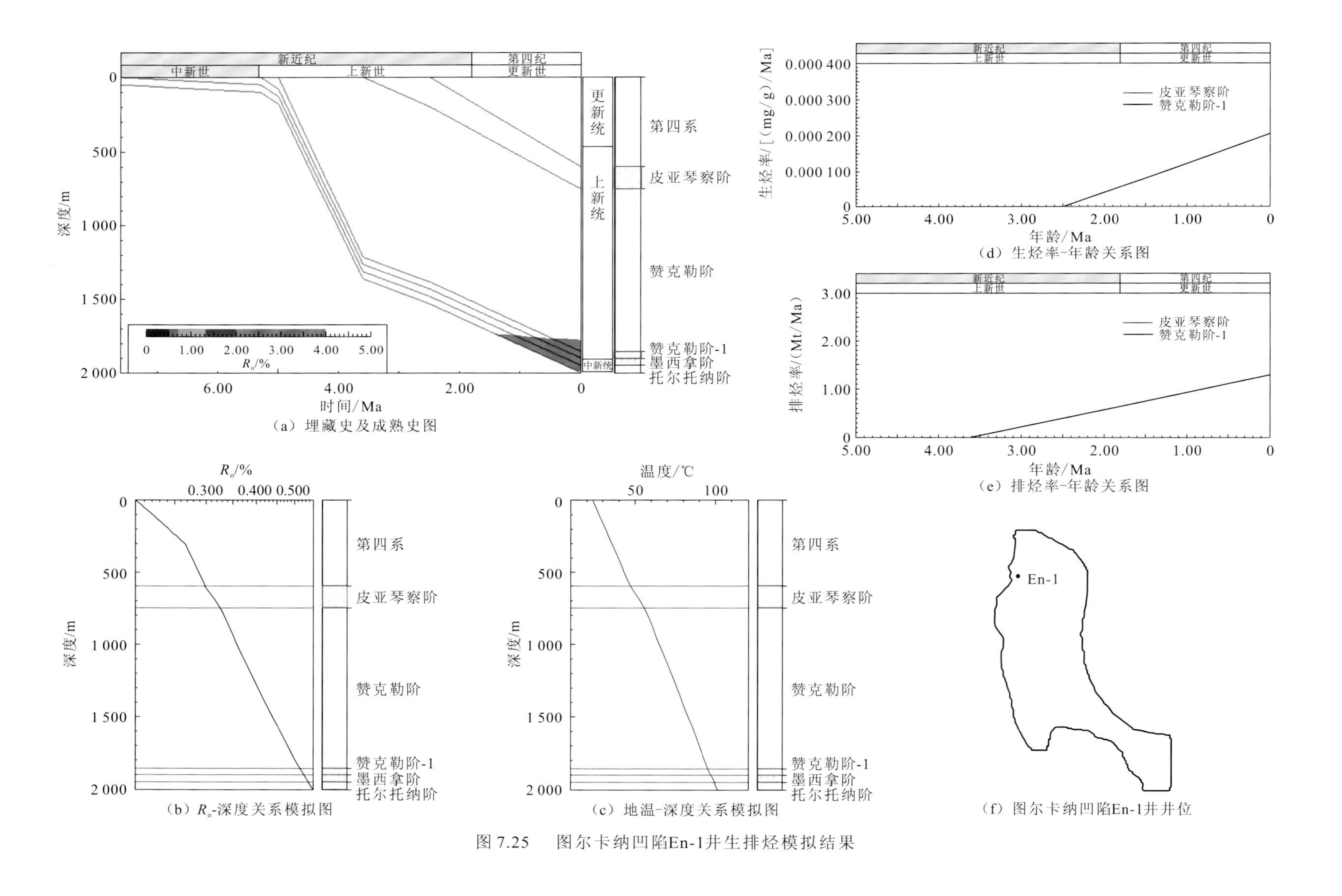

图 7.25　图尔卡纳凹陷En-1井生排烃模拟结果

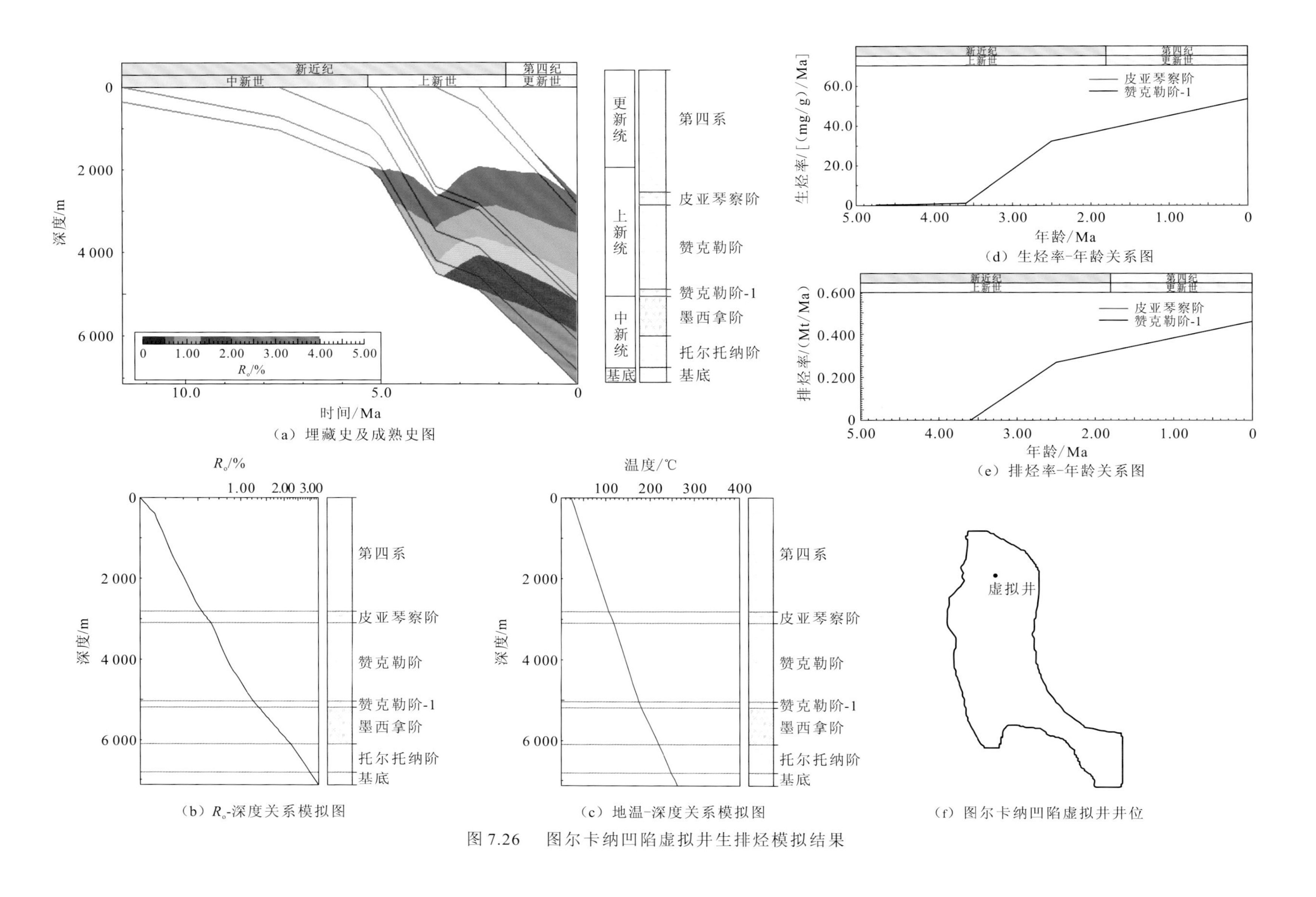

（b）R_o-深度关系模拟图

（c）地温-深度关系模拟图

（f）图尔卡纳凹陷虚拟井井位

图 7.26　图尔卡纳凹陷虚拟井生排烃模拟结果

位于图尔卡纳凹陷中心虚拟井的单井生排烃模拟结果表明，已被证实的上新统底部烃源岩已进入生烃窗，目前处于成熟-高成熟阶段，有一定的生烃量与排烃量，该套烃源岩于上新世（3.9 Ma）开始生烃，至今仍处于大量生油阶段，最大生烃率达 33（mg/g）/Ma；该套烃源岩于晚上新世（3.6 Ma）开始排烃，至今仍在排烃，每平方千米最大排烃率为 0.28 Mt/Ma。

总体而言，图尔卡纳凹陷已被证实的上新统底部烃源岩，于凹陷中心处演化成熟，处于大量生油阶段，具有较大的生烃潜力。潜在的中新统烃源岩与南洛基查尔凹陷下中新统湖相烃源岩地震反射特征相似，演化程度较高，由凹陷最深处生排烃模拟结果可知，其演化阶段可达过成熟，推测凹陷较深部分现阶段仍处于生油或生气阶段，应该具有一定的勘探价值。

4. 东非裂谷西支阿伯丁凹陷

阿伯丁凹陷主要发育下上新统和上中新统两套烃源岩，Kf 井的生排烃模拟结果显示上新统烃源岩尚未进入生烃窗，而中新统烃源岩仅底部进入生烃窗，于上新世（3.2 Ma）开始生烃，最大生烃率为 2.50（mg/g）/Ma（图 7.27）。

由于 Kf 井位于阿伯丁凹陷东部陡断带的构造高部位，模拟结果无法代表凹陷内部烃源岩的真实情况，在阿伯丁凹陷北部、南部的中心位置，分别设置一口虚拟井，以揭示阿伯丁凹陷烃源岩的真实情况。北部虚拟井 1 的生排烃模拟结果显示下上新统和上中新统两套烃源岩均已进入生烃窗（图 7.28），下上新统烃源岩于上新世（3.5 Ma）开始生烃，最大生烃率可达 230（mg/g）/Ma，于更新世（2.2 Ma）开始排烃，至今仍在排烃，最大排烃率为 12 Mt/Ma；上中新统烃源岩于上新世（3.8 Ma）开始生烃，最大生烃率可达 190（mg/g）/Ma，于上新世（2.8 Ma）开始排烃，在早更新世（1.8 Ma）达到排烃高峰，最大排烃率为 27 Mt/Ma，至今仍在排烃。

南部虚拟井 2 的生排烃模拟结果显示下上新统和上中新统两套烃源岩均已进入生烃窗（图 7.29），下上新统烃源岩于上新世（3.5 Ma）开始生烃，最大生烃率可达 111（mg/g）/Ma，于早更新世（1.8 Ma）开始排烃，至今仍在排烃，最大排烃率为 9 Mt/Ma；上中新统烃源岩于上新世（3.8 Ma）开始生烃，最大生烃率可达 180（mg/g）/Ma，于早更新世（2.2 Ma）开始排烃，最大排烃率为 12 Mt/Ma，至今仍在排烃。

7.1.3 油源对比

1. 东非裂谷东支南洛基查尔凹陷

烃源岩中的干酪根在一定条件下形成石油和天然气，其中一部分运移到储层，而另一部分则保留在烃源岩中，因此烃源岩中的干酪根、沥青与来源于该层系的油气具有亲缘关系，在化学组成上也必然存在某种程度相似性，通过油气样品的地球化学分析，可以从某种程度上反映烃源岩的形成条件及有机质来源（李水福 等，2019）。值得注意的是，因油气形成的漫长性和其自身的流动性，其在运移、聚集甚至在储层中均可能经历一系列变化，进行原油生物标志化合物分析时，应选择合理的参数，并综合考虑各种地质情况和有机地

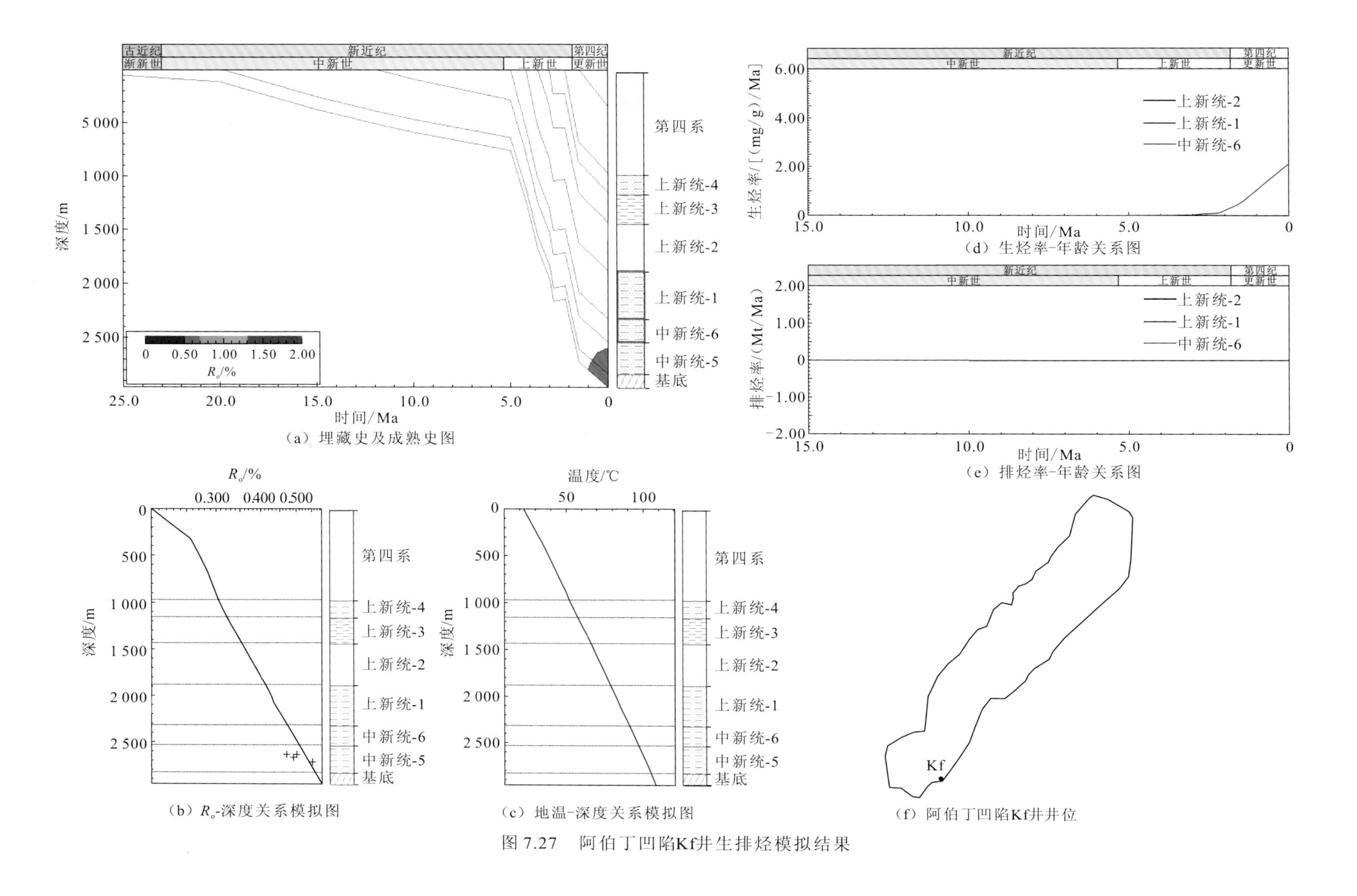

(a) 埋藏史及成熟史图

(d) 生烃率-年龄关系图

(e) 排烃率-年龄关系图

(b) R_o-深度关系模拟图

(c) 地温-深度关系模拟图

(f) 阿伯丁凹陷Kf井井位

图 7.27 阿伯丁凹陷Kf井生排烃模拟结果

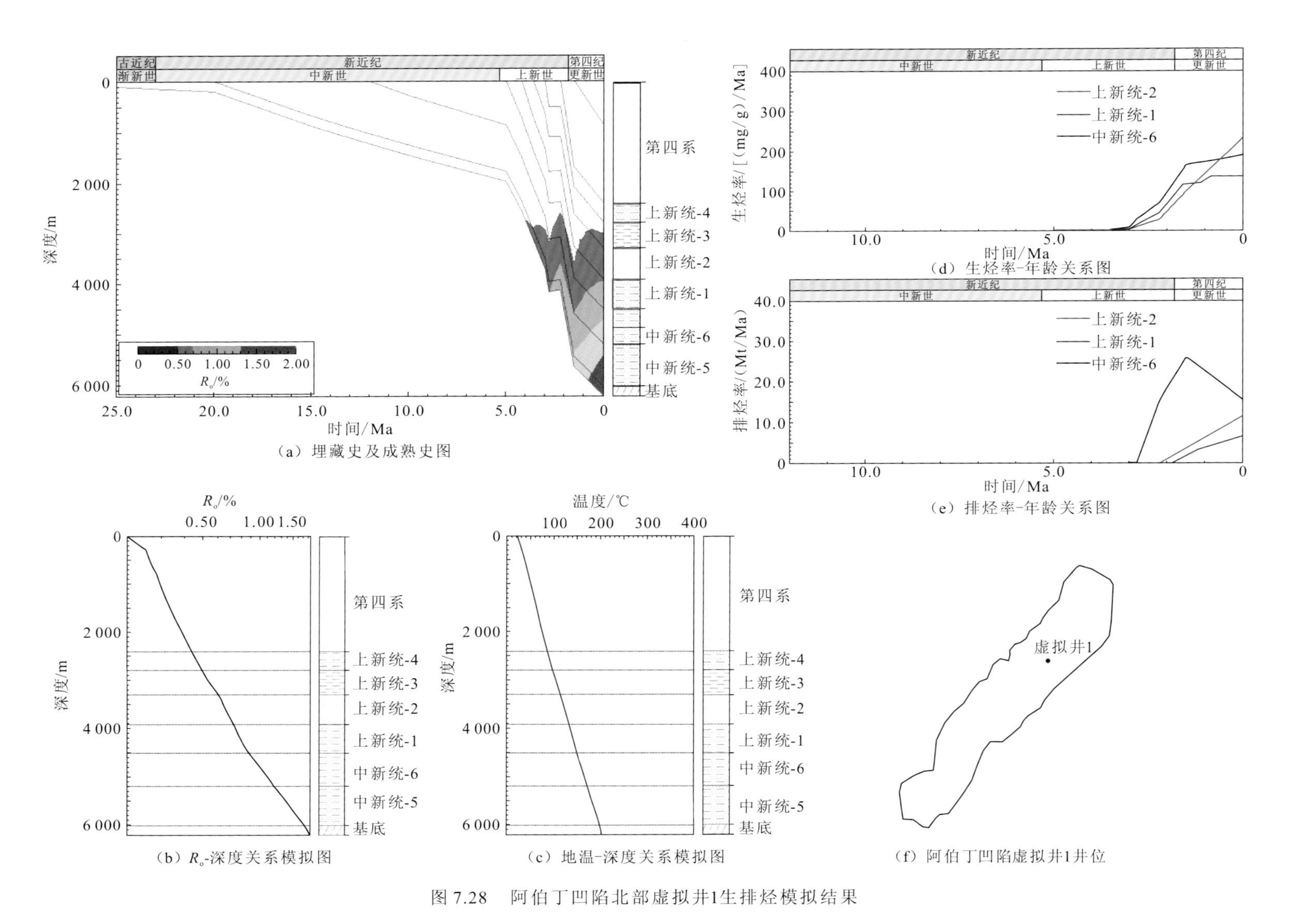

（a）埋藏史及成熟史图

（b）R_o-深度关系模拟图

（c）地温-深度关系模拟图

（d）生烃率-年龄关系图

（e）排烃率-年龄关系图

（f）阿伯丁凹陷虚拟井1井位

图 7.28　阿伯丁凹陷北部虚拟井1生排烃模拟结果

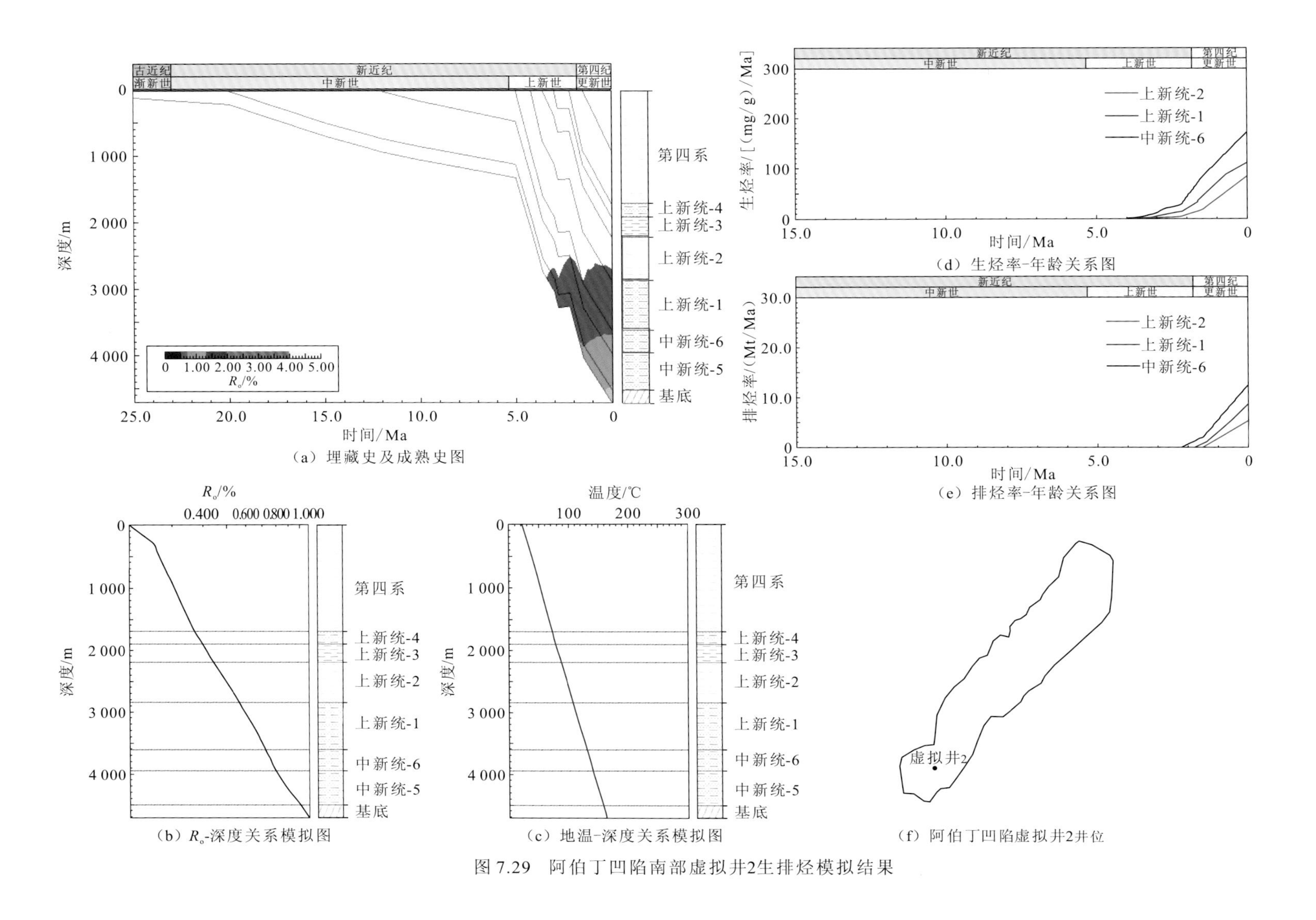

（a）埋藏史及成熟史图

（b）R_o-深度关系模拟图

（c）地温-深度关系模拟图

（d）生烃率-年龄关系图

（e）排烃率-年龄关系图

（f）阿伯丁凹陷虚拟井2井位

图 7.29　阿伯丁凹陷南部虚拟井2生排烃模拟结果

球化学资料。本小节将分析原油组分并选取正构烷烃、类异戊二烯烃、甾族和萜类等生物标志化合物对仅有的原油样品进行地球化学分析。样品来源于 L-1 井中新统奥沃威尔组下段，取样深度为 430～600 m。

对南洛基查尔凹陷 L-1 井中新统奥沃威尔组下段原油分析表明，原油以轻质油为主，原油品质较好，成熟度较高。原油组分以饱和烃为主，质量分数为 81.41%，其次为芳香烃，质量分数为 15.08%，而非烃与沥青质含量较低。从原油总离子流色谱图（total ion chromatogram，TIC）可以看出（图 7.30），原油正构烷烃分布为前峰形，奇偶优势不明显，碳优势指数（carbon preference index，CPI）为 1.10，姥鲛烷与植烷质量之比（Pr/Ph）为 4.38，指示低等水生生物（如藻类、细菌等）对烃源岩有机质的贡献较大，且烃源岩可能在贫氧-富氧条件下形成。甾萜类化合物组成表明其双萜类化合物含量较高，指示有机质来源中裸子植物占一定比例。藿烷类化合物丰度较高，而甾烷类化合物缺失，且伽马蜡烷丰度较低，反映烃源岩主要形成于弱氧化-弱还原、淡水湖相环境，有机质为以水生生物为主的陆源有机质和细菌类的混合来源。

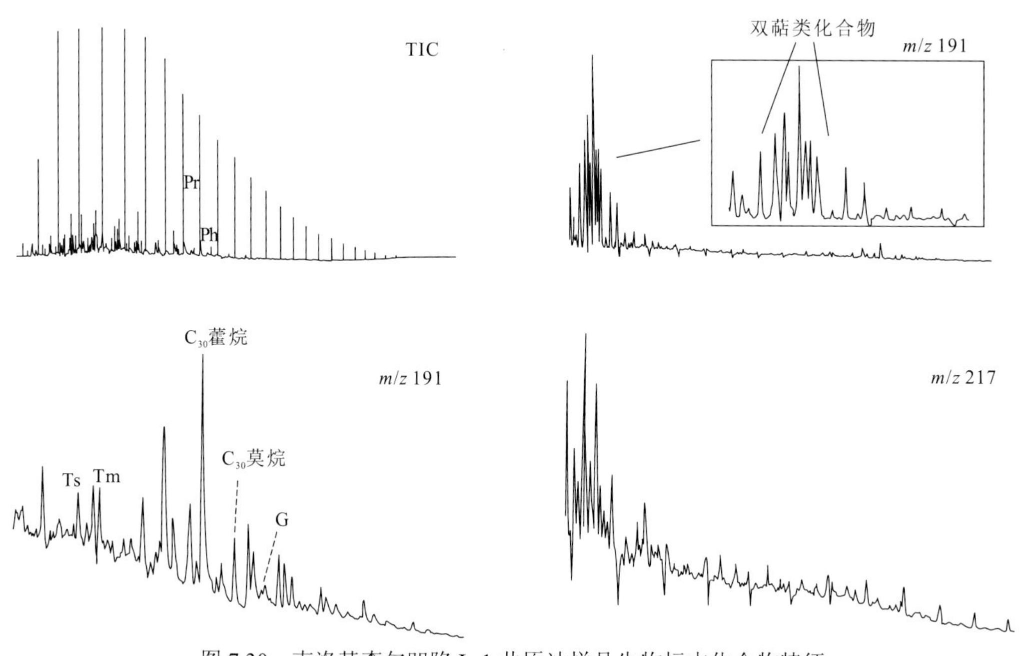

图 7.30　南洛基查尔凹陷 L-1 井原油样品生物标志化合物特征

由于缺少南洛基查尔凹陷烃源岩的饱和烃色谱及色质资料，无法通过生物标志化合物含量及比值的相似性来明确油源对比结论。但通过对南洛基查尔凹陷烃源岩品质、分布及生烃史、排烃史模拟，可以看出洛肯组泥岩段烃源岩在品质、厚度、分布面积及生烃量、排烃量等方面均明显优于洛佩罗特组烃源岩，据此推测凹陷内原油的烃源岩主要为位于凹陷中部的成熟洛肯组泥岩段烃源岩，其次为洛佩罗特组烃源岩。

2. 东非裂谷东支凯里奥凹陷

凯里奥凹陷烃源岩及原油样品的取样位置均为 Ep-1 井上新统底部，深度范围为 1470～

1485 m。烃源岩及原油样品的总离子流色谱图显示，正构烷烃的分布呈双峰形（图 7.31），碳优势指数均小于 1.2，指示原油成熟，有机质为混合型来源（水生生物与陆源高等植物混合）。根据 Pr/Ph-Pr/nC_{17}-Ph/nC_{18} 三端元图，凯里奥凹陷上新统底部烃源岩主要形成于弱氧化-弱还原、淡水-微咸水的湖相环境（图 7.32）。

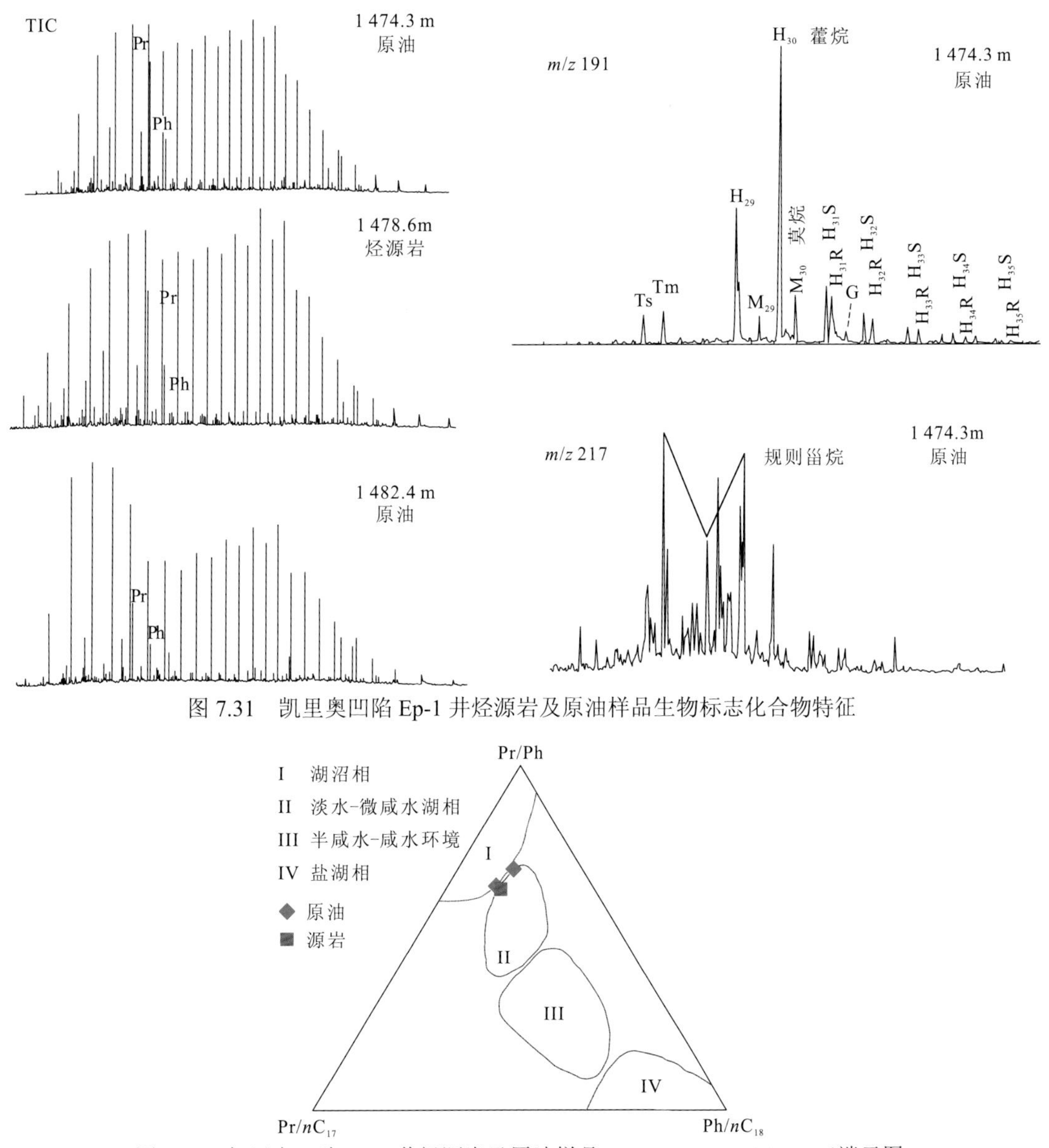

图 7.31　凯里奥凹陷 Ep-1 井烃源岩及原油样品生物标志化合物特征

图 7.32　凯里奥凹陷 Ep-1 井烃源岩及原油样品 Pr/Ph-Pr/nC_{17}-Ph/nC_{18} 三端元图

原油或烃源岩在地质条件下的受热演化过程中，一些生物标志化合物将会转化为更稳定的分子构型，例如，萜烷和甾烷等化合物中的 R 构型向 S 构型转化，进而形成 R+S 构型的混合物；β构型向α构型转化，形成 $\beta\alpha$、$\alpha\beta$等构型的混合物。其中，三降藿烷 Ts 与 Tm 的质量比值将随成熟度的升高而增大。从该原油样品的萜类和甾族化合物来看，三降藿烷 Ts/(Ts+Tm)质量比值为 0.45，C_{31} 藿烷 $S/(S+R)$质量比值为 0.51，C_{29} 甾烷 $S/(S+R)$质量比值为 0.3，三芳甾烷 $C_{20}/(C_{20}+C_{28})$质量比值为 0.21，均反映了成熟度较低的特点。

通常 $C_{27\text{-}29}$ 规则甾烷的相对含量能够反映有关母质输入的信息，普遍认为 C_{27} 甾烷主要来源于低等水生生物和藻类，C_{29} 甾烷与陆源高等植物和某些藻类（如褐藻、绿藻等）有关，而 C_{28} 甾烷在新生代沉积物中通常用于指示硅藻来源（Peters et al.，2011）。三环萜烷、四环萜烷的相对含量同样反映有机质来源，C_{20}/C_{23} 三环萜烷质量比值为 58.34，C_{24} 四环萜烷/C_{23} 三环萜烷质量比值为 50.87，均表明有机质来源中有一定陆源有机质的贡献。此外，该烃源岩样品中伽马蜡烷指数 *G* 及 4-甲基甾烷指数较低，反映了烃源岩在盐度较低的沉积环境中发育。在质荷比（*m*/*z*）为 217 的质量色谱图中，凯里奥凹陷原油样品的 $\alpha\alpha\alpha$-$C_{27\text{-}29}$ 20*R* 构型规则甾烷相对丰度呈“V”形（图 7.31），显示出 C_{27} 甾烷和 C_{29} 甾烷同时占优势的特征，进一步证实了烃源岩的有机质为混合来源。总体上，凯里奥凹陷上新统底部烃源岩主要形成于弱氧化-弱还原、淡水-微咸水的湖相环境，有机质为藻类、细菌、陆源高等植物的混合来源。

3. 东非裂谷西支阿伯丁凹陷

阿伯丁凹陷原油的含蜡量很高，族组成以饱和烃为主，其次为芳香烃和胶质，原油的饱和烃中的正构烷烃组成通常以短链和中链为主，碳优势指数接近 1.0（介于 0.91～1.03），不同井原油样品的生物降解程度差别较大，总体上钻井获取的原油样品要比野外获取的油渗样品生物降解程度低得多，本小节主要通过井上的原油样品揭示其地球化学特征并进行油源对比[图 7.33（James and Nicola，2011）]。

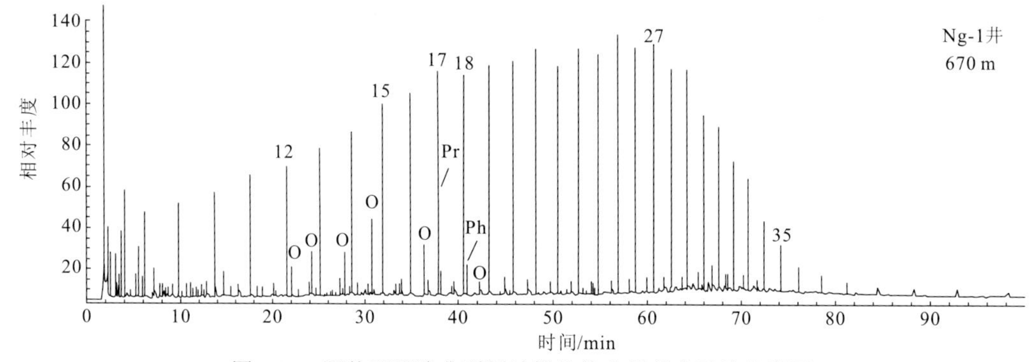

图 7.33　阿伯丁凹陷典型原油样品饱和烃总离子流色谱图

阿伯丁凹陷原油样品的 C_{26}/C_{25} 三环萜烷质量比值介于 1.55～1.82，平均为 1.69，C_{31}/C_{30} 藿烷（*R* 构型）介于 0.15～0.20，在两个参数的交会图上，原油样品主要投在湖相区域（图 7.34）（James and Nicola，2011），表明阿伯丁凹陷原油的烃源岩主要形成于湖泊环境中。同样的结论也从四环聚异戊二烯类化合物（tetracyclic polyprenoid，TPP）质量比值（C_{27} 胆甾烷比值）与藿烷/（甾烷+藿烷）质量比值的交会图中得出（图 7.34），这与沉积环境研究得到的结论一致。

原油的生物标志化合物组成也可以用于判别烃源岩沉积时期的古盐度，阿伯丁凹陷原油样品的二苯并噻吩/菲（dibenzothio/phene，DBT/P）的质量比值通常小于 0.5，主要介于 0.1～0.3，而 Pr/Ph 质量比值相对较高，一般在 2.0 以上，最高可达 3.6，在 DBT/P 与 Pr/Ph 质量比值的交会图上可以看出，原油样品主要落在海相页岩和其他湖相区域[图 7.35（a）]（James and Nicola，2011）。类似的结果也见于原油的饱和烃与芳香烃碳同位素比值交会图

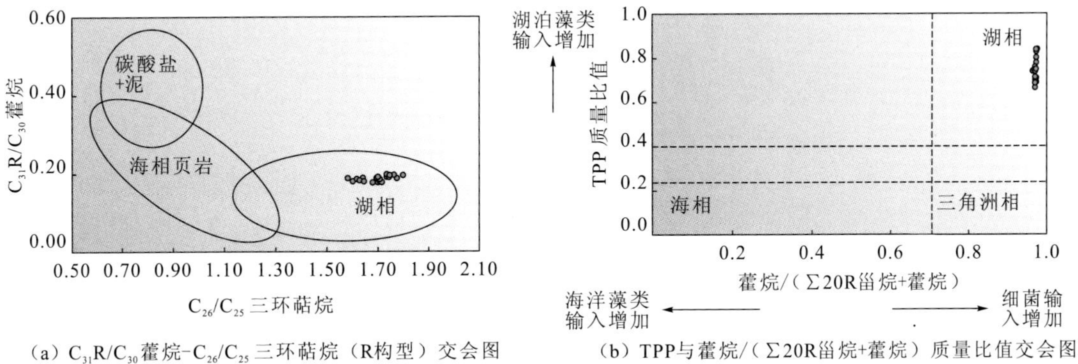

（a）$C_{31}R/C_{30}$藿烷-C_{26}/C_{25}三环萜烷（R构型）交会图　（b）TPP与藿烷/（Σ20R甾烷+藿烷）质量比值交会图

图 7.34　阿伯丁凹陷基于原油生物标志化合物比值的烃源岩沉积环境判别图

中，根据 Sofer（1984）划分的界线，阿伯丁凹陷原油样品也主要落在海相和其他湖相区域[图 7.35（b）]。通过阿伯丁凹陷沉积环境的研究表明，烃源岩主要发育在湖泊环境中，因此两个交会图的判别结果指示烃源岩应该主要形成于淡水湖相环境，而非海相环境，这与通过烃源岩元素比值得出的古盐度结论一致。

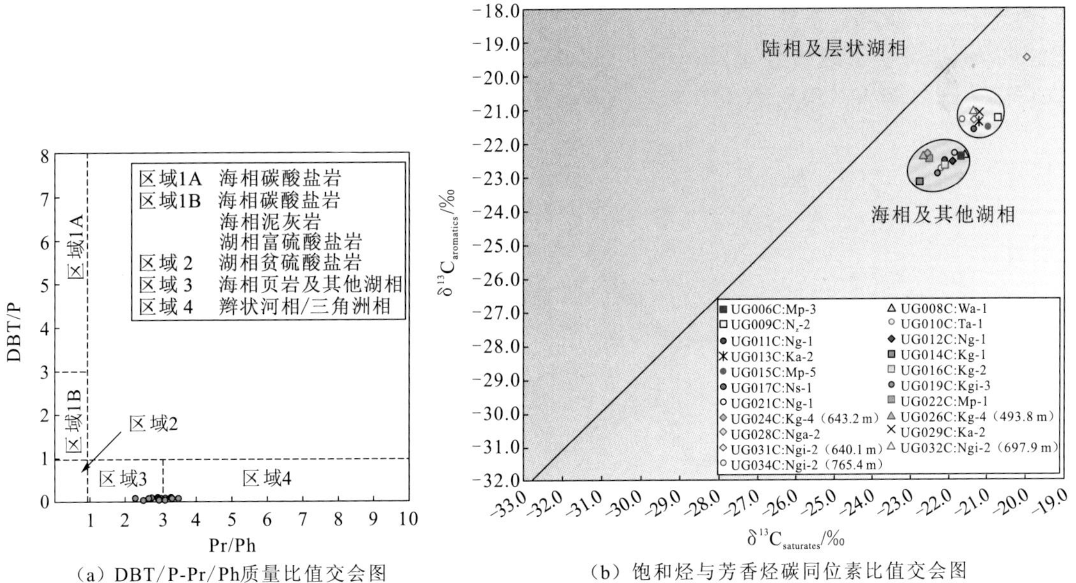

（a）DBT/P-Pr/Ph质量比值交会图　（b）饱和烃与芳香烃碳同位素比值交会图

图 7.35　阿伯丁凹陷基于原油生物标志化合物及碳同位素组成的烃源岩沉积环境判别图

此外，阿伯丁凹陷原油的一些其他生物标志化合物指标，如 Pr/Ph-Pr/nC_{17}-Ph/nC_{18} 三端元图（图 7.36）、五环三萜烷含量、C_{31} 升藿烷质量比值、C_{23}/C_{24} 三环萜烷质量比值、C_{19}/C_{20} 三环萜烷质量比值、奥利烷的出现等，与上述指标共同表明阿伯丁凹陷的烃源岩主要形成于淡水-微咸水的湖泊环境，有机质来源以藻类、细菌等低等水生生物为主，陆源高等植物的贡献很少（James and Nicola，2011），这一结论与通过烃源岩元素地球化学分析得到的结果基本一致。

原油的族群划分是油源对比的基础，通过原油的伽马蜡烷指数、甾烷指数、TPP 质量比值、$C_{27}S\beta\alpha/\alpha\alpha\alpha$甾烷质量比值、$\alpha\beta\beta C_{29}/C_{27}S$（S 指 S 构型）甾烷质量比值等 11 个生物标志化合物参数的分布，发现所有原油样品的这些参数分布形式非常相似（图 7.37）（James and

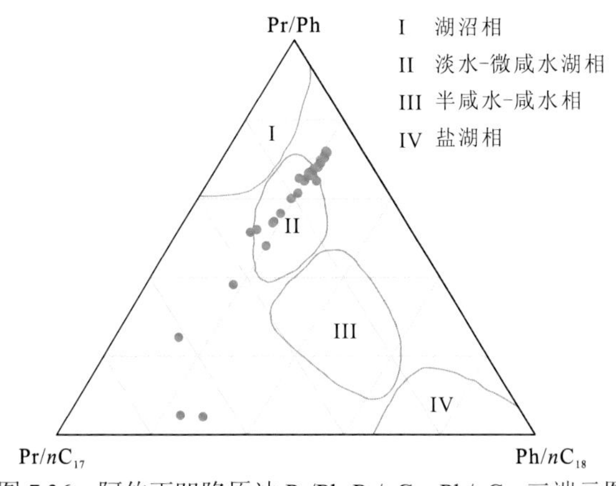

图 7.36 阿伯丁凹陷原油 Pr/Ph-Pr/nC_{17}-Ph/nC_{18}三端元图

Nicola，2011），表明这些原油应该全部属于同一族群，也就是说阿伯丁凹陷的原油应该主要来自同一套烃源岩。前人的烃源岩评价结果显示，阿伯丁凹陷主要发育两套烃源岩，即下上新统烃源岩和上中新统烃源岩，其中下上新统烃源岩形成时期，古气候温暖湿润，湖泊初级生产力较高，水体还原性较强，有利于相对高品质的烃源岩形成，烃源岩的 TOC、HI 等指标也证实了这一结论。阿伯丁凹陷的原油生物标志化合物特征相似，属于同一族群，来自同一套烃源岩，很可能为下上新统烃源岩。

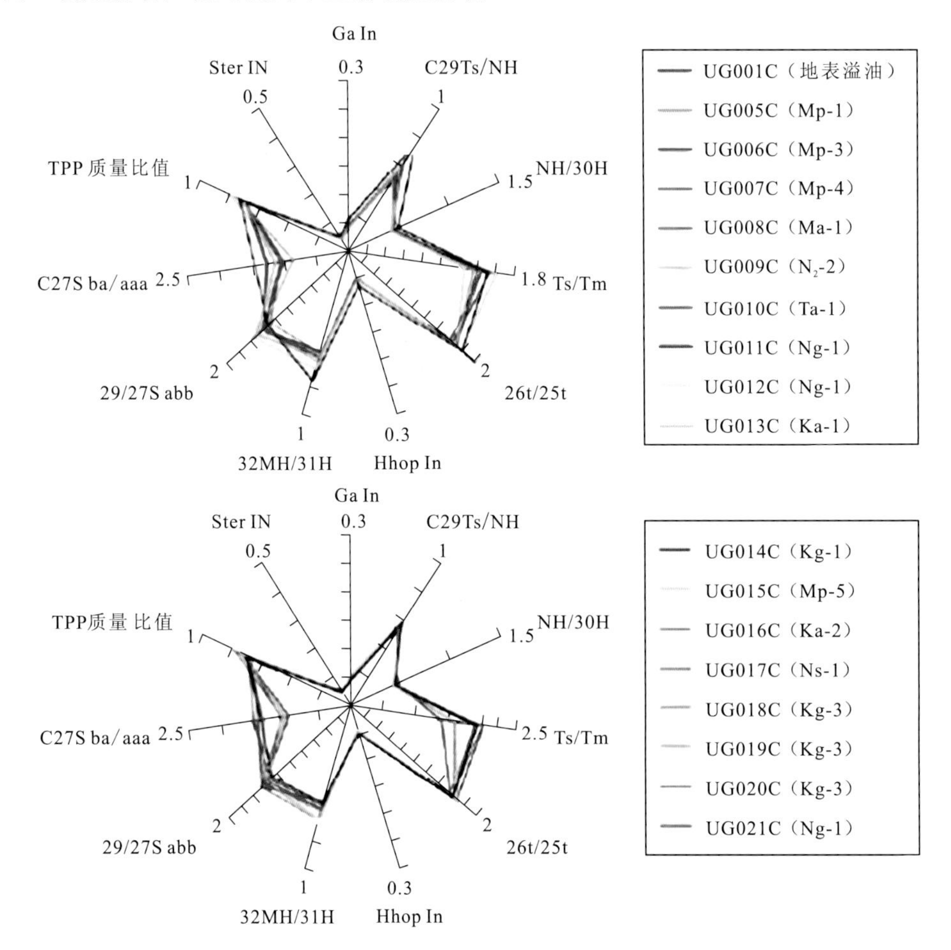

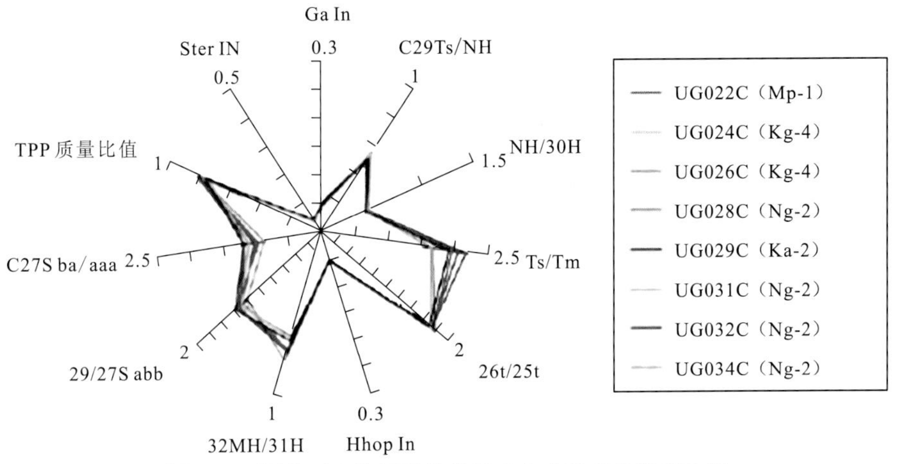

图 7.37 阿伯丁凹陷原油生物标志化合物多参数雷达图

7.2 油气成藏要素及过程

7.2.1 储盖组合

1. 东非裂谷东支南洛基查尔凹陷

南洛基查尔凹陷主要发育三套储盖组合，自下而上分别为：洛肯组泥岩段砂岩和泥岩；奥沃威尔组下段砂岩和奥沃威尔组中段泥岩；奥沃威尔组上段砂岩和中新世火成岩。洛肯组泥岩段为半深湖相沉积环境，岩性为厚层灰黑色泥岩夹薄层浊积砂岩，薄层浊积砂岩为有效储层，其含砂率较低，砂岩厚度薄，钻井揭示洛肯组泥岩段含砂率＜5%，单层砂岩厚度＜4 m。储集物性中等，孔隙度为 15%～25%，渗透率为（10～400）$\times10^{-3}$ μm^2，洛肯组泥岩段厚层泥岩可以作为盖层。

奥沃威尔组下段和奥沃威尔组中段储盖组合中，奥沃威尔组下段砂岩为有效储层，奥沃威尔组中段泥岩为区域性盖层。奥沃威尔组下段西部陡坡带发育冲积扇相和扇三角洲相，在南洛基查尔凹陷，冲积扇相紧邻物源区，坡度大，靠近边界断层处形成厚层的砂砾岩堆积，储集物性差，为非有效储层，而扇三角洲相能够形成一定规模的有效储层。扇三角洲相砂体储集物性较好，孔隙度为 15%～30%，渗透率为（50～1 000）$\times10^{-3}$ μm^2，为中高孔中高渗储层。此外，在东部缓坡带发育大规模的三角洲相，储集物性较好，孔隙度为 15%～25%，渗透率为（50～200）$\times10^{-3}$ μm^2，为中高孔中高渗储层。奥沃威尔组中段覆盖在奥沃威尔组下段之上，为一套区域性盖层，岩性为较纯的泥岩，厚度为 30～80 m，可起到良好的封盖作用。

奥沃威尔组上段砂岩和中新世火成岩储盖组合为第三套储盖组合。奥沃威尔组上段储层发育同奥沃威尔组下段相似，西部陡坡带发育冲积扇相和扇三角洲相，东部缓坡带发育三角洲相，其中扇三角洲相和三角洲相为有效储层，其储集物性同奥沃威尔组下段相似。中新世火成岩覆盖在奥沃威尔组上段之上，为一套区域性盖层，岩性为玄武岩，较致密，厚度为 50～150 m，连续性好，全凹陷均有发育。

2. 东非裂谷东支凯里奥凹陷

根据陡坡带 K-1 井和 Ep-1 井钻井数据，凯里奥凹陷发育有中—上中新统和上新统两套储盖组合。在中—上中新统为扇三角洲相，扇三角洲由扇三角洲平原、扇三角洲前缘和前扇三角洲组成，储集物性较差，可形成小规模的油气藏，并且发育有多套砂泥岩互层可以作为良好的盖层。在上新统以湖泊-河流-三角洲沉积为主，钻井揭示单砂层厚度可达 20 m，储集物性较好，岩心实测和测井解释孔隙度为 15%～30%，渗透率可达 1 000 mD（1 mD≈0.987×10^{-3} μm^2），在更新统下部发育有近 100 m 厚的泥岩，形成了区域盖层。

3. 东非裂谷东支图尔卡纳凹陷

在图尔卡纳凹陷，发育有中—上中新统和上新统两套储盖组合。Es-1 井位于北部，En-1 井位于南部，Es-1 井揭示在凹陷的北部中—上中新统和上新统以河流相砂岩为主，储层较发育，砂岩孔隙度为 20%～35%，储集物性与南洛基查尔凹陷相似。在中—上中新统与上新统不断出现砂泥岩互层形成良好的储盖组合，尤其在上上新统具有约 20 m 厚的火成岩，为优质盖层。En-1 井揭示在凹陷南部以冲积扇相为主，储集物性较差，向湖盆方向变为扇三角洲沉积，发育了大套的砂岩夹泥岩，泥岩作为盖层，砂岩作为储层，形成了有效的储盖组合。

4. 东非裂谷西支阿伯丁凹陷

阿伯丁凹陷沉积厚度超过 5 km，从下至上主要发育中生代、新生代地层，表现为相带变化快的陆相河流、三角洲，湖相和泛滥平原沉积，发育中新统—上新统储盖组合。在中新统—上新统下部发育湖相泥岩，累积厚度可达 800～1 000 m，东侧多口井钻遇；主要发育冲积扇-扇（辫状河）三角洲-浊积砂体的沉积体系组合；陡坡带扇三角洲前缘处可能发育浊积砂体；地堑东侧的断崖和裂谷翼部的基岩广泛出露，可形成片麻岩、花岗片麻岩和石英岩等经构造和风化作用形成的裂缝型储层。该地区砂岩储层总体储集物性较好，主要受沉积相的控制，其中以河流-三角洲沉积的砂岩储集物性最为优越。同时随埋深不同，砂岩的储集物性有一定变化，孔隙度分布范围为 20%～35%，渗透率普遍较高。在中新统—上新统广泛发育砂泥岩互层形成良好的储盖组合。

7.2.2 圈闭条件

1. 东非裂谷东支南洛基查尔凹陷

南洛基查尔凹陷内已发现的圈闭类型以背斜、断背斜和断鼻等构造圈闭为主，岩性圈闭和地层圈闭少见（图 7.38）。凹陷西部陡坡带在靠近边界断层处发育一系列的滚动背斜，属于断层复杂化的背斜圈闭，三面下倾，西侧靠断层或者冲积扇致密砂体遮挡，圈闭类型较好，圈闭面积为 6～11 km^2，闭合幅度为 120～400 m。目前在西部陡坡带发现的油田均为断鼻圈闭、断块圈闭和断背斜圈闭。东部缓坡带为由西向东逐渐抬升的斜坡背景，发育的圈闭类型相对单一，主要为断层遮挡的正向或反向断块圈闭，圈闭面积为 4～25 km^2，闭合幅度为 80～440 m。

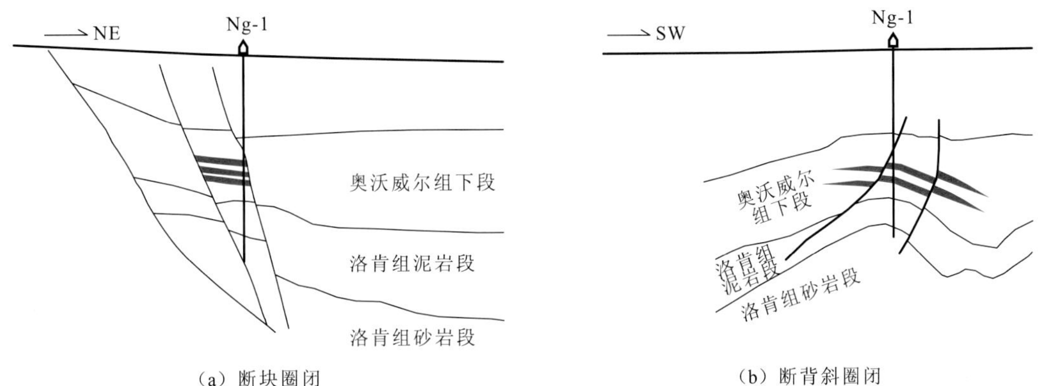

（a）断块圈闭　　（b）断背斜圈闭

图 7.38　南洛基查尔凹陷圈闭类型图（断块圈闭、断背斜圈闭）

通过地震资料解释与属性分析，南洛基查尔凹陷内存在多个强振幅异常区，推测可能为潜在的岩性圈闭，主要包括两个地区：①阿莫辛（Amosing）油田东南部的强振幅异常区，面积约为 25 km^2，强振幅异常层位与阿莫辛油田主力油层段相同，地震反射特征相似，推测可能具有一定的勘探潜力；②埃卡雷斯（Ekales）油田以东的强振幅异常区，面积约为 30 km^2，强振幅异常层位在洛肯组内部，地震剖面上呈连续强反射特征，推测为湖底扇，可能具有一定的勘探潜力。

2. 东非裂谷东支凯里奥凹陷

凯里奥凹陷断层发育，其中北部凸起带以断层复杂化的背斜圈闭为主；西部陡坡带主要为边界断层控制下的断背斜圈闭；中部缓坡带多发育反向断层遮挡的断块圈闭；东部反转带由于受局部挤压应力影响，形成洼中隆构造，发育断层复杂化的背斜圈闭和垒块构造等类型的圈闭；而南部斜坡带多发育反向断层遮挡的断块圈闭。凯里奥凹陷已钻探的两口井（Ep-1、K-1）均位于西部陡坡带，目标为背斜圈闭、断背斜圈闭，但两口井均未钻遇工业油层。

3. 东非裂谷东支图尔卡纳凹陷与凯里奥山谷凹陷

图尔卡纳凹陷断层较发育，形成多种断层相关类型的圈闭，例如断块、断背斜等圈闭，圈闭面积介于 10～80 km^2。此外，图尔卡纳凹陷还发育与岩浆底辟相关的圈闭，但受地震资料品质等原因的限制，目前识别难度较大（图 7.39）。凯里奥山谷凹陷断层不发育，圈闭类型以西部边界断层遮挡的断背斜圈闭为主，面积一般较小，为 5～20 km^2，闭合幅度一般为 50～300 m。由于该凹陷地震测网稀疏，圈闭落实仍存在一定的不确定性。

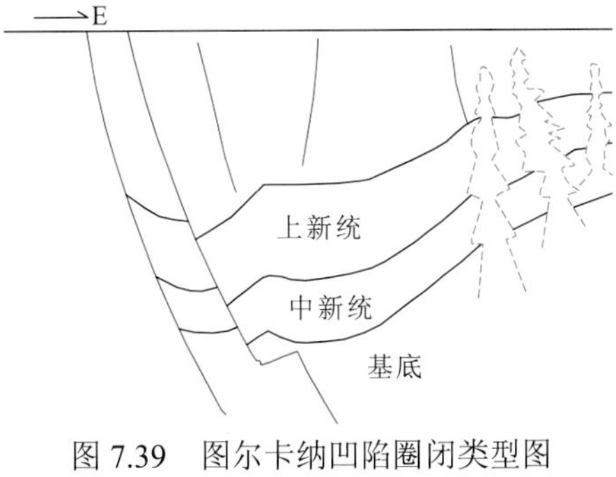

图 7.39　图尔卡纳凹陷圈闭类型图

（断块、岩浆底辟相关圈闭）

4. 东非裂谷西支阿伯丁凹陷

阿伯丁凹陷与东非裂谷东支南洛基查尔凹陷相似，主要发育构造圈闭（图 7.40）。在裂谷伸展过程中，形成了一系列的正断层，堑垒相间的构造样式使得凹陷的断块、断背斜及断鼻等构造十分发育，目前几乎所有已发现的油田均为断块油气藏、断鼻油气藏及断背斜油气藏。此外，在湖盆深处或陡坡带等以发育浊积砂体为主，可能会形成砂岩透镜体等岩性油藏，或构造-岩性复合油藏。

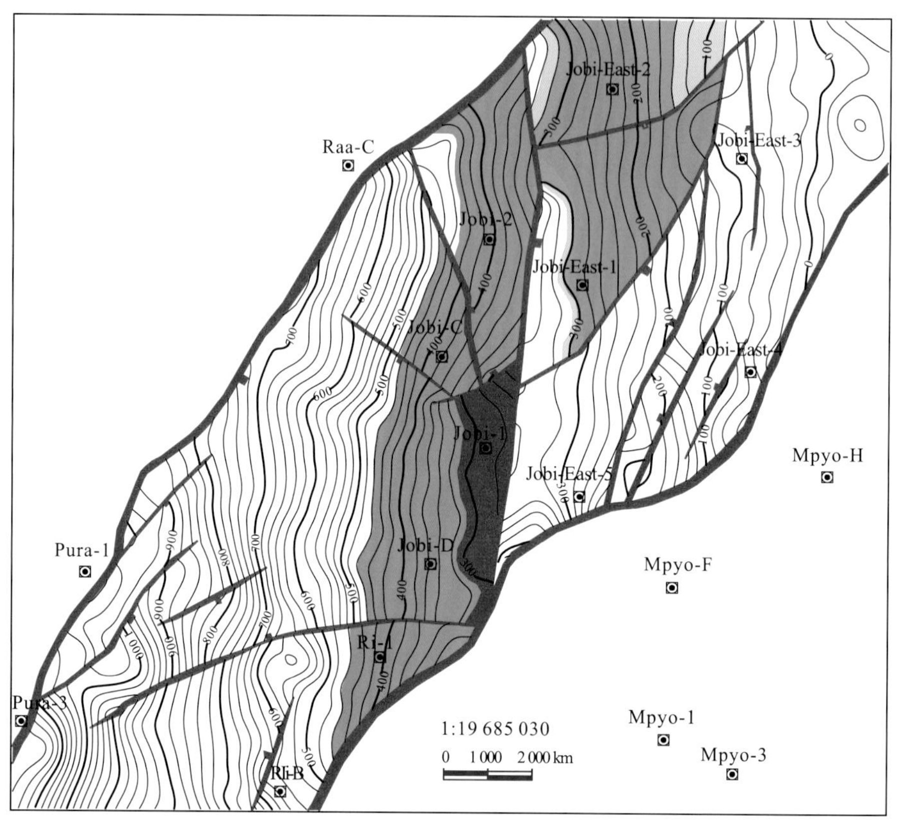

（a）北部构造调节带断块圈闭

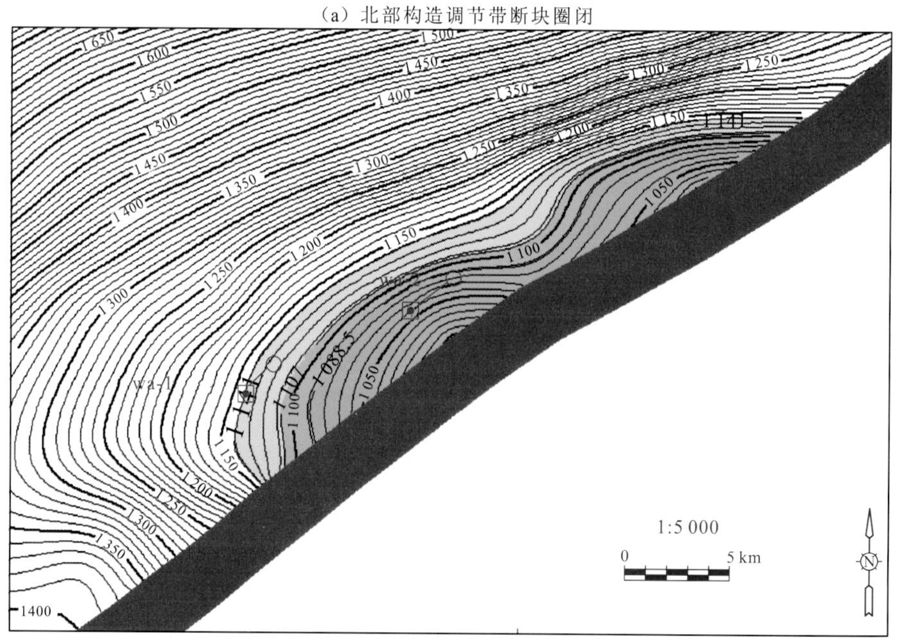

（b）东部陡断带半背斜圈闭

图 7.40　阿伯丁凹陷圈闭类型图

7.2.3 油气运聚条件

1. 东非裂谷东支南洛基查尔凹陷

南洛基查尔凹陷的西部陡坡带以下生上储式生储盖组合为主，其中洛肯组泥岩段暗色泥岩为主要烃源岩，奥沃威尔组下段砂岩为主要储层，上覆的奥沃威尔组中段泥岩为盖层。烃源岩生成的油气沿西部陡坡带发育的系列正断层向上运移至奥沃威尔组下段砂岩的构造高部位聚集成藏（图 7.41）。

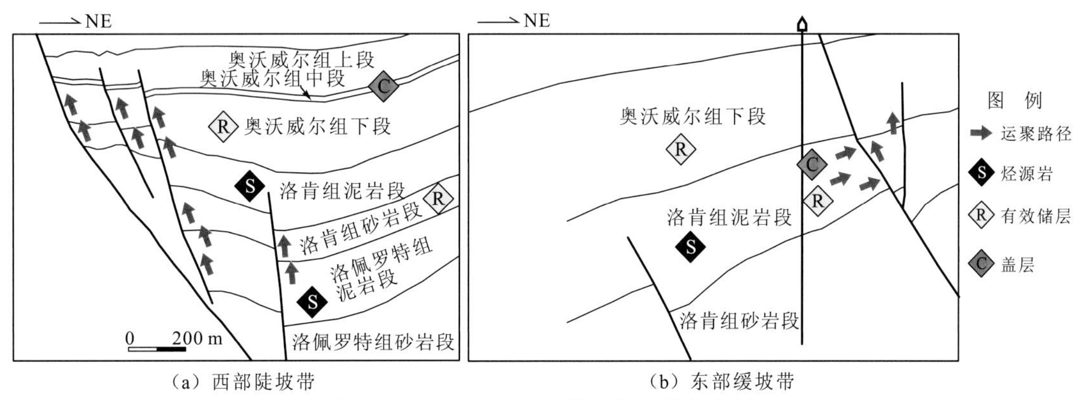

（a）西部陡坡带　　（b）东部缓坡带

图 7.41　南洛基查尔凹陷油气运聚方向图

南洛基查尔凹陷东部缓坡带以自生自储型生储盖组合为主，洛肯组泥岩段烃源岩生成的油气大部分运移至洛肯组泥岩段砂岩中聚集成藏。但由于洛肯组泥岩段为中深湖相沉积环境，岩性组合以暗色泥岩为主，夹薄层浊积砂岩，含砂率较低（<5%），单层砂岩厚度<4 m，储量较小。

综上所述，南洛基查尔凹陷西部陡坡带奥沃威尔组下段为主要含油气层位。

2. 东非裂谷东支凯里奥凹陷

凯里奥凹陷下中新统顶面和中—上中新统顶面油气运聚趋势图显示，北部凸起带和中部缓坡带是油气运聚最有利的指向区，东部反转带为油气运聚的次有利指向区，勘探潜力较大（图 7.42）。相比之下，油气向凯里奥凹陷的南部斜坡带和西部陡坡带运移相对较少，因此这两个区带的勘探潜力相对较小。

3. 东非裂谷东支图尔卡纳凹陷

图尔卡纳凹陷发育中新统、上新统、更新统—全新统等储盖组合，中新统或上新统烃源岩生成的油气能够侧向运移至同层位砂岩中，形成自生自储型生储盖组合；中新统和上新统烃源岩生成的油气通过断层向上运聚至更新统—全新统砂岩中，形成下生上储式组合。图尔卡纳凹陷中新统顶面和底面油气运聚趋势图显示北部凸起带和中央火山带是油气运聚的有利指向区（图 7.43），勘探潜力较大。

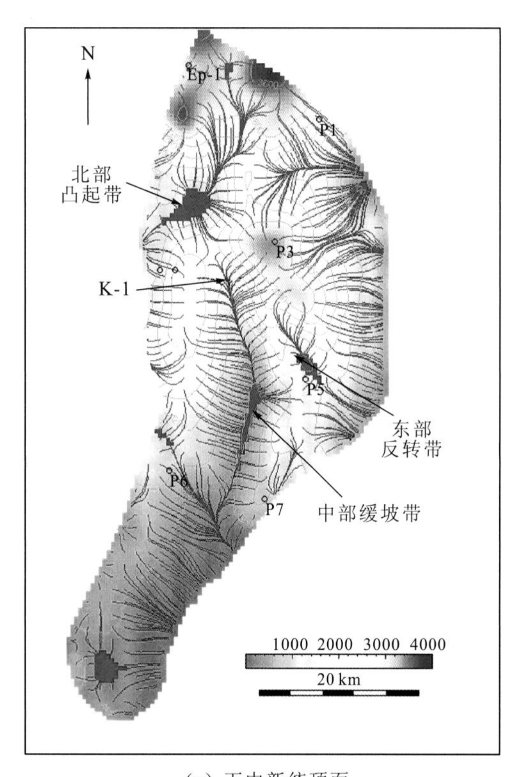

(a) 下中新统顶面

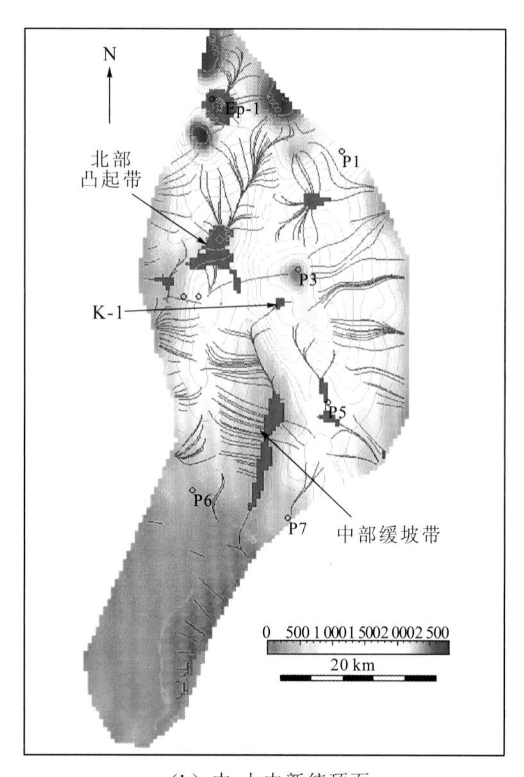

(b) 中-上中新统顶面

图 7.42 凯里奥凹陷下中新统顶面和中—上中新统顶面油气运聚趋势图

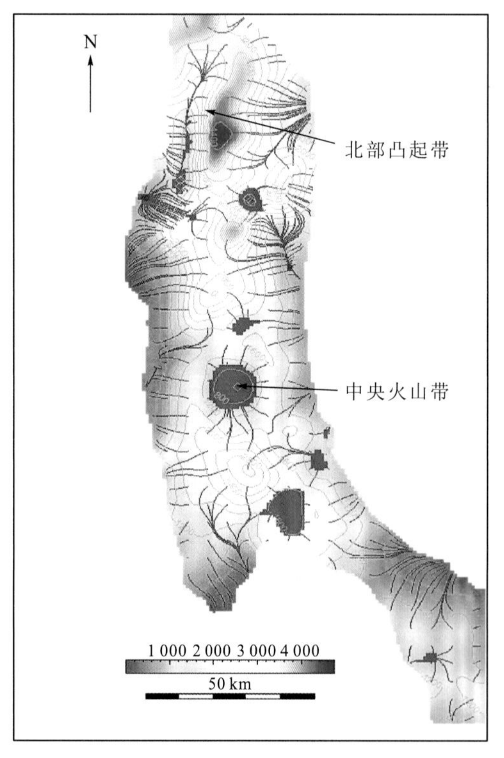

(a) 中新统顶面

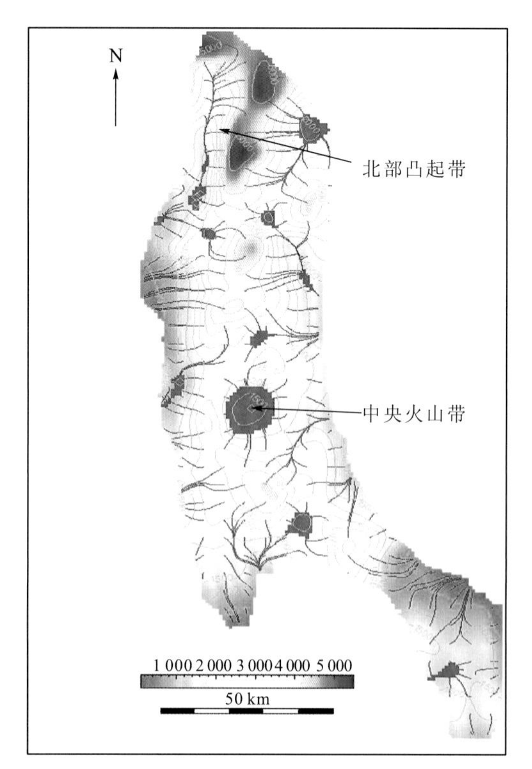

(b) 中新统底面

图 7.43 图尔卡纳凹陷中新统顶面和底面油气运聚趋势图

4. 东非裂谷西支阿伯丁凹陷

阿伯丁凹陷的油气充注以沿砂体侧向和断层垂向交替运移为主。分布在阿伯丁凹陷深部的上中新统和下上新统两套烃源岩在距今 3.8 Ma 开始生排烃（目前仍处于生排烃的高峰期），生成的油气沿着断层与砂体运移至凹陷周缘的砂岩储层聚集成藏，圈闭主要形成于中新世—第四纪。在阿伯丁凹陷陡坡带，油气沿断层经短距离侧向运聚至构造高部位；在阿伯丁凹陷北部，油气经长距离运移聚集至北部构造调节带，目前已发现的油田距离成熟烃源岩的横向垂直距离最远可达 70 km（赵伟 等，2016a）。阿伯丁凹陷油气运聚趋势图显示，东部陡断带和北部构造调节带是油气运聚的有利指向区（图 7.44），目前已发现的油田也主要位于这两个区带内。

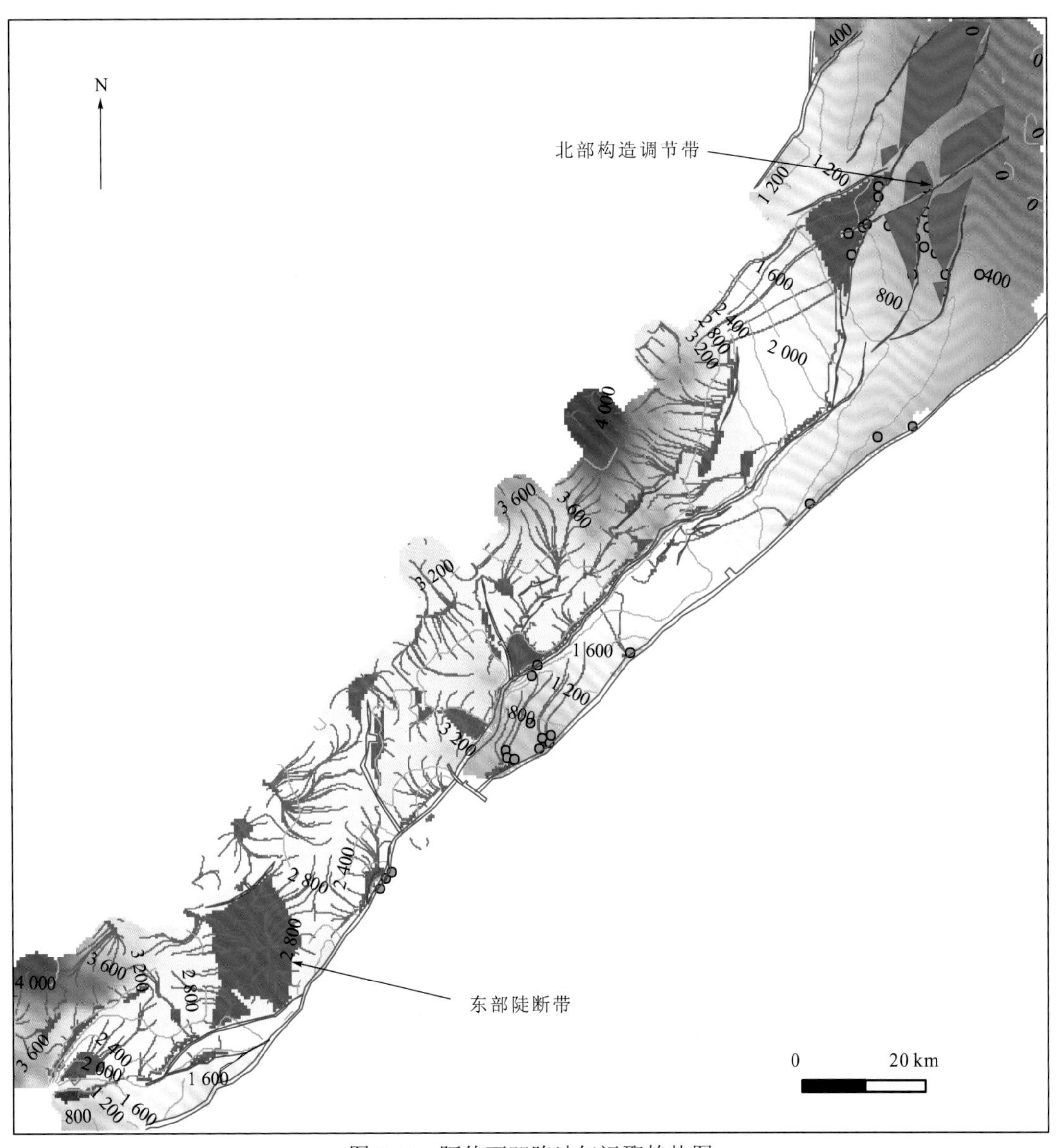

图 7.44　阿伯丁凹陷油气运聚趋势图

7.3　油气成藏模式与有利区预测

7.3.1　含油气系统

1. 东非裂谷东支南洛基查尔凹陷

南洛基查尔凹陷发育下中新统洛肯组泥岩段和渐新统洛佩罗特组两套湖相泥质烃源岩，有机质丰度中等–好，有机质类型以 I-II 型为主，凹陷中心的烃源岩已进入成熟阶段。储层主要为中中新统奥沃威尔组下段和下中新统洛肯组砂岩，上部的奥沃威尔组下段砂岩主要为扇三角洲沉积，储层物性较好，孔隙度为 15%～30%，渗透率为（50～1 000）$\times 10^{-3}$ μm^2，为中高孔中高渗储层；下部的洛肯组砂岩储层物性中等，孔隙度为 15%～25%，渗透率为（10～400）$\times 10^{-3}$ μm^2，为中孔低渗储层。奥沃威尔组下段之上的奥沃威尔组中段段泥岩发育稳定，分布广泛，厚度可达 80～120 m，为区域性盖层。圈闭以背斜、断背斜和断鼻等构造圈闭为主，岩性圈闭和地层圈闭为辅。凹陷西部陡坡带以下生上储式生储盖组合为主，油气主要沿西部陡坡带内的系列正断层向上运移至奥沃威尔组下段砂岩的构造高部位聚集成藏。凹陷东部缓坡带以自生自储型生储盖组合为主，油气主要在洛肯组泥岩段内侧向运移，在洛肯组泥岩段砂岩内聚集成藏。

东非裂谷东支南洛基查尔凹陷的油气发现以原油为主，原油以轻质油为主，原油品质较好，成熟度较高。已发现的油田［图 7.45（a）］主要分布在西部陡坡带（伊托姆油田、阿格特油田、南特维加油田、埃卡雷斯油田、恩加米亚油田、阿莫辛油田），东部缓坡带仅发现两个油田（埃图科油田和伊沃伊油田）。圈闭面积介于 2.82～60 km^2，圈闭类型以构造圈闭为主，包括断块圈闭、断鼻圈闭和断背斜圈闭等。油田的钻井较少，仅恩加米亚油田完钻 4 口井，其他油田仅完钻 1～2 口井。目前已发现的原油主要集中在中中新统奥沃威尔组下段，其次为下中新统洛肯组泥岩段，此外下中新统洛肯组砂岩段也发现了少量油气，但仅约占总地质储量的 1%，油藏的埋深主要介于 600～2 000 m。地质储量计算结果显示，凹陷内合计地质储量为低值（low case）209.28 Mm^3，基准值（base case）379.54 Mm^3，高值（high case）404.36 Mm^3。

2. 东非裂谷西支阿伯丁凹陷

阿伯丁凹陷的油气以原油为主，见少量天然气，油气田主要分布在北部构造调节带，包括东乔比油田、乔比—里伊油田、里伊-2 油田、恩吉里油田、米波油田、古尼亚油田、卡萨梅内油田、恩索加油田、恩格格油田、基戈莱油田、恩加拉油田，其次为东部陡断带，包括瓦拉加油田和金费舍油田［图 7.45（b）］。圈闭面积介于 5.58～108.33 km^2，圈闭类型以构造圈闭为主，为断块圈闭，其次为地层–构造复合圈闭。油气田的钻井较多，最多有 8 口井。垂向上，目前已发现的油气主要集中在上中新统—下上新统，其次为中中新统和上上新统，油气藏埋深变化较大，北部构造调节带的埋深介于 80～770 m，东部陡断带埋深介于 1 062～2 545 m。容积法计算得出的阿伯丁凹陷内三级石油地质储量为 830.50 Mm^3，其中探明地质储量 528.96 Mm^3，控制地质储量 136.88 Mm^3，预测地质储量 166.25 Mm^3。

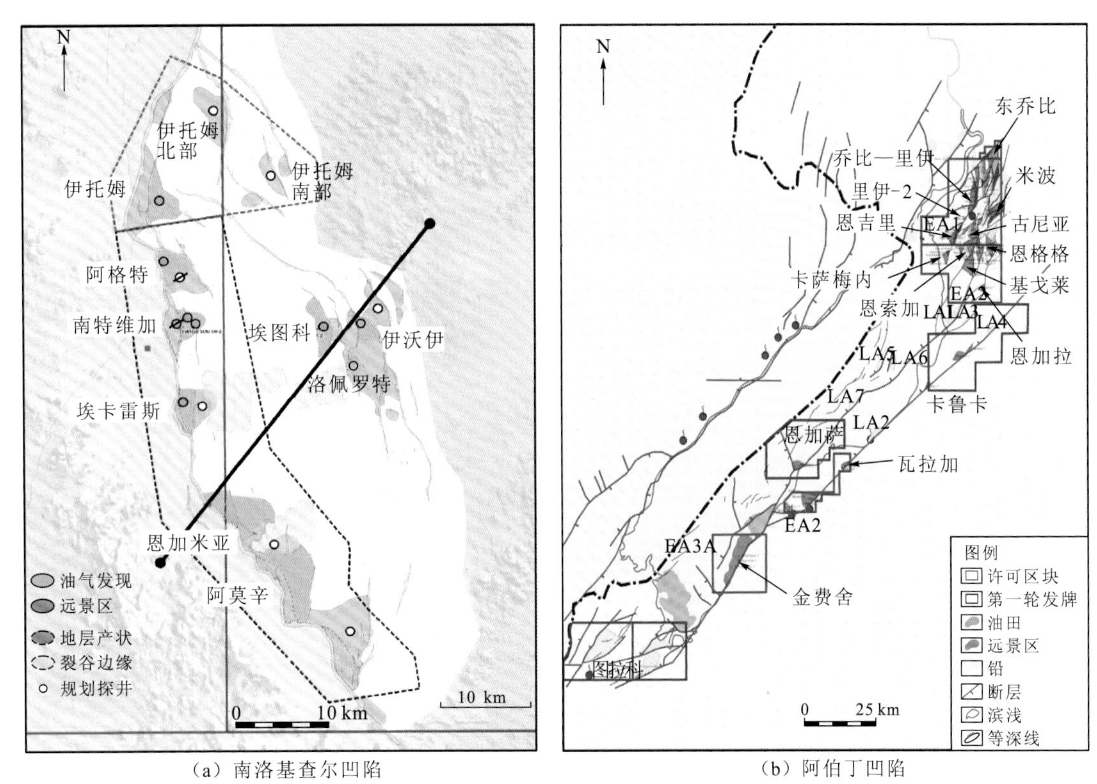

（a）南洛基查尔凹陷　　　　（b）阿伯丁凹陷

图 7.45　南洛基查尔凹陷和阿伯丁凹陷油田分布图

7.3.2　油气成藏模式

1. 东非裂谷东支南洛基查尔凹陷

南洛基查尔凹陷的油气富集呈现两个特点：①西富东贫，西部的地质储量占已发现总地质储量的99%以上，其中恩加米亚油田、南特维加油田和阿莫辛油田地质储量占南洛基查尔凹陷总地质储量的94%，远大于其他油田；②纵向上发育三套油层，由顶到底分别为奥沃威尔组下段、洛肯组泥岩段和洛肯组砂岩段，其中奥沃威尔组下段地质储量最大，占总地质储量的 94%，其他两套油层仅占总地质储量的 6%。因此，南洛基查尔凹陷西部陡坡带的奥沃威尔组下段为勘探主要目的层。

综合烃源岩、构造和沉积等特征分析，推测成熟烃源岩、优质储层和断层沟通是造成东非裂谷东支南洛基查尔凹陷油气富集的主要原因。东支盆地自古近纪以来一直处于赤道附近，温暖-湿润的热带-亚热带气候为动植物的繁盛提供了有利条件，为烃源岩的形成提供了丰富的有机质来源。此外，东支盆地受阿法尔和肯尼亚两大地幔柱控制，地下岩浆活动频繁，地温梯度高达 4.2 ℃/hm，生烃门限较小（1 500 m 左右），使得成熟烃源岩厚度大、分布范围广，为油气成藏提供充足的烃源。这也是东支盆地规模较小，但油气丰度高的一个主要原因。

油气田解剖表明西部陡坡带恩加米亚油田、南特维加油田和阿莫辛油田的地质储量远大于其他油田，这三个油田主要目的层奥沃威尔组下段的扇三角洲砂体发育，砂岩以粒间孔为主，孔隙间连通性好，平均孔隙度为20%，平均渗透率为$100\times10^{-3}\,\mu m^2$。西部陡坡带的另外三个油田主要目的层奥沃威尔组下段主要发育冲积扇相，由于沉积物搬运距离近、粒度粗、分选性差，储层物性相对较差。优质储层的展布是东非裂谷东支南洛基查尔凹陷西部陡坡带油气富集的另一重要原因。生油层及储层之间是否有断层沟通是影响油气富集的又一原因。以南洛基查尔凹陷为例，其西部陡坡带断层较发育，断层沟通了主力烃源岩洛肯组泥岩段及主要储层奥沃威尔组下段，使生成的油气能够通过断层进行垂向运移，从而有利于油气的富集。相比之下，东部缓坡带断层发育相对较少，主力烃源岩洛肯组泥岩段生成的油气以侧向运移为主，容易在洛肯组泥岩段内部的薄砂体内聚集，因此油气相对不富集。

综上所述，成熟烃源岩、优质储层和断层沟通是东支盆地油气成藏的主控因素，以南洛基查尔凹陷为例，其西部陡坡带距离生烃中心近，发育扇三角洲等优质储层，断层为油气运聚提供了良好通道，因此有利于油气的富集。相比之下，东部缓坡带距离生烃中心相对较远，储层物性较差，且断层发育少，因此不利于油气的富集。综合烃源岩特征、储盖组合、圈闭类型、油气运聚条件等成藏要素，建立南洛基查尔凹陷的成藏模式（图7.46），其中西部陡坡带以下生上储式油藏为主，油气从洛肯组泥岩段主力烃源岩沿断层运移至构造高部位（奥沃威尔组下段砂岩）聚集成藏；而东部缓坡带以自生自储式油藏为主，可见下生上储式油藏，油气从洛肯组泥岩段烃源岩直接运移至洛肯组泥岩段储层聚集成藏。因此，储层条件和运移通道是导致东、西部成藏差异的关键因素，西部陡坡带的储层和运移条件较好，是有利的油气聚集区。

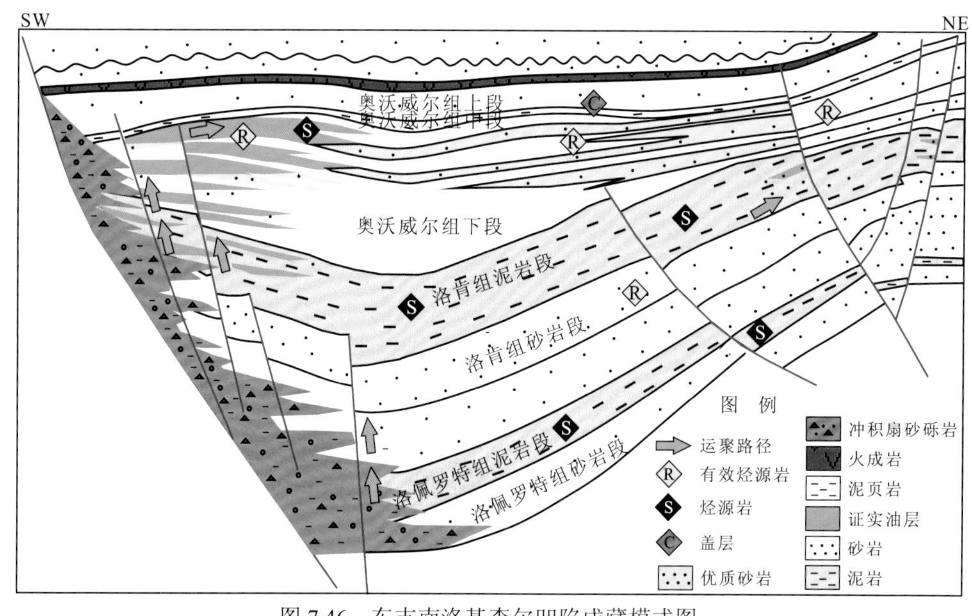

图7.46　东支南洛基查尔凹陷成藏模式图

2. 东非裂谷西支阿伯丁凹陷

阿伯丁凹陷的油气富集呈现两个主要特点：①平面上发育三个含油气带，由北向南为北部构造调节带、断阶带和陡断带，三个含油气带由北向南油气藏埋深逐渐增加，从80～

860 m、1062～1848 m 至 2450～2545 m，总体上北部构造调节带的油气发现数量和规模较大，约占已发现总地质储量的 75%，东部缓坡带发现的油气藏数量较少，规模差别较大，约占总地质储量的 25%；②垂向上油气发现主要集中在上中新统顶—下上新统底，约占总地质储量的 87%，其次为中中新统和上上新统，约占总地质储量的 13%。因此，凹陷北部构造调节带的上中新统顶—下上新统底为勘探主要目的层。

综合烃源岩、构造和沉积等特征分析，推测成熟烃源岩、优质储层和圈闭面积是造成东非裂谷西支阿伯丁凹陷油气差异富集的主要原因。阿伯丁凹陷发育初期，温暖-湿润的热带-亚热带气候使得周缘河流水系丰富，陆生动植物及淡水藻类等大面积繁盛，在湖底缺氧环境下形成了富有机质的湖相烃源岩。中新世以来的快速沉降与沉积和裂谷作用形成的高热流值，促使烃源岩迅速成熟生烃，为油气成藏提供了充足的烃源。盆地整体沉降幅度不统一，中心近西部一侧沉积厚度大、成熟度较高，在深部产生大量油气保证整个凹陷含油气系统的供烃和成藏。

晚中新世—上新世期间，凹陷构造调节带处三角洲沉积体系十分发育，沿裂谷陡崖方向分布多个放射状扇三角洲，由于埋深浅、压实较弱，形成孔隙发育、物性较好的碎屑岩储层。凹陷主要储层为晚中新世—早上新世砂岩，在北部构造转换带，该套储层以垂向叠置河道砂为主，埋深主要介于 400～650 m，单层厚度为 10 m 左右，最厚可达 20 m，孔隙度为 15%～45%，渗透率为（100～2000）$\times 10^{-3}$ μm^2，最高可达 20000$\times 10^{-3}$ μm^2，属储集条件好-极好的中高孔渗储层。油气藏解剖结果表明，砂岩储层物性较好的油田地质储量一般较高，例如北部构造调节带的东乔比油田，进一步证明储层品质对油气的富集起至关重要的作用。

构造圈闭面积是控制油气田含油范围大小的另一重要因素，凹陷的构造圈闭多与断层有关，而该区域含油层系为砂泥岩互层，断层的断距决定了圈闭塑封封堵的油层厚度。大型构造调节带一般发育大规模（扇）三角洲，构造圈闭发育且面积较大，油气田的规模相对较大，例如北部构造调节带发现的一系列油田，占整个凹陷目前已发现地质储量的 85%左右；中部构造调节带级别低，储层与构造圈闭都不发育，油气发现规模非常小；而断阶带油气发现小而肥，油田面积小，但丰度较高，如瓦拉加油田和金费舍油田。因此，构造所控制的圈闭面积是油气成藏的另一重要因素。

综合烃源岩特征、储盖组合、圈闭类型、油气运聚条件等成藏要素，建立阿伯丁凹陷的成藏模式（图 7.47），主要包括三种：①构造调节带油气成藏模式；②断阶带油气成藏模式；③陡断带油气成藏模式。北部构造调节带是目前油气发现最多的地区，受构造应力影响形成开放的宽缓斜坡。上中新统—下上新统发育大范围三角洲沉积，可作为优质储层。成熟烃源岩主要分布在湖盆中心，埋藏较深，油气生成后沿沟通砂体的断层向上部地层和高部位运聚，同时受物性较好的砂体泵吸作用影响，形成向调节带运聚的优势方向。三角洲砂体分布较为稳定，可以使油气进行长距离大范围运聚。油气运聚到反向断层遮挡形成的圈闭位置聚集成藏。东部陡断带和断阶带目前有一定规模的油气发现，如瓦拉加油田和金费舍油田，多为边界断层遮挡的断鼻油气藏和断背斜油气藏。这些油气藏靠近边界断层，受侧向物源的影响，发育辫状河和扇三角洲砂体，物性较好，可作为有效储层。因此，储层条件和圈闭特征是导致北部和东部成藏差异的关键因素，北部储层条件好且圈闭更发育，是相对有利的油气聚集区。

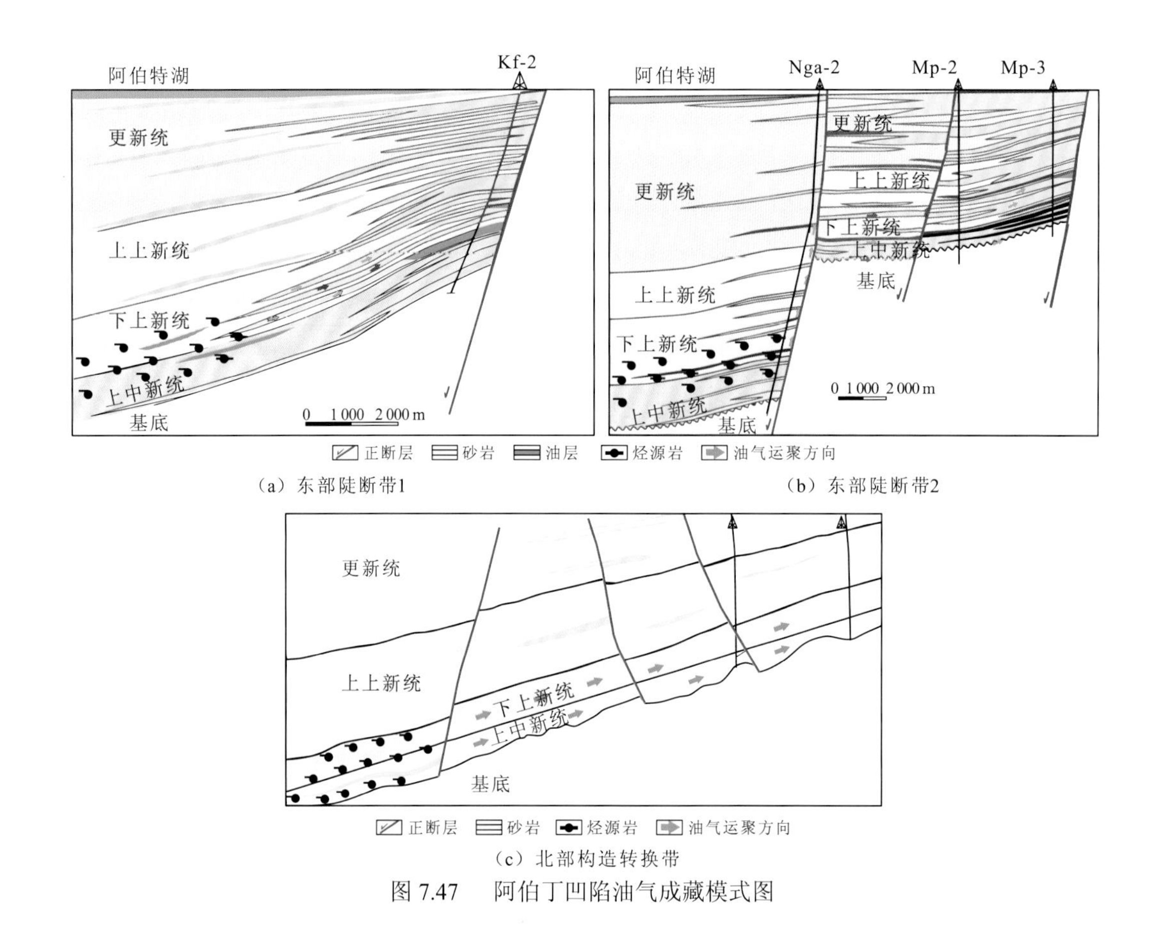

图 7.47　阿伯丁凹陷油气成藏模式图

7.3.3　有利凹陷及区带预测

1. 凹陷优选的判别指标及标准

对于勘探程度较低的盆地，由于资料条件的限制和地质认识尚不够深入，勘探方向的选择往往只能聚焦到“凹陷”级别，在选定有利凹陷后，再进一步开展勘探工作。本小节主要针对东非裂谷盆地内东支和西支各重点凹陷的勘探前景进行分析和优选。主要基于各重点凹陷的“生储盖圈运保”这 6 个成藏要素进行评价打分和排序。各项指标的打分区间为 1～5 分，5 分为最高分。考虑油气系统形成的木桶效应，在评价中引入附加分，即各项指标中的最低分。凹陷评价总分的计算公式为

$$凹陷评价总分=\sum 各项指标打分+各项指标中的最低分 \tag{7.1}$$

2. 凹陷的评价与优选

1）烃源岩评价

通过对东非裂谷盆地凹陷烃源岩条件对比，各凹陷的烃源岩条件差别较大，能够作为有利凹陷优选的有效指标。此外，本次在有利凹陷优选时，还充分考虑凹陷规模、勘探实效、地化资料情况、地震工区面积等多因素，根据凹陷勘探潜力进一步分为 I 类凹陷、II 类凹陷和 III 类凹陷，其烃源岩评价打分分别为 5 分、4 分、3 分（表 7.1）。

表 7.1 研究区重点凹陷烃源岩评价打分表

位置	凹陷	沉积地层厚度/m	预测烃源岩厚度/m	烃源岩相	烃源岩层位	烃源岩品质	热演化阶段	最大生烃面积/km^2	钻井显示	打分
西支	阿伯丁	6 000	1 300	中深湖	上中新统、下上新统	好	成熟阶段	2 200	钻井 78 口，发现油气田 15 个	5
东支	南洛基查尔	7 000	1 100	中深湖	渐新统、下中新统	好-很好	成熟-过成熟阶段	1 500	29 口工业油气流井	5
东支	凯里奥	6 700	800	滨浅湖	下中新统（推测）、中—上中新统、上新统底	中等-好	低成熟-成熟	480	—	4
东支	图尔卡纳	7 100	～800	中深湖	上中新统（推测）、上新统底	中等-好	低成熟-成熟	2 000	2 口干井	4.5
东支	凯里奥山谷	5 000	700	中深湖	—	—	—	—	1 口油气显示井	3
东支	欧姆	4 800	—	滨浅湖	—	—	—	—	2 口干井	3
东支	楚拜亥	4 600	～600	滨浅湖	—	—	—	—	2 口干井	3
东支	北洛基查尔	4 500	～300	滨浅湖	—	—	—	—	无	3
东支	埃塞南部	3 700	—	滨浅湖	—	—	—	—	无	3

东非裂谷西支阿伯丁凹陷主要发育上中新统—下上新统烃源岩，最大生烃面积为 2 200 km^2，模拟结果显示生烃量介于 860 亿～1 560 亿方油当量，以油为主，排油量为 4 780 亿～8 679 亿桶。据图洛（Tullow）石油公司等资料显示，阿伯特湖中心发育优质的湖相烃源岩，有机质类型以 I-II_1 型为主，地震剖面上见低频、连续、强反射特征。凹陷面积较大，地层厚度大，目前已在其中钻井 78 口，发现油气田 15 个，探明+控制地质储量 43.17 亿桶，探明+控制可采储量为 16 亿桶。综上所述，阿伯丁凹陷烃源岩条件非常好，属于 I 类凹陷。

南洛基查尔凹陷在中新统—渐新统发育两套湖相烃源岩，最大生烃面积为 1 500 km^2，生油量为 1197 亿桶，生气量为 18 千亿方，排油量为 746 亿桶，排气量为 30 千亿方。钻井揭示南洛基查尔凹陷烃源岩品质好，发育 I-II_1 型优质烃源岩，且地震剖面上具有清晰的低频、连续、强反射特征。南洛基查尔凹陷面积较大，地层厚度大，目前已在凹陷内发现油田 9 个，地质储量 24 亿桶。综上所述，南洛基查尔凹陷烃源岩条件优越，勘探效果好，属于 I 类凹陷。

凯里奥凹陷在中新统—上新统发育三套湖相烃源岩，地震资料揭示的最大生烃面积为 480 km^2。钻井揭示凯里奥凹陷烃源岩品质为中等-好，发育 I-II 型烃源岩，地震剖面上可见低频、连续、强反射特征。凯里奥凹陷面积中等，地层厚度大。综上所述，凯里奥凹陷烃源岩条件较好，属于 II 类凹陷。

图尔卡纳凹陷在中新统—上新统主要发育两套湖相烃源岩，地震资料揭示的最大生烃面积相对较大（约 2 000 km^2）。钻井揭示图尔卡纳凹陷烃源岩品质为中等-好，以 II_2 型烃源岩为主，地震剖面上具有低频、连续、强反射特征。图尔卡纳凹陷面积较大，地层厚度大，综合沉积相和地震相分析，推测图尔卡纳凹陷自晚中新世之后一直是东支盆地的沉积中心，可能发育优质的湖相烃源岩。但目前已钻的两口井均为干井。因此，图尔卡纳凹陷烃源岩条件可能较好，但目前为止勘探效果一般，划为 II 类凹陷。

除以上凹陷外，东支盆地还发育凯里奥山谷、埃塞南部、北洛基查尔、楚拜亥等多个凹陷，这些凹陷规模、地层厚度大小不等，无钻井或仅有 1～2 口失利井，而且在地震剖面上较难找到低频、连续、中-强反射特征，无法对其烃源岩进行准确识别。因此，本小节将这些凹陷统一划归为 III 类凹陷。

2）储盖组合评价

东非裂谷盆地东支、西支凹陷主体部位湖泊发育，深湖部位临近边界主断层，发育深湖和半深湖泥页岩，可作为良好的烃源岩和盖层。凹陷陡坡带多发育扇三角洲沉积体系，缓坡带则发育辫状河三角洲沉积体系。地堑或半地堑内湖区范围常经历由小到大再到小的过程，裂谷作用的多旋回性使湖相泥岩与各类砂岩在垂向上相互叠置，形成了多套的生储盖组合。

表 7.2 为研究区重点凹陷储盖组合评价打分表。由于裂谷湖盆的特殊性，储层均较为发育，特别是西支阿伯丁凹陷，以及东支的南洛基查尔、凯里奥和图尔卡纳等凹陷，盆地埋深较大，纵向厚度大，扇三角洲、辫状河三角洲和河流砂体发育；其余凹陷的储层由于盆地纵向厚度略小，储层发育程度略逊于先前的 4 个凹陷盆地。除楚拜亥凹陷的盖层较不发育外，其余凹陷的盖层都是发育。

表 7.2 研究区重点凹陷储盖组合评价打分表

位置	凹陷	面积/km^2	沉积地层厚度/m	储集相	储层打分	盖层	盖层打分
西支	阿伯丁	2 6000	6 000	扇三角洲 辫状河三角洲	5	发育	5
东支	南洛基查尔	2 180	7 000	扇三角洲 辫状河三角洲	5	发育	5
东支	凯里奥	2 600	6 700	扇三角洲 辫状河三角洲、河流	5	发育	5
东支	图尔卡纳	6 800	7 100	扇三角洲 辫状河三角洲	5	发育	5
东支	凯里奥山谷	1 000	5 000	扇三角洲 辫状河三角洲	4	发育	5
东支	欧姆	2 700	4 800	扇三角洲 辫状河三角洲	4	发育	5
东支	楚拜亥	3 100	4 600	扇三角洲 辫状河三角洲	4	较不发育	3
东支	北洛基查尔	1 500	4 500	扇三角洲 辫状河三角洲	4	发育	5
东支	埃塞南部	1 500	3 700	扇三角洲 辫状河三角洲	4	不确定	3

3）圈闭、运聚及保存评价

研究区主要凹陷的圈闭主要分为两类：同沉积生长圈闭和后生圈闭。同沉积生长圈闭主要依附于边界断层、发育于陡坡带上，多为边界断层控制的同沉积背斜或断鼻等构造，圈闭埋深相对较大，但形成时间早且紧邻生烃中心，为油气运聚有利场所。后生圈闭可分为晚期反转构造圈闭、缓坡带断块或断鼻圈闭。研究区凯里奥凹陷及图尔卡纳凹陷缓坡带及部分大型断裂连接转换部位发育多个形成时间相对较晚的正向构造，为晚期油气运聚及调整的最佳位置。

根据构造作用对生烃中心及油气运聚的影响程度，选取主要目的层圈闭个数及面积（层圈闭）、圈闭类型、圈闭落实程度、油气运聚路径等，对各主要凹陷进行分析对比和打分（表 7.3）。南洛基查尔凹陷选取中—上中新统底构造图进行圈闭统计，东非裂谷东支其余凹陷和西支阿伯丁凹陷选取上新统底构造图进行圈闭统计。

表 7.3 研究区重点凹陷圈闭、运聚及保存条件评价打分表

位置	凹陷	圈闭个数（层圈闭）	圈闭面积（层圈闭/km^2）	圈闭类型	圈闭落实程度	圈闭打分	油气运聚路径	运聚打分	保存评价	保存打分
西支	阿伯丁	27	536.54	同沉积圈闭（断背斜、断鼻）+后生圈闭（断块）	高	5	缓坡带砂岩侧向运聚+陡坡带断层纵向运聚	5	好	5
东支	南洛基查尔	12	132	同沉积圈闭（背斜、断鼻）+后生圈闭（断块）	高	5	陡坡带断层纵向运聚	4	好	5
东支	凯里奥	21	248	同沉积圈闭（背斜、断鼻）+后生圈闭（背斜+断鼻+断块）	较高	4	砂岩侧向运聚	4	较好	4
东支	图尔卡纳	39	942	同沉积圈闭（断鼻）+后生圈闭（背斜+断鼻+断块）	较高	4	砂岩侧向运聚+断层纵向运聚	5	较好	4
东支	凯里奥山谷	4	21	同沉积圈闭+后生圈闭	低	2	—	3	较好	4
东支	欧姆	—	—	—	低	2	—	3	较好	4
东支	楚拜亥	16	238	同沉积圈闭（断背斜、断鼻）+后生圈闭（断鼻+断块）	较高	4	—	3	较好	4
东支	北洛基查尔	5	11	后生圈闭	低	2	—	3	较好	4
东支	埃塞南部	—	—	—	低	2	—	3	较好	4

东非裂谷东支南洛基查尔凹陷为铲式边界断层控制的半地堑，断层坡度较缓，有利于形成边界断层控制的同沉积构造，圈闭类型好（同沉积背斜或断鼻），运聚路径以陡坡带断层纵向运聚为主，边界断层晚期活动性小，有利于陡坡带各圈闭的晚期保存。东非裂谷西支已获商业油气流发现的阿伯丁凹陷，其整体为典型的板式正断层控制的双断型地堑。受先存构造基底控制的转换带内小型断层在该地区相互交错发育形成了良好的断块圈闭，靠近边界断层主要发育小型的断鼻/断背斜型构造圈闭。油气运聚路径以缓坡带砂岩侧向运聚和陡坡带断层纵向运聚为主，且构造高点处的断鼻/断背斜边缘的断层活动速率通常较低，非常有利于圈闭的保存。

单断迁移型半地堑样式的凯里奥凹陷及图尔卡纳凹陷北部，控沉积断层附近均有同沉积构造发育，构造形成时间早且紧邻生烃中心，有利于油气运聚，形成有效圈闭。但凯里奥凹陷及图尔卡纳凹陷由于上新世之后存在沉积中心向凹陷内部迁移，潜在的上新统沉积中心受控于凹陷内部大型断裂，因此依附于此断裂的同沉积构造圈闭相对更有利。同时两个凹陷缓坡带及断层转折部位发育较多有反转性质的转换构造，多为（断）背斜构造，构造圈闭类型好，这些晚期的反转构造圈闭依然为油气运聚有利部位。

东非裂谷东支凯里奥山谷凹陷及北洛基查尔凹陷与南洛基查尔凹陷构造形态有一定相似性，但凯里奥山谷凹陷及北洛基查尔凹陷内陡坡带同沉积构造不太发育，凹陷内斜坡带上断块等圈闭也基本不发育，构造圈闭数量及面积有限，圈闭类型较差，油气运聚路径也缺乏足够的资料进行评价。东非裂谷东支埃塞南部凹陷及欧姆凹陷地震测线较少且资料品质差，凹陷整体勘探程度极低，圈闭和运聚路径较难落实和评价。

4）凹陷排序与优选

综合油气系统形成要素的打分情况，按照计算公式进行累计，得到研究区有利凹陷评价总分排序表（表 7.4），并绘制研究区重点凹陷成藏要素雷达图（图 7.48）。

表 7.4　研究区有利凹陷评价总分排序表

位置	凹陷	烃源岩	储层	盖层	圈闭	运聚	保存	最低分	总分
西支	阿伯丁	5	5	5	5	5	5	5	30
东支	南洛基查尔	5	5	5	5	4	5	4	29
东支	图尔卡纳	4.5	5	5	4	5	4	4	27.5
东支	凯里奥	4	5	5	4	4	4	4	26
东支	楚拜亥	3	4	3	4	3	4	3	21
东支	凯里奥山谷	3	4	5	2	3	4	2	21
东支	欧姆	3	4	5	2	3	4	2	21
东支	北洛基查尔	3	4	5	2	3	4	2	21
东支	埃塞南部	3	4	3	2	3	4	2	19

排序结果表明，最有利的凹陷是目前取得商业性油气勘探突破的阿伯丁凹陷和南洛基查尔凹陷，且从雷达图上看，这两个凹陷在“生储盖圈运保”6 项指标上几乎无短板。其次是图尔卡纳凹陷和凯里奥凹陷，评价总分较高，且 6 项指标中无明显的短板，可作为下

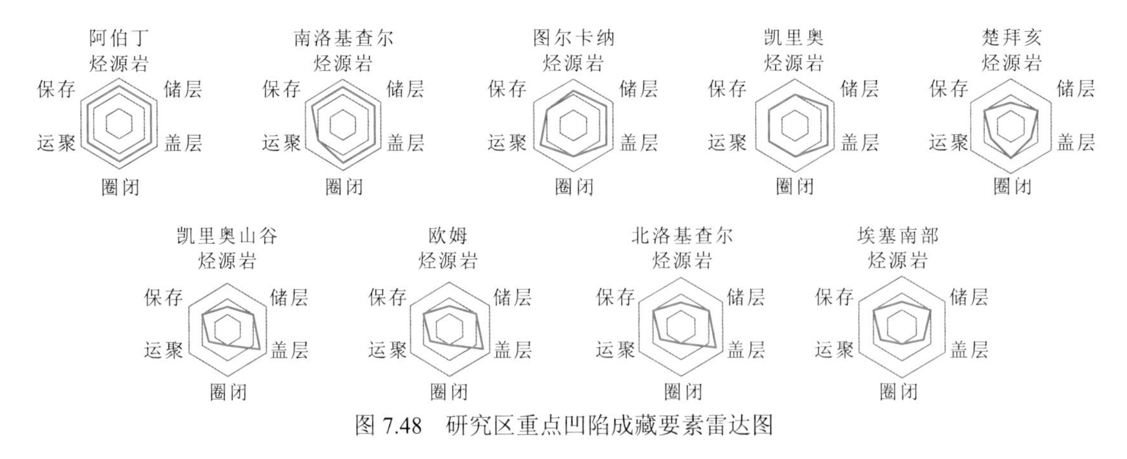

图 7.48 研究区重点凹陷成藏要素雷达图

一阶段油气勘探的重点领域。其余凹陷受限于地质条件和勘探程度，评价总分较低，且均存在明显的指标短板，在目前阶段不建议作为主要勘探领域进行投入。

3. 有利勘探区带评价

基于凹陷的评价总分排序情况，针对排序前四的阿伯丁凹陷、南洛基查尔凹陷、图尔卡纳凹陷和凯里奥凹陷进行有利勘探区带评价。

1）东支南洛基查尔凹陷

南洛基查尔凹陷目前的油气发现主要集中在西部陡坡带，东部缓坡带油气发现较少。从储层发育角度而言，东部缓坡带的辫状河三角洲砂体的储层岩石学条件应优于西部陡坡带的扇三角洲储集砂体。由于南洛基查尔凹陷在上新世末发生了翘倾剥蚀，东部缓坡带的区域性盖层被剥蚀，侧向封堵条件削弱，油气保存条件较差。而在紧邻边界断层的西部陡坡带内，同沉积（断）背斜圈闭及断鼻构造圈闭较发育，圈闭面积大、幅度大、紧邻中新统生烃中心，圈源匹配关系好，且边界断层自上新世以来几乎停止活动，有利于油气保存。因此，南洛基查尔凹陷未来勘探的有利区带应仍然以西部陡坡带为主，可以适当兼顾中部的反转构造。

2）东支凯里奥凹陷

凯里奥凹陷可进一步划分为北部次凸、东部次凹及西部次凹等。北部次凸上断块等构造圈闭形成时间早，埋深浅、面积大，本为有利勘探目标，但钻井勘探效果差，可能由于临近边界断层，断层长期活动不利于油气保存，或远离上新统潜在生烃中心，油气运聚困难。东部次凹及西部次凹临近大型断裂，发育断鼻等构造，临近斜坡带则发育因“构造反转”形成的（断）背斜等构造圈闭，圈闭面积及闭合幅度均相对较小，但紧邻上新统潜在生烃中心，且圈闭形成时间晚，易于形成有效圈源匹配关系，仍有较大勘探潜力。

3）东支图尔卡纳凹陷

图尔卡纳凹陷在构造单元上可以进一步划分为北部凹陷区、西部断阶带和南部转换带。南部缓坡带受地震资料品质及范围限制，构造圈闭落实程度低，目前勘探潜力不大。西部断阶带临近北部凹陷区，圈闭类型较好，尽管钻井未见油气显示，但钻遇了潜在上新统烃源岩段，推测烃源条件较好，但保存条件较差，次级断层的活动可能是油气泄露的原因。

北部凹陷区内部分圈闭类型较好，且紧邻潜在上新统生烃中心，推测北部凹陷区内部及其周缘部分的转换构造为潜在油气勘探目标。

4）西支阿伯丁凹陷

阿伯丁凹陷目前油气发现主要集中在东部陡断带和北部的构造调节带。剖面结构上，凹陷南段为单断陡坡，凹陷北段为断阶式陡坡，两者之间存在一个构造调节带，凹陷东北部为缓坡。碎屑砂体的平面展布也明显受凹陷结构控制，凹陷南段扇三角洲砂体直接堆积于断层陡坡下盘，而在断阶带，三角洲碎屑砂体很少推进至二级断阶。因此，从储层发育角度考虑，阿伯丁凹陷东部乌干达一侧未来勘探的有利储层应聚焦于南段的陡坡下盘扇三角洲砂体，断阶带一级断阶上的扇三角洲砂体，以及调节带和北部缓坡带的辫状河三角洲砂体；勘探有利区应位于三角洲伸入湖相泥岩的前缘储盖组合配置较好的部位，而非平原位置。

阿伯丁凹陷的西部位于刚果（金）境内。由于缺乏地震资料，只能依据有限的地质资料进行推测。阿伯丁凹陷中观测到的油气泄露表明西部具有同东部一样优越的烃源岩条件和油气运聚条件。高度隆起的裂谷肩和急剧变化的重力梯度表明，与东部相比，阿伯丁凹陷西部的构造相对简单，应为一陡断带，且边界断层倾角大、活动速率高。可以推测，阿伯丁凹陷西部陡断带强烈的构造活动控制了“陡-窄-深”的源-汇系统样式，主要发育小规模扇三角洲砂体。这些砂体与湖相泥岩交错沉积可形成较好的储盖组合。主要风险在于高倾角、高活动速率的边界断层可能不利于油气的保存（图 7.49）。

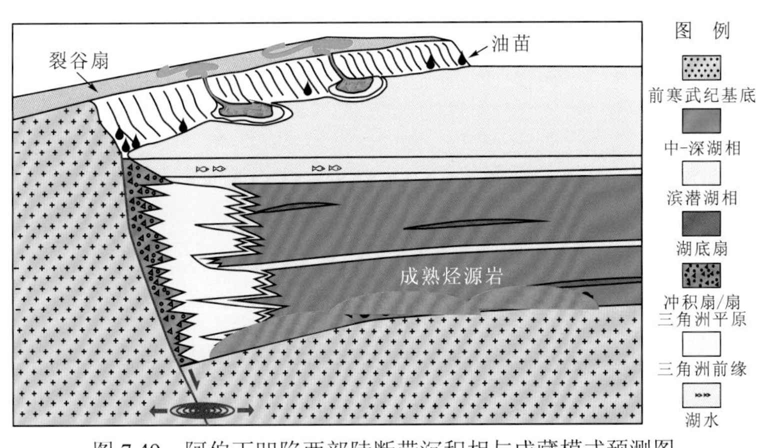

图 7.49　阿伯丁凹陷西部陡断带沉积相与成藏模式预测图

西部陡断带的南部在地貌上可识别出明显的转换斜坡构造，与湖东岸的转换斜坡极为类似，为下盘破坏型转换斜坡和单断型转换斜坡的复合体，有利于构造高部位的形成；其潜在的储层为扇三角洲和辫状河三角洲砂体，可与湖相泥岩交错叠置形成优质的储盖组合（图 7.50）；相比于北部的高陡断层，转换斜坡处的断层活动速率较低，且存在与裂谷现今伸展方向斜交的断层段，极有可能存在封闭性较好的断层。该构造是西部陡断带最有利的油气勘探部位，建议收集地震资料进一步落实该构造。

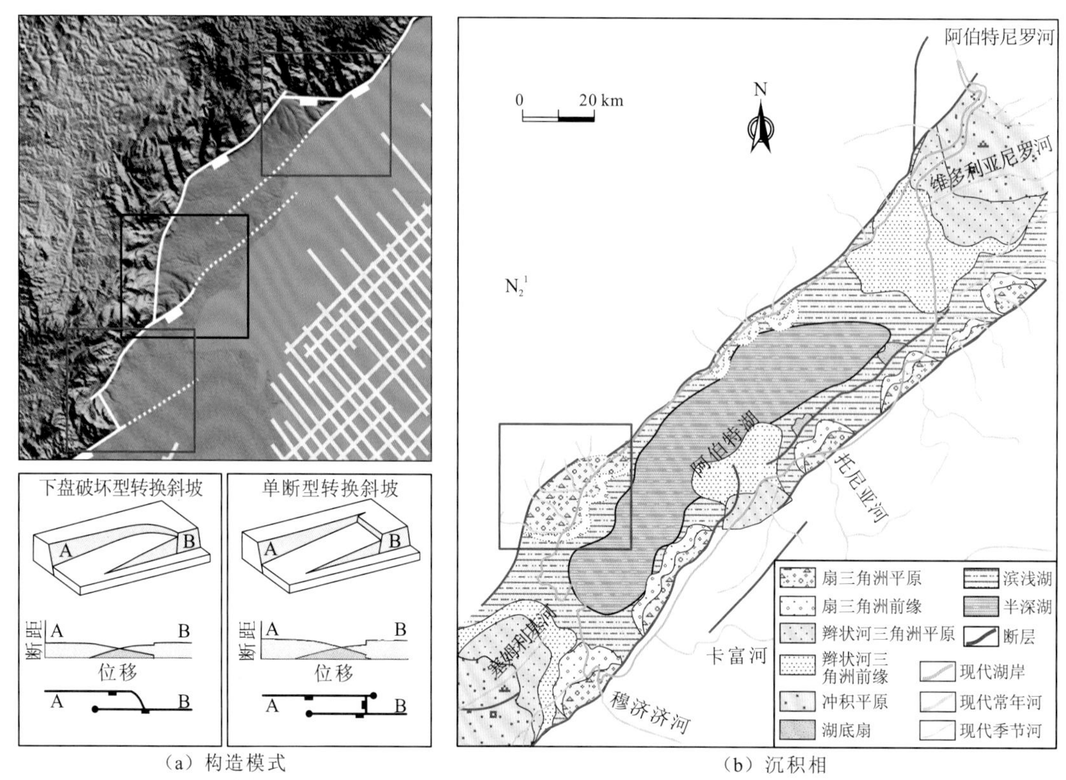

（a）构造模式　　（b）沉积相

图 7.50　阿伯丁凹陷西部转换斜坡构造模式与沉积相预测图

参 考 文 献

蔡文杰, 韩文明, 许志刚, 等, 2015. 东非 Lake Albert 盆地构造调节带特征及其对油气成藏的控制作用. 地质科技情报, 34(4): 119-123.

陈经覃, 韩文明, 邱春光, 等, 2018. 乌干达 Albert 湖凹陷陡坡带成藏模式. 海洋地质前沿, 34(1): 42-47.

冯自成, 徐明钻, 赵国凤, 等, 2019. 肯尼亚地质矿产资源特征及找矿远景. 地质学刊, 43(2): 263-269.

关增淼, 李剑, 2007. 非洲油气资源与勘探. 北京: 石油工业出版社.

郭曦泽, 侯贵廷, 2014. 东非裂谷系西支(湖区)油气资源潜力评价与分析. 地球科学前沿, 4(2): 94-103.

韩文明, 胡滨, 张世鑫, 等, 2018. 东非裂谷系西支先存构造调节带构造特征及其与油气成藏的关系. 海洋石油, 38(4): 1-8.

何生, 叶加仁, 徐思煌, 等, 2010. 石油及天然气地质学. 武汉: 中国地质大学出版社.

胡滨, 张世鑫, 贾屾, 2018a. 东非裂谷 Kerio Valley 盆地石油地质特征与勘探潜力. 石油化工应用, 37(6): 110-113.

胡滨, 许志刚, 赵伟, 2018b. 东非裂谷 Kivu 盆地油气勘探潜力. 西部资源, 15(5): 1-3.

胡滨, 许志刚, 韩文明, 等, 2018c. 东非裂谷 Rukwa 盆地石油地质特征与勘探潜力. 海洋地质前沿, 34(6): 37-43.

胡滨, 韩文明, 邱春光, 等, 2019a. 东非裂谷 South Lokichar 盆地石油地质特征与勘探潜力. 海洋地质前沿, 35(5): 47-57.

胡滨, 贾屾, 邱春光, 等, 2019b. 东非裂谷 Kerio 盆地石油地质特征与勘探潜力. 中国地质调查, 6(1): 26-33.

胡滨, 邱春光, 张世鑫, 等, 2019c. 东非裂谷 Turkana 盆地石油地质特征与勘探潜力. 四川地质学报, 39(1): 45-49.

胡滨, 许志刚, 韩文明, 等, 2019d. 东非裂谷 Malawi 盆地石油地质特征与勘探潜力. 石油化工应用, 38(3): 83-90.

贾屾, 2017. 肯尼亚北部裂谷盆地类型和演化及其对烃源岩的控制作用. 海洋地质前沿, 33(2): 19-25.

贾屾, 邱春光, 胡滨, 等, 2018. 东非裂谷东支 South Lokichar 盆地油气成藏规律. 海洋地质前沿, 34(4): 33-40.

贾屾, 何登发, 韩文明, 等, 2021a. 东非裂谷东支肯尼亚裂谷形成演化. 地质学报, 95(4): 1114-1127.

贾屾, 何登发, 韩文明, 等, 2021b. 东非裂谷东支 South Lokichar 盆地石油地质特征及成藏规律. 地质学报: 1-13.

贾屾, 韩文明, 邱春光, 等, 2021c. 东非裂谷西支 Albert 湖盆成藏规律. 海洋地质前沿, 37(12): 66-74.

金宠, 陈安清, 楼章华, 等, 2012. 东非构造演化与油气成藏规律初探. 吉林大学学报(地球科学版), 42(S2): 121-130.

金强, 翟庆龙, 万从礼, 2005. 裂谷盆地烃源岩中的火成岩及其活动模式: 以东营凹陷为例. 新疆石油地质, 3: 231-233, 237.

李勤英, 罗凤芝, 苗翠芝, 2000. 断层活动速率研究方法及应用探讨. 断块油气田, 7(2): 15-17.

李水福, 胡守志, 阮小燕, 等, 2019. 油气地球化学. 武汉: 中国地质大学出版社.

刘恩涛, 岳云福, 黄传炎, 等, 2010. 歧口凹陷东营组沉降特征及其成因分析. 大地构造与成矿学, 34(4): 563-572.

刘桂和, 彭文绪, 刘喜玲, 2013. Albertine 地堑构造沉积响应及其油气勘探意义. 长江大学学报(自科版), 10(14): 27-29.

马杏垣, 1982. 论伸展构造. 地球科学, 7(3): 23-30.

马杏垣, 宿俭, 1985. 中国地质历史过程中的裂陷作用. 现代地壳运动研究(I): 大陆裂谷与深部过程. 北京: 地震出版社.

马杏垣, 吴大宁, 刘德良, 1988. 中国新生代的伸展构造. 地质科技情报, 7(2): 1-12.

马杏垣, 刘和甫, 王维襄, 等, 1983. 中国东部中、新生代裂陷作用和伸展构造. 地质学报(1): 22-32.

任建业, 解习农, 1996. 大陆裂陷作用及盆地发育系统. 地质科技情报, 15(4): 26-32.

史冠中, 王华, 徐备, 等, 2011. 南堡凹陷柏各庄断层活动特征及对沉积的控制. 北京大学学报(自然科学版), 47(1): 85-90.

宋占东, 查明, 赵卫卫, 等, 2007. 惠民凹陷阳信洼陷火成岩及其对油气成藏的影响. 中国石油大学学报(自然科学版), 31(2): 1-8.

孙和风, 姜雪, 钟锴, 2018. 阿尔伯特盆地沉降–热史演化特征分析. 中国海上油气, 30(5): 63-70.

孙凯, 张琳琳, 吴兴源, 等, 2021. 坦桑尼亚伦圭新生代火山岩的地球化学特征及岩石成因. 地质学报, 95(4): 962-975.

王步清, 黄智斌, 马培领, 等, 2009. 塔里木盆地构造单元划分标准、依据和原则的建立. 大地构造与成矿学, 33(1): 86-93.

王燮培, 费琪, 张家骅, 1990. 石油勘探构造分析. 武汉: 中国地质大学出版社.

温志新, 童晓光, 张光亚, 等, 2012. 东非裂谷系盆地群石油地质特征及勘探潜力. 中国石油勘探, 17(4): 60-65.

吴庐山, 邱燕, 解习农, 等, 2005. 南海西南部曾母盆地早中新世以来沉降史分析. 中国地质, 32(3): 370-377.

邢集善, 叶志光, 孙振国, 等, 1991. 山西板内构造及其演化特征初探. 山西地质, 6(1): 3-15.

徐守余, 严科, 2005. 渤海湾盆地构造体系与油气分布. 地质力学学报, 11(3): 259-265.

薛雁, 吴智平, 李伟, 等, 2013. 永安镇地区断层特征及其与油气成藏的关系. 油气地质与采收率, 20(3): 10-13.

杨巍然, 孙继源, 纪克诚, 等, 1995. 大陆裂谷对比: 汾渭裂谷系与贝加尔裂谷系例析. 武汉: 中国地质大学出版社.

于水, 韩文明, 赵伟, 等, 2013. 裂谷盆地陡断带三角洲沉积特征与成因模式: 以东非裂谷 Albertine 地堑为例. 中国海上油气, 25(6): 31-35.

张光亚, 余朝华, 黄彤飞, 等, 2020. 非洲地区裂谷盆地类型及油气成藏特征. 中国石油勘探, 25(4): 43-51.

张吉光, 王英武, 2010. 沉积盆地构造单元划分与命名规范化讨论. 石油实验地质, 32(4): 309-313, 318.

张可宝, 史卜庆, 徐志强, 等, 2008. 东非地区沉积盆地油气潜力浅析. 天然气地球科学, 18(6): 869-874.

张文佑, 李荫槐, 马福臣, 等, 1981. 地堑形成的力学机制. 地质科学, 16(1): 1-11.

张燕, 田作基, 温志新, 等, 2017. 东非裂谷系东支油气成藏主控因素及勘探潜力. 石油实验地质, 39(1): 79-85, 93.

赵伟, 韩文明, 胡滨, 2016a. 东非裂谷 Tanganyika 地堑石油地质特征和勘探潜力分析. 中国地质调查, 3(1):

14-19.

赵伟, 韩文明, 胡滨, 等, 2016b. 东非裂谷 Albertine 地堑石油地质条件和成藏规律. 四川地质学报, 36(2): 275-279.

朱伟林, 陈书平, 王春修, 等, 2013. 非洲含油气盆地. 北京: 科学出版社.

PETERS, 等, 2011. 生物标志化合物指南(第 2 版): 上册. 张水昌, 李振西, 等, 译. 北京: 石油工业出版社.

AANYU K, KOEHN D, 2011. Influence of pre-existing fabrics on fault kinematics and rift geometry of interacting segments: Analogue models based on the Albertine Rift (Uganda), Western Branch-East African Rift System. Journal of African Earth Sciences, 59(2-3): 168-184.

ABDELFETTAH Y, TIERCELIN J J, TARITS P, et al., 2016. Subsurface structure and stratigraphy of the northwest end of the Turkana Basin, Northern Kenya Rift, as revealed by magnetotellurics and gravity joint inversion. Journal of African Earth Sciences, 119: 120-138.

ACOCELLA V, FACCENNA C, FUNICIELLO R, et al., 1999. Sand-box modelling of basement-controlled transfer zones in extensional domains. Terra Nova, 11(4): 149-156.

AFRICA OIL, 2015. Corporate presentation: A major emerging oil Company in East Africa. http: //www. africaoilcorp. com/s/Presentation.asp.

AGOSTINI A, CORTI G, ZEOLI A, et al., 2009. Evolution, pattern, and partitioning of deformation during oblique continental rifting: Inferences from lithospheric-scale centrifuge models. Geochemistry, Geophysics, Geosystems, 10(11): 1.

BALESTRIERI M L, BONINI M, CORTI G, et al., 2016. A refinement of the chronology of rift-related faulting in the Broadly Rifted Zone, southern Ethiopia, through apatite fission-track analysis. Tectonophysics, 671: 42-55.

BAUER F U, GLASMACHER U A, RING U, et al., 2016. Long-term cooling history of the Albertine Rift: New evidence from the western rift shoulder, DR Congo. International Journal of Earth Sciences, 105(6): 1707-1728.

BELL R E, JACKSON C A L, WHIPP P S, et al., 2015. Strain migration during multiphase extension: Observations from the northern North Sea. Tectonics, 33(10): 1936-1963.

BELLAHSEN N, DANIEL J M, 2005. Fault reactivation control on normal fault growth: An experimental study. Journal of Structural Geology, 27(4): 769-780.

BOONE S C, KOHN B P, GLEADOW A J W, et al., 2018a. Tectono-thermal evolution of a long-lived segment of the East African Rift System: Thermochronological insights from the North Lokichar Basin, Turkana, Kenya. Tectonophysics, 744: 23-46.

BOONE S C, KOHN B P, GLEADOW A J W, et al., 2019. Birth of the East African Rift System: Nucleation of magmatism and strain in the Turkana Depression. Geology, 47(9): 886-890.

BOONE S C, SEILER C, KOHN B P, et al., 2018b. Influence of rift superposition on lithospheric response to east African rift system extension: Lapur Range, Turkana, Kenya. Tectonics, 37(1): 182-207.

BONINI M, CORTI G, DEL VENTISETTE C, et al., 2007. Modelling the lithospheric rheology control on the Cretaceous rifting in West Antarctica. Terra Nova, 19(5): 360-366.

BONINI M, SOURIOT T, BOCCALETTI M, et al., 1997. Successive orthogonal and oblique extension episodes in a rift zone: Laboratory experiments with application to the Ethiopian Rift. Tectonics, 16(2): 347-362.

BOSCHETTO H B, BROWN F H, MCDOUGALL I, 1992. Stratigraphy of the Lothidok Range, northern Kenya, and K/Ar ages of its Miocene primates. Journal of Human Evolution, 22(1): 47-71.

BRAMHAM E K, WRIGHT T J, PATON D A, et al., 2021. A new model for the growth of normal faults developed above pre-existing structures. Geology, 49(5): 587-591.

BRUNE S, 2016. Rifts and rifted margins: A review of geodynamic processes and natural hazards. Plate Boundaries and Natural Hazards, 219: 13.

BRUNE S, CORTI G, RANALLI G, 2017. Controls of inherited lithospheric heterogeneity on rift linkage: Numerical and analog models of interaction between the Kenyan and Ethiopian rifts across the Turkana depression. Tectonics, 36(9): 1767-1786.

BUCK W R, KARNER G D, 2004. Consequences of asthenospheric variability on continental rifting. Rheology and Deformation of the Lithosphere at Continental Margins, 62: 1-30.

BUITER S J H, TORSVIK T H, 2014. A review of Wilson Cycle plate margins: A role for mantle plumes in break-up along sutures? Gordwana Research, 26: 627-653.

BYERLEE J, 1978. Friction of Rocks//Rock friction and earthquake prediction. Basel: Birkhäuser.

CHOROWICZ J, 2005. The east African rift system. Journal of African Earth Sciences, 43(1-3): 379-410.

CIVIERO C, HAMMOND J, GOES S, et al., 2014. Understanding the nature of mantle upwelling beneath East-Africa//EGU General Assembly Conference Abstracts: 12819.

CLARINGBOULD J S, BELL R E, JACKSON C A L, et al., 2017. Pre-existing normal faults have limited control on the rift geometry of the northern North Sea. Earth and Planetary Science Letters, 475: 190-206.

CLARINGBOULD J S, BELL R E, JACKSON C A L, et al., 2020. Pre-breakup extension in the northern North Sea defined by complex strain partitioning and heterogeneous extension rates. Tectonics, 2020.

CORTI G, 2004. Centrifuge modelling of the influence of crustal fabrics on the development of transfer zones: Insights into the mechanics of continental rifting architecture. Tectonophysics, 384(1-4): 191-208.

CORTI G, 2008. Control of rift obliquity on the evolution and segmentation of the main Ethiopian rift. Nature Geoscience, 1(4): 258-262.

CORTI G, 2009. Continental rift evolution: From rift initiation to incipient break-up in the main Ethiopian rift, East Africa. Earth-Science Reviews, 96(1-2): 1-53.

CORTI G, 2012. Evolution and characteristics of continental rifting: Analog modeling-inspired view and comparison with examples from the East African rift system. Tectonophysics, 522: 1-33.

CORTI G, MANETTI P, 2006. Asymmetric rifts due to asymmetric Mohos: An experimental approach. Earth and Planetary Science Letters, 245(1-2): 315-329.

CORTI G, CALIGNANO E, PETIT C, et al., 2011. Controls of lithospheric structure and plate kinematics on rift architecture and evolution: An experimental modeling of the Baikal rift. Tectonics, 30(3): 1.

CORTI G, CIONI R, FRANCESCHINI Z, et al., 2019. Aborted propagation of the Ethiopian rift caused by linkage with the Kenyan rift. Nature Communications, 10(1): 1-11.

CORTI G, VAN WIJK J, BONINI M, et al., 2003. Transition from continental break-up to punctiform seafloor spreading: How fast, symmetric and magmatic. Geophysical Research Letters, 30(12): 1.

CORTI G, VAN WIJK J, CLOETINGH S, et al., 2007. Tectonic inheritance and continental rift architecture: Numerical and analogue models of the East African Rift system. Tectonics(26): 1767-1786.

DALY M C, CHOROWICZ J, FAIRHEAD J D, 1989. Rift basin evolution in Africa: The influence of reactivated steep basement shear zones. Geological Society, London, Special Publications, 44(1): 309-334.

DEL VENTISETTE C, MONTANARI D, BONINI M, et al., 2005. Positive fault inversion triggering 'intrusive diapirism': An analogue modelling perspective. Terra Nova, 17(5): 478-485.

DEMETS C, MERKOURIEV S, 2016. High-resolution estimates of Nubia-Somalia plate motion since 20 Ma from reconstructions of the Southwest Indian Ridge, Red Sea and Gulf of Aden. Geophysical Journal International, 207(1): 317-332.

DENG C, GAWTHORPE R L, FOSSEN H, et al., 2018. How does the orientation of a preexisting basement weakness influence fault development during renewed rifting? Insights from three-dimensional discrete element modeling. Tectonics, 37(7): 2221-2242.

DUNCAN M, 2015. History of the development of the East African Rift System: A series of interpreted maps through time. Journal of African Earth Sciences, 101: 232-252.

EATON G P, 1980. Geophysical and geological characteristics of the crust of the Basin and Range province. Continental Tectonics, 96: 113.

EMISHAW L, ABDELSALAM M G, 2019. Development of late Jurassic-early Paleogene and Neogene-Quaternary rifts within the Turkana Depression, East Africa from satellite gravity data. Tectonics, 38(7): 2358-2377.

ENERGY AND GEOSCIENCE INSTITUTE, 2011. Geochemical characterization of seeps, crude oils, and gases from Uganda-Phase 3. Salt Lake City: The University of Utah: 341.

ERRATT D, THOMAS G M, WALL G R T, 1999. The evolution of the central North Sea Rift//Geological society, London, petroleum geology conference series. Geological Society of London, 5(1): 63-82.

FLEISCHER R L, PRICE P B, WALKER R M, et al., 1975. Nuclear tracks in solids: Principles and applications. Berkeley: University of California Press.

FOSSEN H, 2016. Structural geology. London: Cambridge University Press.

FOSSEN H, KHANI H F, FALEIDE J I, et al., 2017. Post-Caledonian extension in the West Norway-northern North Sea region: The role of structural inheritance. Geological Society, London, Special Publications, 439(1): 465-486.

FURMAN T, 2007. Geochemistry of East African Rift basalts: An overview. Journal of African Earth Sciences, 48(2-3): 147-160.

FURMAN T, KALETA K M, BRYCE J G, et al., 2006. Tertiary mafic lavas of Turkana, Kenya: Constraints on East African plume structure and the occurrence of high-μ volcanism in Africa. Journal of Petrology, 47(6): 1221-1244.

GEORGE R, ROGERS N, KELLEY S, 1998. Earliest magmatism in Ethiopia: Evidence for two mantle plumes in one flood basalt province. Geology, 26(10): 923-926.

GLOBIG J, FERNÀNDEZ M, TORNE M, et al., 2016. New insights into the crust and lithospheric mantle structure of Africa from elevation, geoid, and thermal analysis. Journal of Geophysical Research: Solid Earth, 121(7): 5389-5424.

HEALY D, RIZZO R E, CORNWELL D G, et al., 2017. FracPaQ: A MATLAB™ toolbox for the quantification of fracture patterns. Journal of Structural Geology, 95: 1-16.

HENSTRA G A, KRISTENSEN T B, ROTEVATN A, et al., 2019. How do pre-existing normal faults influence rift geometry? A comparison of adjacent basins with contrasting underlying structure on the Lofoten Margin, Norway. Basin Research, 31(6): 1083-1097.

HENSTRA G A, GAWTHORPE R L, HELLAND-HANSEN W, et al., 2017. Depositional systems in multiphase rifts: Seismic case study from the Lofoten margin, Norway. Basin Research, 29(4): 447-469.

HENSTRA G A, ROTEVATN A, GAWTHORPE R L, et al., 2015. Evolution of a major segmented normal fault during multiphase rifting: The origin of plan-view zigzag geometry. Journal of Structural Geology, 74: 45-63.

HENZA A A, WITHJACK M O, SCHLISCHE R W, 2011. How do the properties of a pre-existing normal-fault population influence fault development during a subsequent phase of extension? Journal of Structural Geology, 33(9): 1312-1324.

HUBBERT M K, 1937. Theory of scale models as applied to the study of geologic structures. Bulletin of the Geological Society of America, 48(10): 1459-1520.

IAFFALDANO G, HAWKINS R, SAMBRIDGE M, 2014. Bayesian noise-reduction in Arabia/Somalia and Nubia/Arabia finite rotations since ～20 Ma: Implications for Nubia/Somalia relative motion. Geochemistry, Geophysics, Geosystems, 15(4): 845-854.

JAMES W C, NICOLA F D, 2011. Geochemical characterization of seeps, crude oils, and gases from Uganda, Energy and Geoscience Institude, The University of Utah.

JULIA A, NICOLAS B, LAURENT H, et al., 2010. Analog models of oblique rifting in a cold lithosphere. Tectonics, 29(6): 1.

KEEP M, MCCLAY K R, 1997. Analogue modelling of multiphase rift systems. Tectonophysics, 273(3-4): 239-270.

KNAPPE E, BENDICK R, EBINGER C, et al., 2020. Accommodation of East African Rifting across the Turkana Depression. Journal of Geophysical Research: Solid Earth, 125(2): e2019JB018469.

KOEHN D, AANYU K, HAINES S, et al., 2008. Rift nucleation, rift propagation and the creation of basement micro-plates within active rifts. Tectonophysics, 458(1-4): 105-116.

KOPTEV A, BUROV E, CALAIS E, et al., 2016. Contrasted continental rifting via plume-craton interaction: Applications to Central East African Rift. Geoscience Frontiers, 7(2): 221-236.

LISTER G S, ETHERIDGE M A, SYMONDS P A, 1986. Detachment faulting and the evolution of passive continental margins. Geology, 14(3): 246-250.

LOHRMANN J, KUKOWSKI N, ADAM J, et al., 2003. The impact of analogue material properties on the geometry, kinematics, and dynamics of convergent sand wedges. Journal of Structural Geology, 25(10): 1691-1711.

MACGREGOR D, 2015. History of the development of the East African Rift System: A series of interpreted maps through time. Journal of African Earth Sciences, 101: 232-252.

MAESTRELLI D, MONTANARI D, CORTI G, et al., 2020. Exploring the interactions between rift propagation and inherited crustal fabrics through experimental modeling. Tectonics, 39(12): e2020TC006211.

MART Y, DAUTEUIL O, 2000. Analogue experiments of propagation of oblique rifts. Tectonophysics, 316(1-2): 121-132.

MCCLAY K R, WHITE M J, 1995. Analogue modelling of orthogonal and oblique rifting. Marine and Petroleum

Geology, 12(2): 137-151.

MCCLAY K R, DOOLEY T, WHITEHOUSE P, et al., 2002. 4-D evolution of rift systems: Insights from scaled physical models. AAPG Bulletin, 86(6): 935-959.

MEERT J G, LIEBERMAN B S, 2008. The Neoproterozoic assembly of Gondwana and its relationship to the Ediacaran-Cambrian radiation. Gondwana Research, 14(1-2): 5-21.

MESHESHA D, SHINJO R, 2008. Rethinking geochemical feature of the Afar and Kenya mantle plumes and geodynamic implications. Journal of Geophysical Research: Solid Earth, 113(B9): 1.

MICHON L, MERLE O, 2003. Mode of lithospheric extension: Conceptual models from analogue modeling. Tectonics, 22(4): 1.

MICHON L, SOKOUTIS D, 2005. Interaction between structural inheritance and extension direction during graben and depocentre formation: An experimental approach. Tectonophysics, 409(1-4): 125-146.

MISRA A A, MUKHERJEE S, 2015. Tectonic inheritance in continental rifts and passive margins. Berlin: Springer.

MOLNAR N, CRUDEN A, BETTS P, 2020. The role of inherited crustal and lithospheric architecture during the evolution of the Red Sea: Insights from three dimensional analogue experiments. Earth and Planetary Science Letters, 544: 116377.

MONTANARI D, BONINI M, CORTI G, et al., 2017. Forced folding above shallow magma intrusions: Insights on supercritical fluid flow from analogue modelling. Journal of Volcanology and Geothermal Research, 345: 67-80.

MONTELLI R, NOLET G, DAHLEN F A, et al., 2004. Finite-frequency tomography reveals a variety of plumes in the mantle. Science, 303(5656): 338-343.

MORLEY C K, 1995. Developments in the structural geology of rifts over the last decade and their impact on hydrocarbon exploration. Geological Society, London, Special Publications, 80(1): 1-32.

MORLEY C K, 1999. Geoscience of rift system: Evolution of East Africa. American Association of Petroleum Geologists.

MORLEY C K, 2010. Stress re-orientation along zones of weak fabrics in rifts: An explanation for pure extension in 'oblique' rift segments? Earth and Planetary Science Letters, 297(3-4): 667-673.

MORLEY C K, 2020. Early syn-rift igneous dike patterns, northern Kenya Rift (Turkana, Kenya): Implications for local and regional stresses, tectonics, and magma-structure interactions. Geosphere, 16(3): 890-918.

MORLEY C K, NIXON C W, 2016. Topological characteristics of simple and complex normal fault networks. Journal of Structural Geology, 84: 68-84.

MORLEY C K, WESCOTT W, STONE D, et al., 1992. Tectonic evolution of the northern Kenyan Rift. Journal of the Geological Society, 149(3): 333-348.

MORLEY C K, HARANYA C, PHOOSONGSEE W, et al., 2004. Activation of rift oblique and rift parallel pre-existing fabrics during extension and their effect on deformation style: Examples from the rifts of Thailand. Journal of Structural Geology, 26(10): 1803-1829.

MUGISHA F, EBINGER C J, STRECKER M, et al., 1997. Two-stage rifting in the Kenya rift: Implications for half-graben models. Tectonophysics, 278(1-4): 63-81.

MULUGETA G, GHEBREAB W, 2001. Modeling heterogeneous stretching during episodic or steady rifting of the continental lithosphere. Geology, 29(10): 895-898.

NELSON R A, PATTON T L, MORLEY C K, 1992. Rift-segment interaction and its relation to hydrocarbon exploration in continental rift systems. AAPG Bulletin, 76(8): 1153-1169.

NIU Y, 2020. On the cause of continental breakup: A simple analysis in terms of driving mechanisms of plate tectonics and mantle plumes. Journal of Asian Earth Sciences, 194: 104367.

PETIT C, BUROV E, TIBERI C, 2008. Strength of the lithosphere and strain localisation in the Baikal rift. Earth and Planetary Science Letters, 269(3-4): 523-529.

PHILLIPS T B, FAZLIKHANI H, GAWTHORPE R L, et al., 2019. The influence of structural inheritance and multiphase extension on rift development, the northern North Sea. Tectonics, 38(12): 4099-4126.

PHILLIPS T B, JACKSON C A L, BELL R E, et al., 2016. Reactivation of intrabasement structures during rifting: A case study from offshore southern Norway. Journal of Structural Geology, 91: 54-73.

PIK R, MARTY B, CARIGNAN J, et al., 2008. Timing of East African Rift development in southern Ethiopia: Implication for mantle plume activity and evolution of topography. Geology, 36(2): 167-170.

PICKFORD M, SENUT B, HADOTO D, 1993. Geology and palaeobiology of the Albertine Rift valley Uganda-Zaire. Geology, 24: 1-190.

PRICE P B, WALKER R M, 1963. Fossil tracks of charged particles in mica and the age of minerals. Journal of Geophysical Research, 68(16): 4847-4862.

RAMBERG H, 1981. Gravity, deformation, and the earth's crust: In theory, experiments, and geological application. London: Academic Press.

REBER J E, COOKE M L, DOOLEY T P, 2020. What model material to use? A Review on rock analogs for structural geology and tectonics. Earth-Science Reviews, 202: 103107.

ROBERTS E M, STEVENS N J, O'CONNOR P M, et al., 2012. Initiation of the western branch of the East African Rift coeval with the eastern branch. Nature Geoscience, 5(4): 289-294.

ROGERS N, MACDONALD R, FITTON J G, et al., 2000. Two mantle plumes beneath the East African rift system: Sr, Nd and Pb isotope evidence from Kenya Rift basalts. Earth and Planetary Science Letters, 176(3-4): 387-400.

ROTEVATN A, JACKSON C A L, TVEDT A B M, et al., 2019. How do normal faults grow? Journal of Structural Geology, 125: 174-184.

SARIA E, CALAIS E, STAMPS D S, et al., 2014. Present-day kinematics of the East African Rift. Journal of Geophysical Research: Solid Earth, 119(4): 3584-3600.

SASSI W, COLLETTA B, BALÉ P, et al., 1993. Modelling of structural complexity in sedimentary basins: The role of pre-existing faults in thrust tectonics. Tectonophysics, 226(1-4): 97-112.

SHILLINGTON D J, SCHOLZ C A, CHINDANDALI P R N, et al., 2020. Controls on rift faulting in the North Basin of the Malawi (Nyasa) Rift, East Africa. Tectonics, 39(3): e2019TC005633.

SIMON B, GUILLOCHEAU F, ROBIN C, et al., 2017. Deformation and sedimentary evolution of the Lake Albert rift (Uganda, east African Rift System). Marine and Petroleum Geology, 86: 17-37.

SIPPEL J, MEEßEN C, CACACE M, et al., 2017. The Kenya rift revisited: Insights into lithospheric strength through data-driven 3-D gravity and thermal modelling. Solid Earth, 8(1): 45-81.

SMITH B, ROSE J, 2002. Uganda's Albert graben due first serious exploration test. Oil and Gas Journal, 100:

42-48.

SOFER Z, 1984. Stable carbon isotope compositions of crude oils: Application to source depositional environments and petroleum alteration. AAPG Bulletin, 68(1): 31-49.

SOKOUTIS D, CORTI G, BONINI M, et al., 2007. Modelling the extension of heterogeneous hot lithosphere. Tectonophysics, 444(1-4): 63-79.

STAMPS D S, KREEMER C, FERNANDES R, et al., 2021. Redefining East African Rift System kinematics. Geology, 49(2): 150-155.

TALBOT M R, MORLEY C K, TIERCELIN J J, et al., 2004. Hydrocarbon potential of the Meso-Cenozoic Turkana Depression, northern Kenya. II. Source rocks: Quality, maturation, depositional environments and structural control. Marine and Petroleum Geology, 21(1): 63-78.

TIERCELIN J J, POTDEVIN J L, THUO P K, et al., 2012. Stratigraphy, sedimentology and diagenetic evolution of the Lapur Sandstone in northern Kenya: Implications for oil exploration of the Meso-Cenozoic Turkana depression. Journal of African Earth Sciences, 71-72: 43-79.

TOMASSO M, UNDERHILL J R, HODGKINSON R A, et al., 2008. Structural styles and depositional architecture in the Triassic of the Ninian and Alwyn North fields: Implications for basin development and prospectivity in the Northern North Sea. Marine and Petroleum Geology, 25(7): 588-605.

TOMMASI A, VAUCHEZ A, 2015. Heterogeneity and anisotropy in the lithospheric mantle. Tectonophysics, 661: 11-37.

TORRES ACOSTA V, BANDE A, SOBEL E R, et al., 2015. Cenozoic extension in the Kenya Rift from low-temperature thermochronology: Links to diachronous spatiotemporal evolution of rifting in East Africa. Tectonics, 34(12): 2367-2386.

VASCONCELOS D L, BEZERRA F H R, MEDEIROS W E, et al., 2019. Basement fabric controls rift nucleation and postrift basin inversion in the continental margin of NE Brazil. Tectonophysics, 751: 23-40.

VETEL W, LE GALL B, 2006. Dynamics of prolonged continental extension in magmatic rifts: The Turkana Rift case study (North Kenya). Geological Society, London, Special Publications, 259(1): 209-233.

WANG L, MAESTRELLI D, CORTI G, et al., 2021. Normal fault reactivation during multiphase extension: Analogue models and application to the Turkana depression, East Africa. Tectonophysics, 811: 228870.

WHIPP P S, JACKSON C A L, GAWTHORPE R L, et al., 2014. Normal fault array evolution above a reactivated rift fabric; a subsurface example from the northern Horda Platform, Norwegian North Sea. Basin Research, 26(4): 523-549.

WILSON R W, HOUSEMAN G A, BUITER S J H, et al., 2019. Fifty years of the Wilson Cycle concept in plate tectonics: An overview. Geological Society, London, Special Publications, 470(1): 1-17.

ZWAAN F, SCHREURS G, 2017. How oblique extension and structural inheritance influence rift segment interaction: Insights from 4D analog models. Interpretation, 5(1): SD119-SD138.

ZWAAN F, SCHREURS G, 2020. Rift segment interaction in orthogonal and rotational extension experiments: Implications for the large-scale development of rift systems. Journal of Structural Geology, 140: 104119.

ZWAAN F, CHENIN P, ERRATT D, et al., 2021. Complex rift patterns, a result of interacting crustal and mantle weaknesses, or multiphase rifting? Insights from analogue models. Solid Earth Discussions: 1-38.